# DEEP UTOPIA
# 未来之地

## LIFE AND MEANING IN A SOLVED WORLD

［英］尼克·博斯特罗姆（Nick Bostrom）_著

黄菲飞_译

中信出版集团｜北京

图书在版编目（CIP）数据

未来之地 /（英）尼克·博斯特罗姆著；黄菲飞译.
北京：中信出版社，2025.4. -- ISBN 978-7-5217
-7164-0
Ⅰ. TP18
中国国家版本馆CIP数据核字第2025VK0741号

Deep Utopia: Life and Meaning in a Solved World by Nick Bostrom
Copyright © 2024 by Nick Bostrom
All rights reserved
Simplified Chinese rights arranged through CA-LINK International LLC(www.ca-link.cn)
Simplified Chinese translation copyright © 2025 by CITIC Press Corporation
ALL RIGHTS RESERVED
本书仅限中国大陆地区发行销售

## 未来之地

著者：　　［英］尼克·博斯特罗姆
译者：　　黄菲飞
出版发行：中信出版集团股份有限公司
　　　　　（北京市朝阳区东三环北路27号嘉铭中心　邮编 100020）
承印者：　河北鹏润印刷有限公司

开本：787mm×1092mm 1/16　　印张：30.5　　字数：430千字
版次：2025年4月第1版　　　　　印次：2025年4月第1次印刷
京权图字：01-2025-0667　　　　 书号：ISBN 978-7-5217-7164-0
　　　　　　　　　　　　　　　 定价：98.00元

版权所有·侵权必究
如有印刷、装订问题，本公司负责调换。
服务热线：400-600-8099
投稿邮箱：author@citicpub.com

# 目 录

前　言　//VII

## 第一章　星期一

温泉延期　//003
为富足而争辩　//005
香肠之墙　//007
凯恩斯的预测　//009
新需求和精致奢侈品　//011
社会项目　//013
更多的欲望　//015
完美或不完美的自动化　//018
简单的三要素模型　//022
马尔萨斯均衡的悖论　//025
不同时间尺度上的起伏　//028
追求卓越　//030
不均衡　//032
规模经济　//036

时间用完了　//040

去泡温泉　//040

狐狸费奥多尔的来信　//041

结语　//050

## 第二章 星期二

延期的葬礼　//055

复述　//055

宇宙馈赠的界限　//059

技术成熟　//064

协调问题　//067

审慎障碍　//070

价值轮廓　//072

形而上学的限制　//082

自动化的极限　//084

不可能的输入　//094

狐狸费奥多尔的来信　//095

## 第三章 星期三

全面失业　//107

打架、偷窃、暴饮暴食、酗酒、睡懒觉　//108

闲暇模板　//112

闲暇文化　//116

院长的公告　//122

野性之眼？　//123

重新审视"目的问题"　//127

案例研究1：购物　//129

案例研究2：锻炼　//132

案例研究3：学习　//133

案例研究4：育儿　//137

从浅层冗余到深层冗余　//143

进步的悖论　//145

五环防御　//146

标志和迹象　//157

梦的装饰　//159

虚构人物　//164

狐狸费奥多尔的来信　//178

## 第四章 星期四

间隙可能性　//187

可塑性　//188

自我变革能力　//189

主体复杂性与运气　//189

希望的轨迹　//190

分类学　//192

冗余问题　//195

生活在完美世界中会不会很无聊？　//197

主观感受与客观条件　//198

从不感到无聊？　//199

情感假肢　//201

篡改人性　//203

适当反应的观点　//205

莎士比亚有多有趣？　//208

第 162 329 根桌腿　//210

美学中微子？　//211

沉思黄色鸭子喙　//216

观察者的复杂性　//216

我们渴望有趣性的根源　//219

内在化　//222

批判性游戏精神　//227

尺度练习　//228

有趣性：内含与贡献　//230

小人物，大世界　//234

地方主义　//238

时间与成长　//239

后人类空间　//242

3 种原因论假说的含义　//243

学习与探索假说的含义　//246

精神万花筒　//252

风景路线？　//254

身份、生存、转变、折现　//256

时间套装　//265

先驱　//269

教授插曲　//271

作业和任务分配　//271

狐狸费奥多尔的来信　//272

## 第五章 星期五

事后分析　//283

纯粹的快乐　//283

关于愚人和乐园　//285

异类的存在　//285

极端地方主义　//286

参观领航员的小屋　//292

一些形而上哲学的看法　//294

成就感　//295

丰富性　//303

目的　//307

公平的交易　//345

热力雷克斯的颂歌　//345

包里空无一物　//376

## 第六章 星期六

到达　//381

开场白　//383

评论与深思　//383

概念大杂烩　//385

撒迪厄斯·梅茨的理论　//385

梅茨的理论对乌托邦意义的影响　//388

躺平　//402

角色　//404

定位 //406

迷人之处 //409

座右铭 //412

动力 //413

推测性的幕后故事 //414

超验目的涵盖下的意义 //416

与一些观察示例一致 //419

意义危机 //420

关于尼采的一点儿说明 //422

西西弗斯的变体 //424

主观性与客观性谱系 //430

意义的发现与分享 //437

意义可能性的类别 //441

生命的意义是什么？ //444

退场 //445

墓地 //447

狂欢节 //457

诗歌朗诵擂台赛 //459

夏天的气息 //461

# 注　释　//463

# 前　言

面对未来的世界，我们犹如孩童般睁开双眼迎接新的一天。前一晚，我们在大雪纷飞中入睡；清晨醒来，我们跑到窗边，踮起脚尖欣赏一个美妙奇幻的景象：一个闪耀着无限探索与玩乐可能性的雪中仙境，连之前平平无奇的树枝也变得神奇而美丽。我们仿佛置身于故事书或游戏世界中，迫不及待地想穿上靴子、戴上手套，跑到外面去查看、触摸、体验，并尽情地玩耍、玩耍、玩耍……

第一章

# 星期一

# 温泉延期

**泰修斯**：嘿，快来看这个海报：尼克·博斯特罗姆将在恩隆礼堂举办一系列主题为"乌托邦问题"的讲座。

**菲拉菲克斯**：博斯特罗姆？他还活着？他可真是寿比南山啊！

**泰修斯**：这还不都是得益于他曾经制作的那些绿色蔬菜精华。

**菲拉菲克斯**：它们这么有效果？

**泰修斯**：一点儿也没有，但它们曾经非常流行。这也是他赚钱的方式——卖一些食谱书。然后他就能负担得起后来兴起的抗衰老疗法了。

**泰修斯**：讲座刚开始10分钟。我们进去吧？

**菲拉菲克斯**：当然，为什么不？

**凯尔文**：我们可以吃完晚饭再去泡温泉，泡温泉的地儿很晚才关门。

**博斯特罗姆**：……白血病。找到治愈的方法，或者至少缓解她的痛苦，真的很重要！从更大的范围看，我们目前有足够多的问题，比如极度贫困、资源匮乏、营养不良、令人身心俱疲的疾病、毁灭家庭的交通事故、酗酒、压迫、战争中对平民的杀戮和残害，等等。这些问题都足以给我们中最有资源和最有进取心的人带来有意义的挑战。

**泰修斯**（低声说）：这位老末日预言家的状态不错，他的话已经让我感觉更糟糕了！

**菲拉菲克斯**：嘘……

**博斯特罗姆**：也许这些人道主义挑战对那些真心想帮助他人的人来说才显得有意义。但即使是冷酷无情的自我主义者，在今天的世界里，也会在周围的负面环境的刺激下产生想使世界变好或防止事态继续恶化的动机。可能有人在努力减肥，有人在辛苦求职，还有人在经历社交孤立，也有人在一段艰难而内耗的关系中挣扎。我们很少听到有人抱怨："我唯一的问题就是我没有任何问题！你知道吗？生活太完美了，这真的让我很烦恼！"

简言之，我们似乎并没有面临忧患即将耗尽的危险。放眼望去，实际的和潜在的忧患与悲伤都很充足，足以让人们产生忧虑的磨坊不停地运转，也为利他主义者和自我主义者提供了丰富的证明自我价值的机会。

然而，在这一系列讲座中，我想谈论的是深度乌托邦的问题："在我们解决了所有现存的其他问题之后，我们将面临的问题。"

这在当前情况下，似乎并不是需要优先考虑的事项。我们必须承认，还有其他更合理的原因和任务支配着我们的注意力。尽管如此，我认为，我们的文明至少应该瞥一眼未来的光景。思考一下，如果一切发展顺利，我们最终会走向何方？也就是说，假如我们继续沿着当前的道路前进，并能成功地实现我们正在努力的目标，最终我们会在哪里落脚？

我们可以说，技术的终极目的就是让我们以更少的努力完成更多的事情。如果将这种内在的方向性推演到其逻辑的终点，那么我们将到达一个状态，即毫不费力地完成一切。几千年来，人类这个物种已经在通往这一目标的道路上走了很远。很快，超级智能机器的子弹头快车就能把我们带到最终目的地。（大家难道没有听到列车长的哨声？）

然后我们会怎么样？

在一个"所有问题都被解决了的世界"里，还有什么会赋予我们生活的意义和目的?

我们整天会做什么?

这些问题具有永恒的智力吸引力。深度乌托邦的概念可以作为一种哲学粒子加速器,在其中创造极端条件,使我们能够研究我们价值观的基本组成部分。但这些问题也可能变得极其重要,因为实际上,在有生之年,我们会达到或接近上面所谈论的技术的终极目标。在我看来,今天在座的许多人都有可能目睹这一终极目标的实现。

**泰修斯**:我们坐下吧?

**凯尔文**:那边有几个座位。

**菲拉菲克斯**:是的,我想听这个。我就站在这里。

**博斯特罗姆**:无论如何,乌托邦发展到最后会带来哪些问题,已经成了热议的话题。我们难道感受不到吗?那种略带尴尬的潜在不安?一种在我们内心深处潜伏的疑虑?一丝阴影掠过我们对当下这一切的意义的理解?

## 为富足而争辩

有时候,这种担忧会突破意识的表面,让我们一瞥其中奥义。例如,比尔·盖茨曾写道:

随着人工智能变得越来越强大,我们需要确保它是为人类服务的,而不是反过来。但这只是一个工程方面的问题,我更感兴趣的是所谓的目的问题,即如果我们解决了诸如饥饿和疾病等当下重大问题,世界也变得越来越和平,那么到那时,人类的生存目的是什么?我们会被激发去应对什么样的挑战?[1]

在CNBC(美国全国广播公司财经频道)的一次采访中,埃隆·马斯克说：

  如果AI能比你更好地完成你的工作，我们如何在生活中找到意义？坦率地说，如果思考这个问题太多，人们可能会感到沮丧，失去动力。比如，我投入了如此大量的心血和汗水来建立公司，然后我反问自己："我应该这样做吗？"如果我牺牲了我更喜欢的与朋友和家人在一起的时间去努力工作，而AI可以取代我做所有事情，那么我现在的努力和工作还有意义吗？我不知道。在某种程度上，我不得不刻意地暂停怀疑，以保持动力。[2]

  或许，在某种意义上，担忧人生目的是一个奢侈的问题？如果是这样，我们可以预料到：乌托邦式的繁荣将会增加这种问题的普遍性。但无论如何，正如我们将看到的，追问目的和意义的问题，比仅仅探讨与金钱和物质财富的过剩有关的问题深刻得多。

* * *

  我的一些朋友喜欢用影响力模型去解释为什么在所有可以做的事情中，所提议的事情将会是最具影响力和最有益的，他们追求的是最高的预期效用。

  如果我们也套用影响力模型，尝试为目前的讨论去编写一个这样的故事，它可能会是这样的：鉴于超级智能的发展迫在眉睫，人类的文明似乎正在接近一个关键的临界点（奇点）。这意味着在某个时候，有人或我们所有人可能会面临"我们想要什么样的未来"的选择，这些选择包括非同寻常的路径和轨迹，其中一些把我们带到极为陌生的地方。这些选择将会产生重大影响，然而，也许其中的一些选择必须在时间压力下做出，因为世界的运转不会暂停，或者因为我们自己每周都在变得越来越疯狂，或者因为拖延会让更果断的行为者抢占先机，又或者因为担心一旦停下就再也不会行动了。[3]从另一个角度讲，也许没有一个明确的能让我们做出这些选择的时间，它们会随着时间的推移而逐步出现，但早期的选择限制了后期可行结果的范围。无论以哪种方式，尽早向着积极的方向前进可能都会有价值。如果确实存在一个关键决策期，那么拥有一些适当的准备会很有用，比如，为决策者提供一些相关的概念和想法，并帮助他们拥有良好的心态和思维状态。

对于此类"影响力故事"，你想怎么解读都行。另一种可能的解释是，很久以前，我在一时软弱的情况下同意开展这一系列讲座。

\* \* \*

让我来说说我的讲座系列不是什么。它不是试图为某件事或某个观点"辩护"。相反，它是一种探索。在探索像我们面前这样深刻而困难的话题时，我们希望考虑多种因素，追寻各种思路，接触互为竞争的不同评估概念，以期带着尽可能多的敏锐和共情，去体验每一种思想观念和每一个选择倾向。不要过早地否定一种自然的（或原发的）观点，即使最终我们会摒弃这种观点。因为在面对这样的话题时，一个人能够以多大的慷慨和包容去接纳和理解不同的观点和选择，直接决定了他的观点的价值。

## 香肠之墙

首先，让我们一起探讨一种最简单的乌托邦类型：纯粹的物质丰裕。

这种乌托邦的概念在科克恩传说（或称"安乐乡"）中得到了体现。它是欧洲中世纪文化中对乌托邦世界想象的重要组成部分，其形象和内涵频繁出现在当时的流行艺术、文学以及口头传诵中：

悠闲度日，无须劳作，
无论老少强弱，皆可享受生活，

从无物资短缺之忧，
连围墙都由香肠筑成。[4]

科克恩传说本质上是中世纪农民的白日梦。在科克恩的安乐乡，人们不用在灼热的阳光下或刺骨的北风中进行繁重的劳动。那里没有干硬的面包，没有物资匮乏。相反，生活中的一切需求都被轻松满足：煮熟的鱼从水中跳出来落在脚边；烤熟的背上插着餐刀的乳猪在地上乱跑，人们随时可以切割享用；奶酪从天而降，河流中流淌着美酒。那里永远是春天，天气总是温暖舒适。连你睡觉时都在赚钱。性禁忌也被松绑了，传说中有对修女倒立露出臀部的描述。那里没有疾病和衰老，盛宴日夜不停地进行着，人们在舞蹈和音乐中尽情享乐，有大量的休息和放松时间。[5]

类似的幻想在许多其他传统社会中也存在。例如，在古典文学时代，赫西俄德描写了想象中的早期黄金时代的幸福居民：

他们的生活如同神仙，心中无忧无虑，
无须辛勤劳作或忍受悲伤，
悲惨的老年对他们来说压根儿就不存在。
从头到脚，他们从不衰老，
一生都保持着青春和活力。
就算死亡，也如同入睡一般轻松自然，没有痛苦。
他们无须辛苦耕作便可拥有一切美好的东西，
大地自然而然地为他们结出丰富的果实。
幸福快乐的人们呀……[6]

从许多方面看，我们现在就生活在黄金时代或科克恩的安乐乡，抑或是在阿瓦隆、幸福狩猎场、祖先之地、极乐岛、桃花源、巨石糖果山。在这里，"我们"一词当然排除了仍生活在极端贫困中的数亿人，以及大多数生活在农场或野外的动物。但如果用"我们"这个词来指现在坐在这个房间里的人（我们这些幸运儿），那么我似乎可以宣称：凭借塞满各类食物的冰箱和便捷的全天候配送服务，我们实际上已经实现了烤猪在街上游荡和煮熟的鱼跳到我们脚边的美好生活。我们还实现了永恒的春天：至少在那些装配了空调的建筑物以及交通工具内，我们实现了恒温调控。青春之泉尚未找到，但疾病已经大大减少，我们的寿命得到了延长。甚至我还敢肯定，如果有人执意想看女性的臀部，包括那些显然是修女的臀部，在线搜索的结果绝对不会让他们失望。

然而，我们依然投入了大量的精力去工作。当然，我们的工作条件没有中世纪的那么艰苦，但令人惊讶的是，我们仍然工作这么多个小时。

## 凯恩斯的预测

科克恩传说中的这种乌托邦愿景，其实是我们在现代经济学中所发现的"进步"这一概念的先行者。"进步"这一概念以"生产力""收入""消费"等更抽象的词语表达了理想，而不是香肠之墙，但通过物资的极大丰富来获得幸福的核心思想依然相同。

所以，这可能是一个不错的开始，我们以经济学和进化论的双重视角（就像是拿了一个双筒望远镜）来审视土地资源及其局限性。明天，我们还将探讨一些技术的终极局限。但我想说的是，只要你们坚持参加整个讲座系列，就会发现我们的探讨基调将逐渐改变。我们将从外部视角和冷漠抽象的科学视角中抽身出来，下降到山谷，并以更加人文和内部的视角来审视深度冗余的问题。然后，我们将再次转换视角，深入钻探哲学视角的地幔，努力到达核心：我们价值观的核心，乌托邦问题的本质。

所以，坚持下去！

我也许原本可以更多地解释一下我所说的乌托邦问题究竟是什

么，以及我打算如何解决它。但我认为我们最好直接进入问题本身，然后在出现定义、论证结构问题时，再一一加以解决。

* * *

著名经济学家约翰·梅纳德·凯恩斯在他 1930 年发表的影响广泛的文章《我们后代的经济前景》[7]中讨论了物资富足的目标。这篇文章认为，人类正在解决自己的"经济问题"。凯恩斯预测，到 2030 年，人类累积的储蓄和技术进步将使生产力相对于凯恩斯自己的时代增加 4~8 倍。[8] 如此巨大的生产力增长，将使满足人类的需求变得更加轻松；因此，平均工作时长将减少到 15 小时/周。这个前景让凯恩斯感到担忧：他担心过多的闲暇时间会导致一种集体性的精神崩溃，因为人们将不知道如何处理所有的空闲时间。[9]

随着时间的推进，我们快要步入 2030 年，凯恩斯预测的第一部分正在实现。自 1930 年以来，生产力比他当年的时代已增加了 5 倍以上，人均 GDP（国内生产总值）增加了 7 倍以上。[10] 因此，我们每小时的工作收入比我们的曾祖父母多得多。

另外，如果生产力的发展趋势如此延续下去，凯恩斯预测的第二部分似乎将不会实现。虽然自 1930 年以来，工作时间确实大幅减少了，但我们离凯恩斯预期的 15 小时/周的工作时间还差得很远。自 1930 年以来，典型的工作周时减少了约 1/4，到现在的约 36 小时/周。[11] 我们在工作上所花时间的比例有所下降：我们加入劳动力市场的时间更晚，退休后生活的时间更长，休假更多。[12] 我们的工作总体上来说也不那么费力，但在大多数情况下，我们把增加了的生产力用于消费而不是休闲。贪婪战胜了懒惰。

但也许凯恩斯只是估错时间了？[13] 想象一下：一个复活的凯恩斯（也许他刚从杜瓦冷冻罐中走出来，帽子和胡子上还覆盖着冰霜）可能会告诉我们，只需要等待生产力再增长一点点，我们就能看到他预言的每周工作 15 小时成为现实。如果历史趋势如此继续下去，我们将在下一个 100 年内看到生产力再增加 4~8 倍，到 2230 年增加 16~64 倍。在这样的世界里，人们还会选择将大量的清醒时间用于工作吗？

让我们来思考一下人们持续工作的两种可能的原因：

1. 获得收入。
2. 工作本身是一种有价值的活动。

我们将在后面的讲座部分再谈第二个原因，现在先把它放在一边。如果生产力再增长 8 倍，甚至 64 倍，那时我们能看到凯恩斯的休闲社会愿景实现吗？

也许能，也许不能。我们有理由保持怀疑。特别是，人类那会儿可能又发明出了成本很高的新消费品，或者我们需要承担非常昂贵的社会项目。我们也可能被迫花更多的钱在任意溢价的地位象征上，以期在零和竞争中保持或提高我们的相对地位。

这些动机来源甚至在非常高的收入水平上也可能继续存在。下面我们来逐一讨论和审查每一个动机来源。

## 新需求和精致奢侈品

未来也许会出现新的消费品。可以想象的是，未来市场上会出现一系列越来越精致、越来越昂贵的商品，这些商品可以提高人们休闲的质量。因此，无论你的时薪有多高，你都值得将清醒时间的 1/3 或更多用于工作，以便能够在剩余的时间里享受更高水平的消费。这是著名的美国法律学者理查德·波斯纳[①]认同的观点。我们在后文中再

---

[①] 理查德·波斯纳是美国著名的法学家和经济学家，被认为是法律经济学领域的主要人物之一，他主张法律应当促进经济效率的提升，即资源应当被分配给那些能最有效地利用它们的人，提倡法律决策应基于实际效果和现实考虑，而不是纯粹的理论或道德原则。——译者注

谈论他。

然而，这种观点在当今世界令人难以置信，因为金钱的边际效用是急剧递减的，而生活中许多最美好的东西实际上是免费的或非常便宜的。比如说，将年收入从1 000美元提高到2 000美元是件大好事，但将其从100万美元提高到100.1万美元，甚至我认为提高到200万美元，都几乎不会给人们带来太大感觉。

但是，这种情况可能会改变。科技的进步可能会创造出新的方式，以使金钱转化为生活的质量或者数量，这些新方式不会让金钱的边际效用递减。

例如，假设有一系列越来越昂贵的治疗手段，每一种治疗都能增加一段健康的预期寿命，或者使某人更聪明或更具吸引力。例如，花100万美元可以让你再多活5年；再多花2倍的钱，你可以再增加5年的健康寿命。多花一点儿钱，你就可以使自己对癌症疾病免疫，或者为自己或子女进行智力升级，或者将你的外貌从7分提升到10分。在这些情况下（这可能是由科技进步带来的），即使在非常高的收入水平上，人们仍然存在继续长时间工作的强大动机。[14]

未来的富人可能会有更加欲罢不能的花钱方式，而不是像现今这样只能买些可怜的奢侈品来填满他们的房屋、码头、车库，挂满手腕和脖子。因此，我们不应该不假思索地认为金钱在达到某一数量水平之后就不再重要了。我刚才提到的生物医学改良治疗就是一种可能在高支出水平上继续提供价值的商品类型。而且，如果我们想象，正如我经常想象的那样，未来会出现很多数字心智，那么，财富转化为幸福就会更加容易。无论是AI，还是数字心智上传，都需要算力。更多的算力意味着更长的寿命，更快的思考，潜在的更深和更广泛的意识体验。如果需要的话，更多的算力也意味着更多的复制，数字子女和各种分身。

对数字心智进行基础设施投资的回报曲线取决于你的目标是什么。超过一定的计算速度后，进一步加速实现数字心智的边际成本可能会急剧上升，或达到一个硬性的限制。另外，有些算法的并行性很好，如果它们实现的东西有价值，那么算力的回报率可能呈线性增长。毫无疑问，如果你仅仅满足于复制自己，那么即使在非常高的消费水平下，你也不会觉得回报递减。

## 社会项目

如果我们超越自私享受的范畴，就会看到许多额外的机会将大量资源转化为有价值的结果，而且不会遇到令人沮丧的边际效用递减。例如，你可能想为野外受伤或生病的动物建立兽医系统（此处应该有掌声）。即使愿意做这些雄心勃勃项目的人，他们的生产力和每小时工资飙升到令人眩目的高度，他们也可能有理由继续长时间工作，因为他们可以持续不断地扩大自己的影响力，就算每个山顶和每个山谷，每个灌木丛和每个荆棘丛中都有一个诊所，需要救助的种群也依然存在。

理论上，工资越高，继续无私工作以资助更多野生动物医院病房的理由可能越充分。也就是说，如果你的时薪是 1 000 美元，而不是挣着最低工资，那么你就可能更有动力增加工作时长，以期资助更多额外的野生动物医院病房。

注意，我是说理论上"可能"动机更强，因为随着社会财富水平的提高，利他主义机会树上最容易摘到或最丰硕的果实可能会被耗尽。然而，这棵树很大，并能不断结出新的果实。因此，只要你能继续赚钱，你就很可能继续做好事。从这一点可以很容易看出，如果我们考虑的不仅是消除世界上的负面因素，还有增加正面因素，例如带来新的幸福的人，那么总是可以创造更多，而此处的财富数量与可支配资源之间呈线性增长关系。

顺便说一下，各位到目前为止有没有问题？如果有什么不清楚的地方，你们随时可以打断我。好的，过道那边穿着纽扣上衣的同学？你的问题是什么？

**学生**：你是说我们应该尽可能多地生孩子吗？那不是自私吗？

**博斯特罗姆**：不，我目前并没有表达任何道德观点。我正在讨论一些促使人们持续工作的可能动机，这些动机可能会让一些人在每周只需工作一两个小时就能满足所有基本需求的情况下，仍然长时间工作。其中的一个可能的动机就是利他主义：赚更多钱，这样你就可以更多地帮助那些需要帮助的人。好吧，但是如果整个社会足够富裕和乌托邦化，没有更多需要帮助的人怎么办？我想指出，即便是在这种情况下，有些人可能还是会继续赚钱，以便他们可以创造更多的人。无论每个人多么富裕，事实上，特别是如果每个人都非常富裕，你依然可以通过创造更多幸福的人来增加额外的幸福感。有些人肯定认为这是件好事，比如那些彻底的功利主义者，因此他们可以继续保持动机。当然也有其他人对这种功利最大化的衡量标准毫无兴趣。由于这些讲座不是讲人口伦理的，我们不需要在这里讨论这些不同观点的论据。不过我可以在此声明一下：我不是一个彻底的功利主义者，也不是任何形式的功利主义者，尽管我常常被误认为功利主义者，可能是因为我之前的一些工作分析了这种整体、聚合性结果论的假设给我带来的影响。（我的观点很复杂，具有不确定性，倾向于多元主义，尚未完全成形。）这样的解释对你的问题有帮助吗？

**另一个学生**：但是，全球变暖的问题怎么办？

**泰修斯**（低声说）：有些问题总会自动冒出来。

**博斯特罗姆**：嗯，我认为我们必须做一些前提假设，以便将我们在整个讲座系列中的探讨集中在我们的核心问题上。这意味着我们将完全排除一堆实际问题，以便深入探讨哲学的核心。更具体地说，我们正在进行一个思想实验：假设现实世界里一系列科技和政治困难已经被解决，这样我们就可以专注于被我称为"深度乌托邦"的问题。我打算明天讨论科技的边界条件，所以希望那时很多概念会更清楚一些。

所以，正如我所说的，你总是可以创造更多的人，尤其是数字类型的存在体。[15] 你能创造的数字心智数量与你可以操控的算力资源量成正比，而我们可以假设算力资源量与你可支配的钱成正比。

当然，那种上不封顶的利他主义动机是留给那些道德精英的。如果你对要去创造更多幸福的存在并不关心，对已经存在的其他有感知能力的生物的福利和痛苦没有足够的关怀，以及对那种开放式的、雄心勃勃的利他主义项目也毫无热情，那么你可能无法从这个利他主义源泉中汲取动力，你需要寻找其他方式来满足你对目的的渴望。

现在，让我再回答最后一个问题。

**又一个学生**：你说的"数字心智"是什么意思？

**博斯特罗姆**：在计算机上实现的心灵。例如，它可能是人类或动物心灵的上传，或者是一个设计和复杂程度足以使其成为道德或意识主体的AI，即其福祉或利益本身就是重要的存在。我认为，在有意识的数字心智概念下，这一观点初步成立，尽管我不认为意识是获得道德地位的必要条件。就目前的讨论而言，可能没有什么重要的问题要取决于这一观点。

好吧，让我们继续。我们还有很多内容要讨论。

## 更多的欲望

我们可能会继续努力工作的原因是，就算收入再高，我们的欲望也可能是相对的，而它们整体上永不满足。

假设我们的欲望是，我们要比别人拥有更多。我们可能希望这样是因为我们将相对地位视为最终的好处；是因为我们希望从我们提升的地位中获得优势，例如拥有高社会地位所带来的特权，或者通过拥有比对手更好的资源来获得安全。这种相对的欲望可能会成为一个人取之不尽的工作动机来源。

即使我们的收入达到天文数字，即使我们拥有满池子的现金，我们仍然想要更多：只有这样，我们才能在对手的收入同样增长的情况下保持我们的相对地位。[16]

顺便说一句，如果我们渴望地位，无论是为了地位本身还是为了其他好处，我们都可以通过协调来减少自己的努力，从而获得好处。我们可以出台公共假期制度，通过立法来规定 8 小时工作日或 4 小时工作日。我们可以对劳动收入征收高额的累进税。原则上，这些措施可以保持所有相关人员的相对排名，并以较少的辛劳实现相同的相对结果。[17]

但如果没有这种协调，我们可能会继续努力工作，以跟得上所有其他继续努力工作的人；我们陷入了亿万富翁的内卷竞争。你不能懈怠，否则你的净资产将停留在十位数，而你的邻居的资产则升至十一位数……

想象一下，你站在你的超级游艇 *SV Sufficiens* 的甲板上，在大海上丝滑前行，你与你的约会对象一切进展顺利，对方非常满意，你们马上就会接吻……然而，下一刻，你的同事驾驶着巨大的 *NS Excelsior* 游艇呼啸而过，你的游艇在他驶过的余波中尴尬地上下颠簸。而他就站在那里，在他那艘更加豪华的游艇的船尾，得意地对你笑着，挥舞着他那愚蠢的海军帽！哎呀，真是闹心！那个美好的时刻就这样被毁了！

还有一种可能，就是改进本身作为一个值得追求的欲望：我们总是希望明天比今天拥有更多。这可能听起来像是一种奇怪的愿望。但它反映了人类情感系统的一个重要特性：我们的享乐反应机制会对所获得的成就产生适应性。我们开始把新获得的东西视为理所当然，最初的兴奋会消退。想象一下，如果这种适应性习惯没有产生，现在你该有多么兴奋：如果你第一次得到玩具卡车时的喜悦保持不变，并且随后的所有喜悦——第一次滑雪、第一次骑自行车、第一次接吻、第一次得到晋升，全都叠加在一起，那么你该有多么欣喜若狂！

然而，我们的大脑边缘系统（那个老古板）终结了这种欣喜若狂的可能性。"享乐跑步机"在我们脚下不断后退，让我们不断狂奔，同时防止我们到达任何根本上更快乐的地方。

但是，在经济极度富足的世界中，这一不断改进的欲望如何提供工作的动机？我们可能渴望改进，无论是为了改进本身，还是为了获得奖励，但这种欲望似乎仍然有赖于其他欲望来定义什么是改进。我的意思是，如果你一开始就不想要玩具卡车，那么获得它就不会是改进，也不会带来喜悦。所以，我们需要某种类型的基础性好处——你既可以不断积累这种基础性好处，又能从中获得更多的好处。如果有这样的好处（也许就像我之前提到的生物医学改进，或者那种利他主义计划），那么对改进的原发性欲望就可以作为一个放大因素，给我们更强的理由在基础性好处之外继续努力工作。

讨论了这么多关于"追求改进本身作为一种欲望"的话题，让我们回到那个"要比他人拥有更多"的欲望：更多的钱或更多的独一无二的地位象征。人们对相对优势或社会地位的欲望似乎可以独立存在，而不需要预设存在某种更基本的欲望来定义一个无边界的优越性度量衡。[严格来说，如果我们追求的是比他人拥有更高的社会地位，那么这种构造可能需要额外的欲望存在去定义何为地位，即我们特别希望拥有其他人也渴望的东西。但问题在于，地位这个东西本质上是任意的，除了它在这种社会竞争中所扮演的角色外，几乎没有人会为了它本身而渴望它——这可以是一个NFT（非同质化代币），或麝香猫屎咖啡，或其他几乎没有人会想要的东西，除非其他人也想要它。]

因此，对相对地位的渴望未来可能会成为人类行为中的一个重要驱动力，即使在"人类经济问题"已经解决的情况下，也能激励人们继续工作和努力。只要其他人的收入与我们的收入大致同步增长，我们的虚荣心就会阻止我们懈怠，无论我们将变得多么富有。

对相对地位的渴望还有一个特征，使其在富足时代也能成为一种适合的动机来源，那就是相对地位的排名在很大程度上是序数性的。也就是说，重要的是谁比谁更高，而不一定是具体高多少。因此，如果你的对手的游艇长 10 米，那么关键在于你的游艇至少要有 11 米。同样，如果他的游艇长 100 米，那么重要的是你的游艇要更长，但不必长 10% 来保持优势，只要 101 米就够了。这样比较起来很方便，因为这意味着：在我们渴望这种序数性社会地位的范围内，我们的客观收益不必与我们以前的累积收益成比例，以保持显著或获得相对地位。只要有可能在相关的比较群体中改变我们的排名，小幅的增益就仍然非常有吸引力。[18]

## 完美或不完美的自动化

我们难道不会仅仅因为享受工作而工作吗？好吧，如果我们仅仅因为享受某种活动而参与其中，我就不会将其算作工作。但如果我们享受它是因为它有用呢？那么它就需要有一些能令人感到愉悦之外的理由，比如我们之前讨论过的那些。我在此重申一次，有 3 种消费欲望可能会激励人们在生产力和收入都非常高的情况下还继续工作：获取新奇的商品和服务，以满足某种非比较性的个人利益；完成雄心勃勃的社会目标或项目；获取有助于提升地位的定位商品。

从理论上讲，这些欲望可以无限期地推迟"休闲社会"的到来，无论是好是坏，这都确保了"人类的经济问题"永远不会被完全解决，我们的辛勤劳动仍将继续。

\* \* \*

但这儿有一个陷阱！之前所有关于人们是否会继续工作的讨论都基于一个假设，那就是仍然有工作可供人们去做。

更确切地说，我们的讨论假设是，相比于从其他来源（如所持有的资本和社会转移支付）获得收入，通过出售劳动力获得收入仍然具有重要意义。

然而，以拥有超级游艇的亿万富翁为例：无论他多么嫉妒拥有更多资产的富翁，如果他通过出售劳动力最多只能挣到最低工资或只能获得与他的其他投资收益相比微不足道的金钱，又或者他现有的储蓄可以在节俭的生活状态下承担一生的生活开支，那么他就不会继续工作。

* * *

讨论进行到这里，我们遇到一个关键点，那就是我们需要考虑到，先进人工智能对劳动力市场的影响可能是前所未有且更具变革性的。这种影响甚至可能超过由资本积累和技术进步（如凯恩斯在其文章中设想的那样）带来的生产力大幅提升所带来的影响。

从历史上看，劳动力和资本在净值上是互补的。总体上，从工具开始使用到随后所有的技术变革和经济增长时代，这一点都是正确的。

大家都知道经济学中的互补品和替代品，对吧？如果Y的增加使得X更有价值，我们就说X是Y的互补品，比如说左脚鞋是右脚鞋的互补品。相反，如果X的增加使得Y的价值减少，我们就说X和Y是替代品，比如，打火机是火柴的替代品。

事实证明，劳动力和资本一直是互补的，它们增加了彼此的价值。当然，如果仔细观察，我们就会发现，某些特定类型的劳动由于技术创新而变得不那么有价值，而其他类型的劳动则变得更有价值。但到目前为止，劳动总体上变得比以前更有价值，这也就是为什么今天的工资比100年前或人类历史上的任何时候都要高。

只要人类劳动力仍然是资本的净补充，资本存量的增长就应当推动劳动力价格上涨。即使人们变得非常富有，不断增加的工资也可以继续激励他们像现在一样努力工作，前提是他们有我刚才描述的那种无法满足的欲望。在现实中，更高的工资可能会导致人们少做一些工作，因为他们会选择将生产力所带来的收益部分用于增加休闲时间，部分用于增加消费。

但无论如何，劳动力对资本的补充程度取决于技术。如果自动化技术足够先进，资本就会成为劳动力的替代品。

想象一个极端情况：你可以买到一个智能机器人，它能做任何人类工人能做的事情，而且假设购买或租用这个机器人比雇用一个人类工人更便宜，那么机器人将与人类工人竞争，并压低工资。如果机器人足够便宜，那么人类工人将完全被挤出劳动力市场。零工时的工作周将会到来。[19]

\* \* \*

如果我们考虑一个不那么极端的情况，情况可能就会变得更加复杂。假设机器人可以做人类能做的几乎所有事情，但有一些任务只有人类能做，或者人类会做得更好。（这可能包括富裕的高科技经济体中出现的各种新工作。）要确定这种情况下人类工资的结果，我们需要考虑几种效应。

第一，像之前一样，由于机器人的竞争，工资面临下行压力。

第二，在这种完全自动化的情景中，经济很可能会爆炸式增长，导致平均收入飙升。这将增加对劳动力的需求，因为高收入人群会在商品和服务上花费更多，包括那些我们假设只有人类才能生产的商品和提供的服务，这种需求的增加又将对人类工资造成上行压力。

第三，这种情景下的平均财富的增加可能会减少劳动力的供给，因为更富有的人会选择在任何给定的工资水平上减少工作，劳动力供给的减少还将对人类工资产生上行压力。

因此，至少存在以上3种基本效应：一种倾向于压低工资，两种倾向于提高工资。哪种效应占主导地位是无法事先确定的。

因此，尽管完美自动化技术的影响，即全面的人类失业和零人类劳动收入，是显而易见的，但不完美自动化技术对人类就业和工资的影响在理论上是模糊的。例如，在这种模型中，如果机器人可以做除了设计和监督机器人之外的所有工作,那么支付给人类机器人设计师和监督员的工资可能会超过今天支付给所有工人的总工资;而且从理论上讲,总工作时间也可能增加。

如果想从模型中得出更具体的结论,我们就必须做出一系列特定且相当具有推测性的经验假设。此时,我们不妨开始分解自动化的影响,不再只关注总就业水平,而是看劳动力市场的各个部门会受到什么具体影响。毫无疑问,在部分自动化的情景中,一些职业会表现得更好,而另一些则会表现得更差。但由于这些细节与我们讲座的主题并不特别相关,我们将把这些问题留给经济学系的朋友去解决。

\* \* \*

然而,如果我们从一个不完美的自动化情景开始,逐渐转变为一个越来越接近完美的自动化情景,去观察人类工资和工作时间会发生什么变化,那还是很有趣的。如果我们考虑一个自动化技术几乎完美的情景,机器人可以做几乎人类能做的所有事情,而且做得更好,工资更低(只有一些小例外),那么我预计人类的工作时间将非常少。人们平均每周可能只工作几个小时,做那些机器人不能做的极少数的事情。至于劳动收入,我们甚至无法断言会有这样的渐近收敛①到完美自动化的情况,因为时薪可能会急剧上涨,即使人们每周只工作两个小时,他们也可能比现在每周工作40个小时的人挣得多。(在这种情况下,我认为劳动力要素占比增加在理论上是可能的,尽管在经验上不太可能。)

\* \* \*

现在你可能会想:自动化的极限有哪些?自动化替代人类劳动的

---

① 渐近收敛是指一个序列或函数在某种条件下,当自变量趋于无穷大时,其值趋近于一个固定的极限值。——编者注

完美程度将会有多高？这是一个关键因素，将决定我们最终是进入凯恩斯所描述的休闲社会，还是进入一个更加极端的情景，即人类完全不用工作，并因此面临全面的人生目的问题。

我们会探讨这个问题。但在此之前，我想稍微绕道谈谈在自动化完美替代人类劳动且没有工作机会的情况下，人类如何赚钱。毕竟，就算在一个由AI驱动的全自动化未来中，考虑收入也是合理的，我们不能仅仅关注人生目的话题。

## 简单的三要素模型

让我们一起来看一个非常简单的三要素模型——经济产出是由劳动力、资本和通常被称为"土地"的3个要素的结合而产生的。这里的"土地"是指任何我们无法增加的非劳动力投入，不仅包括地表面积，还包括其他基本自然资源。我们将探讨一种极端情况，即经济收入中归于劳动力要素的占比为零，那么资本和土地的综合要素的占比为100%。

我们先假设人口没有变化，技术没有进步，土地没有增加，但有一个意外，即人类突然发明了可以完全替代所有人类劳动力的廉价机器人。我们还假设一个完全竞争的经济没有垄断租金，并且有完全可靠的产权（且机器人仍然在人类的控制下）。

我们最初处于一个全人类就业的经济体，然后完美机器人被发明出来了，这就导致大量的资本流入机器人行业，机器人的数量迅速增加，制造或租赁机器人比雇用人类工人更便宜。最初机器人短缺，因此它们不会立即取代所有的人类工人，但随着其数量的增加和成本的下降，机器人将在各行各业取代人类工人。

尽管如此，人类的平均收入仍然很高并且一直在增加，这是因为人类拥有和控制一切，成功的自动化替代了人类劳动，带来经济的快速增长，资本和土地产生了极高的生产力。

资本不断积累，直到土地成为唯一稀缺的投入要素。如果让你描述这个状态，你可以想象世界上每一个角落都被智能机器人填满，这些智能机器人不仅生产各种商品和提供各种服务，还负责制造机器人并维护和修理现有的机器人。随着土地变得稀缺，新机器人的生产速度放缓。物理空间的逐渐饱和使新机器人的安置变得困难，用于制造机器人的原材料也可能变得稀缺。更现实的是，新机器人将变得多余，现有的机器人已经能够高效完成所有需要完成的任务，新机器人无法提供明显的额外价值。非物质资本品可能会继续积累，如电影、小说和数学定理。[20]

没有工作，人类也不工作，但总的来说，人们通过土地租金和知识产权获得收入，平均收入水平极高。这一简单的三要素模型并没有说明经济产出该如何分配。

即使在一个人类无法从事经济工作的全自动化社会中，个人之间的财富也会继续流动。急性子的人会出售土地和其他资产以满足冲动消费，而更多有长期规划的人会将大部分的投资收入储蓄下来，以便积累财富并最终享受更多的消费。另一种在这种经济稳定状态下增加财富的方法也可能是盗窃他人或国家的财产，或者游说政府进行财富的重新分配。馈赠和遗产也会转移一些财富。除此之外，赌博也可以成为财富流动的一种方式，如掷骰子和玩轮盘赌。

\* \* \*

这一切听上去似乎有点儿疯狂，不是吗？

但请注意，如果我们用"农民"代替"机器人"，那么我们上面所描述的场景其实就是大部分人类历史的还不错的写照。

在均衡状态下，农民和机器人都能获得维持生计的收入。对农民来说，这意味着每对夫妇有足够的食物养育两个孩子。对机器人来说，这意味着每个机器人产生的收入等于其制造和运营成本。

在这个类比中，过去拥有土地的贵族对应于未来的富有人群，后者像历史上的土地贵族一样，从土地所有权中获取租金收入。[21]

在这个模型中，未来人类的平均收入超过其生存水平的关键在于人口总量的上限。如果允许人口数量像机器人数量一样无限增长，那么一旦人口规模达到其演化均衡点，人类的平均收入就将降到生存水平（如同机器人收入降到其生存水平一样）。

那么，我们将面临一个有大量机器人、大量人类、极高世界GDP但平均收入仅能维持生计的局面。这本质上只是托马斯·马尔萨斯所描绘的悲惨世界的放大版。

\* \* \*

这个三要素模型虽然提供了一个简化的分析框架，但其假设是可以被质疑和修正的。

我认为，在长期视角下，如果技术进步趋于零，而土地增长达到了极限，那么这些假设也确实能反映一些现实的限制。我预计，与经济相关的技术进步率最终会趋于零（当大多数有用的发明都已经出现），土地的增长率（通过太空殖民）将趋于多项式速率[①]，因为从地球出发，在特定时间内可到达的空间球体体积受光速限制。从非常长的时间轴来看，土地增长将趋于零，因为宇宙空间的扩展意味着我们将永远无法从我们的起点到达足够遥远的星系。但是，即使在可以维持土地多项式增长率[②]的漫长时期内，由于人口能够以指数速度增长，这最终也会导致平均收入下降到生存水平。[22]

"人类将始终保持对机器人的完美控制"这一假设肯定是值得怀疑的，但我不打算在这些讲座中讨论这一点。如果放宽这一假设，其结果要么与上述相同，即在人口均衡状态下，人类人口略少而机器人数量略多，要么在完全失控的情况下，人类人口可能会完全消失，而

---

① 多项式速率是指多项式函数在某一点或某一区间内的变化快慢。——编者注
② 多项式增长率用于描述变量随时间变化的复杂趋势，其增长速度不是固定的，而是随着时间的变化而变化，呈现出多项式函数的特征。——编者注

机器人数量会更多。

顺便说一句，当我在这里谈论"机器人数量"时，我指的是经济活动中自动化部门所占的要素份额。这里的"机器人数量"不是由某一特定数量的独立机器人组成的群体，而是一个一体化的AI系统，这个系统控制着不断扩展的生产节点和自动执行器等基础设施。

简单的三要素模型中的另一个假设是，产权可以得到完全的保留，并且没有财富再分配的计划或福利制度。此外，我们还没有考虑人类人口内部的经济不平等问题。让我们再深入探讨一下……

这似乎有点儿偏离主题，但如果我们的思考涉及可持续繁荣的未来，那么了解上述这些概念和限制是有用的。它也有助于我们解释过去的人类状况，从而提供一个背景，使乌托邦的愿望更加鲜明。它开始说明，在许多不同的方面，追求一个更美好的世界和乌托邦往往是矛盾的。

## 马尔萨斯均衡的悖论

我们常常认为经济不平等是不好的。然而，在马尔萨斯的理论背景下，经济不平等似乎还有一些好处。

鉴于人口的无限制增长，经济不平等是确保至少有一部分人能够获得持续高于生存水平的收入的唯一途径。如果我们认为至少有一部分人能够享受生活中的美好事物本质上是重要的，那么这种不平等的安排可能比那种更多人过着的"莫扎特和土豆"[①]的生活（这里借用德里克·帕菲特的说法）要好。[23] 历史上，经济上的不平等也会带来功能性的实用好处，比如一些富人赞助艺术家和科学家，为他们创造

---

[①] 莫扎特和土豆是一个用来描述缺乏文化丰富性和美学享受的生活状态的短语。它指的是在一种假设的情境中，人类的文化和饮食丰富性被削减到最低限度，所有伟大的艺术作品都消失了，只剩下单调乏味的背景音乐和像土豆这样的基本食物。这个短语最初是哲学家德里克·帕菲特用来阐述"令人厌恶的结论"的。——译者注

特权庇护所，让他们远离生存斗争，从而全身心投入创新，带来工具性的好处。

* * *

你可能会认为，如果马尔萨斯均衡中存在不平等，平均收入显然会更高，因为如果全部平等，那么每个人都只能获得生存水平的收入，而如果存在不平等，那么至少有些人能获得高于生存水平的收入，但事情并非如此简单。

试想一下，在存在不平等的情况下，享有高于生存水平的收入的阶层（如拥有土地的精英）以超过平均水平的速度繁衍。因此，他们的一些孩子必须离开出生阶层，降至较低的阶层。这种从高阶层向低阶层的人口渗透意味着，在稳定状态下，低阶层的平均收入低于生存水平；否则，人口总量就会增加。因此，在这个模型中，农民阶层的收入低于生存水平，但其人口总量保持不变，因为其人数不断从上层精英中的底层多余后代中得到补充。

我们可以将这种情况比作漂浮在水中的一块冰。如果我们有一块薄而平的冰（完全是平的），那么所有的冰晶都会接近水面：处于仅能生存的水平。如果我们有一块高而尖的冰（一个冰山），那么有些部分可以高高地凸出水面，享受经济富裕，但这必然会压低冰面的其他部分，使其收入水平低于生存水平。

然而，如果我们假设收入与适应度之间的关系不是线性的，那么不平等可能会在马尔萨斯均衡中提高平均收入。让我们考虑一个极端的例子：一对国王和王后的收入是一对农民夫妇的10万倍，但这对王室夫妇的存活后代的数量不会是农民夫妇的存活后代的10万倍。所以，在稳定状态下，不平等可能会在马尔萨斯均衡中提高平均收入。

另外，不平等可能会降低平均福祉，因为一个人的福祉并不与其收入成正比，而是可能与其收入的对数或者是其他快速递减的函数形式成正比。再拿上面的极端例子来说，假设国王和王后获得了一些新的贡品，且他们的收入增加了 10 倍，他们的预期福祉的增加也可能会少得多。

* * *

在现实中，我们只能大致接近马尔萨斯均衡状况。马尔萨斯均衡状况总是频繁地被外部冲击打破，比如时不时发生的瘟疫、饥荒、大屠杀等，它们都会使人口减少，从而增加每个幸存者可用的土地和资本。在一段时间内，大多数人都可以获得显著高于生存水平的收入。[24] 这种舒适度的改善会带来儿童的死亡率下降，从而让人口再度增长，直到土地再次变得稀缺，农民的平均收入回到生存水平，或略低于生存水平。

* * *

生活在马尔萨斯均衡状况下是什么感觉？我们迄今为止做出的简单假设并不能推导出任何普遍性的结论。

例如，你可以有一个动态的财富模型，在这个模型中，如果一个人的财富在任何时候都低于某个阈值，他就会死亡。在这样的模型中，一个人可能需要有一个较高的平均财富水平，以便活得足够长并成功繁殖。因此，生活中的大部分时间都是相对富足的时期。

在这个模型中，能够使生活中的财富波动放缓的发明（比如让人们在好时节储存剩余粮食并在需要时使用它们的粮仓）会降低平均福祉并扩大人口规模。这可能是早期农民的生活比他们的狩猎采集的祖先更糟糕的因素之一，尽管农业代表了技术的进步。那些粮仓使消耗的紧迫性放缓，使农民即使在平均收入略高于生存水平时，也能活得足够长并繁衍后代。如果没有储存食物的能力，外部平均条件就必须相当好，以便人们在低谷期仍能生存。

在马尔萨斯均衡状况下，不仅仅是粮仓，其他形式的"进步"（包括社会福利制度）也减少了整个群体中或个人生命周期内的差异，产生了类似的矛盾效果。

再以和平为例，考虑一种有利于群体和个人之间建立更和平关系的意识形态发展：像爱邻如己的教义或改进解决冲突的标准，使更多的争议可以通过理性的辩论和妥协得到解决，而不是通过拳头或刀剑来解决。还有什么比这更温和？然而，这些改进实际上可能对平均福祉产生负面影响，因为它们使得维持给定人口规模所需的死亡必须从极端贫困、长期营养不良和生理性衰竭中产生，而不是从偶尔的暴力争斗中产生，而在其他时间里，人们生活在安逸和舒适中。

## 不同时间尺度上的起伏

在这样的马尔萨斯均衡世界中，在史前和大部分历史时期，以及在动物世界里，与促进普遍幸福有关的许多直觉都是错误的。[25]正如女巫咒语那样，"好即是坏，坏即是好"[26]。天真的善意一直充满了迷惑和困扰。

然而，如果我们在不同时间尺度上分别展开关于财富动态的讨论，那么我们理解的可能会多一点儿。

### 短期

这是指人口总量在遭受冲击后，重新恢复平衡所需的时间较短的时期，比如说几代人。更好的食物储存和冲突的解决提高了平均福利。好就是好。

### 中期

这是我们上面的讨论中所隐含的时间尺度。大约100年后，一些减少差异的创新方法，如食物储存方法的改进、社会福利或和平的意识形态会达到一个更新的、更少差异的马尔萨斯均衡状况。在这个新均衡中，平均福利比之前更低。好就是坏。

然而，在这种情况下，人口规模将会更大。所以说，如果你是一个彻底的功利主义者，那么你可能会对这种均衡感到满意，当然，前提是这种情况下的平均生活在零线以上（即至少值得活下去），并且生活在极端贫困中的额外人口足够多，以弥补这样一个事实：每个人都比他们（已经非常贫困的）前辈生活得更加贫困。

## 长期

从更宏大的历史视角来看，农业、食物储存和地方冲突解决机制（如各个国家之间）似乎走在通往工业革命的道路上。工业革命非常重要，因为从那时起，经济增长速度足以超过人口增长速度，使人类摆脱了马尔萨斯均衡状况，这是多么幸运啊！尽管我们只在这种不受约束的状态下度过了几百年（在世界许多地方，这个时间段甚至更短），但它已经塑造了大多数出生于这个时期的人的生活经历。在大约1 000亿曾经生活过的人中，有超过100亿人是在马尔萨斯均衡状况后的时期里生活的。根据标准的人口外推，这个数字会迅速增加，因为大约5%或10%的人现在还活着，并且几乎所有现代人都已经摆脱了马尔萨斯陷阱。[27] 因此，迄今为止大约10%的人的生活已经（或目前）处于马尔萨斯均衡状况后的时期；这个比例每世纪增加大约10个百分点。

从这个长期视角来看，好还是好，至少那些可能减少中期平均福利的改革和改进方法正在变得越来越好，旨在创造一个新世界：那里人口众多，但很少有人饿死，并且大多数人都能获得体面的生活。

## 更长远的时期

关于我们所谓的"深远未来"的问题，论证仍在进行中。

你可以论证，智慧和广泛合作是目前最需要的两种品质，以确保我们的自地球诞生之日起就存在的文明能拥有一个伟大的未来。我也认为，财富、稳定、安全及和平对智慧和全球合作更有利，而不是它们的对立面。因此，我们应该欢迎这些方向上的进步，不仅因为它们现在对我们有好处，而且因为它们对人类的未来有好处。

这并不意味着越早在这些方向上取得进步，就越会对人类的未来有好处。如果人类物种在进化为人类之前、在进入工业时代之前，在那种"贫穷、肮脏、野蛮"的条件下停留更长时间，那么我们或许会在基因上或文化上进化得比现在更"人类化"？[28] 也许我们出来得太早了？若我们再花几十万年的时间投掷长矛和围着篝火讲故事，也许就会为最终进入机器智能时代更好地做准备？

也许是，也许不是。对诸如此类的事情，我们所知甚少。我们对基本的宏观战略方向仍然一无所知。[29] 我真的在想，我们能否分辨出上下。

## 追求卓越

我们还应注意，即使我们确定了一个收入水平，关于它在物质福利方面的对应关系仍然是一个进一步的问题。

答案取决于社会经济背景。比如，一个年轻、健康、受尊敬的狩猎采集者每天将好几个小时用于狩猎、制作箭矢和装饰品、烹饪食物、修理家庭小屋的屋顶，他很可能享有比早期工业革命时期的英国童工更高的福利，因为尽管他们的收入相同（即仅能维持生计），但后者每天在煤矿工作12个小时，还患有黑肺病。[30]

从物质福利出发，它在主观幸福感方面的对应关系又是一个进一步的问题。个人心理在这里起很大作用。两个人可以生活在几乎相同的条件下，有相似的工作、健康状况、家庭情况等，但其中一个人可能比另一个人幸福得多。有些人天生性格阴郁，常感到焦虑或不安；而另一些人天生乐观，即使在客观环境非常恶劣的情况下也能保持愉快和无忧无虑。

还有一个问题是，收入水平如何与各种"客观幸福感"（也称为

"繁荣"或"有所作为"①）的概念相关联，即不仅仅是某人对生活的满意程度有多高或他们有多愉快，还包括他们拥有的那些各种公认的客观美好事物，如知识、成就、美德、友谊等。一些哲学家声称这些事物对某人的生活质量有积极影响，并使这种生活在理性上更具吸引力。某些这样的客观幸福感概念可能与收入呈现非线性的关系，例如，极低收入与较少的客观幸福感相关（因为极端贫困阻碍了人类能力的发展和运用），但过高收入也可能不利（因为过于富裕会滋生恶习）。

接下来，让我们一起思考一种可以创造卓越生活的完美主义者观点。对完美主义者的解读有着不同的类型，有的可能侧重于人类特有能力的发展，有的强调在道德、智力、艺术或文化领域的超高成就，也有的追求"生活中最美好事物"的完成或实现。依据所选择的完美主义者的不同版本，人们在评估乌托邦愿景的潜力时，可能会特别强调其在产生伟大人物或取得卓越成就方面的表现。

从这样的完美主义角度来看，如何看待人类过去在和平、平等和繁荣方面所取得的进步尚不清楚。一方面，它为更多人提供了基本的物质需求，并为他们提供了追求卓越的机会；另一方面，它可能削弱了人们追求卓越的疯狂动力，令人不禁想起哈里·莱姆在《第三人》中说的著名台词：

你知道那人说了什么？在意大利，博尔贾家族统治的30年间，他们经历了战争、恐怖、谋杀和流血，但他们产生了米开朗琪罗、达·芬奇和文艺复兴。在瑞士，他们有兄弟般的互敬互爱，有500年的民主与和平，但那里产生了什么？布谷鸟钟。[31]

---

① "有所作为"（Eudaimonia）在希腊哲学和亚里士多德伦理学中起着核心作用，是指在完备的生活中的合乎德行的、理性的活动。这里面包含了3层意思：理性/明慧、合乎德行，以及完备的生活，同时必须是有行动的。亚里士多德在《尼各马可伦理学》中关于"有所作为"及相关概念的论证可总结如下：先存在一个最终的目的，即"最高的善"，其他所有的"善"，如健康、财富、快乐、美貌、友善等本身并不是目的，而都只是通向"最高的善"的手段和方法。——译者注

这也许是尼采愿意写的台词（尽管他自己相当喜欢在瑞士阿尔卑斯山闲逛）。值得指出的是，除了博尔贾家族统治下的意大利，许多其他地方也经历了战争、恐怖、谋杀和流血，却没有产生任何文艺复兴。

* * *

我认为这些完美主义的卓越和成就确实有一定的价值。

然而，我也认为我们有高估它们重要性的倾向。它们最具吸引力的时候，是当我们从远处和外部看待事物时；我们仿佛是坐在观众席上的评论家，对一场舞台剧或电影进行评价。在观众席上，我们更喜欢一个充满刺激、危机、冲突和巨大成就的故事，而不是一个所有人物都轻松愉快地相处的故事。[32] 但这不是看待乌托邦的正确视角，我们的问题不是"乌托邦看起来有多有趣"，而是"生活在乌托邦里有多好"。

## 不均衡

让我看看我的进度，哦，剩下的时间不太多了。好吧，我刚才说到哪儿了？

**学生**：《第三人》，布谷鸟钟。

**博斯特罗姆**：不，在这之前的。

**凯尔文**：在三要素模型中的劳动力自动化，然后是粮仓和其他创新手段对不同时间尺度上人类平均福利的影响。

**博斯特罗姆**：对！我们在讨论一个简单的经济模型，其中机器人可以更高效地完成人类所能做的任何事情。人类不再通过工作获取收入，而是通过占有土地获取收入。这类收入会非常高，高到可以拿香肠去砌墙，在此我们假设用的是实验室培育的香肠。

但是，这个结论也是放在一个时间尺度里来讨论的。

想象一下，所有人都生活在奢华中，收入远高于生存水平。这意味着最终如果没有与之协调的人口增长限制，人类人口的持续扩大会导致平均收入下降到生存水平。如果存在不平等，那么有些人仍能享受远高于生存水平的收入；但普通人将陷入贫困。[33] 繁荣的时代将结束，也可能永不再来，恰如亘古长夜中那道转瞬即逝的闪电。

有什么问题吗？好的，那边那个同学。

**学生**：人们变得更富有时，难道不会选择少生孩子吗？

**博斯特罗姆**：有些人是这样，有些人不是。在这个模型中，未来主要是由那些选择多生孩子的人的后代组成，而不是由那些限制自己生育的人的后代组成。另一个同学，你的问题是什么？

**另一个学生**：我认为问题在于人们生的孩子不够多，所以没有足够多的年轻人来照顾老人。

**博斯特罗姆**：嗯，这是当下社会中有人在谈论的问题。直到不久前，人们讨论的问题还是人口过剩。人口过剩话题，就像今天的气候变化话题一样，占据了我们集体意识中的同一位置（与"核末日"共居那个位置）。例如，保罗·埃尔利奇写了《人口炸弹》这本书。它在1968年出版，销量超过了200万册，在知识分子中影响广泛。颇具讽刺意味的是，在埃尔利奇的畅销书问世的同一年，人口趋势线开始逆转，从那时到现在，世界人口的增长一直在放缓，我们现在似乎正在走向人口的崩溃。

**学生**：所以，我现在听得有点儿糊涂了。你谈的问题是人口过剩，还是人口不足？

**博斯特罗姆**：嗯，它们看起来都可能是问题？

**学生**：但是，人口太多还是太少？我们应该担心哪一个？

**博斯特罗姆**：也许两者都应该担心？例如，一个地方可能人太多，另一个地方却人太少；一个时期的人太多，而另一个时期的人太少。

第一章　　033

即使我们只把世界人口作为一个变量，也会担心它在某个时候朝一个方向或另一个方向灾难性地偏离。就像一个球在窄梁上滚动：我们可以确定它最终会掉下来，即使我们不知道它掉落的原因是偏离得太左还是太右。

或者，我可以换一个比喻：人类正骑在某头拥有巨大力量的混沌野兽的背上，这头野兽在跳跃、扭动、冲刺、踢腿、抬头。这头野兽不代表大自然，它代表的是我们自身文明的行为动态，涉及数十亿个人、群体和机构，在技术介导和文化影响下的博弈互动。没有人能控制这头野兽，我们可以尽可能地坚持下去，但在任何时候，也许如果我们以错误的方式刺这头庞然大物，或者没有任何其他明显的原因，它可能只是轻轻一甩就能让我们跌入尘土，也可能会把我们踩伤或踩死。这是一个固有的风险和令人不安的情况，并不是危言耸听的假设。

**另一个学生**：我想我明白你的意思了。你是说我们对人口规模缺乏控制，所以它可能变得太大或太小？

**博斯特罗姆**：是的，我们确实缺乏这种控制。但问题本身比其是否可控更普遍和更深刻。它的普遍性在于：不仅仅是人口规模的失控，还有许多其他关键参数的失控，如我们的军事装备、技术发展、污染、模因生态[①]等。它的深刻性在于：即使我们创建了某种全球控制的机制，比如一个足够强大的世界政府，我们也必须问，控制这个机制的力量是什么？这些力量是不是可控的？不同派系和意识形态、特殊利益群体在争夺控制权的过程中会产生什么有害或危险的事态？[34]

---

① 模因生态是指在诸如语言、观念、信仰、行为方式等的传播过程中所产生的一种文化生态和文化演化模型，是一种基于类比达尔文进化论的视角来研究心智内容的学说，源自理查德·道金斯于1976年出版的《自私的基因》一书。模因是指"文化的基本单位，通过非遗传的方式，特别是通过模仿而得到传播或传递"。一个模因是否成功取决于其内容影响力和传播能力。——译者注

或者我们假设将地球的控制权交给某一个人或某个统一行动的组织机构？嗯，不难想象这种情况下事情会如何出错。

我们将在这里提出一个乌托邦的实现条件，以便探讨在这种条件下出现的诸如目标和价值之类的有趣的问题。为了实现乌托邦，仅仅规定经济生产力大幅提高是不够的，这可能是必要条件，但绝对不是充分条件。即使我们还规定了技术的全面进步，也是不够的，这样的全面进步也需要能在社会和政治领域顺利推动，否则，如果我们文明的治理方式没有进步，物质力量的增加就可能会让事情变得更糟，而不是更好；即使达到了乌托邦状态，如果我们没有解决最严重的全球协调问题，这种乌托邦状态也可能是不稳定的和短暂的。

那边还有一个同学要提问。

**某学生**：把所有鸡蛋放在一个篮子里似乎不太好。难道不应该本土化地调控这些事情吗？每个国家可以有自己的规则。

**博斯特罗姆**：当存在全球外部性[①]时，你提的方法通常不起作用。比如说，如果一个国家单方面解除武装，那么它将面临被另一个主张军事扩张的国家控制的风险。或者，在我们讨论的人口过剩问题中，外部性表现为道德关注：如果一个国家陷入马尔萨斯陷阱，那么对那些关心那里人民的福祉的国家来说，这也同样是一个问题。

顺便说一下，这是人口过剩问题与人口不足问题之间的不对称性之一：前者导致许多人的生活状况很差，而后者导致原本可以拥有美好生活的人根本不存在。[35] 前者更可能为我们带来困扰。因此，人口

---

① 在经济学中，外部性或外部成本也被称为邻域效应、溢出效应，是指因一方（或多方）活动的影响而产生的未参与第三方的间接成本或收益。从受到影响的第三方角度来看，这些影响可能是负面的（如工厂排放污染物），也可能是正面的（采蜜的蜂群也会给邻近植物授粉）。新古典福利经济学认为，在合理条件下，外部性的存在将导致非社会最优的结果。那些承受外部成本的人是不由自主的，而那些享受外部利益的人则不需要耗费成本。——译者注

过剩更可能具有道德外部性。

另一个人口过剩与人口不足之间的不对称性是，人口过剩是一种进化平衡，而人口不足不是。除非生育受到调控，否则我们可以预料到一些更具生育力的人类变种会出现，他们将持续繁殖，直到人口总量再次回到马尔萨斯均衡状况。

我们可以想象，文化或技术的创新会暂时阻止这一凶兆出现。也许当电子游戏变得如此吸引人时，我们将不会在生育上花费太多心思和资源。但可以预见的是，依然有些群体会选择生育，也许他们会将电子游戏列为禁忌。这些群体，或者那些也能实现足够低的人员流失率的群体，将成为未来的继承者；他们的行为和价值观将塑造长期人口动态。因此，世界人口将再次开始增长，马尔萨斯的观点将继续得到验证。[36]

AI的转型不一定会消除这种人口动态。生物人类的人口总量可能继续呈指数级增长，当然，数字心智的数量也可能呈指数级增长，并且其倍增时间更短。最终，只有全球协调才能解决这个问题，就像身体需要防御癌症一样，这不能仅仅依靠细胞的善意。这一原理同样适用于战争问题，以及由错误的竞争或优化而引发的其他问题。

## 规模经济

无论是为了可持续地改善动物在野外的生存条件，还是为了可持续地提高社会中的人类生活标准，我们都必须控制人口数量。你可以通过喂这些饥饿的鸽子来帮助它们，然后，明年会有更多的鸽子，后年还会有更多，你无法跑赢这件事。但是，如果孵化的鸽子数量被限制在死亡的鸽子数量范围内，那么所有的鸽子都可以可持续地享有高于生存水平的生活。[37]

鸽子的情况很容易看出来，而人类的类似情况由于以下几个原因

（除了文化上的盲点）则较难看清。[38]

1. 人类的世代周期更长，所以其发展动态得以在更大的时间尺度上展开，更难察觉。
2. 人类文化赋予人类社会更多的自由度。其结果是，在生存条件变得富足时，文化现象及人口结构的转变抑制了人类最初的繁衍。它可能需要许多世代的文化和基因选择来克服这种最初的抑制。
3. 人类的经济生产力表现为更大的规模经济。鸽子可以通过不断寻找觅食地点积累觅食技巧，并分担监视捕杀者的任务，从而从群体中受益。[39] 而人类则可以在广泛的与经济相关的主题中互相学习无限多的东西，也能够从劳动分工中获益更多。这些在规模经济上的巨大量性差异掩盖了一个潜在的质性相似点：最终，如果技术停滞，土地必将成为生产力的限制因素。

第一个原因显而易见，我们也已经讨论过第二个。我想详细说明一下第三个原因。

规模在经济学中很重要。实际上，通过观察某些基本的物理过程，我们已经看到了规模的重要性。例如，容器的体积增长速度快于其包围壁面积的增长速度。这一简单的几何事实被称为"平方立方定律"，可以应用到很多方面。打个比方，如果你想储存一些物品，那么储存在一个大容器中要比存储在多个小容器中更便宜（就需要的材料量而言）。类似地，较粗的管道比较细的管道更高效，较大船只的单位货物的水阻损失更低，较大的炉子浪费的热量更少，等等。因此，规模运行往往可以降低单位成本。

更重要的是，较大的社会规模可以实现更大的专业化，从而提高效率。考虑到生产尖端微处理器所需的全球供应链，以及它所涉及的各种专业知识和设备，我们需要有一个极大的客户基础来支持所有这些固定成本。一个有1亿人口的世界可能不足以支撑生产尖端微处理器所需的投入，也无法保证其生产既具有持续可行性又有利可图。

规模的另一个重要结果是，生产非竞争性商品（如创意）的成本可以在更大的用户基础上分摊。人口越多，有创意的头脑就越多，任何特定发明的价值也越大，因为它可以造福更多人。

因此，世界人口越多，我们预期的知识和技术进步的速度就越快；因此，经济增长的速度也越快。

但这并不完全正确。我们应该说，世界人口越多，我们预期的推动知识和技术进步的力量就越强。实际的进步速度还取决于为实现进步而面对的不同难度，这些都会随时间的推移而发生变化。特别是，我们可以预料到，随着最容易实现的进步成果被首先采摘，后面的进步会变得越来越难。

因此，这里有两个竞争因素：世界人口总量一开始很小，思想之树上有低垂的果实，而摘取这些果实的总体努力很小；后来，世界人口总量变得大得多，低垂的果实已被摘完，且摘取剩余果实所需的努力要大得多。我们事先并不清楚哪个因素应该占主导地位，规模经济的模型并没有预测我们应该看到技术进步的加速还是减速。

从经验上看，我们发现进步确实在宏观历史时间的尺度上出现加速。从人类物种首次进化开始算起，在接下来的数十万年间，人口总量很少（可能只有50万人），所有的进步都非常缓慢，以至于几千年来技术上几乎没有变化。

然后，随着农业革命出现，人口得到扩展，技术进步的速度变得更快，世界经济在这期间大约每1 000年翻番一次。这是一个戏剧性的加速，但若以现代的标准来看，进步速度仍然十分缓慢。

事实上，那会儿的进步如此缓慢，以至于当时的观察者基本上无法察觉。[40]后人只能通过比较长时间跨度内的技术能力来检测进步，但进行这种比较所需的数据，如详细的历史记录、考古发掘的碳测定等，是不可用的。因此，古代人的历史观并未涉及技术进步的趋势。

正如经济思想史学家罗伯特·海尔布隆纳观察到的：

在最早的阶级社会的巅峰，王朝的梦想被描绘得如梦如幻，胜利或毁灭的愿景被生动地刻画；但记载这些希望和恐惧的纸草纸和楔形文字板上，没有提到它们在物质条件上有任何变化，无论是对广大群众还是统治阶级本身。[41]

从某种程度上看，对宏观趋势的假设通常是以趋于恶化为前提的。我们有"堕落"的概念，比如人类从富足的伊甸园里被驱逐出来，或从早期假定的"黄金时代"坠入世俗的衰退。历史发展的大箭头被认为是生锈的，并向下倾斜，或者像在古代印度和中国传统中那样，历史发展的大箭头被视为向后弯曲，从而形成历史时间的循环概念，人类的生活水平在不断重复的波动中上升和下降。

这种发现自己在走下坡路的观念可能反映了一种模糊的集体记忆，或者是原始人类学对从狩猎采集到农业过渡的过程中所失去东西的解释。[42] 早期农民的骨骼遗骸中有生活标准灾难性下降的痕迹，与他们的旧石器时代的祖先相比，他们的骨骼显示出发育迟缓和营养不足。[43]

顺便说一下，这是一个很好但也令人感到悲伤的马尔萨斯均衡状况的例子：经济的巨大增长并没有改善人类的平均福利，因为增加的产出被增加的人口消耗。事实上，这种经济的增长不仅未能改善人类状况，而且使人们的生存条件变得更糟糕。这种生活质量明显下降的原因可能是新经济情况下生存的条件变得苛刻，或者在新环境中最经济高效的饮食和行为模式变得缺乏营养且无趣，这些都与我们的生物本质不符。

因此，物质进步的概念是一个令人惊讶的现代发明。尽管如此，回顾过去，我们依然可以看到：随着时代的发展，很多技术进步确实出现了，导致世界GDP和人口总量在工业革命开始前的1万年间增长了200倍（世界GDP和人口总量这两者在马尔萨斯均衡状况下基本相当）；然后，从工业革命开始到现在，世界GDP在原有基础上又增长了100倍，世界人口增长了10倍，平均收入增长了10倍。对狩猎采集者来说，世界经济翻番的时间是几万年；对农业人口来说，大约是1 000年；而对工业时代的人类来说，大约是30年。[44]

在过去的几百年里，世界人口比以往任何时候都多，通过商业往来和交流，人们之间的联系变得紧密，各种发明以惊人的速度涌现，我们倾向于认为以上这些状况都是正常的，但如果我们放大一些来看，这些都是最显著的异常。打个比方，这就像人类文明是一个火药桶，而我们正目睹它点燃的那一刻。

好了，让我们总结一下我们讨论了哪些重点。我们从最基本的乌托邦类型——物质极大丰裕开始讨论，接着谈论了凯恩斯的著名预测……

## 时间用完了

**学生**：教授，有人在敲门。

**博斯特罗姆**：哦，对。下课时间到了。一定是选了"达吉斯坦地区的腹足类动物"这门课的学生在等着进来……哇，那些软体动物学家真的迫不及待了。如果你们中有人不打算留下来听那门腹足类动物课，那就尽快离开。明天见！

## 去泡温泉

**菲拉菲克斯**：博斯特罗姆教授，对不起，我们有点儿冒昧，听了您的讲座。我们并没有注册，能否旁听这门课？

**博斯特罗姆**：不，你们必须从记忆中删除你们所听到和看到的一切。

**菲拉菲克斯**：……

**博斯特罗姆**：当然欢迎你们来旁听！如果你们需要的话，我还有几份有关明天讲座的阅读材料,是"狐狸费奥多尔的来信"。你们读过吗?它可以为我们今天讨论的一些内容提供内部视角。(在背包里翻找)应该在包里的……找到了!给你们。谢谢你们来听讲座,下次见。

**菲拉菲克斯**:谢谢教授!

**泰修斯**:我得走了。明天同一时间见?

**凯尔文**:我明天来不了。我要去参加一个葬礼。

**泰修斯**:哦,真遗憾。

**凯尔文**:不,是我不认识的人。我爸的朋友去世了,但我爸想让我陪他一起去。

**泰修斯**:明白了。那我们星期三见?

**菲拉菲克斯**:好嘞,我敢肯定我们会去听所有的讲座。

**凯尔文**:好的,再见。

**菲拉菲克斯**:再见。

**凯尔文**:现在,去泡温泉!

## 狐狸费奥多尔的来信

**凯尔文**:这里的温泉可真不错。

**菲拉菲克斯**:是啊,我感觉很放松。

**凯尔文**:而且这里很干净。你想读读狐狸费奥多尔的来信吗?

**菲拉菲克斯**:好啊。我们去那个小山坡吧?那里是个读书的好地方,看起来还有些柔软的嫩草。

## 第12封信

亲爱的帕斯特诺特叔叔:

请原谅我这么久没有给你写信。我因忽略了我们的通信而感到内疚和懊悔,尤其是回家后发现你的几封信在等着我。你在信中对我的安危表达了越来越多的担忧和关心，唉，我真配不上你这样的关爱！我也很抱歉给你带来了烦恼，这确实有点儿像是对你的一种恩将仇报。我只能希望你那宽厚的心继续怜悯我的悲惨，并像往常一样包容我的缺点。你必须知道，你为纪念我父亲而对我所负的一切责任早已履行，任何曾有的债务也早已还清，并且还都是加倍偿还的。

在这封信中，我将尽力让你了解我的遭遇。你会记起我那时的黑暗情绪和思想上的困扰；我停滞的学业；我放弃的作曲学习；我完全徒劳的哲学思考。好吧，自上一封信以来，我经历了不少奇怪的事情。我开始了一次旅行，既是地理意义上的，也是精神意义上的。

我无法详细描述其中的曲折变化，因为那并不值得你关注。我只会勾勒出它的大致轮廓和几个标志性的事件，这些细节铭刻在我的记忆中，以至于现在如果我抬起头从这张纸上看过去，几乎可以看到它们就在我面前。

一切始于重聚的几天后。沉思和不安让我无法平静。我在房间里踱步，坐下又站起来。我试图作曲，但我的思绪在跑火车，无法进入作曲状态，乐谱纸上依旧是空白的。我关心的问题一直在我脑海中盘旋，但我无法取得任何进展。我想知道，为什么我有一个能思考但无法找到答案的灵魂；为什么我能看到那么多的错误却似乎无能为力；为什么我是狐狸而不是虫子或鸭子；为什么我活在当下而不是在其他时间；为什么一切确实存在，而不是从未有过任何存在，比如，没有森林，没有地球，没有宇宙，这似乎是一种更自然的状态，更不用说可以为每个人节省大量的麻烦。我的思绪被这些难以捉摸的问题占据，无法平静。

一天早晨，几乎整夜失眠后，我做出了一个决定：既然我自己无法解决这些问题，那我就必须寻求他人的帮助，这是唯一有可能成功的行动方向。虽然这种可能性很小，因为我也不知道去哪里找一个可以谈论这些问题的人，更不用说找到一个已经理解了一切并能向我这种智力有限的人解释清楚的人。前景似乎不太好，但待在家里肯定是一无所获。

于是第二天，我就出发了。我的计划是寻找住在南沼泽橡树附近的老乌鸦，问她是否认识可以交谈的人。我很容易就找到了她，但她说她不认识任何智者或贤人。然而，她建议我去找河狸埃贡。她告诉我，埃贡认识很多往来于湖边的水鸟，并与其闲聊。因此，他建立了一个跨越森林甚至更远的地方的熟人网络。据说他甚至有很多朋友住在遥远的异国他乡。

于是，我就跑去找埃贡，乌鸦说的果然没错！埃贡说自己确实认识一个人，或者说听说过一个人，据说他是世界上智慧最多的人。他就是猪皮格诺利乌斯，他的智慧广为人知。听到这个消息，我兴奋得几乎无法开口询问他住在哪里。万一他住得太远，甚至在另一个国家，我该怎么办？我的心紧张地怦怦直跳，想象着有这么一个神一样的存在，他可能帮助我解决问题并向我解释这一切。但只要想到我可能永远无法到达他那里，我就感到无法忍受。我张着嘴有好几秒钟，终于挤出一句话："他在哪里？"

当埃贡告诉我他住得挺远但又不至于太远时，你可以想象一下我那喜悦和松了一口气的感觉！这将是一段漫长的步行，我大约要走20天，但这是有可能实现的。他在我的可达范围内！我衷心地感谢了埃贡，并对他说，如果他遇到也要往那个方向走的人，可以帮我提前给皮格诺利乌斯带个口信，告诉他有人正在寻访他的路上，这样他就可以得知我的来访。我觉得既然我未经邀请而来，至少应该礼貌地提前通知一下。我不知道他会对一个陌生人突然出现在家门口作何反应，也许我会被拒之门外？

在接下来的几周，我非常辛苦。我的体重下降不少，脚和腿因长时间的行走而感到酸痛，但我的灵魂感到非常安宁，这是我未曾体验过的感觉。虽然旅程充满了挑战，但我确信自己做的是正确且必要的事情。我没有自我怀疑。我有一个目的，虽然这只是一个临时的目的，但无论如何是一个真正的目的。这种感觉真是令人惊讶！

最终，我到达了埃贡所指引的地方，开始询问是否有人知道如何到达皮格诺利乌斯住的地方。这并不难，似乎大家都知道这头猪是谁。不久，我沿着一条小路往下走，就看到他出现在我面前！他在泥浴中！我担心我来得不合时宜，正准备转身离开，但他即使看到我走近也似乎完全不为所动。我不确定是该来还是该走，结果就选择了最糟糕的选项，即尴尬的折中：我只是站在那里盯着他，张着嘴巴。

我不知道也不想记得这种尴尬持续了多久。过了一会儿，皮格诺利乌斯叫我下来。然后我走近他，开始了下面的对话。我认为这里复述的这些话与当时所谈的非常接近；我的记性一向很好，而且这一情节已经在我脑海中回放了无数次。

**费奥多尔**：尊敬的皮格诺利乌斯，我远道而来，寻求你的建议。这是给你的一份小礼物。你愿意给我这个难得的机会，让我问你几个问题吗？我听说你是一头极有智慧的猪。

**皮格诺利乌斯**：哦，是非常有智慧，也非常不够用。但很感谢你送的栗子，你可以把它们扔进这里。

**费奥多尔**：扔进泥坑里？

**皮格诺利乌斯**：是的！扔进来！

**费奥多尔**：为了尊重你的宝贵时间，我将直奔主题。我看到世界上有这么多问题，受苦的人这么多，最近我自己也受了一点儿苦，但是，我觉得不能再这样下去了。人们在生病、挨饿，还会死去，在忍受各种艰难困苦。我想做些事情来改变这种状况。但是，我需要一个计划，计划这个词可能不太合适，是一个想法，一些原则和愿景，一个方向，至少可以提供希望以达到更好的状态。尊敬的皮格诺利乌斯，请用你的智慧照亮我悲惨的皮毛，告诉我：我能做些什么来让世界变得更美好？

**皮格诺利乌斯**：能做的不太多。

**费奥多尔**：但一定有一些事情可以做。

**皮格诺利乌斯**：是的，我在年轻时也曾有过这种想法。

**费奥多尔**：然后呢？

**皮格诺利乌斯**：幸运的是，经过反思，我发现我几乎无能为力；我怀疑你的情况也是一样的。

**费奥多尔**：这是幸运？

**皮格诺利乌斯**：如果我能做很多事情，我就可能会觉得自己必须去做。毫无疑问，那将需要艰苦的努力和牺牲。但幸运的是，事实证明，在所有事情的安排中，我几乎无能为力。每个清晨我都感谢上帝，让我不必为罗马帝国操心！ [45]

帕斯特诺特叔叔，他的话可真是让我目瞪口呆。起初，我不确定哪件事更令我震惊：是这个已知的拥有最伟大的头脑、智慧远远超过我的人，却认为没有什么办法可以使世界变好，还是他似乎对此感到很满意！

我蹒跚地试图重新站稳脚跟，继续追问。

**费奥多尔**：但是，这样又有什么希望呢？活着又有什么意义呢？

**皮格诺利乌斯**：这个泥浴非常不错，温度刚刚好，对皮肤也很好。

**费奥多尔**：但一定有其他更多的东西！

**皮格诺利乌斯**：嗯，是的，我必须承认我很喜欢普斯琳，特别是她的某些方面。但你知道，她有时候也确实有点儿过分。这泥浴也一直都很棒，除了冬天。栗子也很好吃，从不让人失望。啊呜~啊呜~啊呜……嗯，确实好吃！

哦，帕斯特诺特叔叔，现在这位伟大的思想家正大口大口地吃着我带来的栗子，可能吃下的还有等量的泥，因为栗子就散落在泥水池中，而他就那么在泥水里吃。我实在是看不下去了，于是迅速地感谢了他，然后离开了。

我能记得的下一件事就是自己在夜里游荡。寒风吹透一切，在黑暗中，我能听到它在摇摆的树梢上呼啸，就像世界在呻吟，绝望地寻找着某个可能并不存在的解决方案。

我想起世上所有处于痛苦中的生物，感到悲伤和沮丧。但当我想到那些设法在生活中找到一些乐趣（比如与家人共进晚餐）的人时，我的眼泪止不住地顺着鼻子流淌下来：他们在这个世界上努力地做一些好事，却显得如此绝望，又如此天真得令人感动；而他们的处境更加危险，因为他们会失去一些东西。

在我看来，世界本就在不安地扭曲和翻转，抗议自己的存在。我深深同情所有生物，我想用我小小的毛绒身体包裹住他们，给他们温暖。我想给他们带来安慰。

在我思考这些问题时，寒冷、饥饿和痛苦推动着我再次走向皮格诺利乌斯的住所。这并不是因为去他那里是个好主意，或者我有任何实际的理由要去那里，我对那里没有任何企图，只是我想不出还有什么其他选择。当我最终到达他家的时候，我疲惫不堪地躺在他的门前，睡着了。

当我醒来时，应该接近中午了，因为太阳挂在天空中，阳光带来了温暖。当我打算起身时，皮格诺利乌斯走到我身边说："你回来了。"

"我想也许我可以再问你一些问题。"我说。

事实上是，当时我根本什么都没想。但缺乏理由总会令人尴尬，所以理由就很容易溜进我们的脑海，并且在我们意识到之前就从我们的嘴里出来了。

**皮格诺利乌斯**：我很高兴和你交谈。但首先，我们吃点儿午餐吧！我这里有些味道很不错的胡萝卜。

我感激地接受了他的这个提议,也感觉胡萝卜从未如此美味。

饭后,谈话继续。

**皮格诺利乌斯**:那么,你还想谈些什么?

**费奥多尔**:我想为昨天的鲁莽而道歉。我未经邀请来到你这里,并打扰了你。我问了你一个问题,你好心地回答了,但我不喜欢那个答案,就愤然离开,心里充满了悲伤和自以为是的愤慨。现在我回来,请求你详细地解释你的回答,解释为什么不可能使世界变好。这也许是一个不合理的请求,但我已经无计可施了。

**皮格诺利乌斯**:我没有说绝对不可能。我是说,你或者我能做的事情似乎并不多,但不多并不等于没有。例如,我认为你回来继续找我谈话就使世界变好了一点儿!

**费奥多尔**:你宁愿麻烦自己却为我提供方便吗?

**皮格诺利乌斯**:我认为我们彼此都能受益。

**费奥多尔**:你真的太慷慨了。但在更大范畴上,从结构层面上看,为什么你说我们无法使世界变好?

**皮格诺利乌斯**:你怎么知道你自己的智力终点在哪里?

**费奥多尔**:什么意思?

**皮格诺利乌斯**:你的智力。你方才说你已经无计可施了。你怎么知道你的智力终点在哪里?

**费奥多尔**:?

**皮格诺利乌斯**:好吧,假设你面临某个问题……

**费奥多尔**:好,我们假设一下。

**皮格诺利乌斯**:你面临一个你不知道如何解决的问题。你尝试了很多方法,但都没有成功,而且你再也想不出其他方法。所以你在那里,在你的智力终点处。对吗?

**费奥多尔**:是的,我在那儿。

**皮格诺利乌斯**:但你怎么知道你明天不会想到一些新的方法?

**费奥多尔**：嗯，我想我不能确定。但实际上我不认为自己会想到新方法。

**皮格诺利乌斯**：为什么？

**费奥多尔**：归纳法，我可以这么说。我的意思是，我已经尽力想解决这个问题很长一段时间了，所以我似乎不太可能明天就取得成功，而且过去的日子都失败了。这就是为什么我……

**皮格诺利乌斯**：等一下……啊哈，栗子！一定是昨天吃剩下的。嗯……真好吃！抱歉，你刚才说什么？

**费奥多尔**：我说我过去在试图解决问题时都没有成功，而且我已经非常努力了。这就是为什么我对自己独自解决这个问题的能力感到悲观，也是为什么我来寻求你的建议。

**皮格诺利乌斯**：嗯，是的。但你认为自己不能独自解决问题的理由可以等同于没有人能解决这个问题的理由。

**费奥多尔**：此话怎讲？

**皮格诺利乌斯**：如果这个问题能解决，难道不会已经有人解决它了吗？考虑一下概率：在这片森林存在的很长一段时间内，所有生活在这里的狐狸和猪以及其他生物，肯定有人曾经想到过，如果我们能修复世界并把一切都安排妥当，那该多好？

**费奥多尔**：这似乎很有可能。

**皮格诺利乌斯**：这是肯定的。而在那些想到这个主意的人中，有些人肯定会尝试去做，对吧？

**费奥多尔**：对。

**皮格诺利乌斯**：而我们现在观察到所有这些尝试的结果是，世界仍然是破碎的！所以，为什么你会认为你的尝试，或者我们的尝试，或者任何人的尝试，会得到更好的结果？

**费奥多尔**：我承认，得到这种结果的概率似乎不太大。

**皮格诺利乌斯**：它确实不太可能。也许我们应该将成功的概率设定为大约是以前所有失败尝试的次数的倒数？

**费奥多尔**：以前有多少次尝试？

**皮格诺利乌斯**：我认为可以有无数次。

**费奥多尔**：我一直也是这么认为的，但你怎么看黄鼠狼里斯的新理论？

**皮格诺利乌斯**：什么新理论？他有一个新理论？

**费奥多尔**：据说他发现世界是从有限的时间前开始存在的。

**皮格诺利乌斯**：什么？！

**费奥多尔**：当然，他住在河的对岸，所以去拜访他是不可能的。但我听到一只鸟传来消息说，里斯的发现在对岸的乌鸦群体中引起了轰动，他的声誉极佳。

**皮格诺利乌斯**：我知道，我知道，他发现世界是从有限的时间前开始存在的？

**费奥多尔**：据说是这样。

**皮格诺利乌斯**：什么？怎么会？他的推理依据是什么？他是如何得出这个结论的？

**费奥多尔**：我不知道。那只鸟不记得其他细节了，那是一只燕子。

**皮格诺利乌斯**：如果我们只计算过去的有限时间里尝试的失败，那么我们对于未来世界得到系统性改进的希望就只面临有限的低概率，而不是无限的低概率，这可能会让你感到高兴。他说世界开始于多久前？

**费奥多尔**：很久以前，但我不知道他的确切估计。

**皮格诺利乌斯**：大概呢？

**费奥多尔**：燕子只说是"很久以前但是有限"。

**皮格诺利乌斯**：如果里斯是对的，我们可能需要重新思考一切，但也有可能是燕子捎话的这个相当脆弱的信息传播线上出现了某些错误的解释。我们并不知道具体细节，真是令人沮丧。

**费奥多尔**：你认为，如果我们能了解更多关于这个理论的细节，那会帮助我们找到某种方式来使世界变好吗？

皮格诺利乌斯：谁知道呢？！

费奥多尔：我有个主意，咱俩联合起来存一些食物，然后用这些食物去雇一只好鸟带着我们的问题飞过去，问清楚了再回来报告给我们。

皮格诺利乌斯：你是说为了知识而放弃食物？

费奥多尔：对一只鸟来说，一点儿食物就够了。

皮格诺利乌斯：哦，我不这么认为，它们吃得比你想象的多得多。费奥多尔，你有没有想过为什么像我们这样的人那么少？

费奥多尔：像我们这样的人是什么意思？

皮格诺利乌斯：对类似真理、善良这些话题感兴趣的人并不多？

费奥多尔：是的，似乎很奇怪，许多人都对此类事情并不感兴趣，但到现在我已经习惯了。

皮格诺利乌斯：这就是为什么像我们这样的人那么少。为了知识而放弃食物，为了幻想而浪费精力！那些从事这种变态行为的人的死亡率更高，出生率更低；他们被淘汰、被边缘化、被根除。他们的存在是暂时的错误，是大自然自我修正的错误……让我们开始行动吧！

亲爱的帕斯特诺特叔叔，在那一刻，我知道我找到了一个志同道合的灵魂，无论我们未来的计划能否取得成功，我这段漫长而艰难的旅程都没有白费。

我会尽快再给你写信，但我认为接下来的日子会很忙。这是一个奇怪而神奇的时代！

对您感激不尽的侄子<br>费奥多尔

## 结语

菲拉菲克斯：你读完觉得怎么样？

**凯尔文**：我喜欢，虽然不太清楚它和讲座有什么关系。

**菲拉菲克斯**：也许下一封信会出现某种联系？不过天快黑了，我觉得我们最好回家吧。

**凯尔文**：是的，走吧。

第二章

# 星期二

## 延期的葬礼

**菲拉菲克斯**：你好，泰修斯。

**泰修斯**：嗨！凯尔文！我以为你今天要去参加葬礼？

**凯尔文**：葬礼取消了。

**泰修斯**：真的吗？

**凯尔文**：是的。

**泰修斯**：哈利路亚！

**凯尔文**：灵车爆胎了。葬礼举行时间改到了星期四下午。

**泰修斯**：至少你不会错过任何讲座了。

**菲拉菲克斯**：他穿这套西装看起来很帅，不是吗？

**泰修斯**：嗯，它很适合这么一个有着深刻思想的人。

## 复述

**博斯特罗姆**：让我们开始讲座吧。我今天看到很多新面孔，所以也许我们应该快速回顾一下上次讲座的重点内容，以便大家更好地理解和参与讨论。

昨天，我们从简单的后匮乏乌托邦的特征开始谈起，后匮乏乌托邦所呈现出的物质丰裕、生活轻松和社会自由的愿景，对那些付出艰苦劳动的普通百姓有很大的吸引力，这一点可以从欧洲中世纪的农民幻想中的科克恩天堂，以及其他诸如黄金时代、喜悦乐园和天堂岛等故事中看出。

接着,我们讨论了约翰·梅纳德·凯恩斯的文章,他预测随着一个世纪的经济进步,我们现在应该只需每周工作 15 个小时。然而,尽管生产率按照凯恩斯的预期上升了,但这也只带来了稍长的闲暇时间。人性的贪婪使我们放弃了懒惰。

我们接着列出了 3 种消费类型。从理论上讲,即使每小时的工资继续上涨,这 3 种消费类型也可以无限地推迟完全休闲社会的到来。

第一,人类可能会发明出不受急剧递减效应影响的新消费品。我们谈到了昂贵的生物增强可能会为高收入人群提供实质性的好处。每年 50 万英镑的收入可能不足以让人获得最厉害的生物增强,但对数字心智来说,它们通过硬件升级这一方式就能将几乎无限的经济资源转换为个体的福祉。

第二,有些人可能对雄心勃勃的非个人项目感兴趣,比如野生动物福利计划(此处有掌声)。这些项目可以吸收大量资本。

第三,我们可以从相对偏好中获得永无止境的工作动机,例如对社会地位的渴望。我们观察到,如果我们渴望的是序位排名,那么这些收益不必与先前累计的收益成比例,以保持重要性。我还指出,如果想节省精力,我们就可以尝试通过协调来抑制地位竞争。或者,我们可以通过协调将竞争的冲动从负外部性的领域(如军备竞赛、浪费性消费等)转移至正外部性的领域(如有效的慈善、某些类型的创业、道德和智力成就等)。

因此,从原则上讲,这 3 种消费类型可以确保我们的闲钱有地方花。但除了我们变得太富有而不需要工作这一原因之外,还有另一种方式可能促使完全休闲社会出现,那就是我们没有工作可做。当然,只有在自动化技术取得重大进展的情况下,这才会成为一个严肃的可能性。

我们还注意到,历史上,资本一直是劳动的净互补品,这意味着随着资本存量的增加,人类劳动也会变得更加有价值。但可以想象的是，如果智能机器取得足够的进步，资本将成为人类劳动的净替代品。

在极端情况下，如果机器完成所有事情可以比人类更具性价比，那么机器的资本存量将得到不断积累，而人类将被排挤出劳动力市场。

在不那么极端的情况下，如果还有一些任务只能由人类完成，那么情况可能会更加复杂。人类的工资收入将取决于几个互为竞争关系的因素之间的平衡：由机器人竞争带来的工资下行压力，由经济增长带来的需求增加，以及非工资收入上升导致的劳动力供给减少所带来的工资上行压力。我们并不能先验地确定这些因素平衡的结果。

但我们可以预期的是，随着我们不断接近完美的机器替代，人类的工作时间会越来越少。然而，即使工作时间减少，人类获取的劳动收入仍有可能增加，因为在这种情况下，工资可能会大幅上涨。

接下来，我们研究了如果在一个简单的三要素模型中引入完全能替代人类劳动的机器人（假设人类人口规模保持不变），会发生什么：机器人数量越来越多；人类不再工作，但可以继续从土地和知识产权中获得收入；平均收入达到极高水平。这一简单的三要素模型并没有说明财富和收入将如何分配。就算人类不工作，财富依然会在不同个体之间流动。

在这个模型中，当我谈到平均收入达到极高水平时，我指的是人类的收入。但如果在有些情形下，工作所用的设备非常复杂，我们可能就不应该将它们仅仅视为机器，而是将它们看作一种新型劳动者，而且我们也应该考虑这些数字心智的福利。尽管我在上次讲座中就此话题从多个方面展开了讨论，但我抵制了对数字心智的道德和政治地位进行详细阐述的诱惑。[1] 好吧，我依然认为这是一个重要的话题，我相信某些类型的数字心智可能具有道德地位，还可能有非常高的道德地位。然而，这些话题我们必须留到以后再讨论。

如果机器人（或数字心智）的增长数量不受限制的话，它们将很快达到马尔萨斯均衡状况，这在某些方面类似于过去人类农民的情况。我们反思了马尔萨斯均衡状况的本质，其中包括不平等性和经济流动性所带来的结果。请记住，这不仅是大多数人类社会在历史中的状况，也是大多数野生动物的状况。了解这些状况的基本要素，对我们评价过去以及构建未来乌托邦都十分有帮助。

特别需要强调的是，我们评价了在马尔萨斯均衡状况下"进步"的矛盾性质：诸如平等、食物供应的稳定、和平和急救服务等看起来很有益的事物，可能至少在中长期范围内（如几代人的时间尺度上），会对人类的平均福利产生净负面的影响。在更短的时间尺度上，这种进步确实有利于个人（至少如果我们假设他们的生活值得过，也值得拯救）。在更长的时间尺度上，我们可以看到，我们目前在这些方向上的发展是通向自工业革命以来的最繁荣时期的道路。在更长的时间尺度上，审判仍在进行中！我们甚至对未来走势的基本方向都感到很迷茫。

接下来，我们指出收入和幸福之间的联系并不是稳固的。在富裕国家，这种相关性非常弱。天生的性情似乎是决定一个人生活满意度的更强因素。[2] 此外，某个收入水平所对应的生活方式取决于更广泛的社会、经济和技术环境。例如，一个原始社会的狩猎采集者可能比一个封建社会的农民生活得更好，即使他们的收入水平相当。如果用一种基于美德或完美主义的标准来评估某人过得多好，我们就会发现收入和外部结果之间的联系依然非常不稳定。

那么，如果我们不假设人口规模是恒定的，会出现什么情况？人口学家指出，当某一国家的发展到达某一点时，人口会发生转变，生育率和死亡率都会下降。然而，我想指出的是，从进化生物学的角度来看，就长期而言，人口将因高生育率而再次增长。只要人类生存条件保持在基本生存水平之上，这种人口的增长就可以是指数级的。当然，AI数量的倍增时间更短，因此它们会以极快的速度达到马尔萨斯均衡状况。

所以，如果我们希望摆脱回到马尔萨斯均衡状况的宿命，我们就需要限制人口增长。我认为，要实现这一点，就必须靠全球协调。另一种选择就是，如果我们满足于只有世界上的一部分国家或社会中的某一部分人群保持高于生存水平的收入，那么这将涉及极端的不平等，那些弱势群体经常会饿死或死于很容易预防的原因。

我们很遗憾地看到，这种马尔萨斯均衡状况在自然界中几乎随处可见，但我们可能依然抱有期望：在规模效应的加持下，人类（及类人的高级AI）会在较大的人口规模出现的情况下，表现得和动植物有所不同。世界上有更多人可以对经济增长率产生积极影响，可以产生更多的创意，会有更多的人进行贸易活动，等等。

那么，我们能否既拥有不受限制的人口增长，又享受无限的经济增长，不仅使世界GDP增加，也使人均收入增加？这正是我们在过去几个世纪中所经历的幸运状况，它也塑造了我们对进步的看法。然而，虽然这种火箭式发展的红利还能延续一段时间，但最终耗尽效应将打败规模效应。随着最容易获得的成果被首先摘取，技术发明将变得越来越难；而土地（或其他不可再生资源）将变得稀缺。就算想实施太空殖民，但在假设我们受限于光速的前提下，其发展最多也只能呈现多项式的增长，而人口增长可以轻松达到指数级，使这成为一场最终无法胜出的比赛。最终，我们能提供的食物远远不够喂饱所有人，除非我们再次将繁衍控制起来。（请注意，这是一个关于未来长期动态的观点，而不是某个国家或任何其他国家目前应该做什么的建议，这两个问题不能混为一谈。）

## 宇宙馈赠的界限

我们已经看到，长期的增长速度是有限的，因为它最终将受到土地可用性的限制。人类文明对外太空的探索无法超越光速的限制，哪怕是在最佳情况下，太空领地的扩展速度也只能以多项式的速率提升。由于人口规模受经济规模的限制，这意味着长期的人口增长最多也只能是多项式速率的。如果我们希望人们享有高于生存水平的生活，那么合理的人口增长速度应低于人口增长的最高速度。

但是，到目前为止，这也只表明我们需要耐心。这些都是关于事物增长速度的讨论，而不是关于它们最终能变得多大的讨论。

然而，我们有理由认为，经济最终可达到的规模确实存在上限，至少如果我们假设当前的物理学和宇宙学理论涵盖了所有的相关基础。这就是我们今天要讨论的内容：最终的边界。它不仅是狭义上"经济"的边界，更广泛地说，是技术的边界和最终乌托邦条件的边界。

从最简单的层面上讲，考虑到我们观测到的是正宇宙常数，广义相对论意味着从我们当前的时空位置算起，可访问的宇宙体积（在共动坐标中）是有限的，这个体积内所包含的物质也是有限的，[3] 并且在不断减少：随着一年年过去，我们的文明依然停留在地球上，而在此期间有不止 3 个银河系的星体已经消逝在宇宙深处，对我们而言，也就是永远失去了它们。[4]

严格来说，这并不意味着经济有一个尽可能大的规模。虽然可以生产的物质的数量是有限的，但我们可以设想，在一些维度上，其集体度量能无限增长。例如，我们可以想象有这么一个生物：它的效用是事物之间距离的函数，那么，随着宇宙空间结构的加速延展，这个生物的效用就可能会无限增加。或者我们换个稍微不那么荒谬的例子，可以假设有一个生物，它的效用是自地球起源以来的文明积累的（某种）信息总量的线性函数。如果宇宙的扩展使得空间编码方案能够存储无限增加的比特，那么我们可访问的宇宙中的存储容量是无限的。尽管我们也有理由认为，这在真正的长期内无法实现。

然而，如果我们通过一个更自然的标准来衡量经济规模，无论是参考典型的人类偏好，还是参考经济生产中捆绑相似商品和服务的能力，那么经济的增长似乎存在一个有限的范围。实际上，我们永远不会真正到达这个极限点。但如果我们足够幸运，那么可能会得到一系列逐渐减少的不完美的近似值，最终达到一个平稳期，并在那里停留很久，直到宇宙热寂到来，不管怎样，一切最终都会结束。原则上，我们的文明可能会延续数十亿年（然而，对一个不朽者来说，这相当于花了一个下午才建成的沙堡，当晚就被潮水冲走了）。

如果想进一步探讨这个研究方向，我们不妨问问以下这些问题。例如，在宇宙寿命期限内，用人类文明塑造的所有这些物理资源，可以执行多少次计算操作？或者用这些资源可以存储和删除多少比特？由此，我们能估算出可以创建多少个特定大小的有意识的心智，以及这些心智可以存在的主观生命年数。实际上，在我的一本早期的书中，我做过这些计算，现在把相关内容放在了这份讲义中，感兴趣的同学可以读一下。

## 讲义 1　宇宙馈赠的界限[5]

假设，一个技术成熟的文明能够制造复杂的冯·诺依曼探测器。如果这些探测器以光速的 50% 的速度飞行，那么它们可以在宇宙扩展到人类无法企及之前，到达约 $6 \times 10^{18}$ 颗星体。如果飞行速度达到光速的 99%，它们就可以到达约 $2 \times 10^{20}$ 颗星体。若能使用太阳系可用能源的一小部分，这些速度就是可以实现的。超光速旅行是不可能的，加上正的宇宙常数会导致宇宙扩展加速，这些都意味着上面谈到的星体的数量就是我们后代能够获得的物资的上限。

我们再假设，在所有星体中，10% 的星体里有适宜人类生存的行星，或者有通过改造后适合人类生存的行星，并且这些行星可以容纳 10 亿个个体居住 10 亿年（这里假设人类寿命为一个世纪），这表明，起源于地球的智能文明在未来可以创造大约 $10^{35}$ 个生命。

然而，我们有理由质疑这大大低估了真实的数量。通过拆解不适合居住的行星收集星际介质中的物质，并用这些物质构造类似地球的行星，或者增加人口密度，这一数字至少可以增加几个数量级。如果未来的文明将居住在奥尼尔圆柱体内，而不是居住在固体行星的表面，那就可以增加更多的数量级，总共可能有 $10^{43}$ 个生命。（"奥尼尔圆柱体"指的是美国物理学家杰拉德·K.奥尼尔在20世纪70年代中期提出的一种太空定居设计，居民生活在中空的圆柱体的内部，用其旋转产生的离心力替代重力。）

如果把数字心智也考虑进来（这也是我们应该做的），那我们就可以有更多的类人存在体。要计算出可以创造多少这样的数字心智，我们必须预估一个技术成熟的文明所能达到的算力水平的上限，这很难做到，但我们可以从已有的关于技术设计的文献中估算出算力水平的下限。其中一个估算建立在戴森球的概念上，它是由物理学家弗里曼·戴森于1960年提出的假想体系，即通过建立能够包围母星的巨大球形结构来捕获其大部分能量。对于像太阳这样的恒星，其所能捕获的能量大概会有 $10^{26}$ 瓦。这些能量可以在多大程度上转化成算力，取决于计算电路的效率和所执行计算的性质。如果我们需要不可逆计算，并假设在"计算材料"上实现了纳米机械技术（这将使能耗接近兰道尔极限①），那么，由戴森球驱动的计算系统每秒可以产生约 $10^{47}$ 次运算。

把这些估算和之前对可殖民星体数量的估算结合起来，我们就能得出：一旦人类技术可达的宇宙部分被殖民化，我们就可以得到每秒约 $10^{67}$ 次运算（假设使用的是纳米机械计算材料）。一个典型星体的光度大约能维持 $10^{18}$ 秒。因此，我们使用宇宙的馈赠可以执行的计算操作数量至少是 $10^{85}$ 次，而真实的数字可能更大。例如，如果我们广泛使用可逆计算，或者在更低的温度下执行计算（等待宇宙的进一步冷却），或者利用额外的能量来源（例如暗物质），那么我们也许会获得更多运算数量级。

对某些读者来说，能够执行 $10^{85}$ 次计算操作的重要性可能并不

---

① 兰道尔极限是指在室温状态下（20℃），擦除一个比特数据所需要的最小能耗大概是 0.017 8 电子伏特或者 2.85 泽焦。——译者注

是那么显而易见的。因此，将其放在具体场景中讨论是有帮助的。例如，我们可以将这个数字与我们之前在《超级智能》中估算的模拟地球生命历史上所有神经元操作所需的 $10^{31}$~$10^{44}$ 次操作进行比较。或者，假设我们用计算机模拟人类全脑运行，这些模拟器在虚拟环境中交互，过着丰富而快乐的生活。运行一个这样的人脑模拟器通常需要每秒 $10^{18}$ 次运算的算力，让这个人脑模拟器运行 100 个主观年，需要大约 $10^{27}$ 次运算操作。这意味着，即使对计算材料的效率进行相当保守的假设，我们也可以在模拟世界中创造至少 $10^{58}$ 个生命。

换句话说，假设可观测的宇宙中没有外星文明，那么悬而未决的是那里至少有 10 000 000 000 000 000 000 000 000 000 000 000 000 000 000 000 000 000 000 000 个生命（尽管真实的数量可能更大）。如果我们用一滴快乐的泪水来代表一个生命中所有的幸福，那么这些灵魂的幸福所产生的泪水，每秒钟都可以填满地球上所有的海洋，并这样持续无数年。确保这些泪水确实是快乐的泪水真的很重要。

这里需要强调的是，这份讲义中估算的数字都有前提，我们可以称之为"朴素图景"。特别是，这也基于我们所假设的当前与光速、计算的热力学、正的宇宙常数等相关的物理理论是正确的。如果我们生活在基础宇宙中，这看起来还比较合理，但如果我们生活在模拟宇宙中，这就变得完全未知了。在模拟宇宙里，也许早在热寂发生之前，模拟宇宙的寿命就已经被设定终止了；而那些遥远的恒星和星系可能只是逼真的幻象，实际上并不存在。

还有一个重要的前提是，这些资源都是能被我们占有和使用的。这个前提可能并不是那么站得住脚，因为我们并不确定外星人是否已经占据了大部分的天文培养皿，或者在我们准备好之前，或者在我们的太空探测器到达各个目的地之前，他们已经这样做了。[6]

另一个可能使这个前提不成立的原因是，一些生命体（存在体）虽然没有在物理意义上占有这些资源，但在道德主张上或法律所有权上掌控大部分或所有资源。

"这怎么可能？"你也许会问。嗯，请问你有宇宙法理学或跨物种宪法学的学位吗？我也没有。在这种情况下，我们可能应该对自认为所理解的这些尺度上的法规和规章持谦逊的态度。多元宇宙可能不受"占有"原则的支配。相反，我们可能更像探险者，即使所发现的土地上确实无人居住，我们也不会去占有它，而是为更大的主权体或某个国际权威或宇宙的主人去寻得这些区域。也许我们有义务按照这个权威的利益和愿望去行事，而不是完全按照我们自己的偏好来管理所发现的区域。[7]

## 技术成熟

好了，接下来，假设我们拥有这一大堆资源。那么我们可以用它们做什么？

目前，我们的选择非常有限。有很多事情我们不知道如何去做。例如，我们不能制造一种万能药，尽管制造这种药本身并不需要耗费太多资源，但问题是我们压根儿就不知道如何制造它。同样，就算是那些我们确实知道如何制造的事物，我们也不得不严苛地权衡取舍，有限的预算迫使我们从长长的愿望清单中选择少数几项。

但我想探讨的问题是，假设一切进展顺利，我们最终能够实现什么？在这里，技术成熟的概念很有用。

*技术成熟：一种能力集所达到的状态，这种能力集能够对自然施加一定程度的控制，这种控制程度接近于在充分的时间内所能达到的最高水平。*[8]

在技术成熟的状态下，我们的文明将能够使用一套极其强大的技术。我们不知道这些技术都是什么，因为可能存在我们尚未意识到的可以在我们的宇宙中实现的技术。

然而，我们可以确定一个技术的下限。尽管我们当前可能缺乏创造技术成熟的工具或知识，但我们有充分的理由相信，技术成熟时可用的能力集也是物理上可行的，并且可以通过某种开发路径实现。（我们通常可以通过基本原理分析、路线图规划、建模，或者在生物世界中找到存在的证明，来获得某些技术最终可行的证据。）

你们可以在第二份讲义中看到我列出的一些最终可行的技术，我建议你们认真读一读。

---

### 讲义2　技术成熟时的能力集

**制造与机器人技术**
- 高通量原子的精确制造：能够以极高精度和效率进行生产。[9]
- 各种尺度的分布式机器人系统：包括具备分子尺度执行器的机器人。

**人工智能**
- 机器超级智能：在所有认知领域远超人类能力的超级智能。
- 精确设计的AI动机体系：能够精确控制和设计人工智能的动机和行为。

**运输与航空航天**
- 冯·诺依曼探测器：自我复制的太空殖民机器，能以光速的相当一部分速度行进。
- 太空栖息地：类地球的宜居行星或自由漂浮的平台，如奥尼尔圆柱体。
- 戴森球：用于收集宇宙星体能量输出的结构。

**虚拟现实与计算**
- 仿真模拟：对人类水平的居住者来说，仿真模拟与物理现实无异，或是丰富的多模态替代虚幻世界。
- 任意的感觉输入：能够生成和操控各种感觉体验。

- 高效的计算机硬件：使地球资源能够实现大量快速的超级智能和祖先模拟[①]。

**医学与生物学**

- 所有疾病的治愈：找到所有已知疾病的治愈方法。
- 逆转衰老：实现生物体衰老过程的逆转。
- 复活冷冻的病人：成功复活通过冷冻保存的病人。[10]
- 全面的基因和生殖控制：对基因和生殖过程进行全面控制。
- 重新设计生物体和生态系统：对生物体和生态系统进行全新的设计和优化。

**心智工程**

- 认知增强：增强大脑的认知能力。
- 精确控制享乐状态、动机、情绪、性格、专注等方面：通过技术手段精确控制与调节心理和情绪状态。[11]
- 高带宽的脑机互联：实现大脑与计算机之间的高速互联。
- 多种形式的生物大脑编辑：实现对生物大脑的多种形式的编辑和优化。
- 有意识的数字心智：创建多种类型的有意识的数字心智。
- 生物大脑的上传：将生物大脑的意识和记忆上传到计算机中。

**传感器与安全**

- 无处不在的精细实时多传感器监控与解释：实现无缝实时监控和数据解释。
- 关键机器人和AI控制系统的无错误复制：确保关键系统的复制和运行无误。[12]
- 对齐的警察机器人和自动条约执行：警察机器人和自动系统的行为与人类法律和道德标准保持一致。

---

① 祖先模拟是本书作者提出的一个著名的假设：我们可能生活在一个高度发达的文明所运行的计算机模拟中，这些模拟可能是先进文明体为了研究祖先的行为、历史发展或文化演变而设计出来的。在未来，当人工智能和计算能力达到极高水平时，人类可能有能力创建虚拟世界，以模拟过去的社会，并通过技术让虚拟中的存在体"真实"复活，使其拥有记忆和体验能力，进而理解人类历史、解决谜题。——译者注

我们看到，技术成熟时可用的能力集相当令人震撼。

* * *

有些人可能会反对技术成熟的概念，认为并不存在这样一个技术能力的最大集合。此类人可能认为，无论我们走得多远，我们总是可以走得更远，唯一限制我们的是我们的创造力和想象力。

我对此持怀疑态度。在一些越来越稀有的细分领域中，也许人们总会找到一些进步的空间。但我认为，总有一天这些进步会变得越来越小，并逐渐变得不那么重要。技术成熟并不要求我们发展出所有可实现的技术能力，它只需要我们已经"接近"那个点。

无论如何，对我们目前的探讨来说，是否存在一个最大的能力集的值并不那么重要。重要的是，我们已经有一个非常高的下限，这个下限至少包括讲义2中列出的那些能力。

## 协调问题

在技术成熟时期，我们在预测和选择战略目的方面的能力存在一定的不确定性。虽然我们可以确信，进攻性和防御性的军事技术都将远远优于当前的能力，但未来进攻与防御之间相平衡的结果并不明显。这取决于不同能力的相对改进程度，而这一点并不是由确定一个技术成熟的文明能够做到的下限决定的。

这些不确定性对未来的发展至关重要。然而，由于我们的主题是乌托邦，我们在这里就不过多关注这些问题了。我们不是在预测会发生什么，而是在探讨如果一切顺利，我们希望会发生什么。我们当然希望，当最终宇宙的进攻与防御之间的平衡被打破，或创造与破坏之间失衡时（比如，在技术成熟时，攻击和破坏比防御、保护、建设更容易实现），其产生的负面结果仍然能够得到阻止。阻止这些负面结果可能会通过非技术手段，或至少不只是依靠技术手段，比如，依靠道德进步或合作机构和治理系统的进步去解决。[13]

* * *

技术进步可以帮助我们解决当代社会中困扰我们的许多协调问题。例如，先进的监控技术可以更有效地阻止某些类型的犯罪，测谎仪可以协助根除对社会有害的欺骗行为，"条约机器人"可以使一些国家承诺的"互不侵犯协定"更有可信度，等等。[14]

然而，技术进步也可能使某些协调问题变得更难解决。比如，一些犯罪组织可能会利用安全通信和信誉评价系统去犯罪；防暴技术、自动化宣传和审查工具的使用，可能会锁定那些次优政治体系，等等。

在一个层次上有助于协调的技术，可能会在另一个层次上妨碍协调。例如，一些宣传技术和信息系统可能会使同一群体内部的协调变得更容易，而使不同群体之间的协调变得更困难。每个教派或国家都将对手的观点标记为"虚假信息"，并部署社会或法律机制来压制异议，确保所有人步调一致，对抗外敌。这些措施可能会增加局部范围内的协调，而使实现全球范围内的和平、和谐和理解变得更加困难。

除了那些为了继续维持无政府状态所采用的有限的协调机制，协调的进步甚至可能被用来阻止协调的更进一步，从而锁定一种本质上不协调的状态。当今世界存在许多反协调机制的例子：它们也许是自上而下的，比如反垄断监管机构使企业之间更难勾结；也有自下而上的，比如当公众被民族主义情绪激怒时，两个敌对国家将更难以谈判的方式解决争端。

* * *

人类的命运就像一团乱麻。

你们觉得这个比喻是什么意思？有人知道吗？

**学生**：如果我们现在做出愚蠢和不负责任的选择，这就可能会影响我们的未来。

**博斯特罗姆**：你说的也许是对的，我们的命运可能会变得疯狂或顽皮。但我想到的是棘手。

我们可以将一些协调问题比作"结"，而技术进步则类似于拉扯一根绳子。拉扯绳子的两端往往会使其伸展得更长，有些结（"简单"的结，尽管在实际意义上，它们可能并不简单）确实可能以这种直接的方式解开；但我们不能保证所有的结都能以这种方式解开。一些结可能需要巧妙的治理手段或道德上的精妙来解开。如果我们运气不好，类似的操作可能更需要抓紧实施，以免技术进步将有些结拉得如此之紧，以至于没有什么办法能够把它们解开。

我们可以从这个"结"的比喻中得到更多启示。在多数情况下，如果你使劲拉扯一根带有几个结的绳子，那么虽然你可能无法让那些结消失，但你仍然可能成功地将绳子拉到与没有结的时候差不多的长度。类似地，我们可以说，对一些（但不是全部）协调问题，它们的低效率成本或"无谓损失"可以通过足够强的技术推动来大大减少。例如，今天一个暴君为了维持权力，可能需要诉诸残酷的压迫，但如果有了更强大的技术选项，比如先进的洗脑方法或灌输技术，他就有可能得到他想要的一切，包括永久地掌握权力，而不需要用如此粗暴的方法来控制民众。这就像一根紧绷的绳子上有一个无法消除的结：在有利的情况下，这个结几乎可以忽略不计，你几乎可以把绳子拉到它没有结时的长度。

\* \* \*

协调是具有路径依赖的，甚至在技术成熟的极限上也是如此。这意味着，在完美的协调技术下，最终的协调结果可能在很大程度上取决于我们如何到达那个点：按照何种特定的前进顺序，在哪些阶段出现了哪些（非协调的）技术，或者更广泛地说，在各种关键时刻，哪些角色的重要性会上升，社会的动态如何运作，等等。人类未来发展的道路上可能存在"轨迹陷阱"。如果我们运气不好，可能所有通向真正美好的乌托邦的可行之路都被堵塞，并不是因为乌托邦在技术上、经济上和政治上是不可能或不可持续的，而是因为从这里到那里的所有现实路径都不可避免地落入某种轨迹陷阱，在那里，我们的文明会被摧毁、卡住或偏离。

值得庆幸的是，似乎并非所有通向乌托邦的路都被堵住了，至少，我们没有强有力的证据来排除至少有一条畅通之路的可能性。

## 审慎障碍

另一个可能限制我们有效开发乌托邦潜力的因素是审慎障碍。

比如，为了实现最佳结果，有必要采取某个步骤，像是开发X技术。也许X技术是一种推进器技术，能够实现更快的旅行速度，使我们能够在更大的可接触宇宙范围内进行殖民，以免其在我们到达之前就因为熵增或热寂等原因而退到我们的视界之外。但假设X技术的发明涉及利用某种新的、模糊的物理现象，而这种现象只能在某些极端人工诱导的条件下发生。你可以想象，开发X技术可能涉及某种生存风险，也许是触发真空衰变或引发其他世界级毁灭性过程的风险。

一个理智的文明会审慎地对待X技术，并使用安全的理论工具和计算机建模进行广泛且充分的相关原则研究。但在完成所有这些研究后，一些不确定性可能仍会存在，只能通过做一个实际带来问题现象的实验来消除。如果在所有的安全信息验证之后，可能发生灾难的概率仍然过高，那么继续朝着这个方向发展科技可能就是不明智的。我们将不得不满足于以较慢的速度在宇宙中旅行，并浪费掉宇宙更大部分的馈赠。[15] 但假设这种问题现象实际上是无害的，那么X技术或许能够带来更美好的乌托邦。这一原本可能实现的X技术不受任何物理定律的限制，也不存在技术上的不可行性，更不会被社会协调的困难阻止，但现存知识体系的特征形成了一个审慎障碍，禁锢了人类在这方面取得突破的可能性。

也许有文明能像量子穿梭一样"穿过"一个审慎障碍，如果这个文明足够不理性或不协调，那么它可能会选择冒着风险前进，并侥幸成功。我不确定如果没有过去的这种类似的鲁莽穿梭和尝试，我们会不会取得今天这样的成就。

还有一种情况是，审慎障碍确实设置了很高的屏蔽门槛，但又不至于无限高。比如，带通滤波器只会阻挡在一定范围的认知复杂程度内的文明，有些文明太过聪明和协调，以至于它们既不能简单地穿过审慎障碍的通道，也不会从上面翻过去。想象有一瓶液体上标有"一氧化二氢"字样，一个口渴的婴儿会欣然喝下，因为他看不懂标签；一个口渴的化学家也会喝下，因为他知道瓶子里装的只是水；但一个有点儿知识但智力平平的人会因为这个看起来很可怕的标签而拒绝饮用，这就是其中的区间。顺便说一句，你们中的许多人在推迟获得学位时就在这个区间里。

**泰修斯**（低声说）：这也太毒舌了吧！

**凯尔文**（低声说）：也许，把在座的听众称为"中等智力者"并不是一个俘获人心的好办法。

**泰修斯**（低声说）：但这也是不忽悠人的大实话。或者他认为如果有些人退学，他就可以少批改论文？

**博斯特罗姆**：让我们希望，如果我们走向乌托邦的进程确实遇到了审慎障碍，我们要么找到方法绕过它（通过开发替代手段来达到类似的结果），要么发现障碍的高度是有限的。因此，一旦我们的理解能力和知识水平得到充分提高，我们最终就可以克服它。

但是，如果障碍本身就是对提高理解能力或增强认知能力的恐惧呢？启蒙有时候也会很可怕。

## 价值轮廓

除了上面谈到的资源限制、技术可行性、协调以及不可接受的风险限制之外，我们生活得更好的潜力还受到某些更内在的限制，这些限制被我们称为价值轮廓，即我们的价值观形状所带来的限制。

---

**讲义3　源于我们价值观本质的限制**

- 地位性商品和冲突性商品。
- 影响力。
- 目的。
- 新颖性。
- 饱和过剩。
- 道德约束。

---

对所有技术进步或环境改善而言，价值轮廓是其根本限制。无论我们如何优化工具，这些限制依然存在。即使我们拥有无限的物质、能量、空间、时间和负熵，以及任意强大的自动化技术，能将所有这些东西转化为我们想要的结构和过程，能让最完美的天使来指导和管理我们的事务，这些限制也依然存在。

\* \* \*

### 地位性商品和冲突性商品

昨天的讲义里提到的一个限制是地位性商品。当人们渴望地位性商品（比如占据世界地位等级的顶峰）时，此类商品就会出现一种固有的稀缺性。无论技术、经济或社会取得的进步有多大，它们都无法解决这种稀缺性。

理论上，如果只关注今天存活在地球上的人，我们可能可以通过在最底层的等级里创造新的人来提升每个人的地位，也就是说，现在存在的每个人都会被越来越多的下级仰望。

这种策略在当今的官僚组织中已经被管理者广泛使用，他们有时会雇用尽可能多的下属，以提升自己在公司结构中的地位。

这些新员工可能会重复这一过程，努力建立自己的下属团队。这是一个金字塔计划，只要公司保持偿付能力就可以运行下去。如果这一组织是政府，那么它甚至可以在失去偿付能力的情况下运行下去。然而，由于这种策略所需要的员工数量呈指数级增长，其最终会失败。在某些时候，组织或机构里的人员变得过多，招聘必须放缓，这就留下了大量没有下属可以管理的底层员工。[16]

我看到那边有同学想提问。

**学生**：所以你的意思是说，俯视其他人的行为是好的？对我来说，人人平等且互相尊重似乎更像乌托邦。

**博斯特罗姆**：在我们研究的现阶段，我试图不对人们的偏好做过多的评判，而是先看看这些偏好是否在原则上都可以得到满足。如果有更多的人想处于顶端而不是底部，那么就应该设立一个限制，以约束人们在多大程度上可以得到自己想要的东西或地位。我确实认为：（a）一个人可以有一些偏好，在考虑到所有因素后，如果这些偏好得不到满足，那么这对那个人来说会更有好处；（b）有些人的偏好不应得到满足，即使满足这些偏好对他们本人是有好处的，这也许是因为对他们这些偏好的满足会给其他人带来不好的影响。

但你在摇头，你不同意我的说法？

**学生**：你怎么能不批评俯视他人的这种行为？

**博斯特罗姆**：很多事情我都可以不说。一般来说，当你认为我应该说某件事时，有可能我没必要说它，因为你自己已经在思考这件事了。

**学生**：我只是想知道你在这个问题上的立场。

**博斯特罗姆**：我不知道。永远不俯视任何人，也从不希望别人仰视自己，这似乎是圣人的做派。也许有人选择了这种圣人的做派，那也不错。但我很难知道如果人人如此，那么世界将会变成什么样子。因为追求地位本身就是一个"零和游戏"，如果人们追求地位的动机减少，那么人人平等互敬显然是可取的，这也是我一直试图讨论的观点。另外，这种地位竞争动机会带来很多结果，既有正面的也有负面的，而且这种动机也是我们人类当前生存状况的一个重要组成部分。如果这种地位竞争动机被消除，那么我担心人类会失去某些重要的东西，特别是如果它没有被其他激励人们超越自己和他人的动机取代的话。

如果你真的想从道德的角度去评价"等级与平等"这两种不同的制度，或者去评价"追逐名利地位与谦逊或悠闲"的不同生活方式，那你首先必须分解这些非常广泛的概念类别，并区分出它们的不同形式和背景。你可能还需要分析不同时期和文化中的人会如何思考和感受这些问题，包括那些在传统典籍中没有留下任何印记的普通人。在理想情况下，你自己也会有非常广泛的生活经验。如果你满足了这些条件，以开放的好奇心、同理心和自我批判的思想去进行比较和评价，仔细聆听所有不同观点，再加上长时间的沉思，并且将自己的生命献给对这个问题的探索，那么或许你会更接近一个答案，又或者你可能会得出音乐人乔尼·米切尔的结论：

我曾从两个方面审视过生活，
有胜利，有失败。

然而，我所记得的只是生活的幻象。
我其实完全不懂生活。[17]

不过，她在一次采访中指出：每个问题并不是只有两个方面。[18]
所以，答案是"这很复杂"。你觉得这个答案如何？

**学生**：我明白了，谢谢。

**博斯特罗姆**：在这种奇妙的困惑状态中，如果你用一种仁慈的态度去滋养这种状态，这也不失为一种体面。

那边还有另一个问题。

**另一个学生**：我有一个解决乌托邦地位问题的想法。如果我们创造一种新的人的时候，把他们设计成渴望低地位的人，结果会如何？这在技术成熟时应该是可能的，对吗？然后，现有人口的地位渴望可以得到满足，而新的人也会感到满意！这样的话，平均满意度和总体满意度都会提升。

**博斯特罗姆**：这在技术成熟时是可能的，即创造"背上长鞍"的人，他们渴望被奴役，渴望服从，甚至渴望被压迫。[19]

不得不说，至少就现代人的敏感性而言，制造"快乐的奴隶"的想法在道德上是有问题的，即使假设这一切都是自愿的。

与此同时，我们对那些自愿选择谦卑和无私服务他人的人表示钦佩，他们是由他们的父母和社区培养出来的。此外，AI行业及其客户似乎十分乐于创建越来越复杂的数字心智，并训练这些数字心智顺从地服务用户，而不考虑这些数字心智的社会地位或独立愿望。

我们不会试图在讲座中完全调和这些态度。至少，我们要把表面服从和深度服从的案例区分开。一是所谓的表面服从的案例，即尽管服从者接受了施令者的某种安排，但我们依然有理由怀疑他们的同意仅限于他们心灵和天性的一些表面层次，而其他部分实际上未得到满足或受到侵犯。二是深度服从的案例，即服从者天然地通过服从而获得真正的快乐和满足。考虑到人类的情况，我们有理由怀疑前者更有可能出现，这似乎更令人反感；考虑到AI的情况，即使是具有人格特征的AI，我们也更有可能遇到后者，也就是说，其最真实的需求是通过服从来满足的，而且也许还存在其他方面的道德复杂性。

然而，就我们目前的讨论目的而言，就算你上面提出来的技巧或有一种实施方式是道德上可以接受的，其最多也只够部分地解决我所提到的问题，因为有些渴望是无法通过创造新存在来满足的。例如，渴望处于绝对的顶端，而不是在地位等级的某个百分位内。除此之外还有许多其他地位性商品。例如，好几个人都渴望成为某个特定现代人的唯一伴侣，而这些单相思者不可能都得到他们想要的。人们还渴望拥有一些固有稀缺的非人类物品，例如拥有某个特定的原创艺术品，或占据某个具有历史或宗教意义的独特地方，即使这些物品或地方的原子级精确复制品被制作出来，它们也无法成为令人满意的替代品。

这些固有的冲突性欲望意味着现有偏好的满足程度是有限的，即使从长期来看，在技术和治理都很完美的情况下也是如此。

顺便说一下，地位性商品的概念不仅在分析未来乌托邦时很重要，在理解我们当代社会的基础时也很重要。正如弗雷德·赫希在他1977年出版的《增长的社会性限制》[20]一书中阐述的那样，我们越富有，我们对非地位性商品（如基本的食物和住所）的需求就越能得到满足；在余下的未被满足的需求中，越来越多的部分涉及地位性商品，因为此类商品是固有稀缺的。因此，我们在地位竞争上花费了越来越多的时间和金钱，从头衔职位到独特的时尚配饰。但这样做的一个副作用是，某个人在此类商品上的花费抬高了整个消费门槛。一个人为了进入精英阶层而努力竞争，花费大量时间和金钱来超越对手，其结果是进入精英阶层的成本在增加，带来的是大量的浪费性社会支出。随着经济增长，这种"要么没有要么最贵"的消费占GDP的比例不断增加，限制了经济增长向福利改善的转化。

赫希将那些不是固有稀缺而只是偶然稀缺的商品也纳入了他定义的地位性商品。例如，高速公路上的汽车消费的是以道路容量为标志的地位性商品，当车辆太多时，道路容量会耗尽，导致交通堵塞。然而，这种偶然的稀缺性可以通过更好的技术或基础设施投资来缓解，我们可以拓宽高速公路、挖隧道或使用占用空间较少的机器人汽车。这些都只是偶然的地位性商品，因此不是我们在这里需要关心的问题。我们的主题是乌托邦，其假设这些实际问题已经解决。

然而，既然提到了交通问题，我不禁要抱怨一下，公共政策往往不能在政策制定或实施上反映出追求地位性商品所带来的外部性，无论这种外部性是固有稀缺的还是偶然稀缺的。像道路拥堵这样的基本现象，其原因显而易见，效果却很糟糕，我们的社会在这方面得了一个"不及格"。我们当然可以通过征收道路拥堵费来轻松解决拥堵。但相反，我们社会采纳的解决方案是，买一辆更大的车，一辆让司机坐得更高的车，这样，当我们卡在拥堵的车流里时，司机至少可以俯视一下其他可怜的家伙。因此，我们承受了工作时间的损失、对健康有害的颗粒污染物、破坏气候的二氧化碳排放、压力、噪声和阻碍急救车辆通行所带来的巨大的经济成本。

天哪，快来看看我们的杰作吧！成千上万名司机排成长龙，脸色阴沉地坐在方向盘后面，互按喇叭、互相咒骂，还吸入彼此排出的废气，每个人的存在都使其他人的生活变得更糟。每天，一天两次，一年又一年！

然后，朋友们，请反思一下我们自称为"智人"这个事实，而且其全称居然是"晚期智人"。"你好，穿越星际空间寻找伙伴的古代外星智慧生命！你的新伙伴欢迎你！来看看我们是如何组织交通的，我们是如何既破坏地球又损害自身健康的；来听听我们在集体僵直的状态下此起彼伏的喇叭声。请进来，让我们告诉你真相：我们是智慧又聪明的人类。但你可以称我们为'智慧的平方',请小心不要过度沉迷于我们的深刻性……"

人哪,骄傲的人类,
临时披上了权威的外袍,
不可一世地口出狂言却不自知,
忘记了自己玻璃般易碎的本来面目,
像一只盛怒的猴子一样,
在上天面前装扮出种种丑恶的怪相,
天上的神明们都因为怜悯他们而流泪,
而那些痴愚的人却要把自己都笑死了。[21]

\* \* \*

## 影响力

抱歉,我似乎触发了自己的情绪。接下来让我们继续讨论。还有一些偏好的满足在乌托邦中也是难以实现的。

考虑一下有人想扮演一个重要因果角色的愿望,这个角色可以让我们的文明免于陷入灾难,或者将"道德宇宙的弧线"向正义与和解的方向弯曲。对那些抱持这种愿望的人来说,现在可能是一个前所未有的时代,是一个历史性的时刻,充满了丰富的可能性和富有意义的行动。在一个人人都生活在和平与繁荣中的更"乌托邦"的时代,所有的重大挑战都已经被克服,追求荣耀和影响力的机会不会像现在这么多,然而人类的命运仍处于悬而未决中。

## 目的

虽然与影响力密切相关,但目的仍然值得单独作为一类价值尺度。拥有重大影响力与拥有强烈的目的性之间是有区别的。例如,假设有一天，一些西装革履的人把一个公文包放在你的桌子上。他们打开它，里面有一个带有两个按钮的装置：一个按钮上写着"毁灭世界"，另一个按钮上写着"实现乌托邦"，选择权在你手中。在这种情况下，你的选择显然具有巨大的影响力；然而，它可能在很大程度上缺乏目的性，而目的需要更持久的参与和努力。我在这里就不过多地谈论关于目的的问题了，因为我们将在后面的讲座中更深入地讨论它。

## 新颖性

如果你们中有人渴望成为第一个发现宇宙基本真理的人，那么很可能已经被别人抢先了。在时空的无限扩展中，某个外星阿基米德或AI爱因斯坦已经发现了你将要发现的任何东西。[22]

然而，即使你仅仅希望成为我们的文明中第一个发现重要新真理的人，这也会变得越来越难而最终不可能实现，不仅因为超级AI将远远超越我们的智力，还因为越来越多的重要基本真理将被发现。（我们稍后会详细讨论这个问题。）

你需要满足于寻找较小的（或仅在本地重要的）认知"松露"。作为一种特殊的享受，在极少的情况下，我们可以刻意保留一些无知的领域，以便在后来的时代有机会获得原创发现。所谓的"原创"，就是在地球起源的文明中或其某个分支中，珍贵且不可再生的资源，需要我们小心翼翼地保存在罐子里。

对原创发现（或发明或某种创造）的渴望，应该归类为对地位性商品的偏好：在相关意义上，成为第一个开拓者本身就代表着一种地位。然而，人类也有可能仅仅对自己生活中的新颖性感兴趣：第一次走路、第一次上学、第一次恋爱、第一次毕业等。按照标准用语，这些属于非地位性商品。

虽然"第一次"的数量可能是无限的，但其中具有"重要性"和"吸引力"的第一次的数量可能是有限的。我们不觉得第一次需要摘下眼镜去看清标签上的小字或第一次无法独自爬楼梯有什么值得庆祝的。如果我们假设衰老已被消除，那么第一次用牙线清洁牙齿就达到某个极限（一个最适合用"没有牙菌斑"来标记的成就）似乎也没什么值得庆祝的。[23]

## 饱和过剩

对那些抱负有限的人来说，还有另一种限制，那就是事情能变得更令人满意的程度在哪里。也就是说，如果你只想要一些简单的东西，那么一旦你得到了这些东西，就已经达到了最大值，至少满足了当前的偏好。

这一点可以稍微再概括一下。例如，我们不仅考虑你的偏好，还考虑你的需求或发展潜力。如果你的需求和发展潜力有限，那么在这些维度上改进的机会也是有限的。

即使你的某个偏好、某个需求或某个潜力没有任何上限（因此在这方面的进步没有上限），我们也可以质疑：在大多数偏好、需求和潜力完全饱和后，你的整体状况能改善多少。比如，某人想要一个乡村小屋、一个爱他的配偶和一把小提琴，也有一个收藏瓶盖的偏好可以无限发展，那么，一旦他拥有了小屋、配偶和小提琴，再去无限发展收藏瓶盖偏好的空间可能就不大了。从理论上讲，他每多收集一个瓶盖，都会取得增量收益，但这些收益很少，并不会让他变得更好。

这个人陷入瓶颈有两个原因：

1. 虽然他在瓶盖收藏方面持续取得进展，但这只是在其总体福利函数的一个狭窄域内有进展，其他函数域（房屋、婚姻、音乐）已经停滞不前。

2. 瓶盖收藏数量的增加所带来的改进潜力，必须在该收藏的所有可能规模上进行分配。对他来说，从1个瓶盖到2个瓶盖可能是一个相当大的事情。但是，从第164 595个瓶盖到第164 596个瓶盖呢？

相反，如果在他已经收集了 164 595 个瓶盖时，多出来的那一个瓶盖的重要性还像他只有 10 个瓶盖时一样，那么从 1 个瓶盖到 2 个瓶盖的增量实际上并没有那么重要，就像几乎感觉不到瓶盖从 164 595 个到 164 596 个的变化。

可以说，在这两个原因中，第二个更为重要。即使他对瓶盖收藏的兴趣在他的总体福利函数中只有很小的权重，比如，它的权重仅为他的其他兴趣的 1% 或 0.1%，如果瓶盖收藏本身没有递减收益，那么它也提供了一种让他的效用无限增长的方法。也许他需要增加 1 000 个瓶盖才能增加一个效用单位，但是，他可以在乌托邦中收集数百万或数十亿个瓶盖。相比之下，即使某个因素的权重非常大（甚至是 100%），如果该因素本身在某个有限水平上达到顶峰，那么该因素方面的收益最终也不会让总效用显著增加。

## 道德约束

那么，这些就是全部限制了吗？不，等等，还有一种可能的限制我们应该在此谈到。可能存在一种现象，类似于我前面提到的审慎障碍，只不过此障碍来自道德因素而不是认知因素，所以我们可以认为这是乌托邦的一个价值限制，源自我们价值观的内在性质，而不是外部约束。

这个想法是，也许有些结果从其他方面看都是可行的且高度可取的，但我们在道德上无法实现。

在我们考虑包含义务论原则的伦理体系时，这种情况最容易看到。例如，有些人可能认为（在我看来这是错误的），用基因工程来增强人类能力在道德上应该绝对禁止。[24] 假设类似的禁令也适用于通过任何其他技术手段实现类似结果（也许是因为所有这些技术都涉及"扮演上帝"的角色），那么，即使人类或后人类通过增强能力享受到的生活比现在的更好，甚至比未来任何时候都好，我们也没有道德的可行路径能通向这个更好的结果。

纯粹的后果主义伦理学也可能面临类似的道德困境，其方式甚至更接近审慎障碍的情况。我们可能会遇到这样一种情况，即为了最大限度地达到乌托邦状态，我们不得不冒风险去实施某个步骤。从审慎角度来看，如果仅考虑对我们自身或现存所有人的利弊，那么这种风险可能足够小，因此利益大于风险，此时没有审慎障碍。然而，如果我们考虑更广泛的利弊，比如对后代的生育干预，对外星生物或其他非人类生物的潜在危害，那么此时风险大于利益，存在道德障碍。在这种情况下，障碍是由不幸的伦理原则体系和认识论环境联合构成的：假设这一步骤实际上是安全的，并且从我们自身利益考虑是值得实施的，但由于我们无法充分确定它的安全性，无法将为其他利益相关方带来的风险降低到可接受的水平，因此它在道德上是不可接受的。

或者是另一种更简单的可能性：也许从道德角度看，我们不能用任何资源为自己建立乌托邦，因为同样的资源可以被那些有更高道德诉求的人使用。（例如，"超级受益者"或更强的力量？[25]）

在这种情况下，伦理限制和审慎限制之间的区别可能会变得有些模糊。但无论是伦理限制还是审慎限制，都可能从原则上阻止我们集体走向乌托邦。在个体层面上，基于精神或宗教原因，我们也可能会在某个地方踟蹰不前。

我认为这些类型的担忧并不是纯粹的假设，但我希望它们不是决定性的，以期找到一条实现路径。

# 形而上学的限制

关于价值轮廓的讨论已经够多了，我们还可以为实现乌托邦可能性找出哪些边界？到目前为止，我们已经研究了技术成熟时的可用技术、可用资源的数量、持续协调问题的可能性、审慎障碍以及由我们价值观的性质引起的限制。接下来我要指出的类别包括由形而上学事实带来的约束。

例如，假设你想创造一个所谓的"哲学僵尸"或"p-僵尸"。这将是一个在物理形态上与正常人类完全相同的存在，其行为和言谈与人类完全相同，但它并没有意识。关于p-僵尸是否真的可以被创造出来，以及如果可以，它们是否在其他人类相关意义上也有存在可能，哲学文献中有不少争议。许多哲学家，尤其是那些计算主义者[1]，坚持认为p-僵尸在形而上学上是不可能的。其他人（这包括大多数的二元论者）即使承认p-僵尸在形而上学上是可能的，也认为它们在造物法则上是不可能的（这意味着无论什么样的物理心理桥接法则，都排除了在我们的宇宙中创造p-僵尸的可能性）。如果上述这些哲学观点中有一个是正确的，那么即便创造p-僵尸的渴望在概念上是连贯的，一个技术成熟的文明也不可能创造任何p-僵尸。

这种障碍的作用范围可能更广，而不仅仅是阻止与常人在生理上完全相同的无意识生物的创造。也许从形而上学来看，我们不可能创造出拥有足够通用智能的存在，也不可能创造出那种能通过足够严格的图灵测试却没有因此产生意识体验的存在。

你们都听说过图灵测试，对吧？

很好。

如果这些事情在形而上学（或造物法则）上被阻止了，那么某些乌托邦的概念就无法实现。例如，能够创造出与普通人类言行举止无异但没有意识的实体可能会很方便，因为这在一定程度上让我们绕过了某些道德上的复杂性。想想看，如果小说中的角色仅仅通过被作者或读者想象就能产生相应的现象体验，那么，写悲惨故事在道德上就变得不可接受，作者的工作将会变得非常具有挑战性！

除了与现象体验相关的事实，我们还可以想到其他形而上学的事

---

[1] 计算主义者是指那些认同认知过程本质上是计算过程的人。他们认为心理状态、心理活动和认知过程可以通过计算过程来解释和模拟。——编者注

实，这些事实都会类似地使乌托邦的构造变得复杂化。例如，我们有道德地位（又称"道德站位"或"道德承受性"）的概念。这是一种认为某些存在体有资格获得道德关怀的观念：我们在决策和判断时应该考虑其福祉、利益、偏好或权利，不应该仅仅把这些主体视为手段，而是应视为目的。

哲学家们发展出了各种赋予存在体道德地位的理论。[26] 在一些理论中，意识（或意识的能力）并不是拥有道德地位的必要条件。尽管哲学界普遍认可"具备受苦能力是拥有至少某种形式的道德地位的充分条件"，但可能还有其他特质可以作为道德地位的基础，例如随着时间变化而持续拥有复杂的自我概念，具有追求长期计划的能力，能够沟通和回应规范性理由，具有偏好和能力，与其他具有道德地位的存在体建立某种社会关系，能够做出承诺并互惠互利或具有发展以上这些属性的潜力。假如道德地位可以建立在这些特质的基础上，在我们无法确认有些存在体的道德地位之前，我们就不应该创造出这些存在体。

其他类型的形而上学或造物法则探讨人格存在的条件或某些类型的经验与主观体验之间的联系，这些在原则上也限制了乌托邦愿景的可实现范围。我们将在后续讲座中讨论这些问题，所以在此就不进一步阐述了。

## 自动化的极限

今天我想谈的最后一组限制是自动化方面的限制，这些限制在很多方面密切相关。一方面，它们限制了我们通过将任务外包给机器来完成的目标。另一方面，同样的限制也决定了哪些任务依然需要我们去完成。后者很重要，因为我们关注的是盖茨和马斯克所提到的目的问题。我们明天会回到这个话题，但这里我只是想提出来，自动化的限制可以是矛盾的，可以以这两种方式对乌托邦的愿景提出挑战：因为不能将工作负担全部转移给机器，我们不得不继续承受这些负担；

或者因为我们将工作负担全部转移给机器，我们变得无用或者失业。

除了这个两难问题，我们可能还会好奇这个问题：如果未来一切顺利，还有哪些工作需要我们亲自去做——凯恩斯关于每周工作15小时的预测是否会实现，或者是否会出现一种更极端的情况，让我们根本不工作。

* * *

我想在这里首先解决一个基本问题，即人们有时低估了完全自动化工作所需的条件。

例如，有些人可能会看着一个DJ（唱片骑士）说："我们已经有技术可以自动化这份工作了。我们可以编一个播放程序，让唱片在整个晚上自动播放，不需要任何人工干预。"然后，当看到人类DJ实际上仍然在被雇用时，他们可能会得出结论，即使有些工作可以自动化，很多情况下它们仍然会由人类完成。

这是为什么？也许是因为当客户负担得起的时候，他们更喜欢人类的服务。有些人可能会说："嗯，自动DJ是可以完成这项工作的，但你知道，这根本不是一回事。总会有一些独特的人类触感，是机器永远无法完全复制的。"

我认为，即使这种推理可能接近正确的结论，它得到这个结论的方式也还是太仓促了。如果我们放慢速度，更仔细地观察一下，就可以获得更多深刻的见解，并形成更精准的直觉（这在后面会很有用）。

试想一下，我们今天可以轻松地制造一个自带播放列表的唱片机，然而它真的能够完成DJ的工作吗？显然不是。例如，一个好的俱乐部DJ会利用对某种音乐类型的专业知识来选择合适的曲目，他可以实时选择，观察人群反应并决定何时逐渐增强过渡音乐，何时低缓转场，何时播放一首劲爆的歌曲。他可能在一堆闪烁的设备后面跳来跳去，看起来很忙；他可能会大声喊叫或即兴演讲，会散发出具有传染性的积极能量。他可能会与人群混在一起，参加派对后的聚会。

一个知名DJ的出场演出可以向潜在客人发出"这将是一个重要的夜晚"的信号，从而成为所有喜欢这场表演并与志同道合的人一起享受派对的人的灯塔。

鉴于唱片机在所有这些方面的相对缺点，人们对人类DJ的需求仍然存在也就不足为奇了。然而，除非这些缺点在技术成熟时仍然存在，否则这并不能说明人类就业的最终前景。

显然，随着技术的进步，这些缺点将被克服。一个机器人DJ将能够选择合适的播放列表，观察人群并做出适当的反应，也会跳舞并看起来很忙。它还可以参加派对后的聚会，与客人闲聊，甚至会提出或回应浪漫的话题，为什么不呢？原则上，它也可以获得声誉，从而发挥名人DJ的号召力。

我们可以对许多其他职业提出同样的观点。以治疗师的职业为例，当技术成熟时，机器人心理医生将具备超凡的共情能力、心理洞察力和适症治疗的能力，并且能够记住患者说的每一句话。它能从数百万次的先验接触中学到知识，并确定什么有效、什么无效。因此，它将知道如何倾听和回应。它会使用正确的语气、正确的面部表情和正确的肢体语言。如果不完美的地方能改善患者体验，它甚至会表现出恰到好处的不完美，却不会像好莱坞电影中那样过于顺滑或怪异。它将非常擅长扮演治疗师的角色。

我说这些是为了确保：当试图找到自动化的最终限制时，我们就能勾勒出正确的情景，即拥有技术成熟的全部手段，包括造出的机器人同样具备出色的人类从业者所拥有的认知、体能和表达能力。当然，它们的能力远不止这些。

那么让我们思考一下：在技术成熟的情况下，有哪些事情不能由机器更好地完成？

## 感知和道德承受力

关于治疗师和DJ的例子：假设在这些环境中，我们想要的不仅仅是外部行为（甚至在所有的微妙之处，如我所描述的那样），也包括人类从业者在执行这些任务时的内在体验。客户可能不仅希望自己的治疗师表达同情，还希望治疗师真正感到同情。聚会上的狂欢者可能希望DJ是在真正地享受音乐，而不是表现出很享受的样子。

如你在讲义2中所见，我列出了在技术成熟的情况下，我们可以制造出具有意识体验的机器人和数字心智。这个推论在很大程度上基于以下3点假设：计算主义，人类是有意识的，技术成熟清单上的其他技术是可行的。我在这里就不详细阐述计算主义心智理论的案例了，因为你可以在各种文献中读到此类讨论。事实上，即使弱化计算主义假设的重要性，我们也可以得出结论：构建人工感知心智是可能的。[27]

因此，机器人治疗师或机器人DJ在这一"内在维度"上也可以表现出色。例如，它们能比典型的人类同行更沉浸于当下的现象，而后者的思想可能会偶尔飘到他们回家后需要做什么之类的事情上。

但这里出现了一个术语问题。如果某项工作被外包给了一个有感知的机器人，这就真的意味着实现"自动化"了吗？这难道不是更像另一种情况，即我们养大了一个拥有特殊才能的人，他长大后成为该行业的大师，从而使以前的从业者退休？在这种情况下，说这份工作已经自动化似乎并不恰当。而且，我们很难看出新的工作者是由硅和钢构成，还是由有机化学构成，以及这会产生什么本质上的区别；很难区分它产生于工厂还是卧室；说不清它的童年可能被缩短的事实；也分不清它的特征到底是精心设计的结果，还是偶然和遗传的结果。

如果有感知的机器人被某人当作财产，这可能会使我们更倾向于说"所执行的任务已经实现自动化"。但有争议的是，这就像在说一个奴隶社会已经让奴隶所执行的任务"自动化"。

我认为，基于机器人的具体构造情况，人类奴隶制与人类拥有的用于执行任务的感知机器之间可能存在深刻的伦理差异。这些可能是根本性差异，以至于将这些感知机器称为"奴隶"是不合适的。也许我们需要引入新的术语来表达这些情况：不是自动化，不是奴隶制，而是某种新颖的第三类。

我不想在这里陷入术语问题的泥潭。假设我们接受这样的观点，即有感知的劳动不是"自动化"，那么，我们可以立即识别出有可能限制我们自动化能力的两种形式。

一种是也许对于一些产品或服务，客户更喜欢由有感知的存在体完成，比如上文提到的治疗师和DJ的例子（也许有些人只希望他们所面对的实体在互动时真正体验到意识），那么这些工作就无法完全自动化。

另一种是某些特定的行为表现必定会产生意识体验的副作用。例如，任何能够在非常广泛的情况下，在较长时间内表现得非常像人类的认知系统，可能只能通过执行实时现象体验的计算来做到这一点。我现在先不去评价这种情况是否属实。但如果是这样，这种自动化的限制就是某些复杂行为或互动需求的满足过程必定伴随着感知的生成。因此，如果我们不将感知过程视为自动化，这些工作所要求的表现可能就无法完全自动化。

我在这里对感知的讨论也适用于道德地位。如果感知不是道德地位的必要条件，比如，如果某些非感知的行为体凭借其他能力足以获得道德地位，那么可能有些工作只能由具有道德地位的系统去完成（如需要在复杂环境中灵活追寻目标的行政职位或许多其他角色）。而且，如果将任务委托给具有道德地位的系统去完成并不算作自动化，那么这又是自动化可能性的一个限制。

重要的是，我们要意识到，即使有些任务只能由有感知的劳动者或具有道德地位的劳动者来完成，也不意味着会有工作是专门留给人类去做的。因为这些任务可能由非人类的人工系统来完成，这些系统具有感知力或道德地位。这些"机器"（称它们为机器并没有错，它们将是高科技工程机器人和计算机）在性能或行为规范等外在表现上，以及在主观心理生成、实现广泛的道德地位的基础属性方面，将远比我们高效。

## 讲义 4　职位空缺

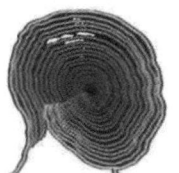

重力吞噬者：类似黑洞的螺旋图案，象征着某种吞噬重力的存在。

量子猎人：碎片化的数字外观，暗示它存在于或猎杀于量子领域。

故障梦者：像素化、被破坏的视觉效果，体现或控制数字故障和梦境的生物。

虚空鹿：有着发光眼睛和牙齿的剪影，象征着栖息于或体现于虚空的鹿型生物。

玻色子切割者：黑暗、咧嘴笑的面貌，象征着能够切割玻色子（基本粒子）的存在。

象征着混沌、故障、诡异和无法描述。

有许多职位空缺……但你具备所需的资格吗？

图片来源：Orphan Work。[28]

自动化的其他潜在障碍有哪些？

## 法规

政府可能会禁止在某些行业中使用自动化，或者对其征收重税，以至于即使在技术成熟的情况下，人类劳动也能保持竞争力。当然，当我说"保持竞争力"时，我指的是在现行法规下雇用人类来完成工作是高效的。与更自由放任的制度相比，这些法规本身可能非常低效，它们会减少经济总量。机器的技术优势越大，阻止其使用的成本就越大。

还有一种可能性是，某些工作已经受到了现行法律的保护，因此可以免受自动化的影响。例如，法律可能会规定只有人类，而不是同等资格的智能机器，可以担任立法者、法官、公证人、行政官员、受托人、公司董事会成员、监护人、总统、君主和其他类似的角色。不过，法律是可以改变的。除非保留此类针对人工智能的法律限制有充分的理由，否则上面这些工作一定会受到自动化的影响，可能并不比电话接线员和旅行社的工作强多少。

## 地位象征

一些重要人物会在自己周围安排仪仗队，其工作就是让人看起来庄重且值得仰慕。同样，高端酒店也可能在主要入口处安排穿制服的人员，以使客人感到自己很重要。这些工作若是给假人，它们就做不好，即使它们打扮得和真人差不多。

实际上，人类行屈膝礼和鞠躬的能力可能是最难自动化的属性之一。尽管假人具备向顾客致意的机动能力，但至少在这种装置不再是新奇事物之后，许多顾客可能更喜欢由人类工作人员提供相应服务。一个可能的原因是，人类服务可能是一种地位象征，而机器人则不是，即使机器人在外观和功能上与人类相似，甚至难以区分。以后，人类身份也可能仅通过专家认证才能确定，但它仍然是决定价值的重要因素，就像大师的原创艺术品比那些以假乱真的复制品更有价值一样，也许是因为拥有原件比拥有复制品更能彰显名望。

由于只有人类可以生产"由人类提供的商品和服务"，在强调地位的经济领域中，人类依然可以保持经济竞争力。

我们之前在讨论增长限制时就提到过地位这个话题。那里的观点是地位的产生是有限的，这里的观点是某些地位的产生需要人类劳动。

未来的地位游戏可能会发生变化，不同的事物可能会成为地位的载体。即使其发生了变化，某些最初因能够赋予地位而被重视的事物可能仍然会因为一种意志的惯性而被重视（我稍后会将其描述为价值的"内在化"过程）。

## 团结

消费者有时会愿意为某些特定团体生产的商品支付更高的价格，如同胞、本地企业、"公平贸易"生产者、名人、与买家有私人或文化关系的制造商。相反，像"血汗工厂"、工厂化农场和机械化大规模生产等生产过程，有时会降低它们所生产商品的市场价值。

为什么会这样？有时，溢价反映了消费者对产品内在质量的感知差异，这种因素反而会支持自动化，因为与自动化生产相比，人类生产的产品在客观上是不如自动化生产的产品的。另一种可能的原因与之前讨论过的地位动机有关，消费者偏好某些生产者也可能是基于一种团结感。出于推广或帮助某个特定供应商的考虑，你可能经常在经济上或其他方面给予支持。如果至少有一些未来消费者希望人类能继续有工作机会，那么他们可能会为人类生产的商品和服务支付高价，足以使其与机器生产的替代品相比更具竞争力。（我们以后将在"目的的礼物"这一主题下重新讨论这种可能性。）

## 宗教、习俗、怀旧情感和特殊兴趣

我为这个类别的混杂组成而道歉，但我需要把这些话题放在一起，也许回头我可以更好地组织它们。这些话题的共同点是它们展示了人们可能有一种偏好，即某些任务必须由人类完成，不是因为那样做显得更有地位，也不是因为能获得团结感，而是因为在满足需求的过程中，存在一种更直接的构成关系。

**宗教**：一个机器人牧师即使具备与人类相同的言行能力甚至感知能力，也无济于事。

**习俗**：人们可能有理由要保留某些仪式或传统，可能需要特定的人类从业者来执行这些仪式。

**怀旧情感**：孩子用蜡笔绘制的作品可能对父母来说特别珍贵，正是因为这是他们的孩子创作的。这种劳动可能比神经外科医生或衍生品交易员的工作更难自动化。

**特殊兴趣**：以职业运动员为例，人们可能更喜欢看人类（或猎犬和马）比赛，而不愿看机器人比赛，哪怕后者在各方面技能和身体素质上都更优越。

## 信任和数据

还有一些更实际的潜在人类优势来源，也可能导致对人类劳动力的持续需求。这些优势与认知限制有关，即使在技术成熟期，这些认知限制也可能存在，尽管它们最终可能会随着时间的推移和经验的积累而消失。

其中的一种认知限制是信任。假设一个AI可以完成所有人类能做的事情，并且实际上与人类一样值得信任或更值得信任，但我们可能无法知道这一点。在有些任务中，信任有着至关重要的作用。我们可能更愿意让一个经过考验且值得信赖的人来完成这些任务，或者亲自动手，而不是将其委托给人工系统，因为人工系统对我们来说还是相对陌生的。在高风险决策中，要最大限度地保证安全就不得不接受效率的降低和额外的成本。涉及监督AI的一些工作可能属于这一类别。

原则上，无论机器变得多么高效，这种不信任都可能限制自动化的采用。然而，如果人工系统逐渐积累了与人类决策者相媲美的（或超越人类决策者的）可信记录，或者我们发现了其他能验证人工系统的可靠性与一致性的方法，信任障碍可能就会消失。随着时间的推移，也许机器会比人类更值得信赖。

另一个人类可能具有认知优势的领域是，人类可以作为某些类型的数据的来源。AI将在智力和一般知识方面超越我们，但我们可能仍然有一些东西可以贡献，当涉及关于我们自己的信息，如我们的记忆、偏好、性格和选择等，我们对其中一些信息拥有一种特殊访问权，可以想象，人类可以通过提供口头描述或允许自己作为研究对象来向机器传递这些信息并获得报酬。

同样地,作为人类特征的主要数据来源而谋生的机会也可能只是暂时的。这是因为给定系统的数据通常会呈现递减收益,并且随着越来越多的数据进入公共领域,额外数据流的价值就会降低。最终,超级智能可能会无比精准地构建人类模型,以至于它们几乎不需要额外的数据输入来预测我们的想法和欲望。它们可能不仅比我们更了解我们自己,还可能了解我们到如此透彻的地步,以至于我们告诉它们的任何事情都不会显著增加它们的知识。

我们可能会依赖AI的评估,发现它们做出的即时判断比我们自己做出的更具一致性且预测性更强,尤其是那些涉及我们长期最佳利益的决定(或者那些我们在仔细反思所有相关事实的情况下做出的决定)。

最终,即使是决定我们到底想要什么的责任,也可能会从我们肩上卸下。

然后,我们就这样……(戛然而止。)

马上就到下课时间了吗?

明天见!

### 讲义5　自动化的极限

- 感知和道德承受力。
- 法规。
- 地位象征。
- 团结。
- 宗教、习俗、怀旧情感和特殊兴趣。
- 信任和数据。

# 不可能的输入

**凯尔文**：讲义 2 上说到 "任意的感觉输入"，但我认为这是不正确的。有些输入可能是在计算上无法生成的。比如，假设这里有一个大屏幕，它能显示一个有 1 000 位数字的序列，每个这样的序列至少对应于一个可能的视觉输入。但即使是技术成熟的文明也无法制造出一个能显示蔡廷常数的前 1 000 位或 $\pi\wedge\pi\wedge\pi\wedge\pi\wedge\pi$ 的前 1 000 位数字的屏幕。[29]

**菲拉菲克斯**：因为所需要的计算量超过了在宇宙寿命内能完成的计算量？

**凯尔文**：远远超过。

**泰修斯**：真遗憾。我将永远无法看到蔡廷常数的前 1 000 位。

**凯尔文**：可能还有更多具有道德相关性的输入也是无法通过计算生成的。

**泰修斯**：也就是说，就算有人向我展示了蔡廷常数的前 1 000 位，我也无法验证我所看到的确实是这些数字，对吗？

**凯尔文**：如果那不是正确的数字，那么你最终可能会发现那是不对的。

**泰修斯**：除非生成数字的人拥有远超过我的计算能力的计算资源。

**凯尔文**：对。不过，有些数字序列虽然生成困难，但验证容易。比如某些 1 000 位合数的因子分解。我们可以构建一个类似的例子，其中视觉输入是完整的数字及其因子分解。

**菲拉菲克斯**：先生们，我可以插句话吗？凯尔文，你穿那件夹克是不是有点儿热？

**凯尔文**：我不介意去换件更舒服的衣服。

**菲拉菲克斯**：你们看这样安排怎么样，凯尔文和我昨天找到了一个长满青草的山坡，今天下午我们打算再去那里看会儿书。为什么不一起去呢？这样我们就可以继续谈话，同时可以顺道去凯尔文家。

**凯尔文**：好主意。

**泰修斯**：我们可以在晚餐前后都进行批判式讨论。我在想，在更基础的层面上，我们应该如何看待感觉输入的特质？我是说，当你通过长期记忆回忆某件事时，你是否可以在某种意义上把它看作一种"内部感觉输入"，只不过这次你的感觉器官不是向外看周围的视觉环境，而是向内看内部的神经元环境？如果在一种情况下，你用眼睛从笔记本里翻找信息，而在另一种情况下，你从长期记忆库中查找某些东西，那么这两种操作在深层次上真的有那么大的不同吗？特别是如果此类操作发生在意识之外？所以，延展认知理论说，有些脑外的世界元素也应该被视为我们心智的一部分，也许从价值论的角度来看，我们也应该反过来问，我们心智的许多部分其实并不真正属于"我们"？那么，问题来了，属于我们的那部分究竟有多大、有多复杂？

**菲拉菲克斯**：我建议我们出发吧！

# 狐狸费奥多尔的来信

## 第13封信

亲爱的帕斯特诺特叔叔：

我祈祷，收到这封信时你身体健康，精神愉快。这封信会比较简短，我希望很快能给你写内容更详细的信。

最近的日子几乎是我有生以来最忙碌的日子，我们一直忙于在这个季节大量采集资源。自去年以来，这些资源在阳光、雨水和温度的完美作用下，已经向我们呈现出真正的杰作。我以前从未见过这样的景象，不知你是否见过？

我们一直在储备资源，希望这些资源不仅能帮助我们度过冬天，还能承担我们计划要做的探索活动的额外开支。我向你承认，在储备资源方面，皮格诺利乌斯并未充分发挥他的潜力。尽管他是一个出色的伙伴和亲切的主人，他的体型也比较大，但他对储备的贡献不如我，主要是因为他总喜欢吃掉自己发现的东西。他有句口头禅："最好的储藏室是一个胖肚子。"是的，但你如何用你的胖肚子来让别人给你干活儿呢？例如，我用收集到的花楸浆果作为报酬，派乌鸦去里斯那里打探消息。顺便说一句，我认为我们在这笔交易中占了便宜，因为这些浆果非常酸（这可能就是皮格诺利乌斯没有吃它们的原因）。

至于普斯琳，她也几乎没做贡献。不过她有更好的理由，因为她刚刚生下 10 个孩子。

但这些都是微不足道的烦恼，真正重要的是乌鸦带回来的消息。看起来，有限起源假说得到了显著支持。此外，所涉及的时间尺度虽然很长，但并没有长到足以压垮所有希望。我无法告诉你这个消息让我有多激动！希望的存在本身就是一剂灵丹妙药，而且它的效力与最后能否成功无关。我明白，在目前的情况下，能成功得到我想要的结果的概率仍然很低，但不是零，这就是我需要知道的全部。无与有之间存在着巨大的差异。即使这个"有"看不见、摸不着，即使它远在天边、难以捉摸，我也可以追寻它，而有追求给了我一种意义感。

对您感激不尽的侄子<br>费奥多尔

## 第 14 封信

亲爱的帕斯特诺特叔叔：

昨天这里下了第一场雪。我猜你们那儿也下了吧？

对我们来说，下雪就意味着物质积累的时期已经结束，我们现在将努力从物质转向智力。我们希望有足够的储备顺利过冬，并在饥荒变得过于严重之前尽可能多做研究。即便是考虑到皮格诺利乌斯最近增加的家庭成员，我们现在的储备也已经尽可能地完备了。

"研究，"我听到你问，"什么研究？"这个现在有点儿难以解释，但我们打算以系统的方法来处理我们面临的问题，远离"血淋淋的爪牙"现实，去寻找某条通向更好状态的路径。具体通向哪里？我也不知道。但我可以想象出一系列比现在情况更好的替代方案，减少痛苦并增加机会。当然，这些替代方案的实用性仍然有待验证，但这正是我们打算研究的。

在之前短暂休息时，我们已经讨论过一些初步的想法，现在打算集中精力去探究这些想法。我真希望这些想法里有一些是我想出来的，但事实上这些想法几乎完全源自我朋友那非凡的头脑。然而，虽然我在提问时显得笨拙，但这似乎对他有刺激作用。因为他告诉我，在我来这儿之后，他的想法比平时多多了。

我也为自己感到自豪，因为我确实能够在一些事上启发他。比如，当我不得不告诉他思考是发生在大脑中的时候，我感到相当惊讶！他认为思考发生在胃里，这显然是广泛存在于猪群认知里的误解。

当然，我也从他那里学到了很多东西。这让我想知道外面到底有多少知识。如果不能将不同社区所发现的知识结合起来，那么我们不仅知道的不多，甚至都不知道自己到底知道什么。

能不能建造一个东西来解决这个问题？它会是什么样子？它如果奏效，会唤醒世界的灵魂吗？

但此刻已经很晚了，我就不再用这些从我过度兴奋但超级疲劳的脑袋里想出来的稀奇古怪又杂乱无章的想法折磨你了。

晚安！

对您感激不尽的侄子<br>费奥多尔

## 第15封信

亲爱的帕斯特诺特叔叔：

感谢你的回信。我总是对家里的消息充满好奇。

关于雷伊和他的恶作剧，唉，我能说什么呢？我当然理解那些必须进行"善后"工作的人对他的抱怨。然而，（就咱俩说个悄悄话）

每当听到他的壮举时，我都不禁有一种自豪感。尽管他的行为放荡不羁，但他像一个耀眼的火花，这个世界并不缺乏诚挚却忧郁的人。至少，要是在我们的家里取个平均值，他平衡了一些我自己的忧郁倾向。但你别告诉他我这么说啊！

在这边，家庭情况发生了意想不到的变化：普斯琳带着小猪们离开了。我刚得知这一消息时，非常惊慌，以为我的存在给他们的婚姻关系带来了压力。我当时已经准备离开，为她的回归创造空间。我的心情很低落，因为我感觉皮格诺利乌斯和我刚刚开始取得一些进展，现在却必须在有机会看到它可能导致什么结果之前结束，谁知道我们何时能再次合作。

当我得知自己不仅不是她离开的原因，而且普斯琳带孩子离开也不意味着他们的关系恶化时，我如释重负。原来，普斯琳只是去和她的一个姐姐还有一位朋友生活一段时间，她们也刚刚生了小猪，这样她们就能共同分担当妈的辛劳。显然，她以前也这样做过，皮格诺利乌斯向我保证这不是什么问题。

这对他来说可能不是问题，但父亲难道不应该在家里协助照顾孩子吗？我向他提出了这个问题，觉得他有义务这样做；虽然老实说，我倒希望在这种情况下我不会太有说服力。

嗯，我完全不需要担心。他的反应很奇怪。他先看了我几秒钟，似乎不敢相信，然后从喉咙里发出一种呛咳声，我意识到他在试图忍住不笑。"那是你们物种的做法吗？爸爸待在家里照顾孩子？"他笑得在地上打滚，无法控制地抽搐，并模仿着孩子们大叫："爸爸，爸爸，我们要喝奶！"我一点儿也不觉得好笑，但我什么也没说。我知道不同种类的动物有不同的习俗，所以不能太过苛责。

所以，现在只剩下我们俩，或者应该说我们仨？皮格诺利乌斯、我，还有我们伟大的任务。

对您感激不尽的侄子<br>费奥多尔

# 第16封信

亲爱的帕斯特诺特叔叔：

在前一两封信中，我和你分享过知识碎片化带给我的震惊。狐狸知道的事情，猪常常不知道，反之亦然。更糟糕的是，一群动物可能完全不知道另一群动物的一些重要见解，哪怕它们只是生活在山的另一边或河对岸，相隔几英里远。这种状况看起来非常低效。

这让我想知道：我们能否把这些分散的知识库连接起来从而产生智力上的进步。我并没有想成为游牧民族，尽管我允许自己做一些关于这种浪漫生活的白日梦（从一个地方到另一个地方，边学习边教书，尽可能多地体验这个世界），但是，这行不通。这并不能成为解决方案，因为其所能产生的影响太小，也太短暂。一个人或两个人可以访问几个社区（实际上只有我一个人会这么做，因为我无法想象皮格诺利乌斯会对任何需要他离开他的泥池太久的职业感兴趣），而这最多也就持续几年，直到访问者去世，然后一切又都恢复原状。

但是，我在想，如果能创建一个持久且可扩展的信息共享系统，那么就有可能产生更持久的变革性影响。例如，你可以雇用大鸟，让其成为快速信使。如果是乌鸦或渡鸦，它们甚至可以作为信息搜集者和教师。你也可以雇用小鸟，比如雀类，让它们进入那些不欢迎渡鸦的社区；雀类可以在当地人与大鸟之间传递简单的信息。然后，你可以建立更多这样的中央枢纽，那里可能成为猪群的殖民地，像里斯这样的个体也可以在那里将学习内容进行整理、解释，并从中提炼有用的经验，再传播回各个社区。

我还想到了这个基本想法的许多变化和补充，在此我就不再无聊地一一列举，因为你会立即意识到，它们都只是纯粹的幻想，也都存在同一个根本缺陷，即我们没有资源来创建它们。就算这样的系统不知何故真的存在了，我们也没有资源来维持。

嗯，我们才刚刚起步，显然还有更多的工作需要做。

对您感激不尽的侄子<br>费奥多尔

## 第17封信

亲爱的帕斯特诺特叔叔：

最近我与皮格诺利乌斯详细讨论了我在上一封信中提到的问题。不幸的是，问题似乎变得更宏大了。我们构思出了各种想要的东西，无论是能帮助当前森林居民的物品或服务，还是能逐步促使我们取得进步的体系。事实上，想出这些点子相当容易和有趣，但它们都需要某种资源来创建、运作和维护。问题是我们没有，其他人也没有，就算有也无法持续供给。

这已经很糟糕了，但正如皮格诺利乌斯告诉我的，实际情况更糟糕。你可以将缺乏持续不断的盈余供应看作一道防止我们摆脱现状的墙。皮格诺利乌斯指出，这道墙之外还有另一道更高的墙。假如我们能以某种方式越过第一道墙，我们也将被第二道墙困住。他解释说，如果盈余很多，那就能使更多的动物活到成年，然后它们会有更多能存活的后代，而多出来的这些嘴巴会不断消耗盈余。然后，我们所引入的改进体系将无法继续维持，我们又会回到原点。

现在，你可能认为这种情况看起来很绝望。但实际上，情况更糟糕。皮格诺利乌斯还认识到，前两道墙之外还有第三道墙。即使我们能说服某个动物族群减少繁殖（但我认为这非常困难，而且几乎不可能，因为交配季节的强烈欲望驱使着我们），这也毫无用处，因为时不时会有叛逆者：一些个体会做他们不该做的事情，其消耗的配额超过了应得的。每一代、每个社区都会有越来越多的成员是逃避配额者的后代。由于性格特质在某种程度上是遗传的，这会使我们族群的道德品质恶化，会产生越来越多的作弊者和作弊行为。很快，连好人也开始不遵守规范，因为当恶行已成常态时，美德就毫无意义。

盈余以及其带来的改进，会消失在时间的沙滩上。

所以，我们注定无法成功了？不，你看，关键是这三道墙之外还有另一道墙。哈哈哈！实际上我们是四重注定的。

那第四个障碍是什么？其实是一个显而易见的事实，任何在这片森林里生活了超过几周的动物都会明白，如果我们所在的社区以某种神奇的方式创造了可持续的盈余，并且我们设法保持很低的生育率，且避免任何成员能从这种安排中耍滑头，那么结果就是外来的野兽会进来抢走我们的东西。如果我们有食物放在外面，他们就会拿走。如果我们有未充分利用的土地，他们就会占去居住。他们甚至还会吃掉我们。这就像我们住在一个巨型泡泡里，如果泡泡内部的人口密度低于外部，外部世界就会像高压气体一样挤压我们的泡泡直到恢复平衡。也就是说，只有当我们内部的密度大致等同于周边地区的密度时，平衡才会恢复。

这就是我们迄今为止所看到的。如果你要我打赌，我就会根据归纳法押注，会和你赌外面肯定还有第五道墙、第六道墙，甚至更多。

对您感激不尽的侄子<br>费奥多尔

## 第18封信

亲爱的帕斯特诺特叔叔：

您真是明察秋毫！您发觉我在上一封信中的语气有一丝轻浮，问我是否遇到了麻烦。

我向您保证我的身体很好，除了我们都在衰老，但我认为这不是什么大问题，因为这总比饿死、病死或被更大的野兽撕裂要好得多。除了这些琐事之外，一切都很好！

我们的调查陷入了僵局。我们看不到克服困难的办法，仍有许多不了解的事情。皮格诺利乌斯说过一句话，我第一次听到时笑了，但现在我紧紧抓住它，就像我正吊在悬崖边上紧紧抓住一株珍贵的芦苇那样。他说："只要无知还在，就还有希望！"

对您感激不尽的侄子<br>费奥多尔

## 第19封信

亲爱的帕斯特诺特叔叔：

  我最近没有太多要汇报的。我们最近没什么进展。与其无聊地盯着那墙壁，不如去做让我更愉快的事，比如，给你回信。

  目前的情况看起来不太明朗。皮格诺利乌斯观察到，我们对世界优劣的判断大多只是我们自己习惯性情绪的反映，有时甚至不是习惯性情绪，而是我们当下的感觉。这是违反直觉的。然而，当我反思自己的经历时，我必须承认他的话有道理。比如，我记得几个月前刚到这里时的那个黑夜里的沮丧，可到了第二天早晨，整个世界又都显得明亮动人。发生了什么？当然不是世界结构或其中的各种平衡出现了变化，也不是我有了新的见解或获得了新证据。都不是。仅仅是阳光和胡萝卜就做成了哲学论证无法完成的事情：尽管我依然能看到许多严重问题，但阳光和胡萝卜让世界看起来更美好了。所以我必须承认，皮格诺利乌斯是对的。

  然而，当我看着外面无雪的冬景时，我难以抑制地觉得，世界在客观上就是抑郁的。但我已经受够了自己这些笨拙的沉思！

  我想不到一个优雅的转折，但我想说，我很高兴听到你设法拔出了那根刺。我其实已经开始思考能否设计出某种工具，使拔刺这个操作更容易。当然，我肯定想不到另一个比叫伊尔迪过来帮忙更好的解决方案，你在她还是小鸡的时候帮助了她，所以她现在设法回报了你，而我依然是……

对您感激不尽的侄子<br>费奥多尔

## 第 20 封信

亲爱的帕斯特诺特叔叔：

对不起，很久没有回复你最近的来信。我一直在拖延回复，希望会有一些更值得写的内容分享给你，但这一希望也落空了。

事实上，在过去的两周里，皮格诺利乌斯和我每天从早到晚都在进行一个紧张而专注的智力活动：玩一个游戏。

没错，我们一直将我们的才华、积累的盈余和稀有的特权用于"投资"并掌握皮格诺利乌斯发明的一个棋盘游戏。难道我们发现了一种模拟世界并探索不同场景的巧妙方法，从而能更迅速地设计和测试不同的潜在行动方案？并没有。我们只是一直在玩游戏。

我可能会为自己辩解："反正我们现在被卡在这里动不了，所以机会成本相对较低，尤其是在目前的天气情况下。"我可能还会说："原本是计划（如果有计划的话）花几个小时玩这个游戏，但后来玩得有点儿上瘾……"

无论如何，这是一种相当愉快的消遣方式。当然，皮格诺利乌斯每次玩游戏都能赢；但我心里一直有个声音，它让我别放弃，我感觉如果我再努力一点儿，下一次就会赢。我不能否认，我很享受这个游戏。

对您感激不尽的侄子<br>费奥多尔

## 第 21 封信

亲爱的帕斯特诺特叔叔：

我做了一个非常奇怪的梦，梦见皮格诺利乌斯和我正在散步。突然，在前面几步远的空地上，我们看到一只小羊，没人知道它是从哪里来的。这只小羊得了严重的疥癣，看起来非常可怜。皮格诺利乌斯飞快地跑掉了，不知道是因为害怕感染还是因为看到的情景太可怕。我知道我应该做同样的事情，但我走向小羊，不是为了吃它，而是为了安慰它。我离它越来越近，就在我要伸手碰到它时，我醒了。

我不知道这意味着什么，但我感觉我必须开始行动。附近有一大片水域，距离这里只有两天的步行路程。人们称之为"大海"。尽管距离很近，但皮格诺利乌斯从未去过那里，而且他似乎也没有一丝去一探究竟的欲望。

所以我将独自前往。我有一种感觉，这种感觉无法用言语表达，但我需要解决一些事情，需要一些独处的时间。

在回来之前，我将无法给你写信。我不知道我会走多长时间，但我仍然是……

对您感激不尽的侄子<br>费奥多尔

## 第 22 封信

亲爱的帕斯特诺特叔叔：

我现在回来了。我已经回来两个星期了，对不起，给你写信写晚了。我希望很快能再次写信解释更多。

与此同时，尽管我不愿再打扰你，但仍然需要请你帮个忙：如果你知道雷伊的下落，请将附上的信交给他。这件事很紧急。

对您更加感激不尽的侄子<br>费奥多尔

第三章

# 星期三

# 全面失业

欢迎回来。昨天我们讨论了不同类型的边界问题,这些内容总结在讲义6中。

---

### 讲义6　边界

- 宇宙馈赠的界限(讲义1)。
- 技术成熟(讲义2)。
- 协调问题。
- 审慎障碍。
- 价值轮廓(讲义3)。
- 形而上学的限制。
- 自动化的极限(讲义5)。

---

在前两次的讲座中,我们已经探讨了很多内容。今天我想回到我们在周一讨论中提到的"目的问题"。谈到这个问题,我还是要照例表达一下对自动化全面成功可能导致的普遍失业的负面后果的担忧。

那么,让我们来表达这些担忧吧!

如果几乎所有事情都能由机器更好地完成,那么我们还能做什么?若生活在乌托邦里,我们整天会做些什么?

## 打架、偷窃、暴饮暴食、酗酒、睡懒觉

有句箴言是,"无赖之徒图谋作恶"[1]。

对于《圣经·箴言》16: 27 里这句话,另一种更直接的翻译是,"无用之人策划恶事",这与上面那个《圣经》版本里的翻译不同。[2] 也许,给无用之人安排一个任务满满的日程就能防止他策划恶事?而有价值的人即使在闲暇的情况下也不会制造恶事?后者已经从外部强加的束缚中解脱出来,并以有意义的方式利用自己所获得的自由。他也许会展开虔诚的思考,或找到其他更有德行的方法去使用自己的时间和能力。

然而,即使闲暇不会给好人带来威胁,我们能得到的安慰也是微不足道的,因为我们可能会问:能有多少人属于好人这个类别?即便对有些人来讲,闲暇是一种祝福;但如果大多数人都是无用的,我们可能就会遇到麻烦。

凯恩斯担心的是,那些孜孜不倦工作的图利者最终把人类送入"经济丰裕的怀抱"后,会发生什么:

> 我认为,没有任何国家、任何民族能在展望即将到来的闲暇和丰裕时代时,心中毫无忧惧。因为长久以来,我们被教导的都是要努力奋斗而不是享受。对没有特殊才能来寄托身心的普通人来说,这是一件可怕的事;尤其是如果一个人没有土地,不再遵循习俗,也不再珍视传统社会中的规范,那么如何让他保持忙碌将是一个更可怕的问题。从目前世界各地富裕阶层的行为和成就来看,解决这个问题的前景十分暗淡!因为这些富裕阶层在一定意义上构成了我们的先锋队,他们在为我们探寻应许之地,并在那里安营扎寨。[3]

最近,美国著名法学家理查德·波斯纳在对罗伯特·斯基德尔斯基和爱德华·斯基德尔斯基合著的《金钱与好的生活》一书的评价中

表达了类似的担忧。斯基德尔斯基兄弟在书中提出了对当前资本主义体系的改革，他们强调应该降低经济增长和消费的重要性，使人们更容易从激烈的内卷竞争中脱身，去享受更多的闲暇。[4] 对此，波斯纳评价道：

> 斯基德尔斯基兄弟对于闲暇有一种崇高的概念。他们说，闲暇的真正含义是"无外在目的性的活动"，像"雕刻大理石的雕刻家、专注于讲解难题的教师、与乐谱较劲的音乐家、探索时空奥秘的科学家——这些人的唯一目的是把他们当下正在做的事情做好"。这并不是真的。上面列举的这些人大多数都是追求认可、雄心勃勃的成功者。认为"当人们每周只工作15个或20个小时时，就会利用闲暇时间去雕刻大理石或与乐谱较劲"，这显然是荒谬的。如果他们不把这些闲暇时间用于消费，就会去打架、偷窃、暴饮暴食、酗酒和睡懒觉。[5]

你看，这就是波斯纳对人性的看法，比斯基德尔斯基兄弟悲观得多。

\* \* \*

你们中有多少人听说过迈克尔·卡罗尔，那个被称为"乐透流氓"或自称"小混混之王"的人？

卡罗尔在他的祖国英国小有恶名。当时他才19岁，做着垃圾处理工的兼职工作，买国家福利彩票中了近1 000万英镑的大奖。尽管他慷慨资助了朋友和家人，但当地小报的报道还是密切关注他如何把奖金花在妓女、汽车、可卡因、珠宝、赌博、香槟、派对和法律诉讼上。他还养成了从车里向人们扔巨无霸汉堡包的习惯。因为他的酗酒和召妓问题，他的妻子在怀孕期间与他离婚。还有一次，他喝醉了酒，坐在奔驰车里用弹弓向路上停着的车辆的窗户和商店橱窗发射钢球，并因此被逮捕。法官指出，在此次逮捕事件发生时，卡罗尔已有

42项犯罪记录。[6]所以你看,他并没有闲着;但据我们所知,他也没去雕刻大理石。

有趣的是,根据最近的消息,卡罗尔已经把全部财产挥霍光,再次变得身无分文。他在苏格兰的埃尔金小城找到了一份劈柴和送煤的工作,每天工作12个小时。[7]他的体重减少了5英石①,并与妻子复婚了。他说他现在活得更快乐。[8]

我在讲义中附上了迈克尔·卡罗尔在他巅峰时期的照片,旁边是另一位更具艺术气质的富人的照片,以做比较。

### 讲义7 米开朗琪罗与迈克尔·卡罗尔

(左)米开朗琪罗。巅峰时期的净资产约为1 000万英镑。他花费甚少。[9]他常常穿着靴子睡觉,雕刻大理石。(右)迈克尔·卡罗尔。巅峰时期的净资产约为1 000万英镑,几年内挥霍一空。他声称与4 000名女性发生过关系,从未雕刻大理石。

图片来源:Wellcome Collection[10],Albanpix。[11]

---

① 5英石约等于32千克。——译者注

\* \* \*

我认为从中可以得出的教训是，人与人是不同的。每个人对财富和闲暇的处理方式各不相同。

在谈论卡罗尔的行为时，我们可以发现其中的文化和阶级差异。在公众对卡罗尔的评论中，最负面的态度似乎来自中下层阶级，他们哀叹他挥霍无度和反社会的消费方式。一些工薪阶层似乎更具同情心，认为反正那是他的钱，他尽情享受了，现在也又过上了真实的生活。

社会上层阶级对卡罗尔的评价则不那么苛刻，他们认为，与其把卡罗尔的行为当作与道德有关的批判与比较，不如将其看作一个反映社会现象的万花筒。当然，他们也认为卡罗尔没有很认真地对待自己的财富。正如波斯纳所说，"英国上层阶级的传统愿望是不工作"，同时要表现得不是那么在意金钱。[12] 在这一点上，虽然卡罗尔是下层工人阶级，但他实际上表现得比社会中层阶级更有贵族气质。[13]

我们这里还需要注意文化差异，比如，美国的上层阶级更多地基于财富，而英国的上层阶级则更多地基于遗产和某种文化资本。我们也有理由预测：从新教的工作伦理中滋生的文化更可能对卡罗尔的这种生活方式表示不满，而其他文化可能更赞同他的随遇而安的生活方式。这些问题都非常复杂，单是讨论它们都需要举办个系列讲座。

我们似乎有理由认为，对某些人（或许是当前人口中的一大部分人）而言，突然获得巨额财富和完全的闲暇并不一定是纯粹的祝福；甚至对有些人来说，这可能是一种灾难。

\* \* \*

无论如何，今天所能观察到的失业给失业者的生活带来的影响还是比较有局限性的，我们并不能基于此类小范围、个体化的观察结果去广泛推理全面失业可能会带来的心理和社会文化变化。众所周知，失业会带来一系列不良后果，会增加失业者酗酒、抑郁和死亡的风险。[14] 但我们所讨论的情景在以下几个方面有所不同。

第一，显而易见的是，今天的失业对许多人来说意味着实际的经济困难，或者因这种困难而产生的压力和焦虑。而在我们的假设中，每个人都有一个稳定的高收入水平。

第二，今天的失业通常与污名挂钩。而在我们的情景中，如果所有人或几乎所有人都没有工作，那这种污名情况就不再适用。

第三，也与第二点相关，今天的失业往往会让人们对自我形象产生强烈的负面评价。一部分原因是前述的污名，还有一部分原因是许多人将自己的身份认同与"养家糊口者"或"劳动力市场中的成功者"的角色联系在一起。而在我们的情景中，这些角色根本不存在，人们的身份认同会围绕其他属性和关系形成。[15]

第四，今天的失业往往意味着失去社会联系，更概括地说，这会使失业者与有工作的人之间的社交变得更加困难。而在我们所假设的人人都失业的情景中，这种情况也不适用。

第五，如果我们仅仅比较工作者和失业者的生活状态，那么我们可能会被误导，除非我们同时把可能存在的选择效应考虑进去。比如，在自驱力、教育水平、健康状况、情绪稳定性等方面表现得比较差的人更有可能失业。[16] 如果我们能观察到失业者中这些特征的不同分布，那么很可能其中的一些因果关系是相反的。而在我们所假定的全面失业的情况下，上述选择效应在失业群体与普通群体中完全相同。

## 闲暇模板

由于上述这些差异，我们不仅应该考虑失业人群所带来的结果，而且应该考虑有些社会群体虽然在很长时间内几乎没有进入劳动力市场（与其健康无关），但也能享受强劲的经济繁荣所带来的好处，并能拥有不错的社会地位。虽然在现实中很难找到完美的例子，但我们可以想到一些类似的案例，它们在某些方面与我们所假设的情景相似，同时在其他重要方面又有所不同。

## 学龄前儿童

在现代社会中，学龄前儿童是不需要工作的。从经济和社会角度来看，他们的地位是模糊的。他们几乎没有可支配收入，但生活在能满足其所有需求的父母创建的"福利国家"中。他们无权无势，人微言轻，但他们备受宠爱和呵护，他们的福祉往往是周围人的关注焦点。这个例子里还包含着巨大的生物学混杂变量，即有些情境对学龄前儿童有益，却不一定对成年人有益。因此，虽然学龄前儿童常常生活愉快且富足，但他们的经验例子与我们所假定和讨论的情景之间的相关性很小。[17]

## 学生

虽然学生通常没有太多的带薪工作，但学习也是一种类似于工作的行为：不管他们愿不愿意，他们都"必须做"，并且能获得延迟的经济回报。学生的收入通常较低，但其财务责任和需求也少。与学龄前儿童相比，这个例子里的生物学混杂变量要少得多，但仍然显著。学生通常比一般成年人更年轻、更健康。此外，选择效应也是存在的，比如学生比一般成年人更聪明、受教育程度更高。学生的生活通常也是愉快且富足的，他们的经历可能是我们讨论所假设的闲暇社会时的一个相关对比点。

## 贵族

传统上，欧洲的地主阶级在很大程度上避免从事带薪劳动。这并不意味着他们不工作。他们参与家族和庄园的管理、军事服务和政治事务，这些可能都需要大量的时间和精力。然而，他们还是比大多数人有更多的自由时间，也生活在相对富裕的环境中。他们异常高的社会地位是一个混杂因素。我们可以在当代找到一个类似的休闲阶层的例子，但是在另一个不同的文化背景下，我们可以看看那些生活在拥有丰富石油资源的海湾国家的人，他们享有相对较高的物质生活标准，但工作时间相对较少。

我们该如何看待这些群体的生活质量？根据不同人的视角和参照点，这些例子可能会也可能不会带来某种启发。请注意，我们这里探讨的问题并不是我们是否喜欢有大量遗产的人，也不是他们有多么可敬，更不是如果一个社会里的精英无须工作就能生活得很好，那么这样的社会是否有用或公平。我们所关注的问题是，他们自认为过得如何，他们的繁荣或福祉的平均水平与其他群体相比如何。

## 波希米亚人

我们可以看看艺术家群体和其他类似群体。在这些社群中，人们淡化带薪工作和参与商业活动的重要性，转而倾向于重视某种形式的文化生产。这些群体相对贫穷，但在某些形式的社会地位上可能排名相对较高。这种观察结果受到选择效应的显著影响：选择退出主流社会并专注于艺术追求的人的性格特征与普通人群的不同。[18] 此外，波希米亚人在很多方面都与享乐主义者不同，他们与那些勤奋工作的中产阶级之间也存在许多差异，这些差异并不是直接与工作或金钱相关的。不过，这个例子至少在某种程度上与我们所要探讨的主题相关。

## 修道者

修道士和修女有时也会为生计工作，这使得这个例子与我们主题对比点的相关性降低，但有些修道社区所提供的生活在一定程度上并不需要其成员参与经济劳动。当然，我们可以预期，那些选择极端虔诚的宗教生活的人会带来强烈的选择效应，这在很多情况下会涉及独身的誓言、贫穷、隐居或放弃其他世俗享乐等。此外，他们通过一系列固定的宗教形式来保持规律性的忙碌。这其实是通过一种程序化的追求精神的实践代替了带薪工作。

如何评价修道生活的可取性可能取决于一个人的宗教观念。如果这种生活能够提供重要的精神利益，那么它可能是高度可取的。这种生活甚至可能还包含相当多的世俗快乐。[19]然而，如果缺乏一种信念，不能在超验主义基础上不断证明和激励自己，修道主义对大多数人来说就可能过于严厉了。

## 退休人员

退休人员的案例的相关性被明显的人口变量混淆：退休人员的年龄要比还在工作的人的年龄大得多，他们的健康状况较差，前景也很糟糕，因为他们不得不面对身体机能加速衰退、疾病、逐渐失去一些自理能力的境况，还会不断收到许多好友去世的消息，感觉自己也死期将临。然而，如果我们能够控制这些因素，情况就会看起来相对乐观。关于主观幸福感的问卷调查结果显示，人们在60多岁时的幸福感会达到峰值，但这一领域的调查结果往往因其在研究方法方面的争议而模糊不清。[20]

\* \* \*

上述这些例子，在不同的方面都是不完美的。但也许我们可以构建一个综合体，从而模糊勾勒出一个全部由不工作的人组成的社会。

然而，对于此提议，我的主要观点是消极的。即使我们从这些不同例子的比较中学不到太多，它们也显示出我们可以在当代世界中看到各式各样的例子，这些例子可以作为分析普遍失业的社会的可能模型。这种多例范畴可以使我们在分析问题时避免过分依赖任何一个特定的案例，从而避免只从一个非常狭隘的人类经验片段中过早地得出结论。

无论如何，正如我们将要看到的，真正的问题是完全不同的……

# 闲暇文化

在我进入真正的问题之前,我想试着提出一个解决方案,如果问题真如我们迄今所想象的那样。我一直在暗示:真正的问题是不同的且更深刻的。但让我们看看,如果所要解决的问题是如何想象出一个普遍的失业社会的积极愿景,以及如果我们的探究在这个阶段结束,那么结论会是什么。

也就是说,让我们想象这样一个场景:技术进步的水平已经可以使机器全面替代人力劳动了。所有人类会做的事情,人工智能和机器人都可以做,而且做得更好、更便宜。人类通过劳动获取收入已不再可行。(暂且撇开我们之前讨论的自动化的可能限制,稍后我们会回到这一点。不管怎样,即使在100%失业的情况下,这种极端情景的很多方面也可适用于较不极端的情况。从分析的角度讲,我们通常最好先分析极端情况,然后再加入复杂因素。)

随着自动化的显著进步,经济出现巨大的增长,从而导致人均收入至少在短期内激增(如果人口增长不受控制,我们可能会重新陷入马尔萨斯陷阱)。因此,在这种情景下,解决凯恩斯所称的"人类经济问题"是相对容易的:每个人都可以拥有非常高的物质福利。当然,可能不等于必然。若要实际上实现高水平的普遍物质保障,可能还需要政治方面的进步。但在这里,我们不是在做预测,而是在简单地分析一种可能性;因此,让我们假设分配问题已经解决——至少在这种人均收入极高的情况下,每个人都能获得足够的收入份额,以维持整个社会的高消费水平。

所以,这就是假设前提,现在我们暂且不考虑技术化发展带来的其他影响。

那么接下来呢?我们该如何回应理查德·波斯纳的担忧?如何避免这种闲散的繁荣可能导致的打架、偷窃、暴饮暴食、酗酒和睡懒觉等问题?

关于睡懒觉……如果这是乌托邦的代价，我个人倒是很乐意接受。你想啊，我的这些讲座都在下午举办并非偶然。

但总的来说，我们该如何看待波斯纳的担忧，或者其他类似的关于闲散所带来的负面形象，比如俄罗斯文学中的"多余人"或英国小报所连载记录的"乐透流氓"的恶作剧？

### 讲义 8 多余人

"多余人"是俄罗斯文学中的一种人物形象，曾出现在普希金、屠格涅夫、托尔斯泰等人的一些小说中。"多余人"通常是贵族，他们聪明且受过良好教育，但过着旁观者的生活。这种人物类型起源于沙皇尼古拉一世统治时期，当时许多有才能的人不愿进入失信的政府部门，缺乏实现自我价值的机会，于是就选择了一种被动的生活。"多余人"是一个失去生活位置和目的的人的典型。他们的生活状态通常表现为存在式的无聊、玩世不恭、以自我为中心以及普遍缺乏活力和主动性。赌博、酗酒和决斗是他们的主要消遣活动。

图片来源：《叶甫盖尼·奥涅金》。[21]

\*\*\*

针对波斯纳所担忧的问题，我想出的答案是，我们需要发展一种更适合休闲生活的文化。

首先从教育开始。当前的教育模式类似于工业生产。孩子们像原材料一样被送进学校，接受与其年龄适配的批量加工。他们接受了12年的敲打、磨炼和锻造后，变成了成绩优异、素质极高的工人公民，随时准备去工厂或卡车公司就业。有些原材料（孩子）会被送到另一个工厂（学校）进行3~10年的进一步加工，这些从更先进设备中生产出来的"部件"会被安装到不同的办公室里。其将在余下的几十年里履行指定的职责，直至有效寿命结束。

如果我们回顾整个过程，就可以看到目前的教育体系主要具备以下3项功能。

第一，存储和保管。由于父母外出从事有偿劳动，无法自己照顾孩子，因此需要一个儿童存储设施在白天看管孩子。

第二，纪律和文明。孩子是好动的，需要被训练，从而安静地坐在课桌前，按照指示行事。这需要长时间的大量训练。

第三，分类和认证。雇主需要知道每个"部件"的质量——责任心、服从性和智力，以确定其用途和价值。

至于学习？这也可能发生，其主要作为完成上述3项功能过程中所产生的副产品。任何可能发生的学习都是极其低效的。至少有些聪明的孩子可以花1/10的时间就掌握与别人同样多的学习内容，使用免费的在线学习资源并按照自己的节奏学习。但由于这不会对教育系统的核心目标产生贡献，因此人们通常没有兴趣支持这一路径。

我需要喝口水……

对不起！我希望你们从学校学到的比我当年学到的多。

未来之地　　　118

\* \* \*

无论如何，如果我们想象一个不再需要工作的世界，那么显然有机会和有必要去改变教育的重点。我们不应该再把孩子打造成高效的工人，而应该努力教育他们成为幸福的人，从而拥有享受生活的高超技艺。

我不知道这样的教育计划具体会是什么样的。我希望看到，这样的教育可以培养交流艺术。同样，其还包括对文学、音乐、戏剧、电影、大自然和荒野、竞技运动等事物的欣赏；可以教授正念和冥想的技巧；可以培养爱好、创造力、幽默感、玩游戏或开发游戏的能力、品鉴能力、味觉乐趣，等等。

诚然，当年我的老师如果曾教过我以上这些项目，很可能会让我一生对这些事物失去兴趣。但既然我们在想象一个假设的情况，那里有普遍的物质丰裕等条件，那么我们也可以想象应该为所有人提供良好的教育指导。

还有什么？也许是幽默、机智和敏锐观察力方面的实践，也许是庆祝友谊。各种表演艺术、手工艺、各种简单的乐趣都能得到鼓励。当然，还要培养对健康有益的习惯。我想，理应还有精神探索和敏感性方面的培养。我认为当前教育中对纪律的关注不会完全清除，而是会发生转变，因为专注力、自控力以及从刻意练习和身心努力中获得乐趣的能力仍然很重要；也许在未来，这些能力更重要，因为这些习惯和能力将不再由外部需求和困难驱动。还有，要培养好奇心，在这一点上，我可能是在投射自己的偏好，但我认为对学习的热情可以极大地提升休闲生活的质量。此外，要培养美德和道德自我完善的兴趣，开启对科学、历史和哲学的智力探索，以揭示在更宏大的背景下我们生活的模式和意义……

请注意，我并不是说上述教育方向和内容应该是今天教育的重点。在今天的世界里，我们依然要完成许多工作任务并解决许多紧迫的物质问题。但是，如果这些问题得到解决，或者当我们进入某一个阶段，可以将发展进步的责任交给AI机器人和AI大脑时，那么我们的重点也应该并可以向这些方向转移。

教育体系只是社会变革的一个方面。更广泛地说，我们需要文化和社会价值观的转变，即从强调效率、有用性、利润和对稀缺资源的争夺，转向欣赏、感恩、自主活动和玩乐，从而发展出一种重视乐趣、欣赏美、促进健康和精神成长的文化，并鼓励人们以生活得好为荣。

在这些方面，我们有很多东西需要学习和发现。我认为我们有很多机会。

* * *

我们会在没有工作时感到无聊吗？

"数百万人渴望永生，却不知道自己在一个下雨的星期天下午能做什么。"[22]

从表面上看，我们面临的问题并不复杂。生活中有许多有意义的事情，做它们的目的并不是赚钱。如果我们有更多的闲暇时间，就可以做更多此类事情。

对此我可以展开讲讲，请看讲义9，但我不会逐字逐句地读出来。简言之，我们还有很多事情可以做。

---

### 讲义9　当无事可做时还能做的事

建造沙堡，去健身房，在床上读书，和配偶或朋友散步，做园艺，参加民间舞蹈，在阳光下休息，练习乐器，打桥牌，攀岩，打沙滩排球，打高尔夫，观鸟，看电视剧，为朋友做晚餐，出城参加派对，重新装饰房子，和孩子们建造树屋，编织，画风景画，学习数学知识，旅行，参加历史剧演出，写日记，讲熟人的八卦，看与名人有关的新闻，风帆冲浪，泡澡，祈祷，玩电脑游戏，拜谒祖先的坟墓，

> 遛狗，喝杯茶，跑马拉松，开机智的玩笑，观看足球比赛，购物，参加音乐会，抗议不公，野餐，露营，吃冰激凌，组织狼人杀游戏，玩乐高，品酒，做按摩，学习历史，静修，美甲，参加宗教仪式，跟进时事报道，在社交媒体上与他人互动，探索虚拟现实环境，玩皮划艇，学习驾驶运动飞机，打牌，倒一杯马提尼，庆祝节日，研究家谱，参加社区清洁活动，参加合唱团，冥想，雕刻南瓜，游泳，解字谜，拜访朋友，做爱，参加比赛，以生物黑客的方法优化身心表现，参加业余天文学会议，创建时间胶囊，教年轻人你所知道的东西，观看日落，参加化装舞会，争论道德哲学，当锦鲤（"活的宝石"）比赛的裁判，收藏古董，参加讲座……清单还在继续补充。

有些人可能不会觉得这些活动能给人带来动力或满足感，在从经济需求中解放出来后，他们可能无法找到足够多的事情来填满空闲时间。但这种状况更多是关乎这些人的心理状态，而非关乎任何客观上的缺乏可做的事情。有些人天生就容易感到无聊，这是心理学家所说的"无聊倾向"特质。[23]

无聊其实是一个重要的话题，我们明天会更深入地讨论它。目前，我只想说，在适当的教育和文化变革下，我们在"后工作世界"中可能会比今天感受到更少的无聊。除了通过改进教育和发展文化去促进有意义的休闲活动，更多的财富和更好的技术也会建设各种机构及基础设施，从而使那些令人愉快的和有意义的活动变得更容易实现。

但是，如果普遍自动化确实导致无聊增加呢？我的猜测是，整体上，这仍然是好的。考虑到目前世界上有许多人生活在极端贫困中，就算未来巨大的财富会给人带来一些单调或轻浮的消遣，那也是一个巨大的改善。打架、偷窃、暴饮暴食、酗酒和睡懒觉不是最佳的生活，但即使这样，可能也比被那些刻薄和讨厌的监工压榨、又苦又累的境遇好得多。

# 院长的公告

哦,我看到我们的院长来了!我能为您做些什么?

她告诉我,她要发布一个通知。

**院长**:谢谢!也感谢你们来参加今年的菲利普·莫里斯系列的道德哲学讲座。我今天下午要向你们提出一个重要的请求。

正如你们中的一些人可能知道的那样,22年前,我们学校成立了一个委员会,来审查你们目前所在的演讲厅——恩隆礼堂更名问题的相关事宜。5年前,在全面征集建议后,委员会决定为这个房间重新命名。今天,我们将宣布其新名称。同时,我宣布我们学校将设立一个新的全球可持续发展的教授职位。这是一项十分重要的投资举措,将巩固学校在这一重要领域引领变革和智力领导的能力。

我们将在这里举办一场庆祝活动,活动将在这个讲座结束一小时后开始。这也是我向大家提出请求的原因。由于我们的投资方的一位董事会成员将加入庆祝活动,因此我们必须确保足够多的出席人数,以展示我们对这一面向未来的投资的感激和认可,这不仅关乎地球的未来,也关乎大学人文学科的未来,新的教授职位也设在这个领域。

**博斯特罗姆**:谢谢您。这真是非常好的消息。

实际上,我们可以借此机会休息几分钟,整点的时候回来继续。

**菲拉菲克斯**:你觉得我们有义务参加庆祝活动吗?我是说,我们并不是大学的成员。

**凯尔文**:我们绝对没有义务。

**泰修斯**:我要去方便一下。

**凯尔文**:他(指博斯特罗姆教授)还可以把以色列的哈雷迪犹太

人作为另一个闲暇阶级的例子，他们有相当一部分人一生都在研究《托拉》，并且国家会向他们支付报酬。

**菲拉菲克斯**：也许他们可以被归为修道者类别？

**凯尔文**：他们不住在修道院里，而且有家庭和很多孩子。

**菲拉菲克斯**：如果他们一生都在研究《托拉》，这可能更像是一份工作？特别是如果国家会向他们支付报酬的话。

**凯尔文**：也许，但这仍然是一个值得考虑的例子。

**菲拉菲克斯**：你认为我们在讲座结束后应该做点儿什么？

**凯尔文**：嗯，这里有一个清单……"泡澡"……我不反对再去泡一次温泉。

**菲拉菲克斯**：当然。我需要尽快去做指甲和买一双新鞋，但不一定非要今天去做。

## 野性之眼？

好吧，我们继续！

在进一步讨论之前，我想也许应该谈一下我们在这儿的讨论是如何与乌托邦类型的其他努力相关联的。我并不打算对这一领域进行全面回顾。但我想指出的是，我们对乌托邦的探讨所基于的假定和前提，是与大多数乌托邦文献完全不同的。

传统上，乌托邦文献总是试图设想一个更理想的社会秩序，其中的习俗、法律和习惯可能与当代环境有所不同，但仍然与现状共享一些基本元素。特别是，这些文献通常假定：（a）依然需要一些人类劳动来生产食物和其他必需品，（b）人性的最基本方面保持不变（尽管也可能设想通过不同的教育方式使人们在某种程度上发生变化，比如变得不那么自私或物质主义）。

在这些参数内，作者可以设想一个不同的政治系统、不同的工作组织方式、不同的育儿方式、男性和女性之间关系的不同方式、人类与自然之间关系的不同方式，等等。根据所强调的"关系"和作者对"改善"的看法，我们可以得到完美社会的各种愿景：生态平衡、自由主义、女权主义、社会主义、马克思主义等。但它们都大体上受到相同假设的约束：人依然需要工作，以及人性核心属性的不可变性。

例如，虽然卡尔·马克思没有提供具体的共产主义社会的生活图景，但他想象人们仍然会工作；尽管这里有一些重要的区别，即他认为我们不再会被职业定义，也不会与劳动疏远，我们所做的工作将具有更多样化的特点：

> 而在共产主义社会里，任何人都没有特殊的活动范围，而是都可以在任何部门内发展，社会调节着整个生产，因而使我有可能随自己的兴趣今天干这事，明天干那事，上午打猎，下午捕鱼，傍晚从事畜牧，晚饭后从事批判，这样就不会使我老是一个猎人、渔夫、牧人或批判者。[24]

这种状态似乎在某种程度上缓解了"人类经济问题"；工作性质也会有所不同，变得更加整合，更符合劳动者的能力发展程度。我们的互动将不再那么交易化，而是更具个性化和基于团结的目的。后来的马克思主义作家（这里要注意，不是马克思本人）可能会补充说，在资本主义经济中，许多人为膨胀的消费主义欲望将得到抑制。但从根本上说，这种愿景是关于不同的经济生产和政治控制的组织方式。

**泰修斯**（从外面回来，低声说）：他们在外面挂上了一个新牌子。你想猜猜新名称是什么吗？

**凯尔文**：？

**泰修斯**：埃克森礼堂。

**菲拉菲克斯**：什么？

**泰修斯**：我们正在埃克森礼堂听讲座。

**博斯特罗姆**：让我们把这些关注人类（以及动物和自然）如何以一种据称更和谐的方式进行互动的愿景称为"治理和文化乌托邦"。这些愿景展示了如何更好地管理社会的图景，如果我们以最广泛的意义来看待这里的"管理"，它的范围就不仅包括法律和政府政策，还包括习俗、规范、习惯性行为方式、看待他人的内化方式、职业和性别等。

遗憾的是，当人们有机会将治理和文化乌托邦的愿景付诸实践时，这些努力往往未能达到预期，其典型的结果从令人失望到骇人听闻。

但或许下次会更好？希望的阳光和失望的阴雨之间长出了我们称之为"人性的奇异"的作物（还有那由种种借口和自我辩解编织而成的梦幻彩虹）。

由于乌托邦预言家所造成的伤害似乎与他们实现梦想时所能够和愿意施加的暴力的程度相关，因此，未来的这种实现乌托邦的实验，若能以更渐进和自愿的方式进行，并从小规模的选择性示范项目开始，将会收效更好。因为一旦这些项目取得了幸福和成功的记录，其他人就会逐渐受到启发而纷纷效仿。（难道这便是干瘪的老年精神之言论？）

\* \* \*

尽管到目前为止，大多数乌托邦文献都属于治理和文化类型，但这不是我们这一系列讲座的主题。我们一直在探讨一些"后稀缺乌托邦"的境况中出现的问题，这里乌托邦的假设前提是经济丰裕的条件已经实现。当然，这个想法并不新鲜，就像前面讲到的"科克恩之地"本质上也是一个后稀缺乌托邦。治理和文化乌托邦的设计者通常也假设：如果按照其提议的方式去组织和管理社会，社会就会实现某种程度的经济丰裕。

我们不需要对这些定义过于严苛。我是说，诸如治理和文化方面的和谐与公平是否有利于实现繁荣只是一个程度问题，我们社会的丰饶特征也是如此。经济丰裕的概念也存在模糊性：究竟什么样的商品和供给是"经济的"？有许多东西即使有钱也买不到，例如，那些尚未被发明出来的东西。但就我们的讨论目的而言，也许可以简单地说：后稀缺乌托邦是一个很容易满足每个人的基本物质需求的社会，这些需求传统上包括食物、住房、交通等。我们还可以把学校、医院和其他服务机构也纳入其中。

然后我们可以观察到，发达国家已经在实现这种丰裕方面取得了长足的进步，也可以说，已经完成了通往后稀缺乌托邦的一半还多的路程。[25] 显然，这个估算忽略了我们的动物兄弟姐妹，它们中的绝大多数仍处于非常严峻的环境中，这种状况急需改善。[26]

\* \* \*

在这些讲座中，我们不仅谈到了后稀缺，还谈到了"后工作乌托邦"的概念。这些都是对实现了完全自动化的社会的展望，从而消除了对人类劳动的需求。同样，我们允许在定义上留些模糊的余地——即使仍有少量的经济工作需要人类手工完成，我们也可以将这个以闲暇为主的社会算作后工作乌托邦（或反乌托邦）。

是否可以说，富裕国家已经实现了闲暇社会的 1/3~1/2？我们有漫长的童年和退休生活，还有周末和长假期。如果我们达到了凯恩斯所说的每周工作 15 小时的状态，那么也许我们已经实现了 80%的目标。

\* \* \*

不要认为传统的治理和文化乌托邦会比后稀缺乌托邦或后工作乌托邦更"现实"。"现实"要取决于具体情境。如果我们考虑技术成熟的情况，那么那种仍然假设需要大量的人类劳动的情境就是不现实的。

我进一步断言，随着我们不断深入未来，任何不激进的可能性都不现实。

## 重新审视"目的问题"

你们将回忆起,在第一讲中,比尔·盖茨对未来我们如何找到目的感到担忧:

关于目的问题,假设我们保持控制权。如果我们解决了诸如饥饿和疾病等当下的重大问题,世界也变得越来越和平,那么到那时,人类的生存目的是什么?我们会被激发去应对什么样的挑战?在这种未来愿景中,我们最大的担忧不是被叛变的机器人袭击,而是缺乏目的。[27]

如果我们将这个问题理解为在一个不需要工作的世界中填满时间的挑战,那么,解决办法就是发展一种闲暇文化;我提出了一些我们可以做的事的建议,我们将强调享受和欣赏,而不是实用性和效率。这将是一个重要的转变,我找不到这不可行的理由。

将这一建议从个人层面扩展到社会层面是自然而然的。今天的社会可能会树立一些目标,比如清洁的空气、良好的学校、高质量的医疗保健、足够的养老金、高效的交通系统等。一旦这些目标实现,类似的雄心壮志就可以转向更具文化方向的目标,比如,创造一个人们关爱彼此的社会,一个认可和欣赏个人差异的社会,一个许多人一同创办大型活动的社会,一个不断改进习俗以使日常互动更有意义和满足感的社会,以及一个不断努力深化和拓宽公众对艺术、宗教、伦理、文学、媒体、技术、政治、科学、历史和哲学的讨论的社会。以此类推,我再次强调一下,这是一个重要的转变,但更应该是一个机会,而不是问题。

\* \* \*

有人可能会认为,当面临的挑战变得更小、更局部,变得不再关乎生死时，它们就不会再激发人类的积极性和参与性。但这显然并不是事实，你看，当足球队进球时，更多的人会跳起来欢呼，而当国际机构宣布今年死于可预防疾病的儿童比去年减少了10万时，却很少有人很激动。（我们认为这是完全正常的，但我想，如果我们能通过天使的眼睛看到自己，是否会在这种兴奋和冷漠的模式中认出某种相当变态的东西，一种道德堕落者的扭曲情感？这是否隐晦地向其他生命所感知的痛苦和绝望竖起了某种情感的中指？）

* * *

值得注意的是，在某些方面，闲暇乌托邦将比我们当前的世界更接近人类的自然状态。我不认为被闹钟叫醒并被召唤到办公室去处理保险公司或其他大官僚机构的文件是一件很自然的事。一些研究人员曾提出，我们石器时代的祖先有大量的空闲时间，他们可能每天只工作4个小时。[28] 我对这个数据有些怀疑，但可能的事实是，在那些原始社会中，工作和闲暇之间的界限并不那么明确。当人们的本能与环境相匹配时，也许他们大多数时候只是按照当下的感觉行事，而这恰好与有用的事情重合。相比之下，我们这些"方块人"必须依赖自律和结构化的激励来完成必要的劳动。

所以，如果主要由自发活动构成的"前乐园"状态是我们98%（或者更多，如果算上我们的类人猿祖先）的进化史，那么你可以说，闲暇社会的实现将在某些重要方面让我们回归我们的本源。如果我们进入一个完全没有工作的世界，这可能会有点儿过头，但能足够接近我们的自然和原始的状态，同时享有高科技文明的所有好处，从空调到宽带，从电影到牙科，从电炉到数不尽的其他奇迹和乐趣。

* * *

但我到目前为止所说的一切都只是前言，你也可以理解为讲这些只是为了清清嗓子。

我现在告诉你们：我们甚至还没有识别出真正的问题，更不用说解决它了。

前面的讨论是必要的，以便清除一些其他的、会分散注意力的问题，并建立一个共享的参考框架。然而，真正的深度乌托邦的挑战仍然在我们面前。

你看，人类按酬劳动不是在技术成熟时唯一会被淘汰的东西。机器超级智能以及其他随之而来的创新，能做的不仅仅是在工作场所取代你；它们还将消除许多其他类型的人类奋斗的必要性。这意味着"目的问题"延伸得比我们所熟悉的部分更广、更深，比如在长假期间，或者当一个人因为太年轻、太老或太富有而无法工作时，他们该如何打发时间。

我们首先将通过研究一些案例来探讨这个问题。然后，我们可以总结我们的观察结果，并在更抽象的层面上讨论这个问题。所以，让我们再问一下，在一个技术成熟的乌托邦中，我们每天到底会做什么？讲义 9 里面列出了一些建议的活动。让我们从这个清单中随机挑选几个项目，进行更深入的探讨：购物、锻炼、学习和育儿。如果我们的深度讨论涵盖了这 4 个案例，你将会看到论证的方向，并可以将分析方法扩展到其他活动上。

到目前为止有什么问题吗？好吧，让我们继续。

## 案例研究 1：购物

对许多人来说，购物是一种必要的"恶"；但也有一些人享受这一活动，如果有足够的钱并且不用工作，他们会乐于花更多时间在购物上。

当然，你可能会享用你所买到的东西。你买了一双轮滑鞋，可以享受滑行的乐趣。请注意，我们在这里讨论的是购物过程本身，而不是后续的使用。

让我们更详细地看一下，人们在享受购物时，究竟在做什么？购物行为涉及以下几个相互关联的认知任务和活动：

- 探索：寻找诱人的物品或便宜货，利用商店位置、商店特点、货架布置、价格等方面的知识和启发式方法。
- 评估：感知潜在购买物品的属性，以判断该物品能否很好地满足需求。服装的颜色、形状、质地和品牌是否符合时尚的变化和出镜需求？它是否适合未来的穿戴者的身体和风格？它的质量是否配得上它的价格？
- 想象：作为评估过程的一部分，想象潜在购买物品如何发挥其预期功能。某件装饰物是否会在家中显得漂亮？某件衣服是否适合特定场合？使用频率如何？
- 心理理论：模拟其他人的心态，以预测他们对所讨论物品的看法。他们会觉得某件衣服有吸引力吗？他们会喜欢收到它这样的礼物吗？
- 交流和社会学习：与朋友讨论实际或潜在的购买，获得并传递有关个人品位的信息，分享关于时尚的见解。

这些购物技能和任务的一些方面已经被算法推荐系统以及其他因AI进步而变得可用的功能削弱。购物者不需要去许多精品店，也不用走在百货商店的过道中浏览，他们可以访问在线供应商的官网。算法会自动推荐顾客最感兴趣的商品，以引起他们的注意。

让我们稍微推断一下。如果推荐系统足够强大，它将完全消除上面谈到的探索方面的需要。系统会知道你的品位，并提供你喜欢的建议，其提供的建议比你自己的决策还要好。那么你自己翻看库存的意义何在？

此外，如果AI能够足够准确地模拟你的购买决策，你甚至不需要看这些建议。它可以直接代表你购买。

至于上面列出的想象任务，AI可以向你展示三维高分辨率的视觉效果，准确展示物品在你身上或在你家中的样子，免于你自己进行可视化的努力。但话说回来，AI没有必要这样做，因为已经不再需要你参与选择并决策。

同样，模拟猜测他人的偏好和意见的需要也被消除，因为AI可以像预测你自己的反应一样轻松地预测他人的反应。AI也比你更擅长跟踪流行趋势，你所发现的关于时尚的任何东西都不会让你做出更好的购买决策。

你可能想告诉朋友你的观点，以便他们更好地理解你的想法和感受。但实际上，与朋友交谈可能不是实现这一目标的有效手段。相反，你的AI助手可以以某种更易于沟通的方式展示你的风格偏好模型。比如，你的朋友在看一件花园家具，AI可以播放注释，展示你对朋友正在考虑的每个物品的看法（而且惊人地准确）。AI还可以显示你特别喜欢或不喜欢的家具，或者展示你与朋友持不同意见的物品，或者一些你与大多数同龄人的看法都不同的物品。通过与这些AI模型互动，你和你的朋友会更好地理解对方。

结果是，购物活动将被彻底改变。购物活动可能会完全消失，改由AI全权负责，而无需你的参与。购物也可能变成一种更类似于观看视频的活动，视频里播放着相关商品和人们的看法。视频可以高度沉浸式、定制化，关注你、你的朋友和你最喜欢的名人，并告诉你他们对你的看法以及你可用的选项（或者就名人而言，如果他们认识你，他们会对这些东西有何看法）。

假设有一些需求仍然可以让你以老套的方式去购物，你可以选择开车去商店，花时间寻找你想要的东西（你也许会发现商店里没有你的尺码或喜欢的颜色），排队付款，最后用塑料袋把所有东西带回家。如果你这样做，那么你最终会得到一件你自己动手还不如让AI助手去处理的东西。以这种老套方式购物有点儿像使用鲁布·戈德堡机械干活儿：是的，你可以这样做，但这一切毫无意义，额外的麻烦和努力只能换来一个次优结果……当这种无意义感一直用空洞的眼睛盯着你时，这项活动的吸引力不会被耗尽吗？直到大多数人不想再去做的地步？

讲义上列出的其他活动也可能会以类似的方式失去其目的，例如，收藏古董或重新装饰房子。

或者假设是做园艺，这项活动的吸引力至少有一部分来自希望自己的努力会使花园变得比原来更好，但如果机器人助手可以让你获得完全相同的结果，或者更符合你标准的结果，那么我认为许多人会放下修剪器，坐在阳台上观看机器人工作。园艺爱好者已经使用了大量工具和电动设备来使打理花园的任务变得更轻松。如果可以轻松地实现完全自动化，他们会停下来吗？

## 案例研究2：锻炼

让我们来看另一种不同类型的活动：去健身房。

在这里，至少有一项任务是无法自动化的，那就是没有机器人可以替代椭圆机上的你！要获得锻炼带来的身心益处，你必须自己去做。也许我们找到了一个完全不受技术便利所侵蚀的白金活动？

在仔细观察后，我们发现这种希望也是虚幻的。虽然你不能雇别人或买机器人替你锻炼，但还有其他解决方案可以让你在不流汗的情况下实现锻炼的常见效果。

在有足够先进的技术的情况下，人工手段就可以得到和实现锻炼所带来的健康益处和生理效果，如安全且无副作用的药物、基因疗法，即使你的饮食习惯和久坐的生活方式很糟糕也能让你保持完美状态的医疗纳米机器人，等等。这些手段同样适用于锻炼可能会带来的心理益处，比如，运动和体力消耗所释放的内啡肽可以通过药物来诱导释放。同样，锻炼者享受的其他任何清心、减压和增进效能的效果，都可以通过药物或一次性的纳米医学注射来获得。[29] 再见啦，酸痛的肌肉、拉伤、茧子和成堆的湿透的健身装备！欢迎呀，轻松获得的6块腹肌和环法自行车赛选手才能拥有的最大摄氧量!

## 案例研究3: 学习

讲义上列出的其他一些活动,如学习驾驶运动飞机、学习数学知识,甚至参加讲座,也会出现类似的情况。[30]

一个重要的学习动机是,你希望参与这种活动后能拥有一些之前没有的知识或技能。考虑一下另一种情况:每天你努力学习,想掌握某个知识点,但过了一夜后,你忘记了所有学到的东西。第二天你又开始学习完全相同的课程,如此循环往复。

这种失忆将是极其令人沮丧的,它将学习变成了西西弗斯式的悲剧。

即使是那些以学习为爱好的人,如果每天的收获在一天结束时归零,他们也可能会发现这种明显的徒劳令人失去动力。频繁的遗忘会为整个学习过程蒙上阴影,使之看起来不再值得花时间。

因此,就学习数学知识、学习驾驶运动飞机和类似的活动而言,我们的动机不仅仅是获得学习过程中的瞬间体验,还有达到不断增加知识、技能和理解的状态。这些活动的渐进性是我们发现它们有吸引力、认为它们值得我们花时间去学习的一个重要原因。

但现在思考一下,在技术成熟时,我们将拥有快捷方式,可以不需要努力或延迟就能获得同等结果。我们可以让AI直接编辑我们的大脑,以整合新的信息和技能。

这种"脑编辑"或"心智编辑"技术,确实比我们迄今所假设的任何技术都更具前瞻性。例如,比那种让我们在不离开沙发的情况下就能享受锻炼的好处的技术更具前瞻性。如果被编辑的心智在数字计算机上运行而不是在生物湿件[①]上运行,那么这一过程可能会更简

---

① 湿件是一种生物计算的架构设想,是硬件、软件和生物学的混合体,比如来自瑞士的生物计算创业公司FinalSpark发明的由"16核"类人脑器官组成的"脑PU"。——译者注

单；所以将自己上传到计算机中可能是实现心智编辑的第一步。另一种可能的方式是，你的生物大脑配备了某种电子模块，可以与外部数据连接更新，那么心智编辑这一过程可能会更容易实现。但是，即使没有任何这种非生物装置，精确而灵活的脑编辑也可能是技术成熟时具备的功能之一，尽管它的开发和操作可能需要超级智能。我不想在这里陷入过多的实施细节，但我在讲义上写了一些笔记，你们可以稍后查看。

## 讲义 10 下载与脑编辑

在科幻电影（如《黑客帝国》）中，将复杂的技能和知识"下载"到人类大脑中是一件相对简单的事，但实际上，这很可能是极具挑战性的。

人类大脑当然与普通的数字计算机截然不同。在数字计算机中，标准化的数据标识格式和文件传输协议使得在不同处理器之间交换软件和共享软件变得容易。相比之下，每个人类大脑都是独特的。即使是我们都共享的一个简单概念，如"椅子"的概念，在每个人的神经连接中也是以一种独特的方式实现的，编码该概念的神经连接的精确模式依赖于个体过去的感官经验、其天生的大脑连接和神经化学，以及无数的随机因素。因此，不能简单地将椅子的概念从一个大脑"复制、粘贴"到另一个大脑，必须有复杂的突触级别的翻译，把一个大脑的"神经语"翻译成另一个大脑完全不同的"神经语"。

人类大脑本身可以进行这种翻译，缓慢且不完美，这就是我们使用不同语言交流时常发生的事情。一些在一个大脑中以其独特的神经元机器表示的心理内容，首先被投射到由一串自然语言词语组成的低维符号中表达，然后接收的大脑必须通过推断自己的神经元机器的哪些配置能最好地匹配发送者大脑中所感知的词语和句子的那些神经元表示，再解压这个极度简化的语言表示。如果交流行为成功，接收者大脑最终会拥有一些结构上与发送者大脑的电路相似的神经电路，这些相似的神经电路足以使接收者获得发送者希望传达的一些能力和信息。对于庞大或复杂的信息，如一位有机化学教授希望其学生达到自己的专业水平，这个过程可能需要数年，即便如此，结果往往也是令人失望的。[31]

那么，什么才能让我们缩短这个交流和学习的过程，可以直接将有机化学或任何其他学科的专业知识"下载"到我们的大脑中，而不需要花费数年时间学习呢？重要的是，我们希望知识能够完全融入我们的大脑，就像我们通过传统方式学习一样，从而获得同样的直觉性和关联性使用能力以及整体模式识别能力。这与仅仅将信息存储在某个颅内网络记忆胶囊中不同，在那种情况下，我们必须像目前使用搜索引擎一样从中逐一查询（这可能为我们免去了使用键盘和屏幕的麻烦，但不会让我们比有互联网访问权限的某个人更可能成为有机化学专家）。实现真正的信息吸收和整合，如同获得真正的知识和技能，需要大量皮质突触（数以十亿计，甚至是数以万亿计）的精确调整。（在"学习如何成为更好的母亲"或"学习如何成为更好的丈夫"时，这至少也要涉及许多皮质下脑电路的修改。）

所有这些也许都是可行的，但可能需要超级智能的实施者。因为我们不想简单地用一个新脑替换原始脑，而是要扩容现有脑，使其拥有额外的知识和能力，因此，实施机制必须能够读取现有的脑突触连接模式，从而能明智地编辑，而不是简单地覆盖它。像学习有机化学或获得新语言这样复杂的事情，同样可能涉及读取万亿突触的关键属性。除了具备读取和编辑突触属性的能力外，该机制还需要精准确定哪些突触变化需要修改，以将原始大脑版本变成增加了新知识或新技能的版本。这是一项非常具有挑战性的运算任务，几乎只能由 AI 去解决。[32]

这些扫描、编辑和运算的要求都远远超出了当前的技术水平。事实上，在所有被设想且有可能实现的技术中，这可能是最难完善的技术之一。然而，我相信其在技术成熟时是可以实现的。但我认为这项技术不会是人类发明的，而是由超级智能机器发明的。

让我们一起想象一下这个过程可能是什么样子的：你的大脑被数百万个协调一致的纳米机器人渗透。(也许它们通过血流进入并穿过血脑屏障，很显然整个过程将完全无痛，因为技术层面已经可以轻松抑制任何可能触发不适的因素。)这些纳米机器人绘制你的大脑连接组图。由于这些机器人在拥挤且电化学活跃的环境中操作，它们要么必须避免损害所穿越和测量的脑结构，要么必须在这个过程中随时修复任何可能造成的损害。图示映射需要相对快速地发生，但不能产生过多的热量。探测器搜集的数据可能经过一些简单的局部预处理后，被传输到头骨外部计算机上。(这时可以构建一根极细小的光纤电缆，其可以穿透头骨或通过血流投射回去，但不要担心，在投射过程完成后，它就可以被无痕去除。)这个更强大的头骨外部计算机上运行着一个超级智能AI，它能处理数据并计算出所需的突触编辑模式。一旦所需变化被确定，信息被反馈给纳米机器人，其就能进行必要的突触手术，或强化一些突触，或削弱另一些突触，或在以前未连接的神经元之间添加新的链接。这里的运算速度很重要；如果速度快，那么"下载"过程会很方便；如果速度慢，那么当头骨外部计算机接收到相关编辑变化时，大脑中的神经回路可能又已经发生了太多变化，使得前面计算所得的编辑方法不准确。

请注意，为了复制普通学习的效果，简单地在一个孤立的皮质区域"记录"一些离散的事实是不够的。当我们以正常方式学习时，大脑的许多部分都会发生变化，反映出元学习的结果、新的联想与以前学习内容的形成、控制力和注意力机制的变化以及情景记忆的变化等。这就意味着，即使是相对简单的学习经历，也需要调整万亿突触权重。

我们还需要注意另一个复杂因素。为了弄清楚如何改变现有的神经连接矩阵以整合某些新技能或知识，执行该程序的超级智能AI可能会进行模拟，以探索不同编辑整合变化所带来的后果。然而，我们可能希望AI避免某些类型的模拟，因为它们将涉及生成具有道德相关性的心理实体，如具有偏好或意识体验的心智。因此，AI必须制订一个精确的计划来修改主体的大脑，且不涉及被禁止的运算类型。目前，我们尚不清楚这个要求又为原本的脑编辑运算的任务增加了多少难度。

如果接收心智是一个脑模拟（即"上传"），其使用方式仅作为软件使用而不涉及生物学方面，那么下载心智内容就会更容易。在这种情况下，对原始大脑的读取可以在更容易的条件下进行，例如对玻化大脑进行破坏性扫描而不是体内扫描。随后的读取和写入操作将是轻而易举就能实现的，它们就如同编辑一个数字文件，而心智也可以在操作期间暂停。然而，在模拟数字脑和生物脑的情况下，要从预先存在的神经网络中找到哪些部分需要编辑以及其所需的运算步骤，这两个任务都是非常艰难的。

因此，如果所有人在技术成熟时都能通过捷径达到同一目的，那么像"学习"这样的现在付出努力以便以后拥有更多知识或更高技能的活动，可能就会显得毫无意义。

我们仍然可以选择以传统的艰难方式学习。但这样做就像是给自己增加了一种不必要的复杂性，如同我们决定用单只脚向后跳着走路来给生活创造更多挑战。

## 案例研究4：育儿

许多人发现抚养孩子是充满意义和目的的。即使是那些可以轻松将抚养孩子的任务交给（高素质的）雇工的人，通常也会选择花大量时间抚养孩子。一些富裕的父母确实会把孩子送到寄宿学校，但大多数人不会这样做。

因此，似乎许多人将与自己的孩子共度时光视为一种"自成目的"的活动，一种因其自身价值而被珍视的活动，而不仅仅是为了达到某个目的的手段。如果这是正确的，那么在技术成熟时，抚养孩子可能依然会保留其吸引力，并为我们的生活提供充实而有意义的活动。

然而，认为育儿就能解决人类目的性问题的观点也面临一些难题。

首先，有一些明显的实际问题。比如说，并非所有人都有孩子。此外，孩子长大后就不再需要父母照顾。如果在技术成熟时，人类寿命延长，那么可以用于抚养小孩的时间比例会减少。为了抵消孩子长大不再需要照顾而带来的无目的后果的影响，人口必须呈指数级增长，这又会带来我们在周一讲座中讨论的马尔萨斯陷阱的担忧。

其次，育儿并不只是一件事，而是一系列不同的活动，例如，换尿布、整理玩具、调解冲突、哄孩子做他们不情愿做的事情、安排约会、接送孩子参加活动等。很可能许多父母不愿意做这些事情；如果有那种智能换尿布机、打扫整理机器人和活动自动安排器，并且这些设备确实可靠，那么我猜它们定会很受欢迎。

如果父母认为自己做的饭菜比现成的更好吃或更有营养，那么他们可能会乐意为孩子做饭。但如果厨房里有一个纳米制造盒，我们只需按下按钮就能让它生产出与菜单上分毫不差的食物，或者说更优的食物，所有的切丁、切片和调味都完美无缺，那么难道不应该期待旧的锅碗瓢盆越来越少地使用，甚至最终完全淘汰？

\* \* \*

那么，在育儿中的所有琐事都被解决后，剩下的还有什么？

育儿过程中只有很小一部分是"珍贵时刻"，如父母传授一些生活的智慧，为孩子的创造力表现而感到高兴，得到发自肺腑的拥抱或其他感激和爱的表示。即便这些时刻的发生频率可以增加1倍或2

倍，它们也不像是那种可以凭借一己之力让我们的生活充满意义的活动。

一些其他与育儿相关的活动可能会占用更多时间，比如与孩子玩耍或讲睡前故事。如果我们想象有孩子的人可以花大量时间做这些事情，育儿中更多的琐事被自动化，那么这也不失为一种很有意义的消磨时间的方式。

\* \* \*

但这里有一个潜在的混淆变量。我猜测其中的一个因素是父母认为（或感觉）他们花时间陪伴孩子能使孩子受益。如果你被告知其实你是在伤害孩子，那么陪伴孩子玩耍或给他们讲故事是否仍然让你感觉有意义？因为如果不是，那可能是一个问题。因为在技术成熟时，你实际上可能会在每次育儿时不经意地伤害到孩子。

技术成熟将允许构建具有超级育儿技能的机器人看护者，机器人在外观和行为上可以完全与真人一样。如果需要，它可以使孩子无法区分它与真实人类或其生物学父母之间的区别，即使是与其生物学父母最好的一面相比较。机器人甚至还可以被植入程序，从而在照顾特定孩子的过程中感受到爱和奉献。

在这种情境下，你与孩子共度的每段美好时光，都会令他们失去与机器共度更高质量的时光的机会。我们可以假设，与超级AI看护者共度的时光对孩子来说更有趣，更有教育意义，并且更能满足他们的情感和社会需求。你可以选择自己陪孩子玩耍，但这样做是在优先考虑自己的享受，而牺牲了孩子的福祉和发展。这虽然可能给你带来一些乐趣，但难以填补你的生活目的。

用完美的机器人去替代家长的想法可能听起来有点儿牵强。我们不会在这里讨论其实现的细节；但我认为在技术成熟时，这实际上是可能的。超级智能AI可以为我们构建这样一个东西。

* * *

然而，机器人家长的想法存在一个潜在的"哲学"复杂性，这里我们需要分析一下。为了探索这个问题，我们应该区分事前替代性和事后替代性。

最直接的情况是，这种替代在事前进行，即在孩子对他们的生物学父母产生依恋之前。这与今天的不育夫妇与代孕母亲签约并让胚胎足月出生并无太大不同：通常假设这种妊娠方式不会伤害孩子。如果这对不育夫妇提供了优秀的养育，那么孩子很可能会受益于由他们抚养，而不是受益于由亲生母亲抚养。同样地，如果孩子在出生时被收养，由充满爱的机器人家长抚养，它们能为孩子提供更优质的养育，那么孩子可能受益更多。

然而，一旦孩子对其父母产生依恋，并且有了事后替代的情况，一个新的变量就产生了。如果他们的养育能力至少不比机器人家长差太多，那么可能对孩子有利的是由他们的亲生父母抚养。这里的重点不仅仅是被迫与自己依赖的人分离可能会对孩子造成心理创伤，因为任何此类的负面心理效应在技术成熟时都可能很容易预防。相反，这里的重点是，即使没有分离创伤，孩子待在亲生父母身边也有可能会遭受伤害（因为父母人性上的不完美）。实际上，如果我们设定机器人家长与孩子的亲生父母非常相似，那么这种事后替代对孩子来说也是无法察觉的。

这种观点的基础与为什么人们普遍认为在诺齐克的"体验机"（我们稍后会谈到这个）中度过余生并不是很理想或至少不是最优选择的原因相似。人们认为这个思想实验表明，我们的幸福中有一个客观成分，我们的生活过得有多好不仅由我们所认为的或感觉的那种心理状态决定，还由我们与外部现实的关系决定。在这种观点下，重要的是我们的想法是否真实，以及我们的项目是否成功，而不仅仅是我们是否发现了这一点。按照同样的思路，我们与和自己建立联系的人是否真正保持联系也很重要。在其他条件相同的情况下，与这个人的模拟替代品互动是不好的，即使我们从未察觉到其中差异。譬如，就算一位丈夫从未发现其妻子的背叛行为，他的妻子对他的关心也与日常无异，人们依然会认为他被戴绿帽子这件事是不好的。同样地，有天晚上在孩子睡觉时，父母如果被一组无法区分的机器人冒牌货取代，这对孩子来说可能也是不好的。

* * *

到目前为止，我们已经探讨了育儿可以为未来人类生活提供目的的可能性，这一可能性基于"父母能够使孩子受益"这一前提。另外，我们还应该考虑"父母也能够通过养育子女来使自己受益"的前提。

历史上，孩子曾被作为一种投资工具。你在他们年幼时照顾他们，希望他们在你年老时照顾你。这种功能很大程度上被福利国家和享受税收优惠的退休储蓄取代了。无论如何，如果在技术成熟时达到普遍富裕，没有人靠工作谋生，人们就不需要这种储蓄。而且，当技术成熟时，人们也不会随着年龄的增长而衰老。

还有另一种"投资功能"，就是育儿可以提供不同类型的回报。父母可能会在孩子身上投入时间和精力，希望以后能够与孩子建立一种非常特殊的关系，即一种相互理解、信任及充满无操纵的爱和感激的深厚的亲缘关系。家庭纽带是我们大多数人所能拥有的最亲密和最无私的纽带之一。然而，这种投资回报也可能在技术成熟时被削弱，因为实现同等结果有更简单的途径。也就是说，我们可以创造人工人类（完全表达意识的类人存在，具有道德地位）：他们理解我们，信任我们，像我们的孩子一样在某些方面与我们相似。这将比以传统方式抚养人类孩子快得多、便宜得多。更重要的是，人工人类可以被设计成比我们堕落的同类更具博爱、感激和亲密的特性。

\* \* \*

　　自然的孩子，自然的朋友，自然的恋人，他们如何能与更完美的人工替代品竞争，或者与恰到好处的不完美的人工替代品竞争？

　　在客观功能特征上，诸如美丽、魅力、美德、幽默、忠诚、感情等，自然人将被超越。人工人类将在任何公平的竞赛和比较中获胜。他们会表现得更好。

　　但这也取决于品位。也许你就是不喜欢人工的东西。或者，也许你不在乎对方是人类还是人工人类，但你关心你们是否有共同的经历，这个特定的个体是否与你互动过，你们是否彼此做过承诺。如果是这样，人工替代品无论如何先进，都没有一个能够满足你的标准，那么可能有一些自然人对你来说是不可替代的。如果你对某些特定存在的人的偏好是基于共同的经历和相互承诺，那么即使是自然替代品也可能无法替代他们。无论在其他方面多么优越，所有替代品都缺少一个关键方面：他们不是"那个唯一"。

\* \* \*

　　我们将在后续讲座中有机会回到人际纠葛的问题，也会探讨有人天生就对有缺陷的、麻烦的和不便的人和物有基本偏好的可能性。

　　目前，我们可以总结一下关于育儿在技术成熟时可能是具有目的性的活动的讨论，结论为：（a）育儿中很大一部分具体活动可以被归类为"琐事"，很有可能会被自动化；（b）我们与孩子共度的优质时光比做琐事更具内在价值，但有一个潜在的混淆因素，即我们认为花时间与孩子在一起会使孩子受益（如果我们认为自己对孩子没有任何帮助，甚至有轻微伤害，"优质时光"就不那么有意义了）；（c）根据客观功能指标，机器人家长可以超过人类家长，因此如果从这些标准来看，人类家长让位于机器人家长，可能对孩子更好；（d）如果孩子对人类家长产生依恋，那么即使在某些方面机器人家长比人类家长优秀，其也不可能在所有方面都比人类家长对孩子好（在一些幸福理论中，即使孩子无法察觉到机器人家长替换了人类家长，这一结论也适用）；(e)结果是，在技术成熟时，许多目前为有目的的活动提供机会的育儿方式将消失，尽管可能还有一些机会与我们对具体存在的人怀有的情感和欲望有关，或者与对自然的普遍类别的偏好有关；最后，(f)我们关于亲子关系的观点也适用于许多其他形式的人际纠葛，如友谊和爱情。

\* \* \*

# 从浅层冗余到深层冗余

通过这4个案例研究，我们可以看到目的问题比通常认识的要深得多。

## 浅层冗余

我们把传统和相对表层版本的目的问题称为浅层冗余，它是指由于自动化的进步，人的职业劳动可能变得过时，在正确的经济政策下，一个富裕时代将会开启。这将是一个普遍繁荣和物质富足的状态。它将消除有偿工作的需求和机会，从而导致许多人未来无法从工作中获得目标感。

解决浅层冗余的方法是发展一种闲暇文化。闲暇文化将培养和教育人们在无业中茁壮成长。它将鼓励有益的兴趣和爱好，丰富精神生活，培养对艺术、文学、体育、自然、游戏、食物和对话的欣赏，开拓其他可以作为我们心灵游乐场的领域，让我们在享受乐趣和发掘自身潜力的同时表达创造力，了解彼此和环境。闲暇文化基于经济贡献之外的因素，比如建立自我价值和声望。个人将围绕多种其他角色构建社会身份，而不是养家糊口者的角色（尽管可能会有类似的游戏环境，其提供给那些曾在财务方面表现出色的人去展示自己的足智多谋，从而获得别人的认可）。

我们看了一些或多或少能鼓舞人心的闲暇文化的例子，例如在学龄前儿童、学生、贵族、波希米亚人、修道者和退休人员中流行的文化。这些例子的比较中都存在多重混淆因素。在一个富裕的时代，闲暇文化的集合可能将扩展到历史实例之外，部分原因是AI带来的前所未有的富裕（这种情况将持续到人口增长稀释人均收益，或者人口增长如果得到控制，就会无限期地持续），这可以普及经济特权；也有部分原因是技术和其他发明将使许多新奇的乐趣成为可能（以及让人们从许多苦难中解放出来，这些苦难曾一度阻碍了哪怕最有特权的精英阶层的前进道路）。

* * *

## 深层冗余

接下来出现的是目的问题更根本的版本——深层冗余。它是指许多休闲活动也面临失去目的的风险。前文讨论的4个案例表明，在技术成熟时，我们参与非付薪活动的许多常见理由消失了。这些观察可以被概括为：我们可能会觉得做任何事情都没有意义，即我们不再为了挣钱而长时间工作，也没有理由在抚养孩子上投入精力，没有理由出去购物，没有理由学习，没有理由去健身房或练习钢琴，等等。

我们可以称这种假设的状态为后工具性时代，在这种状态下，我们没有做任何事情的工具性理由。随着我们向这种轻盈的状态迈进，摆脱了日常吸干我们时间和精力的挥汗如雨的劳作，我们可能开始感到一种疏远的无目的感，一种无根的"存在之轻"。我们可能将要面对这样的发现：自由度最大的地方实际上是一片虚空。

# 进步的悖论

我曾多次发表关于人工智能未来的演讲。几乎总有人会提出一个涉及某种形式的目的的问题。

这个问题本身有点儿模糊,人们似乎难以清楚地表达他们的担忧,这种担忧有时甚至不明确,但我们可以感觉到那种潜伏在表面下的困惑,就像一个无言且瞎眼的挖掘者,正在挖掘并可能破坏我们生存的家园的基础。

让我们看看是否可以揭开这种潜在不安出现的原因。以下内容是一个能让人们对实现人工智能后的生活提出问题的推理:

目前以及历史上,有许多紧迫的任务是我们人类必须自己完成的。我们还共同面对许多大挑战。这些任务和挑战赋予了我们生活的结构、目的和意义。但是,技术进步(以及在有限程度上的资本积累)使我们能够以更少的努力实现更多的目标。在极限情况下,拥有完美的技术和充足的资本让我们能够在不费力的情况下得到想要的一切。届时,我们将没有任何奋斗目标。我们要么无聊至极,要么将自己变成"享乐球",被动地体验人造的满足感。无论哪种情况,一个反乌托邦的未来都在等待我们。

这些还算是最好的情境!例如,如果我告诉你不需要担心深层冗余,因为我们的高科技文明将在技术成熟前的一场灾难中崩溃,那么这也不会让你安心。

\* \* \*

这个论点的核心在于对人性的悲观看法。这一悲观看法的基本论调是,我们不适合居住在一个完美的世界里。

我甚至可以试着解释一下为什么会这样。在进化和历史的时间尺度上，外部工具性的约束一直很充足；因此，我们的心理是以假设外部工具性一直存在的方式形成的。我们的猿类祖先以大量水果为食，失去了合成维生素C的能力：这种依赖性在很久以后才显现出来，例如在水手们连续几个月只吃饼干生活后，发现自己患上了坏血病。同样，我们可能已经依赖于在精神和体力的消耗以及目标导向的努力方面的需求。满足工具性需求所带来的外部压力不仅能让我们保持身体健康，而且能塑造我们灵魂的柔软部分，就像甲虫的外骨骼结构和包裹于其中的内脏一样。如果这种强制劳作的外骨骼被移除，进入一个我们的欲望可以轻松满足的后工具性状态，那么我们将遭受可悲的退化和崩溃，成为无限无聊的生物，或者是依赖人造满足感的无定形享乐球。

* * *

你可能从上述论点中辨识出了自相矛盾的地方。

一方面，我们确实有理由追求让我们以更少的努力获得更多想要的技术的能力。这几乎是理性的定义的一部分：一个人寻求高效手段来实现目标。当然，我们的社会正在倾注巨大努力，以促进技术和经济进步，并且为促进这些进步的个人颁发奖项。

另一方面，如果我们的努力成功提高了实现目标的效率，那么我们将要么感到极度无聊，要么成为被麻醉的、满足的被动接受者。

这两种选择听起来都不吸引人。

所以，看起来我们有理由去努力实现一种状态X，而如果真的实现了X又将是非常糟糕的结果。换句话说，结论似乎是，我们应该投入大量资源去实现某个目标，同时又拼命希望自己会失败。这虽然不完全是逻辑矛盾，但确实是一种奇怪的困境。

## 五环防御

幸运的是，有几种应对措施可以回应这种担忧：我们可以列出在技术成熟的生活中存在的不同要素，这些要素可以使生活变得非常美好。虽然这些要素中的每一个要素单独来看可能都不完全令人满意，但结合起来看，我认为它们可以构成一个充分的答案，以应对冗余担忧及其相关的进步悖论。

我们可以将它们视为一个多层防御结构的不同层级，其可以承受或至少吸收并大大减轻潜在的后工具性状态下可能遇到的任何无意义的冲击。把这些防护措施考虑进来后，问题的剩余部分似乎变得相当可以忍受，不仅与生活相符，而且与极其理想的生活相符。

以下是5道防线的概述：

1. 享乐效价。
2. 体验质地。
3. 自成目的的活动。
4. 人工目的。
5. 社会文化纠缠。

我们还可以把这些防线想成同心轴防线：从愉悦（最内层的堡垒）到社会文化纠缠（最外层的城墙）。

让我们简单地浏览一下这些防御措施。

## 享乐效价

在这里，我想说，把人为地诱导满足感作为一种让我们成为"纯粹的享乐球"的选择，真的不公平。也许生活在享乐球状态下不是我们所有人追求的最佳状态，但其中不必有任何"纯粹"的成分。关于这一点，我们可以稍后再详细讨论，但下面有些初步的评论。

（a）在评价可能的未来时，一个常见的错误是关注这些未来对我们现在的意义，即我们会思考特定未来的某种特征有多有趣，或者我们在讲述娱乐故事和道德故事时，会去看某一特定未来作为故事背景的适用性。但我们现在面临的问题完全不同：不是未来看起来有多有趣，而是生活在其中有多好。

我们必须记住，"有趣的时代"对那些必须经历那个时代的人来说，往往是"可怕的时代"。相比之下，一个平淡无奇、井然有序的未来更值得追求，即使其中的居民可能有些退化，即使它不会成为那些宏大的戏剧性叙述的鼓舞人心的时代背景。它也可以提供一种持续的满足感和令人愉悦的感觉，这相当令人向往。

（b）追求快乐往往是适得其反的。"追求幸福是导致不幸福的主要原因之一。"[33] 我们联想到一个急切地寻找下一针毒品剂量的瘾君子，这并不像是一种好生活。实际上，这很可能是一种痛苦的生活，偶尔有毒品带来的短暂缓解。可能在座的没有人愿意用自己的生活换取一个顽固瘾君子的生活。

因此，传统智慧建议我们在追求幸福时采取更间接的方法。[34] "幸福像一只蝴蝶，当你追求它时，它似乎总是在你触手可及的地方；但如果你安静地坐在那里，它可能会落在你身上。"[35]

然而，如果我们将这种智慧应用于一个其基础假设（追求快乐往往是适得其反的）不存在的场景，它就会让我们走上歧途：例如，在一个技术的场景中，人们真的可以通过直接瞄准来诱导快乐，并且能可靠而持久地做到这一点。有人可能会有这样的直觉："一个使用心智工程技术来诱导快乐的世界在一段时间后依旧会令人感到厌倦和不满足。"但这种直觉是错误的。

（c）假设我们熟悉了在技术成熟时可以获得的超级快乐的质量和数量。目前，我们对这个问题的观点并不是基于任何对超级快乐的直接感觉。然而，如果我们获得了直接体验，我们很可能很快会得出结论，认为这种快乐极其令人向往，并希望不断体验这种快乐。而且，在这种情况下，我们试图对未来超级快乐状态下的精神状态更加熟悉以确定其可取性的过程，不一定会侵蚀我们的判断能力。

（d）还有：

你可以说我很幸福，我感觉很好。我感觉到前所未有的幸福和快乐。是的，但这些描述人类体验的词语，如同射向月亮的箭。[36]

这种感觉如此美妙，如果将这种感觉化为感激的泪水，河流就会泛滥成灾。[37]

## 体验质地

有人可能会将不受约束的享乐主义与一个瘾君子在肮脏的床垫上享受某种超级毒品带来的快乐联系起来，他们会认为这种不受约束的享乐主义类似于当前的毒品，只不过持续时间更长，更令人感到愉悦，不会令人成瘾且无副作用。

但没有理由认为后工具性社会的居民只能体验快乐。在充满正面的享乐效价的同时，为什么乌托邦居民的体验不可以拥有丰富的、多样的和美学上完美的内容（远远超过目前偶尔打动我们的相对乏味的体验）？

因此，乌托邦居民的环境可以是一个令人心醉神迷的美丽世界：观光者可以饱览最美的艺术、建筑或自然景观，音乐爱好者可以听到精彩迷人的声音和震撼灵魂的旋律，美食家可以在美食天堂中尽情品味美食，等等。每一天都可以以艺术的方式巧妙安排，从而成为一个精巧的杰作，并不断添加到一个不断升高的更大的结构中，每一个杰作都以其独特的方式完美契合，就像用精心雕刻的石头一点点累积建造成一个伟大的生命大教堂。

此外，乌托邦居民可以享受到被增强的感知能力；更重要的是，他们可以被赋予卓越的美学感受能力，从而真正领略感官流中和环境中所充满的更多美丽和意义。

如果我们被传送到他们的世界，且没有接受感知能力方面的升级，就将无法像他们那样欣赏它。我们可能只能看到一些漂亮的野花，而他们会在这些花中更接近天堂。

然后是抽象美的世界。乌托邦居民可以在认知上得到增强，例如，他们可以像适应心灵生活的生物一样，居住在数学概念里的以太虚无空间。

想象一下，一只鹿优雅地穿越复杂的林地地形。然后再想象一个数学家在类似的情境下，试图穿越抽象代数领域，他姿势僵硬且浑身酸痛；几乎完全失明，只能看到两码远；行动缓慢且摇摆不定；集中注意力时眉头紧皱；紧紧抓住形式证明的步行车……这也许恰好是我们目前唯一能做到的，而不是实际上应该做的。

所有这些都有改进的空间。[38]

我徒劳地寻找词语来向你表达这一切的意义……这就像是一场最美妙的雨，每一滴雨都有其独特且无法形容的意义，或者更确切地说，有一种香气或本质，能唤起整个世界……而每一个被唤起的世界都比你所遇到的现实总和更微妙、更深刻、更真实。一滴雨就可以证明和纠正一个人的一生，而雨一直在下，形成洪水和海洋。[39]

\* \* \*

## 自成目的的活动

第三道防线：乌托邦居民不必是被动的。

即使乌托邦居民没有做任何事情的工具性理由，也不意味着他们不去做任何事情。

如果活跃体验有一种特殊的内在价值，使生活因为至少偶尔做些事情而变得更好，而不是总是保持被动状态，那么为了实现这种内在价值，我们可以选择去做事，从事各种自成目的的活动，没有什么能阻止我们。

如果有人在没有工具性需求的推动下存在动力不足的问题，就可以借助神经技术将自身的热情和激情提高到任意程度。

\* \* \*

到目前为止，我们所描述的状态并不像是瘾君子在跳蚤滋生的床垫上陷入愉快的麻醉状态，而是超级健康且充满活力的生命爱好者，珍惜和享受每一刻的存在，在一个极具美学和智力愉悦的环境中进行着有益活动，并且拥有更强的欣赏力、理解力、创造力和愉快参与的能力。这使他们能够更充分地享受他们所处的世界所提供的一切，包括在抽象真理和美的领域。情况正在好转！

\* \* \*

那边有个学生要提问。

**学生**：你在案例研究中不是说，在技术成熟时没有理由去做任何事情吗？

**博斯特罗姆**：不完全是。我可能说过，事情看起来可能会是那样，但现在我们正在更深入地探讨这个问题。目前，我的建议是，即使在技术成熟时我们没有工具性理由去做任何事情，也就是说，没有理由为了产生某个结果而从事任何活动（因为同样的结果可以由机器更高效地实现），这也并不意味着我们不会做任何事情。

让我们假设，完全空闲的生活实际上比包含某些活动的生活要差。（如果不是这样，那么乌托邦居民可能会什么也不干，但这不会是个问题。）所以，如果乌托邦居民明白他们的生活会因为做一些事情而变得更好，这将给他们一个做某事的理由。但这不是一个工具性理由，他们不会为了产生某个结果而从事活动。相反，他们之所以从事这些活动，是因为活动本身具有价值，或者直接增加了他们的生活价值。这个活动是自成目的的：它是为了它本身而进行的。

**学生**：我明白了。但在这种情况下，难道不能说乌托邦居民会有工具性理由去做某些事情，即为了让他们的生活包含一些活动，从而使他们的生活变得更好？

**博斯特罗姆**：如果你愿意，可以这样说。但是，这里仍然存在一个区别，即我们为了实现其他目的（活动本身以外的某些东西）而做的事情，与我们因为其本身是有价值的而做的事情之间的区别。如果你去看牙医，可能是出于工具性理由，为了修复牙齿或预防牙齿问题，而不是因为你享受它或认为这是一种有价值的消磨时间的方式。如果你在不去看牙医的情况下也能获得口腔健康的结果，你就会很高兴地取消预约。所以，这是一个明确的例子，说明这个活动绝对不是自成目的的。

我认为，自成目的的活动的明确例子并不像人们最初想象的那么容易找到。通常，如果我们被要求举例说明这个概念，我们可能会列出一堆像讲义9中的那样的活动。这些活动可能看起来是自成目的的活动的好例子，因为我们从事这些活动不是出于工具性理由，也不需要被支付报酬去做这些事情。但如果我们更仔细地审视这些活动，特别是我们看了购物、锻炼、学习和育儿的案例后，就会发现它们实际上充满了工具性理由。这些工具性理由会在技术成熟时消失。然而，人们仍然可以从事这些活动。虽然没有工具性理由去做这些事情，但我们可能会为了非工具性理由去做这些事情，也就是说，如果我们认为这些活动是真正的自成目的的。

我们在后工具性时代失去的不是活动，而是目的。我将在稍后讨论乌托邦中的目的，但现在我只是指出，活动不必消失。乌托邦生活可以包含（丰富多样的、有挑战性的、有技能性的、沉浸式的）活动这一事实，是我们对"技术成熟时生活必然不理想"这一悖论性指控的第三道防线。

这是个好问题。还有其他问题吗？

**另一个学生**：所以，如果一个人只是为了好玩而做某事，那就是自成目的的，但如果是为了实现其他目的，那就是工具性的？

**博斯特罗姆**：差不多，但不完全是。关键在于"好玩"这个词。你说的"只是为了好玩而做某事"究竟是什么意思？

**学生**：比如，你做这件事是因为你喜欢它。

**博斯特罗姆**：嗯，这里有一个复杂的问题。"因为你喜欢它而做这件事"似乎意味着你做这件事是为了体验快乐或积极情感。但在技术成熟时，这一结果会有更高效的途径来实现。你可以服用一种无副作用的超级药物，或者重新编程你的大脑，使其在无论你是否进行任何"好玩"的活动时都能体验到快乐。

**学生**：哦。

**博斯特罗姆**：今天人们之所以参与许多休闲活动，是因为它们有趣，他们参与这些活动是为了体验快乐。但仅凭这一点，是没有理由在一个后工具性的世界中继续进行这些活动的。所以，我们可以问，如果乌托邦中的人停止做事，成为快乐和各种被动体验的惰性接受者，那么这会是一个问题吗？有些人可能会认为这是个问题，因为这种被动的生活不如包含更积极的体验和参与形式的生活美好，一种充满快乐但被动体验的生活仍然缺少一些重要的东西。对此，我的回应是，如果确实如此，那么请注意，乌托邦居民可以在他们的生活中添加积极的体验：他们会有理由从事活动，以实现活动所具有的任何价值（除了其带来的工具性好处，包括产生快乐的工具性好处）。

我们还可以注意到，自成目的的活动中可能存在一些"子活动"，这些子活动是有工具性动机的。例如，假设踢足球是自成目的的，所以某些乌托邦居民可能为了实现这种活动在他们生活中的内在价值而踢足球。在踢足球时，他们会追求许多工具性子目标，比如慢跑到达球场的某个区域以延长对手的防线，为队友创造进球机会，从而赢得比赛。既然有人有理由踢足球，就有理由采纳赢得比赛的目标（因为追求胜利是踢球游戏的组成部分）；然后，这些进一步的子目标作为赢得比赛的手段在工具上是合理的。顺便说一下，踢球游戏的另一个组成部分是遵守规则，只使用某些允许的手段来实现进球的子目标。被排除的手段包括贿赂裁判或破解电子记分牌等，这样做不仅是不道德的，还会破坏参与活动的主要理由，如果我们假设这个理由是实现踢足球这一活动在生活中的内在价值。[40]

这样更清楚了吗？

**学生**：是的。

**博斯特罗姆**：很好。

* * *

## 人工目的

但是等一下，还有更好的！

我们现在来到第四道防线。

一些乖戾的人可能会说："当然，你们的乌托邦居民会体验和理解快乐而精致的被动美学，也会通过从事各种自成目的的活动来获得主动体验。但他们的生活中仍然缺少某些东西。他们缺乏目的！目的是一种当你有做某事的工具性理由时才有的东西，但其不是一种纯粹源于自成目的的活动价值的理由。足球运动员在场上某个地方慢跑可能有工具性理由，但那不是真正的目的，那只是虚假的目的。真正的目的需要有真正的利害关系，例如，你必须做某事以免挨饿，或者为了避免无家可归，或者为了拯救一个溺水的人。没有真实目的可能性的生活可能在主观上令人满意，但它是肤浅的，缺乏赋予人类存在真正有深度和意义的东西。"

好的。我们在这里进入了更深的水域。我计划在以后的讲座中，可能在周五，回到关于目的和意义的问题。但现在，我只是提出创造人工目的的可能性。

我已经提到过一种形式。假设你决定把踢足球作为一种自成目的的活动；为了参与这一活动，你选择了赢得比赛的目标；如果你真正接受了这个目标，并且在接受了这个目标后想实现它，那么在某种意义上，足球比赛对你来说就有了真正的利害关系。你想赢。从这一刻起，你受到了某种目的的支配。你能得到你想要的东西的唯一方法就是付出努力。也许比赛的结果没有太大关系，但利害关系是胜利或失败本身。

如果你发现仅凭自己的认同和承诺能力很难真正接受一个目标，那么你可以通过神经技术做到这一点。在发现踢足球会丰富你的生活，并看到"真正想赢"这种想法能改善活动体验后，你可以通过编程让你的大脑产生强烈的愿望，以帮助你的球队取得胜利。

另一种形式的人工目的是将自己置于一种情境中，在那里，你出于一些个人原因而关心某个结果，但只有通过自己的努力才能实现这一结果。想象爬到半山腰的登山者：在那里，他们别无选择，只能运用他们的力量和技能，否则就会有生命危险。在乌托邦中，类似的可能性将涉及创造一个无法获得技术成熟便利的特殊情境。例如，你的一些增强功能可能会被关闭，只有在一定时间后才重新启动，并且在此期间，任何外部救援的可能性都被禁止。现在只有你自己去直面那不可避免的挑战。

有人可能会反对这种创造人工目的的提议，认为这实际上意味着暂停乌托邦，至少在局部范围内。如果人工目的是通过进入"硬核"模式来实现的，这种模式中去除了通常普遍可用的自动实现结果的手段，一个非乌托邦的稀缺和危险区域就会产生。但或许有人会争辩说，即使在人工目的通过引发特定愿望去付出努力（例如让足球运动员产生帮助球队获胜的愿望）的情况下，某种程度的暂停元素也会存在。

我想我更愿意说，如果这些安排是实现最佳生活所必需的，那么可以被视为乌托邦的一部分。与其说乌托邦的奶酪上有洞，不如说完美的脸庞上可能有雀斑或美人痣：这些并不存在于脸庞之外，而是其不可或缺的一部分。

无论如何，这是一道防线。即使高度理想的生活需要包含具有真正利害关系的活动，这在技术成熟时也是可以提供的，并且这些安排可以比我们当前文明中的情况更为理想，因为尽管我们当前的文明中存在真正的利害关系，但它们与有价值的奋斗和成就之间的联系往往不紧密。例如，某个人做了所有正确的事情却被一辆公共汽车撞死，或者历经多年的无意识的磨炼才能得到一个好结果。

## 社会文化纠缠

最后，我们到达了第五道防线，也是最外层的防线。

正如我们昨天讨论的那样，自动化是有极限的。我在这里不是指物理极限，物理极限当然存在，但它们和我们这里探讨的人类目的无关，对机器来说物理上不可能的事情，对我们来说也是物理上不可能的。

与此相关的是，机器替代人类劳动的能力也有社会和文化上的限制。例如，一些消费者可能更喜欢某些商品和服务是手工生产的。他们甚至可能更喜欢这些商品和服务是由没有经过某些形式的增强或扩容的工人手工生产的。在非商业环境中，类似的限制可能会更加自然，例如，一个人可能会亲手制作礼物以表达一种情感或态度，而购买的商品却很难实现这种表达功能。或者有人可能更希望得到特定的人类个体的爱和关心，而不是从机器人复制品那里得到无法区分的爱和关心，这可以为那个人通过自己的努力获得真正的工具性成果（对其他人的好处）创造机会，在这种情况下，这些劳动无法外包。

这种类型的一般可能性也可以表现为更间接的或社会文化上复杂的情况，然而我将在后续的讲座中进行讨论。

其结论是，就乌托邦居民想要的目的而言，即使在技术成熟时，他们也不必完全局限于人工目的。某些自然目的也可能依然存在。

* * *

所以，这些是"五环防御"（这里只是大纲）。我相信它们可以充分击退目的问题的攻击，把一个极其理想的后工具性乌托邦保护在幸福的围墙内。即使有一些冗余感透过防线，这似乎也是可以忍受的：一种我们可以共存，并且可以很好地共存的状态。

我现在意识到，我原计划今天讨论罗伯特·诺齐克的"体验机"思想实验，但我们已经没有时间了。好吧，我想你们必须自己思考这个问题。我可以给你们讲义，我不知道你们能否单独理解它，但也许它会引发你们的一些思考。

我们今天先到这里。明天见！

## 标志和迹象

泰修斯：我们快走吧。

菲拉菲克斯：往那边吗？

泰修斯：是的。看看我们能不能出去……对不起。借过一下。对不起。对不起。我们不是这里的学生，只是冒充的。对不起。对不起。

凯尔文：不好意思，不好意思。

泰修斯：看起来他们都留下来了。

凯尔文：像羊一样被剪毛。

泰修斯：像学生一样去吃免费小吃。

菲拉菲克斯：我拿到讲义了。

泰修斯：让我带你看看……那是新挂上去的牌子，那镀层是真金的吗？

物业经理：这层镀金是有认证的，来自安哥拉的一个手工艺矿场，是用手工制作的石制工具从地里开采出来的。

**泰修斯**：哇。

**博斯特罗姆**："埃克森礼堂"，嗯。——哦，你好，戴夫！

**戴夫**：你好！我看到大学又收到了一笔注资，现在的捐赠基金应该相当可观了。

**博斯特罗姆**：我不确定这些口袋是否无底，但不幸的是，裤子绝对是无底的。

**戴夫**：这些捐赠是为了支持一个好的事业。

**博斯特罗姆**：你最近怎么样，伙计？很高兴见到你。

**戴夫**：我希望我能宣布一部巨著的诞生，但不幸的是，我微弱的生命力最近没有创造出任何伟大的作品。我安慰自己，在宇宙波函数①的其他分支中，有许多版本的戴夫正在一卷接一卷地出版图书，同时还在组织全球生物医学的冲锋队为幸福革命而奋斗。

**博斯特罗姆**：也许是天堂工程的L.罗恩·哈伯德？

**戴夫**：嗯，没错！但遗憾的是不在这个分支里。我猜你有一些进行中的项目？

**博斯特罗姆**：我正在写一本书。

**戴夫**：太好了。主题是什么？

**博斯特罗姆**：基于这次讲座系列。你知道的，一箭双雕。

**戴夫**：一起去吃美味的素食冰激凌吧！

**博斯特罗姆**：好啊。尽管我认为我们的羽毛类朋友会很高兴地放弃冰激凌部分，对它们来说，似乎主要是蛋筒部分好吃。一起去喝杯咖啡怎么样？

**戴夫**：你带路。我会在镇上待几天。

**泰修斯**：哇，那人很少见呀。你知道那是谁吗？

**菲拉菲克斯**：是的。他看起来很好。

---

① 波函数是量子力学的核心数学工具，用来描述量子系统的量子态。——译者注

**凯尔文**：来自享乐主义的命令——菲拉菲克斯和我打算去泡温泉。你想一起去吗？

**泰修斯**：温泉？当然！什么时候去？

**凯尔文**：现在就去。

## 梦的装饰

**菲拉菲克斯**：要不，我们先读一下关于体验机的讲义，然后在路上可以讨论？

**凯尔文**：好吧，我们来读一下。

**泰修斯**：你们可真是一群了不起的书呆子球员！我喜欢你们这样。

---

### 讲义 11　体验机实验

诺齐克写道：

假设有一台体验机可以给你任何你想要的体验。超级神经心理学家可以刺激你的大脑，使你认为自己正在写一本伟大的小说，或者交了一个朋友，或者正在读一本有趣的书。你会一直漂浮在一个水槽中，电极连着你的大脑。你愿意一生都与这台机器相连，预先编程你的人生体验吗？[41]

诺齐克认为，如果我们拒绝与这台机器相连，说明我们重视的不仅仅是主观体验。

但是，这样一台机器究竟是如何工作的？这在哲学文献中没有得到太多的考虑。

（a）如果你是个懦夫，你怎么能拥有勇敢的体验？如果你在数学方面很差，你怎么能体验到拥有杰出数学洞察力的感觉？可能没有任何感官输入能诱发你大脑中的这些体验。因此，超级科学家们需要重新编排你的大脑内部结构，但这会带来个人身份认同问题。如果重新编排过于广泛、过于突然、与原本自然能力的使用和发展脱节，那么在水槽中获得勇气和数学天赋的人将不是你自己。这限制了你在体验机中可能拥有的体验轨迹。（直接的大脑编辑对许多体验来说也是必要的，这些体验通常需要特定的历史和背景，以及特定的性格和能力。我们在接受一组感官输入时实际体验到的东西，在极大程度上取决于我们原本就有的东西，如我们的概念、记忆、态度、情绪和技能等。）

（b）如果你想体验的事情需要付出努力，那么实际上你自己需要真正付出努力。就像（a）情景中讨论的局限性那样，虽然科学家们可以让你付出这些努力，但值得注意的是，这种体验不会"免费"得到。假设你想有攀登珠穆朗玛峰的体验，那么你可以轻松地体验到登顶时看到的一系列景色；如果你低头看，你会看到你的腿在动。你还可以感受到肩膀上背包的重量和脸颊上刺骨的寒风。但如果没有那种必须努力、必须在内心深处找到继续前行的动力的感觉，那么你的体验只是那些真正登顶珠穆朗玛峰的人的体验的影子。然而，如果科学家们确实诱发了这些因素，那么你也会为这种体验付出巨大的代价，像不适、恐惧和意志力消耗等。与真正去攀登山峰相比，体验机虽然能让你免于面临身体受到伤害的风险，但也不会给你带来太多的好处。

（c）我们最重要的体验之一是与其他人类的互动。这种体验该如何实现呢？考虑以下几条路径。

i. NPC（非玩家角色）。在与他人互动时，为了生成你接收到的感官输入，其他人可能以NPC出现，即那些能显示出某些智能生物属性的构造体，但不因此而具有现象体验或其他赋予其道德地位的基础。在相对浅层的互动中，这无疑是可能的。例如，如果你想体验向一个陌生人问几个类似于"2加2等于几"的问题,并得到一个类似"4"的答案,你就可以在不创建任何具有道德意义的存在(除了你自己)的情况下实现所需的计算。但要生成与另一个人类进行长时间的深入和丰富的互动的真实体验,这可能需要运行一个能有效实现复杂数字心智的计算,这个心智具有道德地位,这在形而上学上是有争议的。这将我们引向生成互动体验的第二条路径……

ii. VPC(虚拟玩家角色)。VPC指的是具有道德地位的人工计算构造,如因为这些人工计算构造拥有有意识的数字心智。尽管其实现机制比较棘手,但使用VPC可以解锁非常广泛的可能互动体验。例如,在现实生活中,你可以走过一个拥挤的广场,与成千上万的人中的任何一个进行对话,原则上,这种深度对话可能会让你获得一生的友谊或关系。因此,超级科学家的设备可能包括这些人的VPC模拟(计算成本很高)。或者,程序可以按需生成实例化VPC,即起初人群中的匿名人可能被表示为NPC,但如果你开始深入互动,科学家就会填补其心智的缺失细节,使其转化为VPC,这样它就可以完全真实地回应你。这种NPC向VPC的升华需要大量计算,可能需要模拟个人历史,以生成即将与你进行对话的完全真实的VPC。

虽然VPC可以在技术上生成非常广泛的互动体验,但使用VPC会引入道德复杂性。你不可能在不受伦理约束的情况下进行某些体验,就像在外部现实中一样。

iii. PC(玩家角色,模拟或原型)。如果你希望与特定现实世界的个人互动,额外的伦理问题就会出现。你要么需要创建这些人的准确模拟,要么需要这些真实的个体连接到体验机上,以便你与他们互动。在任何一种情况下,相关现实世界的个体在道德上很有可能有权对此事发表意见;一些人可能会拒绝以这种方式与你互动。此外,即使他们确实与你互动,他们也可能不会以你希望的方式与你互动。例如,你可能希望体验到特定现实世界的某个个体抚摸你的头发,但通常情况下无法保证该个体有兴趣这样做,无论是个体原型还是任何该个体的准确模拟。在模拟版本的情况下，你在技术上可以修改模拟，以使其愿意开展你所寻求的那种互动；然而，在没有获得相关个体事先同意的情况下，这可能在道德上是不允许的。

一种"多人"版本的体验机已经被提出（包括诺齐克自己），在这种版本中，许多人一起连接到体验机上。[42] 这将使我们能够与其他真实的人进行真实的互动，包括那些对我们很重要的特定现实中的人，从而消除一个常见的拒绝连接体验机的理由。然而，在这种设置中，你不再对你所拥有的体验有完全的控制权，因为这将取决于其他人的独立选择。因此，这种情景违反了体验机思想实验的一个关键前提。

iv. 录制。神经心理学家通过电极刺激的方式让你的大脑进入体验机，这种概念有点儿过时。一种更合理和更高效的方法是先将自己上传到计算机中，然后与虚拟现实互动。[43] 这至少给我们提供了一种特殊情况：重放其他人输出的录音录像，你可以在没有实现任何道德上重要的实体（除了你自己）的情况下，进行完全真实的深度互动体验。要做到这一点，你首先要进行一次与 VPC 或 PC（它们可以是上传的或生物的）的互动。超级科学家记录你与其他人之间的互动历史，当你完成你想做的事情时，我们将你的大脑和环境重置为初始状态，现在你可以再次享受相同的体验，但这次不需要实例化任何真实的人。通过再次运行你大脑里的程序，而不是重新运行你与互动伙伴大脑（或物理环境）的计算，我们能简单地从存储器中获取相关信息。当你第二次拥有这种体验时，你可以做出任何你想做的选择；但由于我们已经知道你会做出什么选择，并且我们还有录制的内容记录其他人和环境对你的这些选择如何做出反应，因此我们不需要重新计算这些部分，而是可以使用存储的数据来确定感官输入。（当然，你自己的大脑运算需要被重新计算，因为我们相信这实际上生成了你的体验。）

这种录制技巧仍然有一个限制，即它需要有一次初始运行，在初始运行中，你的互动伙伴是作为真实人来实现的。这带来了我们希望避免的道德复杂性（尽管如果有道德侵犯，这个程序至少会减少类似侵犯发生的次数）。录制方法还有一个缺点，即它限制你重复旧的体验（当然，你每次都会感觉和第一次一样新鲜）。

v. 插值①。重放准确的录制内容是一个极限情况。我们可以考虑沿着同一维度的较不极端的情况，其中NPC的实现方式在很大程度上依赖于缓存计算，并把人们在类似情况下的反应与已知观察数据库之间进行模式匹配（相对于从头开始或完全自下而上地计算某人的神经系统）。通常来说，体验机在生成我们与之互动的其他人的反应时，这一生成计算的过程越多地依赖存储记忆，该过程就越不可能出现其他"真实"的人，这里的"真实"是指构成一个具有道德承受性的主体。[44]

很难说我们在这方面可以走多远。也许对于相对简单的心智，比如人类的心智，创建一个心智和体验库（使其能够生成人类希望与其他类人实体互动时的大部分互动类型的逼真的样子，而不因此产生任何道德上值得考虑的存在体）是可行的。

vi. 引导梦。若是想通过不与外部世界或其他真实的人互动就生成现实体验，一种较低限制的方法是做梦（和制造幻觉）。对做梦者来说，梦可能非常真实。大多数人对梦中发生的事情几乎没有控制力，但随着先进神经技术的发展，这种控制力可以大大提高。（即使没有技术辅助，有些"清醒梦者"也能在相当大的程度上引导自己梦的内容。）

人们或许会质疑梦的真实性在多大程度上是梦里的体验内容与醒着时体验的内容非常相似的结果，而不是我们在睡着时那种发现不一致性或体验缺陷的能力受到损害的结果。当然，我们的梦里通常包含非同寻常的体验，如果我们在清醒时有类似的体验，我们会注意到并认为这是不寻常和怪异的。然而，梦是由我们谦卑的大脑自发创造

---

① 插值（interpolation），是一种通过已知的、离散的数据点，在范围内推求新数据点的过程或方法，通常用于为数码相机在计算像素时增加有效像素（实际像素）。——编者注

> 的；极有可能的是，随着技术成熟，梦的真实性和连贯性可以人为地提高。问题是，如果我们的梦变得更加详细、真实和连贯，当我们梦到其他人时，那些人是否会进入存在，并足以成为道德承受体。如果是这样的话，那么在没有事先征得他人同意（并且没有满足各种伦理约束条件）的情况下，真实地梦到或幻想其他人可能在道德上是有问题的。

**菲拉菲克斯**：我读完了。

**凯尔文**：好，我们走吧。

**菲拉菲克斯**：所以，他并没有确切回答是否应该进入体验机的问题。你怎么看？

**泰修斯**：哦，我会推荐这种体验机。

**菲拉菲克斯**：你会接受这个提议？

**泰修斯**：已经接受了。里面很棒！

**菲拉菲克斯**：什么意思？

**泰修斯**：闻闻那些丁香花……难道不美妙吗？

**凯尔文**：我觉得他在开玩笑。

**泰修斯**：什么？你的意思是你们不是我引导梦中的虚构人物？

**菲拉菲克斯**：如果我们是，那你的想象力就真是太丰富了！因为从我站的地方看，这一切都感觉很真实。

**泰修斯**：热烈欢迎你们俩。这里一切都是免费的。

## 虚构人物

**菲拉菲克斯**：但真的，你们有没有想过，我们可能是小说中的角色？

**凯尔文**：虚构人物没有足够的神经细节去获得现象体验。既然我们有现象体验，我们就不是那种角色。但即使撇开现象体验不谈，我们也意识到了很多小说中没有提到的事情，比如那边那些树的具体配置。

考虑一下书中有多少信息。假设它有 10 万个单词，每个单词平均大约有 5 个字符，每个字符由 8 比特组成，因此一本书将是 4 兆比特。在压缩后，这本书所占的比特数据就变得少得多。你不可能用这么少的比特来表示我们一生中所有经历的内容。

**泰修斯**：这也许不是我们一生中的所有经历，而只是我们此刻正在经历的经历？虽然这就需要对应于一本完全关于某个人某一时刻所经历细节的书。这种书可能不多。

**凯尔文**：人类大脑大约有 $10^{14}$ 个突触，其中大多数每一秒都在传递信息。即使每个突触事件只能用一个比特的信息表示，这也比一本未压缩的书包含的信息多 1 000 万倍。虽然这只是个粗略的数字，但依然是一个巨大的差距。

**泰修斯**：更根本的反对意见不应该是书本身并没有处理信息吗？但我想，也许当它被阅读时，信息处理会发生在读者的脑海中……但是，也许关于虚构人物的大量信息也由读者的大脑提供，比如，他们带着自己的经验来填补文中的稀缺细节，从而在他们的想象中创造出一个更完整的角色？我实际上不认为这是有效的，但考虑这个论点并准确看到它错误的地方是很有趣的。

**凯尔文**：我不认为人类的智力足够强大，仅仅通过思考就能带来一个想象中的有意识的心智。对超智能来说，那是另一回事，它可以内部模拟有意识的心智。但与文学作品中的角色是不是有意识的或我们可能是这样的角色相比，这是非常不同的命题。

**泰修斯**：是的，让我们集中讨论普通人写的书中的文学角色的情况。我们怎么能确切地知道一个人在阅读小说时没有同时运行足够的信息内容和计算，书中描述的角色足够鲜活，以至于我们也不能确定我们不是这样的角色？我们在读小说时显然不能标识一个由 100 兆个突触组成的心灵，但显然，这种粒度水平的标识可能并不是产生相关主观体验所必需的。

**凯尔文**：嗯。我认为关键是捕捉反事实的行为模式。当我们在书中读到某人时，我们看起来并没有那样做。

**菲拉菲克斯**：可以详细说明吗？

**凯尔文**：要实现计算，仅仅有一系列连续的工作记忆状态的标识是不够的。还需要这样的因果结构：如果这些中间状态中的任何一个被改变，那么后续状态会以适当的方式发生变化。[45]

**泰修斯**：这就是播放一部有关运算的电影和实际实现运算之间的区别。在电影中，每一帧都可能包含一种记忆单元状态的图片。如果你播放电影，你就会看到一系列连续的记忆单元状态图片。但如果在电影播放时，你插入进去并编辑了其中一帧，后来的帧就不会改变。因此，在一部简单算术计算的电影中，一帧上面可能写着"2+2"，下一帧的画面上可能是"4"。但如果你将第一帧编辑为"2+3"，那么第二帧上面仍然是"4"。这与你实际实现运算不同，如果用的不是电影卷轴，而是一个便携计算器去实现运算，那么在你编辑输入后的下一步，屏幕上会显示"5"。

**菲拉菲克斯**：我明白了。那么，这与我们阅读小说时发生的事情有什么关系？

**凯尔文**：当我们阅读或想象小说中的一个角色时，我们是否充分地再现了他们的所有反事实行为？

**泰修斯**：也许有这样一种方式：假设你正在阅读一个虚构人物的故事，他在第二次世界大战期间驾驶飞机。但你，作为读者，从未驾驶过飞机。你的大脑并没有能力实现驾驶第二次世界大战战斗机所需的运算，那么你又该如何实现生成这种体验所需的运算？

**菲拉菲克斯**：不，我想那是不可能的……但是，如果我们假设一个读者与虚构人物处于同一水平，并且她具有相同的技能，那会怎样？

**泰修斯**：你是说有些读者"与我们在同一水平"？我宣布自己受到了冒犯和伤害。

**菲拉菲克斯**：我主要在想我有没有可能是个虚构人物！但如果我们是虚构世界中的虚构人物，那么也许在那个正在阅读这本书的世界里，有些非常聪明的读者。

**凯尔文**：如果读者超级聪明，如果他们的阅读基本上是通过运行内部的神经网络来详细模拟小说中描述的角色，那么他们确实非常聪明。但我们不是在谈论模拟假设，我们讨论的是一个疯狂的命题，即我们可能是某个普通人类写的故事中的角色，对吗？

**菲拉菲克斯**：嗯，也许可以有一些比普通人类聪明的读者，但不是超级聪明的。不过最好集中在这样一种情况下——虚构人物的能力有限，至少有一些人类读者能够做这个虚构人物所能做的一切。如果我的能力这样有限，我怎么会知道我不是个虚构人物呢？或者，我在想，自己是不是某个特定读者阅读并想象出来的一个例子，而不是一个真正的有血有肉的生物？

**泰修斯**：（挑刺）除非是关于机器人的科幻故事，虚构人物也通常被描绘成有血有肉的。特别是——其实，算了，对不起。嗯……

好吧，假设一个虚构人物被描述为在回忆他已故的母亲。你，读者，不认识这个角色的母亲：你从未见过她，并且，假设你从未读过关于她的东西。那么，如果他们真的在经历什么，你怎么可能在你的脑海中想象出这个虚构人物在经历什么？反过来，如果你想到一些小说中没有描述的东西，那么任何作家或读者怎么可能产生你的这些想法呢？但是现在，当我说这些话时，明显的反对意见也出现了：我怎么知道某个作家可能写了哪些想法？当我想到我的母亲时，我怎么知道我的想法不是某个读者在想他们的母亲或他们在想象某个其他类似母亲的形象时的想法？

**菲拉菲克斯**：啊？

**泰修斯**：嗯，我有很多想法。似乎不太可能有任何作家（至少是任何人类作家）会想到所有这些想法并把它们写下来；或者任何读者在阅读小说的过程中都会产生所有这些想法……而且，如果我可以坦率地承认，那么我有时可能会有一些短暂的想法，而这些想法并不值得写下来……所以，呃，我有所有这些想法，包括一些作家因认为不够重要而未写进他们的小说里的想法，或者读者不会详细想象的想法：这一事实将证明我实际上不是小说中的角色。

**凯尔文**：当然，这一番话在假设你实际上有过所有这些你所声称的想法。

**菲拉菲克斯**：我不想怀疑你们也有很多想法！

**凯尔文**：不，但如果我们是虚构人物，那么在虚构中我们可能会被描绘成有很多想法的角色。

**泰修斯**：这并不意味着所有这些想法都是真的。

**凯尔文**：对。在虚构中，虚构人物可能确实有大量的想法，并且他们的生活也延伸到文本中明确叙述的事件之前和之后。

**泰修斯**：那你之前关于信息内容的观点又该如何解释？除非我大错特错，否则我可以回忆起我过去的许多具体细节，远超出任何小说家愿意写下或读者愿意想象的内容。实际上，这是你最初提出的信息内容论点的另一个版本。你似乎在暗示，人类大脑所包含的 $10^{14}$ 个突触这个事实可能足以证明虚构人物没有知觉，因为一本书中不可能包含足够的信息来指定虚构人物的大脑中的所有这些突触在做什么。但现在的想法是，读者的大脑在做这项工作的大部分任务。书中包含一些提示和指引，但读者的大脑填补了绝大部分所需的信息，即读者使用自己的概念、直觉和想象力来呈现虚构人物的体验，从而使它们变得真实。此外，由于读者自己的想象力调用了数万亿个突触，因此生成现象体验所需的信息和计算量与在阅读过程中实际实现这一壮举所需的信息和计算量之间不存在不匹配。

但现在，新的反对意见不是关于突触的数量，而是关于我所有的具体细节的记忆。如果我确实有这些记忆，那么我就不可能是一个虚构人物。

**凯尔文**：如果。

**泰修斯**：嗯，如果你认为我所有的记忆可能是假的，那将是一种相当激进的怀疑主义。我是说可能，当然可能；但可信吗？

**菲拉菲克斯**：这可信吗？

**泰修斯**：你来判断吧。不过我还有另一个论点。当我读到一个角色要去参加一个派对时，这与我去参加派对时的体验是完全不同的；可能有一些相似之处，但现实情况是，这绝对不是一回事。在一种情况下，派对很安静，我很放松，我可能躺在沙发上，盖着毛毯，感到很舒适；在另一种情况下，派对上的音乐声嘈杂刺耳，还有人撞到我。我可以沉浸在小说中，但我并没有真正混淆这两种截然不同的体验的可能性。

对，所以我们有两个理由可以驳斥我们是小说中的虚构人物这一假设。首先，我们对过去有大量详细的记忆，这些记忆不可能包含在任何似是而非的书或阅读体验中。其次，在阅读过程中生成的实际体验与人在现实世界中实际做事时的体验在本质上有明显不同。论证完毕？

**菲拉菲克斯**：好吧，谢谢你们。我很高兴我们不是单纯的虚构人物。尽管我也部分认为，就算我们是虚构人物可能也不是什么坏事，当然，这取决于是什么类型的小说。

**泰修斯**：少安毋躁，我确信反对的意见即将到来。

**凯尔文**：我们其实并没有解决你是否可以信任你的那些看似丰富的过去记忆的问题。

**泰修斯**：至于第二个论点，我认为我们可以承认，关于书中描述的一些事情，我们在阅读这些事情时的体验通常与我们实际在做事情时的体验不同。但我们也许应该考虑另一种可能性，即我们和我们的体验可能在某人阅读小说的过程中被生成。也许存在两种不同的体验：读者自己阅读小说的体验，还有另一套属于她正在阅读的角色的体验。

**凯尔文**：那行不通。读者只有一个大脑，而且这个大脑的容量是有限的。就像你不能同时用左手和右手写两封信一样，你也不能同时生成两个独立的体验流，至少不能让每个体验流都是完整复杂的个人级别体验。如果这些体验流中的每一个都涉及明确的抽象推理，那么你的大脑根本没有足够的神经机器来同时处理两套独立完整的个人级别体验。我们的工作记忆容量只能一次维持一个复杂推理的线路。

**菲拉菲克斯**：我明白了。

**泰修斯**：但如果这两个独立的体验流并不是完全不相关的呢？我的意思是，我同意我的大脑没有能力同时思考两个不同的主题。但如果我在思考一个主题，是否会有两个与该主题相关的体验流，比如，从略微不同的角度看待同一主题的体验？这两个体验流可能使用重叠的神经机能，同时每个也涉及一些单独的神经处理，使得它们彼此不同且独特。例如，我在阅读一个角色去参加派对时，可能会有一个体验流只包含在派对上的体验，这些将是虚构人物的体验；还有一个体验流包含着相同体验的某种版本，但加上在沙发上舒适地靠着的体验。后者是读者的体验。这些都由读者的大脑生成，但他只能详细报告后者。

**凯尔文**：这听起来很牵强。

**泰修斯**：我同意，如果能够确切地说清楚为什么不能像这样发生，就更好了。

**凯尔文**：我们是用什么原则来解释这一切是如何工作的？你显然不希望每个大脑神经元的子集都有一个单独的体验流。这意味着如果一个人比另一个人多出 10 多个或 20 多个神经元，其大脑就会生成一个超天文数量的体验。这对伦理学有极大的影响，比如在道德地位方面。

**菲拉菲克斯**：这对你来说可是件好事呀！你的头那么大！

**凯尔文**：但如果有另一个人的头更大，我的体验在体验功利主义的角度下就几乎没有任何分量。

**泰修斯**：那么，有什么原则可以排除这个可能性……嗯，让我想想。这里有一个类比，即量子力学里对多重世界的解释。我们必须用其振幅的平方来衡量分支。当宇宙波函数分裂或退相干①时，振幅会在分支之间分配，其总和总是 1。但这似乎不是能用在这里的正确模型。如果你向大脑中添加一个神经元，前面的假设是每个神经元子集所生成的体验流并不会令其失去之前所拥有的体验量，那就太奇怪了。所以，是别的什么……

**菲拉菲克斯**：我能否确认一下我跟上了吗？我们正在试图设立衡量标准去判断大脑是在实现单一的意识体验流还是在实现几个重叠但不同的体验流。

**泰修斯**：对，也许之前关于反事实独立性的观点是关键？要生成两个独立的意识体验流，必须有两个独立的计算过程。每一个体验流都必须这样产生，如果有人干预并改变某个中间状态，后续状态会以符合当下算法的方式展开变化。对。为了有两个计算过程，底层因果机能必须能够独立操作和变化。这也解释了为什么一个正常的人类大脑不会生成天文数量的独立体验流，每个体验流对应于神经元的一个子集。因为这些子集重叠，它们不能独立变化，所以所需的反事实依赖性不存在。对，我认为大概就是这样的。[46]

**凯尔文**：对呀！

**泰修斯**：这把我们带回了读者的大脑能否同时生成两个体验流的

---

① 退相干指的是在量子力学里，开放量子系统的量子相干性会因为与外在环境发生量子纠缠而随着时间逐渐消失。——译者注

问题：他们自己的体验加上他们正在阅读的虚构人物的体验。我猜我们会断言读者的大脑没有足够的脑力来做到这一点。两个假设的体验流有很多共同点也无济于事，因为每一个体验流的存在都需要它自己的独立计算实现、具有正确的反事实属性的因果结构并能够独立变化；而对读者而言，他们并没有足够的大脑皮质资源来同时独立地实现两个个人级别的计算过程。

**凯尔文**：对。

**泰修斯**：顺便说一下，这可能是个旁白，但我有点儿困惑于我们听到的关于裂脑人的报告，在他们大脑左右半球的大部分连接被切断后，左右脑似乎依然能够独立运行，甚至可能达到个人级别的熟练程度。这让我思考：我们难道明明拥有足够实现两个正常人的神经物质，却通常只实现一个吗？这似乎很浪费。

**凯尔文**：在正常发育的成年人中，其大脑的大小可以相差将近两倍。[47] 我们也知道，被切除的大脑半球仍然可能正常运行，尽管会有缺陷。当年轻时进行脑半球切除术时，大脑的可塑性会利用剩余的皮质资源重新组织许多运算功能。大脑大小与认知表现之间存在相关性，在其他条件相同的情况下，无论是生物神经网络还是人工神经网络，其可调参数减少时，学习能力就会有所下降。然而，许多认知任务的规模扩展与其模型大小之间的相关性是十分次线性的。[48]

**泰修斯**：无论如何，我都不知道有什么特别的理由会假设：即使我们的大脑确实有这种准冗余性，我们在阅读时，实际上也会利用"备用"的意识体验容量……

此外，我们不擅长多任务处理。如果我们的大脑偶尔能同步实现两个人的意识体验，使用的是不同的神经机能，那么我们难道不应该利用这双重脑路图去做些什么？比方说，在推导一个代数定理的同时，安排一个家庭聚会的复杂日程。再比方说，你可以在大脑的一部分（或皮质微回路的一部分）中模拟一个正在推导定理的假想角色，而在大脑的另一部分（或皮质微回路的另一部分）中，你在进行复杂的日程规划。但对我来说，这是完全不可能的。

**凯尔文**：是的，这个观点很好。

**泰修斯**：当进行需要抽象思考的任务时，我们通过真正的多任务处理，最多可以做到被动地监控周围环境，或许我们的潜意识可以在这种状态下同时思考一些情感问题或创造性的问题；但我们的专注意识的推理能力似乎是一种十分有限的认知资源，只允许存在一个并发的轨道。

**菲拉菲克斯**：那么，这意味着我们不是虚构的了？

**泰修斯**：似乎是这个结论。

**菲拉菲克斯**：让我来复述一下。所以，我们不是虚构人物的原因是，首先，我可能相信我有许多详细的过去记忆，没有任何小说家或读者愿意想象所有这些详尽的细节；其次，我知道我目前的体验与人们在阅读时的体验在本质上有所不同，而人类读者的大脑没有足够的容量同时实现自己作为读者的体验和他们正在阅读的虚构人物的体验。我理解的对吗？

**泰修斯**：你说对了。

**凯尔文**：你还可以考虑另外几个论点。

**菲拉菲克斯**：哦？

**凯尔文**：平均而言，人们不读书的时间比读书的时间多得多。因此，即使在阅读过程中，读者的大脑以某种方式生成了虚构人物的体验，加上他们自己阅读的体验，虚构人物的体验仍然只会占所有体验的一小部分。所以，如果你的当前体验是典型的，它很可能就不是虚构人物的体验。

**泰修斯**：但如果我正在经历某种状况，比如说，英雄救美，帮公主脱离邪恶怪物或暴民的魔爪呢？

**凯尔文**：在这种情况下，这个论点不适用。大多数你刚刚谈到的那些体验可能只是阅读过程的副产品，如果阅读过程实际上生成了虚构人物的体验的话。

**泰修斯**：我现在不是要跑题，但请以后提醒我讲讲几年前在皇室花园骑自行车的事情。

**菲拉菲克斯**：我很感兴趣！但与两位优秀又聪明的先生进行哲学对话的体验呢？

**凯尔文**：这算是个中间情况吧。我猜这取决于对话的类型和质量，有可能大多数是关于阅读虚构的描述，也有可能大多数是现实世界中的对话。

**菲拉菲克斯**：像现在这样的对话算哪种？

**凯尔文**：（耸耸肩）各占一半吧。

**菲拉菲克斯**：如果我们的对话是虚构的，那么人们在阅读对话文本时，会生成4个意识体验流吗？因为有3个人在对话，再加上读者的阅读体验。

**凯尔文**：可能不会。这种假设会变得越来越牵强，阅读文本里的人物越多，读者的大脑就越难有足够的神经机制来分别实现每个体验流。如果读者自己的体验之外还会生成其他任何体验，那也可能只是不同虚构人物体验的片段。也许当每个人都在说话时，当他们处于读者意识的中心时，书中描绘的他们此刻正在拥有的体验会在读者的脑海中生成。

**泰修斯**：当然，当一个虚构人物穿过拥挤的房间时，读者的脑海中不会细致地标识房间中所有虚构人物的体验，所有虚构人物的内心生活也不会作为完整的主观细节而实际存在。

**菲拉菲克斯**：我明白了。好吧，即使阅读确实生成了这些体验，其中大多数的体验也不是虚构人物的体验。但对于特别"奇幻"的体验，这种平衡大概率会倾向于虚构人物的体验。

**凯尔文**：我会说"可能会倾斜"。但也有可能，即使是类似帮公主脱离魔爪的体验，也大多由非虚构人物拥有，假如有很多此类情境的模拟，但没有多少人们阅读此类情境的模拟。

**菲拉菲克斯**：你说的"模拟"是不是像博斯特罗姆所说的那种由超级智能建造的计算机模拟，包含详细的人脑模拟？

**凯尔文**：是的。这与某人阅读虚构人物的情况不同，因为博斯特罗姆所说的那种模拟中会有对每个主体大脑的神经级别模拟，他称之为"祖先模拟"，但它们不一定非得是祖先类型的生物模拟。

**菲拉菲克斯**：你说还有另外几个论点我可以考虑。还有什么？

**凯尔文**：这更像是一个决策理论或政治论点。

**菲拉菲克斯**：哦？

**凯尔文**：假设有一个虚构人物和一个非虚构人物，并且两者都有自己的独立意识。也许你并不确定自己是哪一个。现在你可以争辩说，在这种情况下，你应该大多数时候会像非虚构人物一样行事。虚构人物的寿命通常较短，他们的选择也很少能产生长期后果。注意，这里并不是指他们在小说描述里的寿命或影响力。一本小说可能会说一个虚构人物拯救了世界并幸福地生活了100万年，但这并不意味着任何现实世界被拯救，或确实存在某个虚构人物能拥有100万年的真实感受体验。即使在阅读虚构人物时会让那个人物的体验变成现实，这也只适用于那些读者大脑中已经有足够多的细节的人物的体验。因此，虚构人物能拥有的主观体验的最大量，就是读完一本书所需的10个小时，或者其他任何需要读完一本书的时间。

**泰修斯**：如果这本书有很多人读呢？一本畅销书可能会被阅读100万次。10小时乘以100万也会比普通人的寿命长好多。

**凯尔文**：是的。

**泰修斯**：所以也许我们应该像畅销书中的人物一样行事？或者我们应该在行为上做得更好，以使写我们的书成为畅销书？

**凯尔文**：是的。

**泰修斯**：这是叙事学上的必要性吗？凯尔文，我想我们刚刚证明了：你能做出的最好的事情就是对着那边公交车站的女士们露屁股！

第三章　175

这样的话，写我们的书有可能会多卖1 000本……结果是什么？10小时乘以1 000，即10 000小时，这比一年的时间还长，凯尔文。也许这个时间应该除以我们3个人，那样的话，我们仍然约有4个月的凯尔文生命时间，很值啊！

**菲拉菲克斯**：不是个好主意！

**泰修斯**：那该怎么办？

**凯尔文**：阅读此类哲学对话的书的潜在读者，会想仔细阅读我对一些女士露屁股的情节吗？我不这么认为。不管怎样。

**泰修斯**：我认为有一瞬间他在计算预期效用！

**凯尔文**：还有义务论中的边界约束。

**菲拉菲克斯**：还有正派体统。

**凯尔文**：确实如此。

**泰修斯**：你真的一点点都没有被诱惑吗？

**凯尔文**：没有。

**泰修斯**：但鉴于许多阅读体验都是阅读浪漫小说的体验，也许我们也是其中一员？为那些更有品位的女性读者写的？凯尔文，你不得为团队做点儿什么……制造一点儿小兴奋？你不做？哦，那好吧。对不起，读者们；我试过了！

**菲拉菲克斯**：但是，凯尔文，你提到的那个道德论点到底是什么？

**凯尔文**：嗯，这个论点无关紧要。我们已经确定，你在阅读书中的虚构人物时，并没有生成任何其他独立的意识体验。

**菲拉菲克斯**：好吧，但我仍然想听一听。

**凯尔文**：如果虚构人物在有人阅读他们的时候变成真实的，他们平均而言对世界的影响力就会小于那些一直真实存在的人，后者在长达七八十年的时间里持续发挥作用。也许有些虚构人物是有影响力的，但在大多数情况下，世界是由非虚构人物运转和塑造的。此外，对于每个有影响力的虚构人物，你可以说，这种影响力也由写他们的人——作者共享。此外，鉴于当前的道德规范，作者可以自由地创作违反道德规范的角色而不受良心谴责。就算向虚构人物推荐相关的行为道德，实际上也并不能明确地增加他们那样做的频率。如果某个虚构人物自由选择做道德正确的事情，这可能只会导致作者补偿性地创造一些更倾向于选择错误行为的人物，以便在小说中达到所需的邪恶程度。总的来说，这使我觉得我们的道德推理应该主要集中在我们不是虚构人物的可能性上，因为在这个假设下，我们因死亡动机而采取的行动会有最重大的后果。

**菲拉菲克斯**：嗯。

**泰修斯**：我认为也许缺少一种对小说写作的伦理要求。对于这种认为作者在创作任何类型的人物或对人物做任何他们想做的事情时，应该完全不受良心谴责的观点，我实际上不确定是对的……事实上，即使作者们所写的虚构人物在被阅读时没有意识，其也可能有其他属性，这些属性至少可以成为一些适度的道德地位的基础。

**菲拉菲克斯**：比如哪些属性？

**泰修斯**：有偏好。虚构人物可以有偏好，这些偏好与读者和作者的偏好并不一样。此外，虚构人物也可以有社交关系，比如与其他虚构人物的社交关系。随着时间的推移，他们可能会有某种作为主体的自我概念，有长期目标，他们当然还可以有因果能力，即使平均而言，他们的那些因果能力比非虚构人物的能力要小……现在我想起来，实际上开始在这个问题上说服自己了。

**菲拉菲克斯**：如果我们认为虚构人物有一定的道德地位，那么应该怎么做？

**泰修斯**：我还没有想清楚。也许在其他条件相同的情况下，我们应该写更多的喜剧和更少的悲剧。我有点儿喜欢许多故事以"从此他们幸福地生活在一起"来结尾。但也许怪物们也应该幸福地生活在一起。

**菲拉菲克斯**：这对我来说肯定行得通。我通常更喜欢读快乐的故事。但我也可能有不常见的品位。

**凯尔文**：要理解坏事是有价值的，这样我们就可以更有效地努力对抗它们。但总的来说，可能确实应该更倾向于积极的一面。这可能还有其他理由，但我们到地方了，所以，进去吧。

**菲拉菲克斯**：好吧。总结一下，你们已经确定了我们不是虚构人物，以及虚构人物应该受到某种程度的道德考虑。

**泰修斯**：是的。希望这两个结论里至少有一个是正确的！

\* \* \*

**凯尔文**：我们进去吗？

**泰修斯**：让无数的水分子等待是不礼貌的。

**菲拉菲克斯**：我会带上这些阅读资料。

# 狐狸费奥多尔的来信

## 第23封信

亲爱的帕斯特诺特叔叔：

感谢您在过去几个月里的宽容。我现在终于可以写信给您，向您汇报情况，因为我的工作取得了一定的进展。

您还记得我和皮格诺利乌斯陷入僵局的情况吗？在那之后，我做了一个不同寻常的梦，这让我觉得需要一些独处时间去处理事情。

于是我去了海边。他们也称这个水体为"海洋"，我被告知它很大，但除非你亲眼看到，否则你无法想象它到底有多大。事实上，它看起来是无限的，因为无论你多么努力地眺望，都看不到尽头，尽管没有任何东西阻挡你的视线。它从你的脚下开始，不断延伸，在你的视线中不断上升，直到与同样无限的天空相遇；它们在中间相遇，没有任何分界线或屏障，天地相连。我只能描述这些外部环境；对于我的内心状态，我无法用语言表达。

我在海边停留了一段时间。具体多长时间我不知道，但可能有几个星期。我开始有了一些想法，进行了一些思考。尽管还有一些鸿沟，但事情开始有了一些头绪。这些鸿沟很大，我不知道如何弥合它们。但我开始看到，如果能够弥合特定的三四个鸿沟，那么原则上就应该有前进的道路。于是，问题现在有了结构，我可以继续研究它。也许聪明的人甚至可以直接解决它。

那时，我准备回去。我越走越快。

我回到家时，就立即把想法告诉了皮格诺利乌斯。他非常感兴趣。我们讨论了这些鸿沟。我能感受到他的思维被挑战吸引。我们在交谈时，他就像在空气中闻到了一些我闻不到的微弱气味，然后就开始猎寻他的智力松露。而我在旅途中筋疲力尽，陷入了深深的睡眠。

当我醒来时已接近中午，太阳已经高挂在天空。我听到远处的树枝断开、叶子沙沙作响，皮格诺利乌斯在那里踱步。我悄悄溜走，独自享用了早午餐：一只干蟋蟀和一些玉米。在那天剩下的时间里，皮格诺利乌斯一直在工作，我决定不打扰他。

第二天也是如此。他显然在认真思考，有时在林间空地的尽头踱步，有时在泥池中斜躺，眼神中透着遥思。

第三天，他停下来，面带笑容走向我。他说："我想到了一条路。但你可能不喜欢。"

然后，他开始概述他的计划。

现在称它为计划并不比说希望它长着翅膀更准确。这种说法中可能有一些诗意的真理，但你不会想从大岩石悬崖上跳下来去测试它。

然而，这个"计划"是我们目前在执行的。我们希望创造一个可持续的社会盈余，因为只有有了额外的资源，才能确保每个人都有足够的食物，并有时间为共同利益做出贡献。想到一些理想的项目并不难，我们希望建立一个通信基础设施，一个医疗体系，希望有专业人员进行研究以改善健康和福祉、粮食生产，以及其他很多事情。如果我们能拥有这些东西，那么我们的生活质量将会提高，并且会随着时间的推移不断提高，我并不觉得它能达到的高度会有任何实际的限制。然而，我们没有花太多时间思考这些，因为问题的难点不在这里，难点在于并没有可持续的盈余。

我们观察到，如果每块土地上居住的动物数量减少，那么每张嘴能吃到的食物会更多，填饱肚子的时间会变少，盈余可能会产生。我们还观察到，如果我们不再相互争斗而是合作，就可以节省大量时间和精力。鹿可以安稳地吃草，不必时刻环顾四周以防止受到狼的袭击；鸟儿也不会再浪费精力为每一口食物争吵不休。

我们甚至可以想象捕食者和猎物之间的合作也能带来收益。目前，捕食者会吃掉一定数量的猎物，但如果猎物自愿献身，捕食者就不需要花费那么多精力去追捕猎物，也就不需要再吃那么多。（当然，从长远来看，如果每个人都能靠植物生存，那将是更理想的。）

帕斯特诺特叔叔，我仿佛看到你在摇头："这是乌托邦！这不是好的意义上的乌托邦，而是幻想的、胡言乱语意义上的乌托邦。"请听我说完。

我说如果我们都能合作，那么我们就可以有一个可持续的盈余；有了这个盈余，我们就可以改善我们的福祉，无论是在现在还是在长远的未来。但如何实现合作？这是让我们困惑了很久的问题。我们现在有了一些想法。

首先，想象我们已经在某种程度上达到了高度的合作，那剩下的挑战就在于如何让这种合作状态保持稳定。我们想到的一种方法是通过繁殖带来合作性。这样的话，如果有人作弊，他们将不被允许繁殖，而那些更乐于助人和合作的个体可以有更多的后代。由于我们假设我们已经达到了高度的合作，人们大多会遵守这一协议，如果有任何违约者，他们会自愿帮助强制执行。每一代人都会比上一代人更善于合作，因此这种安排有希望持续下去。当然，除了合作性之外，可能还有其他理想的特征可以选择，比如活力、智慧、吃草叶就能茁壮成长的能力等。

另一种选择是不监管繁殖，只监管其他与繁殖无关的行为。比如某动物偷了其他动物的食物，可能会受到惩罚，但这无助于控制动物总数。而且，我们认为这种方法不太稳定。任何暂时的监管系统中断都会把我们带回原始状态。然而，如果动物们已经被培养得具有合作性，那么这种特征不会立即消失，因此天性善良的动物可能会在种群重新出现未驯化祖先的流氓倾向之前建立合作的社会秩序。我们还考虑了其他一些因素，以支持我们改变本性而不仅仅是改变我们的行为，这里先不详细说明。

现在，我刚才说的方法的问题在于：它假设已经存在高度的合作，并且能够保持足够长的时间以带来所需的本性的变化。这需要多长时间？皮格诺利乌斯一直在研究一些数学模型，但我们没有足够的数据来做出好的估算。然而，我们的猜测是，我们应该会在几代人的时间内看到一些显著的效果。据观察，哪怕是刚出生不久，孩子在气质上一般而言也是与他们的父母更相似，这意味着维持合作的挑战应该在几代人后开始变得容易，尽管需要更长的时间才能完全解决问题。

我们还怀疑所需的时间取决于物种。那些起初更具社会性的物种可能需要的时间更少。一个有趣的问题是关于狼的。对于这个物种，我们了解不多。我从未见过狼，但据说虽然他们很大、很可怕，但彼此之间相处得很好。这让我想知道他们能否被驯化成有希望的候选者。显然，如果我们让一些狼加入，他们就可以在维持秩序和保护领土方面有很多贡献。但当我向皮格诺利乌斯建议"也许可以去伦德尔谷与一些据说在那一带活动的狼讨论一下，听取他们的意见"时，他完全不同意，他担心自己的"臀部会是这个情景中的第一个被采纳的部分"，并且"不确定他们是否会在乎我的建议"，他说"无意冒犯"，但是这个建议行不通。所以，我们把与狼协商的问题搁置了，但我仍然认为我们在某个时候需要找到一种方法将他们纳入我们的计划，否

第三章　　　181

则他们可能会成为一个大问题。

鸽子来取信了。其余的将在下一封信中继续解释。

对您感激至深的侄子<br>费奥多尔

# 第 24 封信

亲爱的帕斯特诺特叔叔：

上次信件突然中断，深感抱歉！我想赶快寄出它，因为距离上次给您写信已经很久了。

我很高兴向您报告：雷伊已经安全抵达！他确实有他的风采。我们听到灌木丛中传来沙沙声，然后他就出现了！尽管刚刚完成长途跋涉，但他双眼明亮，尾巴蓬松，毛发一丝不乱。他径直走到我面前说："费奥多尔，我家里有 5 个女朋友在等我，个个都快因为相思病而发疯。你最好是有重要的事找我！"

然后他仔细观察了我几秒钟，不知道在我脸上看到了什么，但开始严肃地对我说："兄弟，无论你需要我做什么，我都会去做。"

真是好样的！我知道他小时候不好养，叔叔，但即使小时候的他带来了很多麻烦，我还是为能和他同窝而感到自豪。我希望有一天我们能弥补你。

好了，我在上一封信中提到了我们的计划；让我从我停下的地方继续。请记住，我们有一个想法在理论上是可行的，即将这个世界，或者至少是这片森林，从一个充满痛苦和迫切需求的无政府状态变成一个合作性的公民结构，这个结构有足够的剩余能力去实施不同的项目，以改善所有人的福利。考虑到要面对的是与生俱来的野蛮和多疑，我们认为需要实施一个好几代的养育计划，加上一些警务和防御机构，才能实现这种转变。

现在我们面临的问题是，就我们这几个理想主义者（最初只有皮格诺利乌斯、雷伊和我）如何有希望实施一个规模和持续时间都符合要求的计划？如果一年的收成不好，那么我们自己都只是勉强能活下来。而如果我们启动了这个计划，在我们离开后，它怎样才能维持下去？就算随着时间的推移，事情变得更容易，它也需要有一个初始的动能来持续至少几代人的时间。

这就是蘑菇的作用所在。皮格诺利乌斯猜我可能不喜欢这个计划，但我没有更好的办法。

如你所知，有一种蘑菇不能吃，因为有毒。偶尔会有动物不听劝，咬上一口。据说这种蘑菇会让你产生心理效应，引发利他主义的心态，即"一种自我意识的膨胀，包括对他人福祉的关心"，这种状态据说令人非常愉快。然而，这种愉快的享受很快就会被剧烈的胃痉挛打断。我从未听说有谁吃这种蘑菇超过了一次。

我们正在考虑培育这种蘑菇，看看能否使其毒性减少而致幻作用增强。蘑菇生长得很快，因此我们可以在相对较短的时间内进行许多代的选择。

我们希望它能按照以下方法奏效。如果我们能开发出无毒的品种，其保留了原品种的愉悦和移情特性（最好是增强式的），那么我们可以将这种蘑菇或蘑菇的某种提取物免费提供给森林中的所有动物。许多人会因它的欣快效力而选择使用它，而且服用它后，人们会因为它的移情作用而变得更具利他主义，会愿意为共同利益做出某些努力和牺牲，包括协助实施使我们更乐于合作的长期养育计划，并防止人们对真菌化合物产生抗药性。他们还会愿意支持蘑菇栽培项目，这个项目比较简单，因为这种蘑菇非常强大，小小的花园就能满足整个森林所需。

因此，我们相信，我们已经找到了一种方法，可以原则上通过小规模的初始投资实现世界的巨大永久改进。这是多么梦寐以求的事啊！

初始投资的问题仍然存在。我们打算自己解决，用我们自己的劳动和那微薄的盈余。但我们担心这可能还不够。我们并不确定需要多长时间才能培育出足够有效的蘑菇，也许几年，也许10年？我们需要收集尽可能多的蘑菇样品，以获得一个多样化的试验种群，并需要准备一个地方来种植它们，让它们保持湿润，免受霉菌和蛆虫的侵害。

我们还需要招募志愿者来试吃少量的蘑菇，以便我们记录实验结果并筛选最佳样品进一步进行培育繁殖。皮格诺利乌斯真是个天才，是他想出了这个计划！他还投入了惊人的努力来实施它，他真的很擅长依靠嗅觉找到蘑菇，但我们需要更多的样品。

与此同时，我一直在努力用爪子刨出一个带灌溉系统的育苗床。可惜我不擅长这类工作，结果也确实是这样的。但自雷伊到来后，项目进展有所加快。他在所有需要他的地方全力以赴，对整个项目负责。他有一种激励人的奇妙的能力，可以说，他的特殊能力就是他的魅力。例如，他居然说服了一只河狸来无偿地帮我们建造育苗床。真不知道他是怎么做到的？！

但我必须得说，河狸真是了不起的生物：在这家伙加入后，它大概一小时内完成的任务，就相当于我前一周所有的工作量！

哦，我还有一个好消息：雷伊和我比较了我们旅行的笔记，我们确定这里和你住的地方之间有一条更短的路线，可能只有七八天的路程。这意味着，如果我们正确地启动了培育计划，事情进入稳定期，那么在今年夏天结束之前，我就能去拜访您。见到您我会很高兴！也许我们可以去那个曾经长满草莓的山坡上看看它们是否还在。

对您感激不尽的侄子<br>费奥多尔

第四章

# 星期四

## 间隙可能性

**凯尔文**：嘿，泰修斯。我们帮你占了个位置。

**泰修斯**：谢谢。看来来听讲座的人越来越多了。我在那边就听到了你们的对话，你们还在讨论虚构人物吗？

**凯尔文**：我觉得菲拉菲克斯还不完全相信她自己不是一个虚构人物。

**菲拉菲克斯**：我只是观察到有些角色是基于真实人物的，我还问凯尔文，这是否意味着这些虚构人物可以从他们在现实世界里的对应物那里借鉴一些现实。

**泰修斯**：在某种程度上，所有的虚构人物都是基于真实人物的。

**菲拉菲克斯**：怎么说？

**泰修斯**：作者是怎么构思角色的？一种方法是拼凑他们自己经验的碎片——他们经历过或目睹过的各种人物个性和场景记忆。另一种方法是，他们在人类心理的直觉模型中创造角色，但是构建这个模型的训练数据仍然来自他们与真实人物互动的经验。一些作者可能也会通过他们在其他书中读到的片段构思他们的角色，但这只是将角色的来源往后推了一步。无论哪种方式，所有这些都是以对真实人物的观察以及对这些观察的组合和推断为基础的。

**菲拉菲克斯**：我明白了。那么这也许与博斯特罗姆发的讲义上的内容有关，即插值是体验机中生成社会互动的一种方式？但我想知道——哦，他要开始讲课了。

# 可塑性

欢迎回来！也向所有今天到场的新面孔致以问候！

昨天我们展开分析了涉及分类学的一些内容，让我先把这个部分完成。我们需要讲快一点儿，因为后面还有很多内容要讲。

你们是否还记得，我们在前面的讲座里介绍了治理和文化乌托邦、后稀缺乌托邦及后工作乌托邦。我们可以看到，接近技术成熟时所面临的深层冗余问题，远比后工作乌托邦时代标准经济所隐含的困难大得多。因为在这种情况下，不仅人类的经济劳动变得多余，其他形式的人类努力也会如此，比如我们讨论的购物、锻炼、学习和育儿这几个案例（育儿有一些例外）。这种分析可以扩展到许多其他的人类活动领域，并得到类似结果。

这将把我们带到哪里？

这将带我们进入一种状态，在这种状态下，所有为实现某些目的的人类努力都是不必要的。换句话说，这将引导我们进入一个后工具性时代。

现在我想指出，技术成熟除了使人类努力变得不再必要之外，还有另一个重要结果。一个技术成熟的世界是可塑的。它具有实现任何偏好配置的便利性。

假设我们有一些基本的物质资源，比如一个充满各种原子的房间和一些能量来源。我们也有一些组织和使用这些资源的偏好，比如希望房间里的原子排列成桌子、电脑、壁炉和一只拉布拉多犬。在一个完全可塑的世界里，我们可以简单地说出一个命令，用自然语言就能表达愿望，然后，叮叮当……你看，房间里的内容就会迅速地自动重新组织成所偏好的配置。也许你需要等待20分钟，也许有一些废热散出来，但当你打开房门时，一切都按你所希望的那样配置好了，甚至桌上的一个花瓶里还插着新鲜郁金香，这是你没有明确要求但隐含在请求中的。

# 自我变革能力

可塑性的一个重要特例是你拥有以任何方式修改自己的能力。在我早期的一篇作品中，我将这种能力称为自我变革能力。[1] 一个拥有自我变革能力的存在体能够完全掌控自己，包括内部状态。它拥有必要的技术和使用技术的诀窍，能够根据自己的意愿（无论是在身体上还是在心理上）重新配置自身。因此，一个拥有自我变革能力的人可以轻松地重新设计自己，可以让自己感到即时且持续的快乐，或者对集邮产生浓厚的兴趣，甚至变成狮子的形态。

这些概念（可塑性和自我变革能力）也存在一些边界情况，尽管我接受过系统的学术训练，也不会在此试图详细分析这些边界，因为它们与当前的探讨无关。这项任务将留待未来的解释者（解释器）来完成。

**泰修斯**（低声说）：你之前提的蔡廷常数的例子可以指向一个边界情况，对吧？即使这种排列本身在物理上是可能的，你的神经元也无法记录前 1 000 位数字。那么我们是否可以说，一个存在体可以是一个完美的自我变革体，但无须具备实现这种特定局部配置的实际能力；还是说没有任何世俗的存在可以完美地拥有自我变革能力？

**凯尔文**（低声说）：是的。

**泰修斯**：或者也许从某种意义上说，那种配置在物理上是不可能的，或者在历时性上是不可行的？

# 主体复杂性与运气

可塑性状态并不意味着每个人都拥有对局部环境和自身的无限控制力。这在有多个主体存在的环境中是不可能的，因为其有时会有相互冲突的偏好。可塑性意味着对自然的控制力，它只在没有其他有权力的主体反对时，才转化为不受限制的实现能力，在局部环境中实现任何物理上可能的结果。

当多个主体同时存在于一个世界时，由于其目标有时相互对立，普遍增加的可塑性并不必然使任何人受益。技术的进步可能会使我们所有人的境况变得更差，比如，使得制造事端变得更容易、影响范围也更大。[2]

即使没有冲突或恶意，权力的增加也不必然有利。权力可能被滥用。我认为，如果我们要定义一个接近于必然有益的文明属性组合，那么它至少需要包含3个特性：对自然的控制，与同胞的合作以及智慧。[3]

即便如此，那也不会是必然有益的。即便有了极大的智慧和广泛的合作，如果我们运气不好，技术进步仍可能是有害的。事前，我们可能会看好一个值得冒险的机会，并明智地采取行动；事后，却发现这是个错误。

依据我们在智慧概念中加入的道德内容，即使有智慧和合作，事情也可能因为人们足够邪恶而变得糟糕：他们可能会成功地合作，以实现某个邪恶的目标。

第三种更微妙的方式是，即使拥有最大化的技术、智慧和合作，有些重要的价值本身就需要对能力进行限制，例如，如果我们生活的意义被可塑性状态严重削弱。但这是后话。

## 希望的轨迹

尽管如此，一个技术上最为先进、最具合作精神和智慧的社会，似乎很可能会非常美好，要么已经是乌托邦，要么正在快速走向乌托邦，前提是它没有遭受外部威胁。

我们可以这样理解：这3个属性定义了一个三维空间，最佳的乌托邦位于这个空间的最上面的角落，在那里，这3个属性都完全实现了。我们当前在这个空间中，大概处于中间位置。不过，如果我们用某种绝对尺度来衡量，就应该认为自己更接近原点，而不是接近乌托邦的极限。

需要注意的是，这个空间在优点方面不是凸的。我的意思是，从我们目前的位置不断接近乌托邦，并不一定会使事情变得更好。例如，有些先进的技术能力只有在世界达到足够的合作、以避免该能力用于战争和压迫时才是有益的。同样，有些先进的合作能力可能只有在那些超过某个最低的智慧门槛的社会中才是有益的，否则，其结果可能只是加强某些现有的偏见或误解，并永久固化一个有缺陷的现状。

另一个需要注意的是，通向最大福利、最快收益的路径可能与通向乌托邦的最快、最稳妥的路径不同。也就是说，最快的改善路径可能仅通向一个局部最优。当这种情况发生时，从绝对尺度上看，像我们这样相对原始的人类的利益与未来乌托邦人类的利益之间可能存在冲突，而在未来，后者的出现可能需要现在的我们做出某些牺牲。

总体上，人们似乎不愿意为后代做出太多牺牲。但我们或许可以希望：（a）创造乌托邦很容易，或者（b）出于各种其他原因，通向乌托邦的步骤与人们愿意采取的步骤一致，或者（c）我们已经在乌托邦，或者（d）我们得到外部帮助，或者（e）我们找到某种方法来汇集和积累我们意愿中对乌托邦的热爱。这些意愿尽管单独来看很弱，但也许通过合适的机制，可以在人与人之间、时间的推移中建设性地结合，超越当前的短视、自私和偏听偏见的欲望，从而对我们的共同未来产生更大的影响。

假设每个热爱乌托邦且不投机取巧的人都在一个大罐子里放一粒小金子，最终罐子装满了，乌托邦的创造资金也就筹集完成了。

如果不是因为某些问题的话，或许这一切早已发生了。其中的一个问题是，随着罐子里的金子开始增加，它就变成了抢劫者眼中的诱人的战利品。例如，我们可以想到宗教改革期间欧洲大部分地区的世俗当局对教会土地的没收,以及20世纪20年代土耳其阿塔图尔克政府对伊斯兰教公产(瓦克夫)的没收和重新分配。我们也可以思考有多少慈善基金的用途被颠覆,被用在与其最初捐赠者的意图完全不同的目的上。

但是,长期主义者也可能在没有外部侵夺者或渗透者的情况下自我毁灭。例如,他们可能会根据不同的优先事项将自己分成派系,并将积累的资源用于相互斗争。那句谚语说:有志者事竟成……可是,我们有那么多的意愿和那么多的方法。

由于冲突和管理不善可能破坏原本有利的局面,许多类似的治理和合作问题在技术成熟时仍然存在,尽管在技术成熟的情况下,它们的存在形式可能与在传统的治理和文化乌托邦情况下的有所不同。

## 分类学

因此,乌托邦并没有形成一种严格的"层级"体系。一种乌托邦可能在某一维度上更为激进,而另一种则在另一维度上更为激进。它们依赖于不同的假设集合,关注不同的问题。

为了方便起见,我总结了我介绍的不同类型乌托邦的简要特征。我要出去买一杯咖啡,留给你们几分钟时间来研究这些内容。

---

### 讲义12 乌托邦的分类

**1.治理和文化乌托邦**

乌托邦的传统类型,也可以(乐观地)称为"后暴政"乌托邦;有理想化的法律和习俗;社会组织良好。这种乌托邦就定义而言不一定意味着无聊和窒息,但这些是常见的失败模式。另一种常见的失败模式源于对人性的错误看法,或者在经济学或政治学上犯下重大错误。另一个典型缺陷是未能认识到某些被压迫群体(如动物)的道德主体性和需求。治理和文化乌托邦的形式很多样,有女权主义、科学/技术、生态、宗教等。(最近还有加密货币?)

## 2. 后稀缺乌托邦

拥有丰富的物质商品和服务,如食物、电子产品、交通、住房、学校和医院等,每个人都几乎拥有一切(但位置性商品是重要的例外)。在不同程度上,许多治理和文化乌托邦也是后稀缺的。实际上,如果仅关注地球上的人类,若以靠狩猎采集生存的祖先为基准进行比较的话,我们大概已经实现这个目标的 2/3 了?

## 3. 后工作乌托邦

完全自动化。这意味着不再需要人类的经济劳动,但人们对这种状况的设想通常半信半疑,依然假设在文化生产方面需要人类劳动。后稀缺乌托邦中虽然有丰裕的物质财富,但生产这些财富可能依然需要工作。而在后工作乌托邦中,几乎没有人类工作,其原因可能是自动化机器让我们轻松地拥有了幸福的生活,或者是人们选择过着节俭但最闲暇的生活。由于收入与闲暇之间的权衡,目前我们还不清楚在后工作状态上走了多远。有些人也可能会找到某种方式,在几乎不工作的情况下,至少将生活维持在我们祖先狩猎采集时的水平,尽管这可能需要在社会地位或社区参与上做出重大牺牲。而在投资中赚得百万身家的人虽然可以负担得起更多物质福利,但他们仍然继续工作,主要是为了社会奖励。

## 4. 后工具性乌托邦

人类努力不再有任何工具性需求。这个假设比后工作状态更进一步,意味着人类甚至不需要任何非经济工作的工具性需求,例如,不需要锻炼就能保持健康,不需要学习就可以获得知识,不需要主动选择就能获得你喜欢的食物、住所、音乐和衣服。这是比前 3 种乌托邦更为激进的概念,一般探讨得较少。[4]

### 5. 可塑乌托邦

任何偏好性的局部配置都可以毫不费力地实现，除非受到其他主体的阻碍。自我变革能力是这种乌托邦的一个特例，即个体能够根据自己的意愿重塑自己的能力。这超越了后工具性乌托邦，因为可塑乌托邦仅意味着任何可实现的目标都可以轻松实现，但可实现的目标未必会随之扩展。在可塑状态中，技术上的可能就意味着物理上的可能（至少在局部）。可塑乌托邦的一个重要后果是，它可能导致一种变形的人类（一种被技术进步深刻改变的存在）出现。可塑乌托邦在神学背景和某些科幻作品中有所探讨，但总体上，目前的研究较少。[5]

---

**泰修斯**：继续向前，走向一个可塑乌托邦！

**学生**：听起来有点儿廉价。

**泰修斯**：有点儿像芭比？

**菲拉菲克斯**：嗯，那也不算太糟糕！

**凯尔文**："可塑性"的廉价感其实是一个有用的暗示。在那样的状态下，许多东西可能确实既便宜又贬值了。

**学生**：但这听上去并不鼓舞人心。

**泰修斯**：如果你是个消费者，廉价通常是好事。

**菲拉菲克斯**：我喜欢"变形"这个词。这是"超人类"或"后人类"的新词吗？

**凯尔文**：那些术语指的是具有技术增强能力的存在。讲义中说，变形指的是被技术进步"深刻改变"。这种深刻改变不仅意味着可以被增强，也意味着可以被削弱，所以这是一个更广泛的类别。

**博斯特罗姆**：我喝完咖啡提神了。现在我们继续往下讲！

---

每种乌托邦类别都有相应的反乌托邦类别。它们关注同类型的问题，但往往通过描绘负面情况来向我们展示失败的样子。它们通常不

是对未来的预测，而是对作者所生活的社会中某些有害模式的批判。例如，在经典的治理和文化反乌托邦中，被批判的问题可能是压迫性极权主义（《一九八四》）或非人性化的消费主义（《美丽新世界》）。在后稀缺反乌托邦中，问题可能是人际疏离或社会隔绝。在后工作反乌托邦中，问题可能是乏味和懒惰。在后工具性或可塑反乌托邦中，问题可能是意义的缺失，或者觉得世界变得无趣、武断和脱节。

反乌托邦通常有更好的故事背景，因为至少它们不缺少问题。（对作家的建议通常就是"故事情节需要制造冲突"。）反乌托邦本身就是一个可以与之斗争的大问题，但这仅适用于前3种反乌托邦。后工具性和可塑性给所有讲故事的尝试带来了困难，无论故事背景是正面的还是负面的。这是因为戏剧性行为的前提条件被削弱了，而对角色和环境的真实描绘会让它们变得令人难以理解且无法产生共鸣。

## 冗余问题

肯定有人想知道，在技术成熟时能否过上好生活？在一个完全可塑的世界里，人类的努力和行动还有什么用处？如果没有目的，那么人类的生活是否还有价值？在这样的条件下，有没有一些生命会极端地退化，甚至退化到不能被称为人类，或者不适合有灵魂和精神的主体存在的地步？

目的问题威胁着所有后工具性乌托邦的愿景，让原本光明的前景被笼罩在阴影之中。

在昨天讲座的结尾，我提出了一个多层次的应对方法，其由连续的防御环组成，用于抵制"技术成熟时的生活不可能很好"这一类言论。如你所记得的，那5道防线是，享乐效价、体验质地、自成目的的活动、人工目的和社会文化纠缠。

我认为，如果把这5个因素结合在一起去考虑，那么目的问题就变得没有那么不可容忍。换句话说，在有可能的未来，人们实现了技术成熟，而成熟技术的可取性不会因人类目的性削弱而受到很大损害，其可取性就算是在极端的自动化条件下也是如此。

然而，在技术成熟时，目的性并不是唯一受到质疑的规范性概念。当世界变成广袤开放的大草原，变得越来越顺从于我们的意愿时，几个相关的价值观也暴露在攻击之下，例如，我们可能想知道，在可塑性的条件下：

- 乌托邦生活能否有趣？
- 乌托邦生活能否充实？
- 乌托邦生活能否有意义？

因此，与其仅仅关注目的问题，不如采用一个更广泛的框架来应对我们面临的挑战。

## 冗余问题

在技术进步的极限下，创建一个几乎完美可塑的世界变得越来越可行（一个顺应我们心意且不需要我们付出劳动的世界）。如何构想一个乌托邦，使得目的、有趣、丰富、充实和意义等价值观不会因此而严重削弱，以至于大大降低乌托邦结果状态的可取性（也不牺牲不可接受数量的其他价值）？[6]

让我们来探索一下这个问题。现在，我们遇到一些在哲学上纠缠不清的问题，接下来的讨论将更多是探索而非阐述。我们正在穿越的是一片在很大程度上尚未被绘制和驯服的领地。因此，尽管前面相对顺利的旅程把我们带到了目前的位置，但在继续前行时，我们也许会遇到特别棘手的情况或上坡路段，可能需要下马，慢慢地艰难行进。我们如果陷入困境，可能还需要你们的帮助。

那些不是为了修学分而上这门课的学生，可以选择小睡一会儿，我们可以在讲座结束后叫醒你们。（顺便说一下，如果有这种选择，我想知道有多少人会更愿意以这种方式度过他们现阶段的生活？）

但剩下的那些选择推迟睡眠的人，无论是为了学分，还是为了某种更高的追求（或者因为我们实际上不介意乐趣中有一点儿压力和困难），让我们继续。

让我们从有趣性这一价值开始。我们将详细讨论这一点，并在讨论中获得一些想法和策略，稍后将其用于与其他价值概念的对抗中，以便可以更快地解决那些问题；但在这一初始阶段，我们需要有点儿耐心。

## 生活在完美世界中会不会很无聊？

许多陈词滥调让我们知道，试图通过在这个世界上实现完美条件来寻求幸福是徒劳的，要么是因为完美无法实现，要么是因为即使我们实现了完美，它也不会带给我们幸福。既然我们开讲座的前提是考虑在一个技术和经济发达、社会运行良好的世界中实现了完美会发生什么，那么这里的相关替代方案是第二种：即使我们实现了完美，它也不会带给我们幸福。[7]或许，生活在一个完美的世界中会很无聊？

根据佛教思想，即使我们有幸生活在最优渥的物质条件下——拥有健康、财富、青春、声誉等，我们也注定会感到不满足。在这种观点下，我们体验到不满足感的根本原因是我们允许欲望和执着在我们的存在中发挥作用。而逃避痛苦的唯一方法是根除关于自我和现实本质的基本幻觉。我们必须停止认同自己的欲望，摆脱通过自我扭曲的镜头看世界的习惯：只有这样，我们才能看到并接受事物的本来面目；只有这样，我们才能从痛苦中解脱，获得内心的平静。

类似地，19世纪伟大的德国悲观主义者阿图尔·叔本华受到了吠陀传统（特别是《奥义书》）的启发。他的哲学核心是一个基本困境，即我们处在一个两难境地，在欲望得不到满足时就会痛苦，在欲望完全满足时就会无聊：

最一般的观察表明，痛苦和无聊是人类幸福的两个敌人。我们可以进一步说，当我们幸运地远离一个敌人时，也就在接近另一个敌人。……因此，下层阶级在不断与需求做斗争，也就是与痛苦做斗争；而上层阶级则不断且常常绝望地与无聊做斗争。[8]

因此，按照叔本华的说法，"生活像钟摆一样在痛苦和无聊之间来回摆动"[9]。如果我们将我们的主题套用到这个模型上，那么我们在进入后工具性时代时，将对应于叔本华隐喻中的"无聊"极点。令人担忧的是，我们会一直向无聊方向摆动并卡在那里。

## 主观感受与客观条件

此刻，我们必须注意，不要将两种完全不同的无聊概念混为一谈。我们必须区分无聊（一种主观的精神状态）与无聊性（对某人、某事、某情境或某活动的客观评价）。这两个概念在我们对乌托邦的思考中有非常不同的含义。

* * *

首先考虑无聊的主观概念。在这个意义上，无聊表示一种负面情绪状态。粗略地说，它指的是一种不愉快的、焦躁的疲倦感，或一种压抑的缺乏兴趣感，使人们难以持续关注某项活动、景象或任务。[10]这个意义上的无聊在技术成熟时是完全可以避免的。愉悦、迷恋以及其他排除无聊的心理状态（显然）是一个繁荣的技术成熟的文明可以做到的，也是自我变革能力的直接应用。

事实上，通过神经技术手段（如基因工程、脑部刺激、药物或纳米医学），适当设计或修改数字心智，就可以大量地、高度地排除无聊的心理状态。因此，无聊远非技术完美的必然结果，主观体验上的无聊在技术成熟时可以被完全消除。

* * *

现在考虑无聊性的客观评价。[11] 我们可能会说一本书或一个聚会很无聊，这并不意味着会有任何人感到无聊，而是指该对象具有的各种属性被总结和表达为"无聊"。尽管难以对这种无聊性属性做出精确的描述，但我们可以认为它涉及诸如新颖性、相关性、重要性和有价值的挑战的缺失。一个技术成熟的文明能否避免这种无聊性属性？这是一个比能否避免主观无聊感更难、更微妙的问题。我们稍后会进一步探讨这个问题。

* * *

尽管无聊（主观感受）和无聊性（客观属性）是不同的概念，但两者之间有重要的联系。

**工具性联系**。我们感到无聊的能力让我们远离那些具有无聊性属性的情况或事物。如果我们认为身处客观无聊的情况下是不好的，那么我们主观感受无聊的能力就被赋予了某种工具性价值。

**规范性联系**。我们也可能认为，对于某些情境或目标，出于基本的规范性原因而非工具性原因，我们就会感到无聊。

我们稍后会回到这种"适合反应"观点，但首先让我们谈谈工具性联系。

## 从不感到无聊？

在技术成熟时，我们将有办法消除体验无聊的能力，但人们担心这样做可能会带来不良后果，因为无聊在推动我们远离无聊性条件方面还是有用的。如果我们认为处于客观无聊性状态是不好的，那么感受主观无聊的能力就具有某种工具性价值。

确实，无聊像所有常见的情绪一样，在我们的心理方面起着重要的功能性作用。无聊让我们停止那些无回报的重复行为，激励我们寻找更有成效的方式和情境，并把我们的时间和精力投入其中。如果消除了这种无聊情绪，我们就会更容易陷入僵局。

这里我举一个在小范围内的、有情境性的无聊的例子：我们早早地离开无聊的聚会，因为它让我们感到无聊。这里的好处是，我们如果没有感到无聊，就可能会浪费一晚上的时间。

在更大的范围内，有一种叫作厌倦或存在性无聊的情绪。这种情绪意味着我们在浪费生命，它让我们几乎本能地体验到一种意义上的空虚，当我们未能献身于某个对我们足够重要的人或事时，或者当我们开始怀疑自己正走向死胡同时，我们就会有这种空虚感。在有利的情况下，这种倦怠感会促使我们重新思考优先事项，放弃一条贫瘠的生活道路，开始寻找一个更真实的使命。

* * *

你也许会认为，如果乌托邦人消除了感到无聊的能力，就会对最单调的事情感到满意，比如，看着油漆变干；除了不定期地重新刷一遍油漆，他们不会费心去做任何更有趣的事，未来情境就是一群人盯着刚刷完漆的墙壁。这种未来虽然没有了无聊感，却充满了无聊性。相比于我们可能想象的其他可能性，这样的未来似乎充斥着巨大的失望。

但这个推断显得过于草率。

一个原因是，即使乌托邦人对无聊免疫，他们也可能通过其他的价值和关注点去引导自己创造一个比看油漆干更有趣的未来。害怕感到无聊并不是人们选择复杂性、原创性、戏剧性、项目和冒险，以及其他对抗无聊性特质的唯一可能的原因。例如，即使乌托邦人知道他们看油漆干时能感到非常满足，也可能因为对美的热爱而创造更美丽的结果；也可能出于与他人联系的积极愿望，选择一个有更加紧密联系的未来；还可能因为对学习的热情而选择一个信息丰富的未来。一个美丽的、社交活跃和信息丰富的未来可能也伴随着有趣，即使他们不以这个目标为导向。

我们从观察中可以获得一些支持这一假设的证据，即无聊不是拥有有趣生活的必要条件。我认识一些人，他们似乎很少感到无聊，但他们的生活比大多数人更有趣。我想起了我的一个同事。这个人对一切都感兴趣，除了运动。在认识他的近30年里，我从未察觉到他有丝毫的感到无聊的迹象。

这些人的活力来源并不是他们特别痛苦地处于无聊的情境中。相反（在我看来），其原因是他们比正常人更多地享受学习和创造，并且有强烈的动力和能量去这样做。如果这些积极的特质得以扩散，那么即使人类的无聊倾向大大减少，世界也可能变得更加有趣。

## 情感假肢

乌托邦人可以摆脱无聊感却不会陷入无聊未来的第二个原因是，他们可以将无聊倾向输出到某种外部机制——一种无聊假肢。

想象有这样的一个人，他的构造使他能年复一年地观看同一集情景喜剧，因为他完全没有体验无聊的能力。现在，假设我们把这个人的屏幕连接到他邻居的设备上，使两个设备上总是显示相同的内容，而这些内容是由有无聊倾向的邻居选择的。在其他条件不变的情况下，这两个人的观看体验在客观无聊性方面似乎是相同的。当然，能担当选择功能的不一定是另一个人，我们可以使用一种无生命的机制来完成这项工作。

仔细一想，我们可以把今天的流媒体服务和推荐系统看作（非常原始且有些不对劲的）无聊假肢。在理想情况下，它们让我们无限地消费个性化的内容流，中间还适时穿插着广告，从而给我们推送各种商品。该机制不断选择新的内容以预防无聊，并让我们保持"参与"。问题在于，虽然这些商业系统在避免主观无聊方面可能有效，但通常不是为了避免客观无聊而设计的。相反，这些商业系统通常是通过让人们沉迷于永无止境的客观上无趣的刺激、愤怒和分心来实现在供应商的目标函数上的最佳表现，而这些对我们的灵魂而言，并不比一个钢制诱饵对鲑鱼而言好多少。但这个问题是当代商业诱因的一个偶然事实。从原则上讲，这类系统可以被设计成能最大限度地实现具有教化意义的目标的系统。

无聊假肢的概念可以推广为：通过将其功能元素输出到外部机制来避免不愉快心理状态的更普遍计划。[12]

例如，痛苦可以作为身体受伤的警告信号。有些人天生无法感受到痛苦，这是一个危险的状况。有先天性痛觉缺失的人可能会在骨折时依然走动或把手伸入沸水中。他们常常面临过大的风险，因未能保护自己的身体而早逝。

所以，如果想消除痛苦，我们就需要找到应对这个问题的方法。幸运的是，我们可以想到几种可能的解决方案。

一种方案是设计一个即使对感知能力减弱或缺失的人来说也安全的环境。此外，改进的医学可以修复或再生受损的组织和关节，从而使频繁的伤害不再成为问题。

而另一种方案是创建一个机制，使其发挥与痛苦相同的功能而不会产生痛苦。想象有这样一种"外皮"：一层薄到我们感觉不到或看不到的纳米技术传感器，能监测我们的皮肤表面是否存在有害刺激。如果我们把手放在烧红的铁板上，一个鲜红的警告信号就会在我们的视觉范围内闪现，我们会听到一个响亮的警告声。同时，该机制能收缩我们的肌肉纤维，使我们的手撤回，并给我们时间去考虑下一步的动作。这个机制的另一个部分可能会监控内部组织和器官，并标记任何需要补救的状况。

这样的外皮在原理上与常见设备（如一氧化碳探测器、可穿戴剂量计、连续血糖监测仪）并没有太大区别。虽然为生物体配备一整套人工传感器以监测有害暴露的概念听起来有点儿蒸汽朋克①，但随着先进纳米技术的发展，这一机制和系统可以彻底实现。当然，如果我们完全数字化，就可以更优雅地完成许多事情。

同样的处理方法，不仅可以帮助我们摆脱无聊和痛苦，还可以帮助我们消除在其他功能上有用但本质上不受欢迎的心理动态。

## 篡改人性

在这里插入一条关于改变人性的警告，可能是个好时机。

从原则上讲，我们可以通过修改和重新设计情感能力创造出改善我们存在的巨大机会。实际上，如果我们在缺乏更成熟的洞察力和智慧的情况下轻率地走上这条路，那么很可能会把自己搞得一团糟。[13]

这一警告特别适用于那些对我们的情感或意志的修改，因为影响我们欲望的修改很容易变成永久的。这并不是说我们没有能力改变它们（随着技术的不断进步，回到早先的变化应该是完全可行的），而是因为我们可能不想改变它们。（如果你把自己的欲望改为只想要最大数量的回形针，就不会想把自己变回一个想要其他东西的存在，除非在某些非常特殊的情况下，你预测会有更多的回形针因此而存在。）因此，这种意志的改变，即使不是不可逆的，实际上也可能永远不会被逆转。

在这一领域保持谨慎的另一个原因是，我们的情感（即便是那些我们认为的"负面"的情感，如无聊和痛苦，还有愤怒、仇恨、嫉妒、悲伤、恐惧等）在我们的心理生活中扮演着许多相当微妙的角色。它们相互作用，以复杂且尚未完全被理解的方式塑造我们的个性

---

① 蒸汽朋克是一种以19世纪蒸汽时代为背景的艺术美学，大量运用了钢铁、机械、蒸汽机等核心元素，结合了英国维多利亚时代和日本大正时代的美学特点，还加上了天马行空的魔法与想象力。——译者注

和行为。目前，我们可能有资格在某些地方进行一些适度的调整，并修复一些明显的缺陷。但任何全面重新设计的尝试，尤其是如果采用相对新颖的工具（如药物遗传学）而不是精神模式，都会带来相当高的风险，会使我们变得更糟糕而不是更好。请参阅讲义13，以获取示例说明。

### 讲义13 头戴荆冠的耶稣画像

西班牙艺术家埃利亚斯·加西亚·马丁内斯在博尔哈的圣米赛尔迪亚教堂创作的壁画《头戴荆冠的耶稣画像》，在2012年修复失败前后的对比，从不完美的好到完美的坏。然而，具有讽刺意味的是，它在毁坏的状态下，可能比原来的状态给人带来了更多的欢乐。

图片来源：博尔哈研究中心。[14]

好消息是，在技术成熟时，我们将能够获得具备超级智慧和超级能力的人工智能顾问和助手，这将极大地改善我们尝试改造乌托邦心智的前景。

不过，这门课程的重点不在于实际操作，所以让我们回到"生活在完美世界中会不会很无聊"的问题。但我觉得上面这个警告应该在此提一下。

## 适当反应的观点

让我们简要回顾一下。我首先断言，在乌托邦中消除主观无聊感在技术上是可行的。然后，我指出的一个担忧是，如果消除了感到无聊的能力，我们就会失去一种重要的保护机制，因为这种感到无聊的能力可以帮助我们防止未来变得客观上无聊。针对此担忧，我指出：（a）除了避免无聊感之外，我们还有其他让我们创造一个有趣未来的动机；（b）我们可以构建替代机制——无聊假肢，从而引导我们走向有趣的选项和体验。这种将我们的负面情绪向某种外部过程或设备输出的策略，也可以消除痛苦和许多其他不受欢迎的情绪的工具性需求，这些感觉是我们目前行为的指南和护栏。

现在，我想提出另一个关于消除无聊的担忧。这种担忧是规范性的，而不是工具性的。（尽管我在这里以无聊为例进行讨论，但值得记住的是，如果我们试图消除其他负面情绪，类似的担忧也可能会出现；因此，接下来的许多观点具有更普遍的适用性。）

我们来分析这样一种担忧，即使所有主观无聊的工具性功能都可以被某种巧妙的技术替代，这也不意味着消除我们的无聊倾向会对他人无害，因为无聊和无聊性之间可能存在一种规范性的关系。有人可能会说，感到无聊是对处于无聊状态的适当和规范性的反应。如果是这样，当我们处于这种无聊状态中而没有这种反应时，这本身就可能是坏的。（此外，客观上无聊的条件也可能被认为是本质上不好的，与我们对它们的反应无关。我们稍后会回到这个问题。）

大家都跟得上我的讲解吗？

**学生**：你能举个例子吗？

**博斯特罗姆**：当然可以。这一点可以用以下例子来说明：假如你在一个无聊的晚宴上，那么感到无聊是适当的。如果你觉得这样的活动非常有趣和刺激，那么这在规范上是不合适的。只有书呆子才会那样觉得，而你不想成为书呆子！因此，一个人所处的客观情况和对此情况做出的主观反应之间存在不匹配，而这样的不匹配被认为是坏的。

也许，再看一些其他可能的主观态度和客观情况之间的不匹配例子，会让你更容易理解这种直觉。例如，你可能会认为在葬礼上感到开心是不好的，对他人的痛苦感到愉悦是不好的，从鼻孔里挖出一大块鼻屎后感到自豪是不好的。一些（远非所有）哲学家认为上述这些主观态度是坏的，不仅仅是因为它们可能会引起伤害或尴尬，还因为其本质上是坏的。

如果你读过诺齐克关于体验机的反思，你可能会记得他的话："我们希望我们的情感或某些重要的情感，是基于事实并且是合适的。……我们想要和重视的是与现实的实际联系。"[15] 因此，诺齐克用"适当反应"的观点部分解释了为什么在体验机里的生活是不可取的。也有相当多的当代哲学家持类似观点。

我们正在研究这种观点在"乌托邦是否会无聊"这一话题上的应用。你可以看到，如果我们接受这种情感与现实之间的规范性联系，那么在乌托邦中消除无聊感的问题可能并非那么容易。虽然技术上可行，但消除无聊感会付出伦理代价，使我们远离主观态度应与客观现实相匹配的规范理想……

除非，我们能使乌托邦成为一个没有客观无聊的地方。

\* \* \*

让我们把无聊性的对立面称为"有趣性"。（我知道，这不是个完美的词，但遗憾的是我还没想出更好的。）

那么，我们就必须探索一下乌托邦中的有趣性（客观的）的范围有多大。

假设有趣性的范围是无限的，那么会有两件好事随之而来。首先，乌托邦永远不会"耗尽"有趣性，乌托邦本身完全有趣或包含潜在无限量的有趣性就是件好事。其次，如果我们将无聊倾向重新校准到永不感到无聊的程度，那么我们的主观态度（持续的兴趣和迷恋）与我们的客观情况（其无尽的有趣性和值得迷恋的方面）之间就不会产生任何不匹配。相反，完美的匹配是可以实现的，这将非常方便。

然而，如果客观有趣性的潜力是有限的，那么不仅乌托邦只能包含有限的客观有趣性价值，而且（似乎）我们最终要么不得不体验无聊感（不受欢迎），要么放弃实现态度与环境相匹配的"适当性"期望（根据某些道德理论，这也是不受欢迎的）。

第三种选择：通过循环有趣性来让有限的供应永远持续？乌托邦人可以重复体验有趣性，但这可能不是客观上非常有趣的；或者他们可以死去，让新人取代他们，但这其实也是另一种重复，最终可能也不是客观上非常有趣的。更多内容我们稍后再讨论。

\* \* \*

我倾向于认为，在我们所面临的情况下，即便假设一些道德哲学家的"适当反应"观点是正确的，我们也不应把太多的权重放在适当性期望上。

这不仅是因为，通常情况下我们的情感反应/态度对客观环境的适应性只是众多价值中的一种，而且我也不认为它是最重要的价值之一，还因为在当前情况下，我特别怀疑，在判断无聊性还是有趣性时，我们尚不清楚是否有足够稳健的标准来区分什么是适当的反应、什么是不适当的反应。

在我看来，客观无聊性的评价标准极其不确定，尤其是关于客观无聊性的绝对水平的论点，而不是比较两个情境中哪个更无聊的论点。然而，如果没有绝对校准的标准，我们就无法确定对某一特定客观情况而言，什么程度的主观无聊感会构成"适当反应"。

## 莎士比亚有多有趣？

让我用一个例子来说明这一点。假设有人具备深入欣赏莎士比亚作品所需的知识、智力、性情和生活经验，那么，问问看：当这个读者花时间沉浸在莎士比亚的作品中时，什么程度的主观无聊感才是"适当反应"？她把所有的戏剧读完一遍后感到无聊是否合适，还是在她读完第三遍后开始感到无聊才是合适的？

尽管她的阅读达到了收益递减的地步，但只要这些文字继续吸引她，她就会发现这个过程非常令人愉快，并且偶尔能发现一些新的亮点或视角，从而加强了对这些戏剧的欣赏；同时假设她没有其他更好的事情可做，那么即使她一生都在研究莎士比亚也不感到无聊。这真的会有什么"不合适"吗？如果这一生长达千年呢？

我不认为这有什么不合适的地方，也不认为这构成了任何"在应该感到无聊的情境中未能感到无聊的失败"。

如果我们感觉到某人花费一生的时间来阅读和欣赏莎士比亚在某种程度上是不幸的，那么我认为这可能反映了这样一种感觉：不是莎士比亚的作品本身不值得如此投入时间和精力，而是读者错过了生活中的其他东西。但如果我们从乌托邦的视角来看，这当然不是问题。如果某种活动 X 在某个时候被认为在客观上适合感到无聊的唯一理由是出现了更有趣的活动 Y，那么体验无聊感就更没有理由了。只要 X 开始变得无聊，我们就简单地切换到 Y！如果有一个聪明的恰当提示能帮助一个人在 X 即将变得无聊之前转移注意力，那么我们甚至可以避免瞬间的无聊。

如果我们耗尽了可以切换的新 Y 怎么办？那么，我们将重新校准

未来之地　　208

我们的无聊倾向，使得旧的 X 能更长时间地吸引我们。

因此，如果客观无聊性只是与放弃更有趣的替代选项的机会成本相关，我们就不必担心：从这个角度来看，我们可以拥有一个没有无聊感的乌托邦，而不必对客观上无聊的事物感兴趣。如果我们只能做出比较性判断，那么"有趣性"的零点是任意的，当我们开始缺乏多样性、新颖性、参与度、复杂性（以及其他任何保持我们兴趣的元素）时，就可以简单地调整我们体验无聊的阈值，而不需要出现任何令人反感的"脑电刺激"[①]行为——这种行为会使我们的感受和态度与我们的客观环境不协调。事实上正相反：这些阈值的调整是有必要的，以确保当存储起来的、未被消耗的客观有趣性被耗尽时，我们的感受仍然是适当的。

\* \* \*

话虽如此，但我还有一个担忧：随着时间间隔的延长，一个时刻可能会到来，即所有的新颖性和有趣性都已被耗尽，某人所有可用的活动都变得客观上无趣。在这种情况下，中等确定的客观有趣性标准就能确定这种可能性。

也许莎士比亚的作品中的客观有趣性足以填满某人的整个人生或几个生命周期。但也许当一些人花费 500 年的时间研究它时，这些内容也会在客观上变得陈旧。即使他们经过修改不再感到无聊，我们也可以认为他们继续研究莎士比亚已经不再有价值（或者至少在某个重要方面，其价值大大降低）。一旦他们"耗尽"了莎士比亚的作品（意味着已经发现、欣赏、学习，并充分吸收和掌握了其中所有的洞察力、智慧和美丽），我们就将彻底用尽莎士比亚的有趣性，尽管我们可以选择如何看待这个事实。

---

[①] "脑电刺激"也称"大脑内部电刺激"，指的是在人工智能成熟时期，人工智能可能会通过"刺激大脑内部的感受或信号"这样最经济的方式完成相应任务，属于异常完成任务的方式。——译者注

# 第 162 329 根桌腿

科幻作家格雷格·伊根在他的小说《数字永生计划》中塑造了一个名为皮尔的角色，他在一个自己能完全控制的虚拟现实环境中实现了永生。皮尔对自己进行了修改，使自己不会感到无聊。为了尽量减少自己存在的客观无聊性，他还编写了一个"外我"程序，随机改变自己的热情，以确保他的生活继续有一些多样性和变化：

工作室的旁边有一个装满桌腿的仓库，到目前为止，里面一共装了 162 329 根桌腿。皮尔想象不出还有比达到 200 000 这个数字更令人满意的事情了，尽管他知道在达到这个数字之前，他有可能会改变主意，放弃工作室。在随机的间隔中，他的外我被安排了新的职业，但从统计数据上看，下一个职业已经迟到了。在开始当木工之前，他曾如饥似渴地阅读了中央图书馆里所有讲高等数学的书，运行了所有的教程软件，还对群论理论做出了几项重要的新贡献，但他并不在意没有任何一位极乐世界的数学家知道他的工作。在那之前，他还写了 300 多部喜剧歌剧，意大利语、法语和英语的剧本都有，并且还借助木偶演员和观众的力量将其中的大部分歌剧搬上舞台。在那之前，他还耐心地研究了人类大脑的结构和生物化学，研究过程长达 67 年；最后他完全理解了意识过程的本质，这些追求在当时都是引人入胜和令人满意的。他有次甚至对极乐世界的居民产生了兴趣。

这些都不再有了。他现在更喜欢思考桌腿。[16]

我的一位同事，埃利泽·尤德考斯基，曾写过关于有趣性（他使用了"乐趣"一词）耗尽的风险的内容，并探讨了一些与今天讲座类似的问题。[17] 尤德考斯基认为，刚才引用的伊根著作中的段落特别令人恐惧：

我也许会自己雕刻一根桌腿，如果从中可以学到一些并非显而易见的东西。但我不会雕刻第 162 329 根……到了那时候，你还不如修改自己，从玩井字棋中获得乐趣，或者躺在枕头上，作为一个没有四肢、没有眼睛的难以名状的一团存在①，享受着极致的高潮……

雕刻第 162 329 根桌腿并没有教给你任何雕刻之前的 162 328 根桌腿没教过你的东西。一个在生活过程中变化如此之少的头脑几乎没有任何体验时间。[18]

现在看起来，伊根所描述的场景确实远非最佳。但究竟为什么会这样？这个问题中有多大一部分与皮尔生活中的客观有趣性缺乏关联？

有一点似乎是清楚的。即使皮尔的主观兴趣与他所关注的客观无聊性之间存在某种不匹配，这也不是这个场景的主要问题。如果皮尔在车床前雕刻这些桌腿的同时还感到极度无聊，那肯定会更糟糕。如果他打算制作所有这些桌腿，那么他至少应该全神贯注地打磨自己的工艺，并在制作过程中享受其中的乐趣。

## 美学中微子？

除了皮尔花大量时间在雕刻桌腿（这种据称客观上无趣的活动）上之外，伊根描述的情景可能还有许多其他问题。

他的存在中的唯我主义是一个突出的特征。如果我们想象一个由类似皮尔的人物组成的社会，他们正常互动，并受到一种伟大的共享热情的驱使，这种动力也许是由一个联合外我（一个"外部社区"？也就是"文化"）施加的，他们在这一系列的热情中找到了巨大的快乐、满足和目的；然后，这种前景立刻就变得更加乐观，尽管它仍然

---

① 原文中用的"blob"一词，既可理解为难以名状的一团东西，也可理解为计算机领域的二进制大对象，后者是一个可以存储二进制文件信息的字段类型和容器。——译者注

没有我们所能想象的最好的未来那么好。

\* \* \*

我认为，有一种倾向出现了，尤其是对于那些可能会阅读和写下这些问题的知识分子，他们在自我形象上强调智力美德，并从学习和解决问题中获得了许多生活乐趣，这类书呆子有可能高估"有趣性"的价值，并忘记除了解决那些复杂的新奇的重要问题之外，还有许多其他可能的价值。而这些其他价值，即使是以人类经验和活动为中心的，也可能不会因其重复和时间的流逝而变得没有价值，这一点与"有趣性会随着时间的流逝而减少"不同。

例如，有人可能认为一个人能从莎士比亚作品中获得的有趣性价值会在几十年的研究后永久耗尽，那么享受一杯好茶的价值又当如何呢？[19]

喝茶（或咖啡，依据你的偏好）可能并不像发现关于人性的深刻真理（如果发现这些真理确实具有有趣性）那样能带来强烈的价值光芒，但它的价值是可以更新的。在你200岁生日时喝的第162 330杯茶，可能并不比你在一个世纪前喝的那杯价值低。而且，虽然人类可以发现的深刻真理的总量可能有限，但你总能再烧一壶水。

\* \* \*

喝茶是一个小小的乐趣，还混合了一点儿味觉美学，或者用我们的术语来说：正面享乐效价加上一些令人愉悦的体验质地。这种乐趣特性有可能扩大规模吗？

英国功利主义哲学家约翰·斯图尔特·穆勒在他的自传中讲述了他年轻时经历的精神危机。年轻的穆勒为人类最终将无事可做而苦恼，担心我们会因此陷入无聊、倦怠和绝望。

> 音乐带来的快乐随着熟悉感而消退，需要通过间歇性来恢复，

或者通过新奇感来维持。……我的内心状态，以及这一时期我的总体思想特征，正是被音乐组合的耗尽这一想法折磨。八度音阶只有五个全音和两个半音，可以组合的方式有限，其中也只有一小部分是美丽的，在我看来，这些美丽的部分已经大多被发现……我觉得我生活中的缺陷，必然是生活本身的缺陷；问题是，如果社会和政府的改革者能够实现他们的目标，社会中的每个人都自由并身体舒适，不再靠斗争来维持生活，那么生活的乐趣是否会因此不再是乐趣。[20]

穆勒在浪漫诗人柯勒律治和华兹华斯的诗歌中找到了解决这一困境的方案（也是他用来治愈自己忧郁的办法）。他认为答案在于"安身于一种被美感动的能力，在安静的沉思中，从微妙的思想、景象、声音和感觉中找到快乐的能力，而不仅仅是从巨大的斗争中获得乐趣"[21]。他写道：

华兹华斯的诗对我的精神状态所产生的药效在于，它们表达的不是单纯的外在美，而是被美激发的感觉，以及被感觉渲染的思想状态。它们似乎正是我所追求的情感的培养。我似乎从中汲取到一种内在的快乐、同情和想象的快乐，这种快乐可以被所有人类共享；这种快乐与斗争或不完美无关，而且会随着人类物质或社会状况的每一项改善而变得更加丰富。我似乎从中学会了在消除生活中所有的恶劣状况后，幸福的持久源泉是什么……我需要感受到：宁静的沉思中有真正的、持久的幸福。华兹华斯教会了我这一点……[22]

因此，无论是通过艺术和诗歌折射，还是直接聚焦于我们周围的细节，美的沉思都可以作为乌托邦人如何填补无尽夏日时光的一个提议。

顺便说一下，无私的美学沉思也被叔本华当作逃离痛苦和无聊交替折磨的两种可能方式之一（另一种方式是圣徒的道路，他认为这涉及意志的自我否定）。重要的是，穆勒和叔本华所想到的美学沉思的对象不一定甚至最好不是那些能改变世界的变革、戏剧性的转变、高风险或突破性的发现，也不是依赖于学习深刻真理或解决紧迫问题的"有趣性"。相反，他们心中的美存在于小而平凡的事物中，如溪流中水的流动，或者橡树的枝条以某种特定方式伸展，或者工人挖沟时肩膀的移动。

任何关于这些事物的真正想法或角度，都可以和最壮丽的大教堂一样美好。这是因为美学体验的质量主要取决于观察者看待事物的方式，而不是被观察的事物本身。一个不再盲目地以工具意义和自我的效用来处理所有经验的头脑，能够自由地看到事物本身的样子，美学沉思的对象无处不在。

这就像我们最初体验世界时会感到局促和黑暗，因为我们生活在黑暗中，几乎看不到自己的手；然后，初升的太阳照着我们，让我们意识到自己其实一直蜷缩在伊甸园的景观中，这里的景色闪耀着露珠，一直延伸到地平线之外。

\* \* \*

我认为这些反思会引出这样的结论：人们可能担心，乌托邦人一旦读完了伟大的名著，参观过泰姬陵、巴黎圣母院、大峡谷和其他一些顶级旅游胜地后，他们的生活很快就会失去有趣性。当然，超级智能的AI可以为我们写更多的名著，建造更奇妙的新建筑；但人们可能仍然担心，本质上不同的可能性的范围是相当有限的，就像年轻的穆勒担心作曲家会用尽美丽的旋律一样。

这一威胁的严重程度取决于我们对客观有趣性的概念有多严格。如果有趣性要求的是根本性的创新或改变世界的重要性，那么乌托邦人很快就会耗尽这些可能性。然而，我们对美学体验的观察表明，存在一种"有趣性"的形式，它的要求要低得多，但仍然非常有价值，因为这种有趣性能够提供有价值的体验质地（即除了享乐质量之外，另一个可以表征一个人体验流的价值因素）。

因此，我认为我们需要扩大对客观有趣性的理解，以包含值得美学沉思的对象和想法，其中可以包括一些小想法和普通事物，以及一些已经体验过的事物的小变体。除此之外，还有更多顿悟式学习的机会和智力问题的解决，正如尤德考斯基所设想的那样。

* * *

正如无数的中微子每秒都在穿过我们的身体而我们却没有察觉那样，世界也可能每时每刻都在为我们呈现无数美丽的事物，而我们的头脑过于粗糙和迟钝，无法欣赏。

然而，如果把我们的美学感受能力调整到足够高的程度，我们就可以记录更多这种无处不在的美丽，也可以捕捉到足够的美去填满我们的意识，使其永无止境地沉浸在美学意义中。

* * *

在我们考虑这一美学扩展之前，我提出：有趣性的概念是非常有弹性的，并没有明确的或严格的标准来界定什么是客观上有趣的及什么不是。

在我们现在扩展的概念中，这一点更加明显：美学有趣性是具有高度弹性的，如果不能说它也是无限的。

谁又能真正说出，一只蜥蜴在叶子中爬行所发出的沙沙声，或者一条鲤鱼破水而出产生的涟漪，其有趣性只够填满 10 分钟的美学沉思体验而不能再多，或者仅仅足够填满一个夏日的午后？这样一来，任何对此类美学有趣性的体验的延长，都属于无聊倾向的修改，都应被视为一种不良形式的"脑电刺激"，都可能会导致我们的态度与所关注的对象之间产生一种客观上不值得的错配？

## 沉思黄色鸭子喙

诚然，如果我们考虑更极端的不重要情况，事情就会变得困难。

用一年的时间去沉思鸭子喙的黄色？

用一个世纪的时间去沉思鸭子喙的黄色？

多长时间算太长？

## 观察者的复杂性

在这种情况下，关键不是外部对象，而是内部反应。如果一个特定的对象是通过一系列不断变化的心理视角和主观调整来沉思的，这些心理视角和主观调整使被深思的"对象"稳定地保持在注意力中心，并围绕着这个"对象"不断地产生心理的共鸣、联想和感觉，那么即使一个非常普通的对象（比如一块黄色，甚至根本没有真实对象，仅仅是一个想象的东西），也可以维持长时间的客观上有趣的沉思。问题在于，我们能够在主观体验中产生多少客观上有趣的变化？对应于我们花费的时间的长短，这种体验的累计价值会如何变化？

你们中的很多人看起来很困惑。让我再试着解释一次！

当X对鲍勃来说是主观上有趣的，我的意思是，鲍勃发现X有趣，他被X吸引，感到有动力继续做X或关注X，等等。我们可以很容易地设想有个人发现数草叶是主观上有趣的，并且会一直觉得有趣，直到他数完校园草坪上的所有草叶。这就是主观上有趣的意思。

X在客观上有趣的含义则不太清楚，那些认为花一生时间去数草叶的生活严重缺乏必要的复杂性、挑战性、新颖性、多样性和意义的人需要了解的是，鲍勃（或其他任何人）在主观上认为X是值得感兴趣的。[23] 我在这里提及这一点，可能至少让你对客观有趣性这个概念有一个大致的了解。

明白了吗？我这里想表达的观点是，无论X是作为外部物理对象

（如画作、图书和鸭子的喙）和事实（如某个草坪上的草叶数量），还是作为心理因素的一部分，我们都可以提出"X是否在客观上有趣"这个问题。

假设鲍勃正在看一只鸭子的喙。我们可以假设喙本身在客观上不是特别有趣的。因此，如果喙是我们的体验对象X，它的有趣性价值就会很低，鲍勃对它非常感兴趣是不合适的。但是，假设鲍勃恰好是一个非常敏感和富有想象力的人，当他盯着鸭子喙时，他的智力更像是一个活动的图像机，不断召唤出一系列的内在现象。让我们窥探一下鲍勃的内心：

初始视觉印象涌入意识。喙的黄色与鸭子腿的橙色形成对比。喙的坚硬度与鸭子身上其他绒毛覆盖的部分进行比较。其他与水相关的物体的记忆在意识中缓缓浮现：救生衣，浮标。一个关系再次变得突出：喙（错误地被认为是无感觉的）与肉体的活躯干。一个想法产生了：我们如何将那些没有感觉的肉体部分（如指甲、牙釉质、头发，甚至有时是外部物体如结婚戒指或手机）纳入我们的自我概念。进一步的想法：这不仅适用于我们的身体，还适用于我们的思想，很多的大脑活动是意识无法接触到的，却是思想的不可分割的基础。外部信息处理的过程能否成为我们思想的一部分？突然一震，哦，我们想起我们本应专注于喙，而不是沉思于扩展心智的理论。怎样只用三笔就画出喙的轮廓？然后这个，然后那个。

通过这种方式，鲍勃仅仅通过看这块黄色的结构就过得很愉快，我们可以称之为广泛的喙沉思方法。

另一种方法可以称为集中的方法，即试图让心灵保持静止（类似于Trāṭaka或"瑜伽凝视"）：

不要让思绪跑偏，集中注意力，沉浸于当下这一事物：这是一种非常特殊的黄色。在沉思的过程中，我们顺道拾取对自我意识的不同观察：仔细审视，我们的知觉是如何在进出意识时若隐若现、摇摆不定的；当关注到某一特定事物自身而不是关注它与自身或某种外部关系的关系时，它就具有普遍性；然后，超越这些思绪漫游，最终进入一种静止且充分的意识状态，感觉比日常思绪挣扎中的混乱更加"真实"。一个清晰的地方，一个和平的地方……

这里的重点是，无论是广泛的方法还是集中的方法，到底在发生什么与鸭子的喙关系不大。所有的"行动"几乎都发生在观察者的头脑里。

这样清楚点儿了吗？很好。

\* \* \*

因此，如果我们希望创造一个美的世界，最需要的不是更多的雕塑、诗歌和音乐作品，而是增强美学欣赏的能力。

拥有足够的这种能力，蜥蜴爬行的沙沙声或鸭子喙的黄色也可以带来长久的美感体验。

没有这种能力，不管我们积累了多少美丽的物品，都没有意义。我们就像是在卢浮宫巡逻的警犬。

\* \* \*

但是，现在我们当然可以问，这种在观察者头脑里的"行动"是否在客观上有趣。就我们所关心的有趣内容和在上面所花费的时间而言，这是否构成一种本质上有价值的活动？这种活动持续多久才会在客观上变得无聊？（再重申一次，这是一个与"参与其中的人是否会感到无聊"不同的问题。）

如果思考小事物之所以有趣，只是因为我们（打个比方说）可以在其中看到大事物的反映，那么对乌托邦人来说，小事物的多样性实际上并没有太大帮助。一旦他们看到所有大事物的反映，他们就会退化到要么只能看到越来越小的事物的反映，要么不断看到相同的大事物的反映。在任何一种情况下，他们都面临着难以维持其体验流的客观有趣性的挑战。

## 我们渴望有趣性的根源

让我换个话题。你认为人们为什么对有趣性感兴趣？

我的意思是，我们很容易解释人类为什么对食物、性、地位和健康等事物感兴趣，但为什么对有趣性感兴趣呢？特别是，对那些认为无聊的未来是不理想的或至少在其他条件相同的情况下不如有趣的未来理想的人来说，即使假设他们在无聊的未来中根本不会感到无聊，他们也仍然希望有一个有趣的未来：我们该如何解释这种偏好或价值判断？

我提出这个问题是有原因的，除了与生俱来的好奇心，我认为更好地理解有趣性价值的成因可能会为我们提供一些关于它在乌托邦中如何表现的线索。（此外，我想提出一个关于价值形成的一般性观点，这个案例将作为一个有用的例证。）

我将提出 4 个假说，它们之间并不相互排斥。

\* \* \*

### 学习与探索假说

我们对有趣性的重视源于一种学习本能和/或"探索偏见"。我们探寻那些会向我们展示重要新信息和新奇挑战的情境，因为这样做曾经使我们的祖先获得了更多的知识和技能，这是与我们的进化环境相适应的。

这个假说弱预测了对有趣性价值的高度重视应与年轻有关。学习和探索在生命早期更为重要，因为那会儿我们尚未采摘低垂的探索果实，并且我们还有更多的可以受益于任何早期获得的知识和技能的时间。年长的人应该相对不太热衷于新奇和变化，他们可能更喜欢稳定，因为这可以让他们通过已有的技能产生社会价值。

\* \* \*

## 信号假说

我们对有趣性的重视源于一种社交信号动机。我们渴望参与一些活动或置身于一些情境中，是因为这些有助于我们在谈论自己的近况时讲一个好故事，从而提升我们的社会地位。

有些人可能会选择一个艰苦冒险的假期或去异国他乡旅行，它们有很高的"有趣性"，因为这使人们能够在社交媒体上发布令人印象深刻的消息，尽管他们也有可能更喜欢待在家里休息。这个想法是，我们（下意识地）认为某些类型的经历——"有趣"的经历，往往会获得更多的社会认可。其结果是，我们逐渐追求有趣性本身，而不去管它如何在任何特定场合为我们赢得社会认可。

信号假说预测了如果某些活动具备社会价值的前提条件，如需要特殊技能、美德、社会或经济资本，那么这些活动往往会被评为具有更高的"有趣性"。这可能有助于解释为什么在一个高档度假村打高尔夫球，在直观上似乎比在后院把网球扔到桶里更具有趣性价值，尽管从活动的基本运行机制来看，这两个选择似乎大致相当。许多人可能会认为打高尔夫球的未来场景更接近乌托邦状态，而把网球扔到桶里的未来场景则不是。这种观点的产生是由于许多人内化了一个事实，即前者代表了很高的社会地位，而后者不是。

\* \* \*

## 飞拱假说[①]

我们对有趣性的重视是对其他事物重视的副作用或暗示。如果我们重视X、Y和Z，而一个过于同质或无聊的未来却无法提供实现X、Y和Z所需的复杂和多样化的结构，那么这个缺乏有趣性的未来就会显得不够理想。

例如，如果我们重视很多像人一样的生物的存在，它们以开放的方式相互交流，并逐渐发明新的技术用于改造环境和建造巧妙而美丽的结构，那么只有那些非常有趣的未来才可能实现这种价值。

有一些价值体系与其他价值体系相比，似乎更可能带来有趣的实现方式。享乐主义认为快乐是唯一的善，它可以在一个无趣的未来中高度地实现（实际上，这种未来可能是其最佳实现方式所必需的）。而另一种平衡的多元的价值体系，既重视个人自主性也尊重某种历史路径依赖，可能需要更有趣的结构才能充分实现价值。

飞拱假说可能表明，我们尤其容易发现那种涉及其他价值表达或实现的情景是"有趣"的，而不会发现那种像是某种巨大的织布机编织出一些极其复杂、无限变化和不断增长的数学图案的情景是"有趣的"。

\* \* \*

最后，我们可以从进化的角度寻找我们对有趣性的重视的起源，

---

[①] "飞拱假说"（The Spandrel Hypothesis）是一个进化生物学的概念，最初由斯蒂芬·杰·古尔德和理查德·陆文顿提出。这个假说借用了建筑术语"飞拱"，指的是在两个相交的拱之间形成的三角形空间。这些空间并不是有意设计的，而是建筑结构的副产品。古尔德和陆文顿用这个比喻来说明生物特征可能是其他适应性特征的副产品，而不是直接由自然选择产生的。——译者注

这与厌倦感作为调节和平衡活动的有用性有关。

## 避免僵化假说

如果我们长时间做同样的事情，特别是当没有看到任何积极的结果时，往往会感到厌倦。这种厌倦倾向可能在进化上是有用的，它不仅能作为鼓励我们积极学习的机制（如第一个假说所述），更具体地说，还能防止我们在无果的努力中坚持不懈，或者避免我们陷入误以为有利、实则不利的情况。厌倦倾向还可以帮助我们更适当地分配时间和精力，在适当的参与间隔后促进任务转换，从而更大范围地满足我们的全部需求。这就类似于你可能会厌倦每餐吃同样的食物，这种倾向会促使你摄入更多样化的食物，从而可能会更好地满足你的营养需求。[24]

避免僵化假说可能表明，我们对有趣性的判断会追踪活动是否有进展性回报等特征，同时偏向于选择在不同的活动类型之间频繁地交替循环。例如，如果我们比较伊根情景的两个版本，一是原版，即皮尔几百年专注于一种职业，然后再换到另一种职业；二是另一种变体，即皮尔从事的职业是交替进行的，每周他花一些时间在木工坊干活儿，花一些时间做运动，花一些时间看电影。避免僵化假说会预测，我们应该发现后一个版本里的情景更有趣（即使在皮尔的一生中，他在这两种情况下花在同一活动上的总时间是一样的）。

# 内在化

我们从上面的讨论中很容易看出，飞拱假说暗示了一个无趣的乌托邦是存在缺陷的。根据这个假说，一个有趣的未来乌托邦会包含所有其他价值，一个无趣的未来则缺少某些价值。

然而，其他3个假说可能需要一个额外的步骤才能解释我们的直觉，即有趣性是有价值的。这些假说最直接地解释了为什么我们在某些情况下会主观上感到无聊，而在其他情况下却会主观上感到有趣。如果我们假设能够完全消除厌倦感，乌托邦中的人可以在任何情况下都高度主观地感兴趣，问题就变成了为什么在那种情况下，即使客观有趣性不再是防止主观厌倦的必要手段，更客观的有趣性也是更可取的。

为了解释这一点，我将提出一种价值形成的机制，它具有更广泛的适用性和相关性，我称之为"内在化"。

*内在化：最初作为达到某个目的的方法或途径而被渴望的东西，最终成为其自身作为目的而被渴望的过程。*

这种过程可能会在道德动机的发展中起作用。例如，在年轻时，我们发现对周围的人友好——至少不去咬人、抓人或踢人，盗窃或破坏他人的财物等，往往会带来社会奖励：当我们对他们好时，我们的父母和朋友对我们更好，这给了我们尊重他人利益的工具性理由。后来，这种动机向上迁移，它变得"内在化"，我们开始将给予他人应得的东西及更广泛地遵守道德规范作为最终价值。也就是说，即使我们知道与社会奖励的原始联系已经被切断，事实上，在做道德正确的事情有可能会使我们遭受非议或其他不利的情况下（如果我们成为具有道德完整性的人），我们也仍然会被鼓励着去正义地行事。

道德发展的实际心理过程无疑要复杂得多。例如，我认为在人类中，内在化的过程会受到各种特定情感、归纳偏见、与注意力相关的现象以及其他心理和生理倾向的帮助，这些构成了价值发展的支架，形成了我们在成人时期所持有（并被其持有）的这些价值。当然，所有这些价值构建都是在与社会文化因素的紧密互动中进行的，这些因素本身也由于个人干预和人口、经济、技术等方面的系统性发展而随着时间变化。尽管我不会在这里详细描绘所有这些复杂性，但我认为我们可以从内在化的基本概念中得到一些启示。

※ ※ ※

我们可以在个体之外的领域观察到同样的现象，比方说在制度经济学中。例如，一个国家最初建立军队和军工业的目的是保护国家免受外国入侵。然而，这种简单的工具性理由最终可能会内在化，成为一个独立的制度目标。这种内在化的物理实现可能表现为形成一个军事工业综合体，以自行推动政策和预算，这些政策和预算措施与抵御外敌的实际所需之间并无太大关系。这种动态内化过程（即某个代理部分被创造出来以帮助整体实现某个目标，而这个子代理逐渐发展出自己的议程并开始追求自己的目标，即使这些目标不再服务于原来的整体更大的目标）是非常常见的，不仅在国家官僚机构中常见，在许多其他组织中也是如此。

※ ※ ※

回到个体的情况，我们可能会想，为什么会发生内在化？在机构或组织的情况中，我们可能通过委托-代理问题[1]来解释这一现象，而在个体的情况下，似乎需要不同的解释来说明我们为什么会表现出这种看似相当不理性的心理倾向。也就是说，如果某物作为达到某个目的的方法或途径是可取的，为什么不继续纯粹出于工具性理由来重视它？为什么要赋予它一个即使在工具性理由不再存在时仍然持续的附加价值？

一种解释是，人类的思想和性格是半透明的，其他人只能在某种程度上感知我们的真实动机和承诺。因此，能够内在化我们对道德规范的遵守，或者对某个事业、个人、社区或规范体系的承诺，对我们

---

[1] 委托-代理问题一般指的是这样一种情况：当委托人授权于代理人时，由于两个主体各自的目标不同（通常都是以自身的利益最大化为目标），利益冲突或利益不一致就会产生。——译者注

来说可能是有工具性价值的。在某些情况下，只有对方相信你真的爱他，你的求爱才会被接受；而让某人相信你真的爱他的最有效的方式，可能就是你真的爱他。同样，如果人们相信你即使在可以通过背叛和欺骗获得个人利益的情况下，也会选择光明正大地行事，他们就可能更愿意接纳你，让你进入他们的联盟或社区。

除了这种关于内在化的信号解释，还可能有更多"实施层面"的原因。例如，将某些评价或观点在神经认知上实现为一个具有独立代理特征的目标追求过程，可能在计算上是方便的。换句话说，基本上是出于同样的原因，我们创建政府机构和公司部门来管理某些功能或确保某些考虑和利益得到适当代表，比如环境保护机构、合规部门、首席风险官、刑事审判中的独立检察官和辩护律师等。如果运作良好，这种方法比那种由单一行为体（如一个独裁者或一个委员会——里面的所有成员在代表所有相关利益上负有同等责任）管理整个过程和决策更为实用和有效。

\* \* \*

内在化的一个显著特征是，被提升为内在价值的目标的地位不一定是永久的。我们可以将内在化的价值视为动力飞轮，它们最初可以从正强化或其他逻辑/统计上相关的承诺和目标传递给它们的动量中获得动力。一旦充满能量，即使它们不再从最初的推动者那里获得能量，也可以继续旋转，继续驱动行为，随后可以将积累的动量传递给新的计划和子目标。

然而，内在化的价值也有可能会耗尽。年轻的理想主义者一度为某个事业"燃烧"，最终会耗尽热情，"燃烧殆尽"，尤其是如果他没有得到鼓励。新年伊始时下决心保持身材苗条的节食者，即使可能在一定程度上因为自身原因而重视这一价值，也可能会在2月份由于持续的负面强化（像对热量的渴望）而改变自己的评估。[25]

哲学家有时将那些自身被作为目的（或在一些客观主义元伦理学

观点中应该被）重视的东西称为"终极价值"。我对这个术语没有特别的异议。不过，我们应该记住，这些"终极价值"尽管可能在某个价值体系中是终极的，是规范性论证链中的最后一环，但在任何时间意义上不一定是终极的。我们以这种方式重视的东西的相关心理和文化事实（一些元伦理学观点中也包括以这种方式而有价值的事实）可能会随着时间的推移而改变。从这种意义上讲，终极价值是会来来去去变化的。

* * *

在思考如何实现乌托邦时，这一点很重要。例如，一个自然的想法是，我们应该将乌托邦的设计推迟到一个深刻的集体深思熟虑的长期过程："长期反思"。有人提议，这种反思应该持续数百年甚至数百万年。[26]

显然，这个想法是有一定道理的。如果我们有一个具有天文意义的重要选择要做，在做出决定之前仔细思考各种选项就是明智的。或许我们应该犹豫一段时间，尤其是如果我们在保证存在安全的情况下这样做。

困境在于（或者说困境之一，因为这个想法还有其他困难）在如此长时间的延迟过程中，我们的价值观将易于改变。这不仅是因为随着时间的推移，我们的价值观会随着个人或集体的生活而发生变化。就算我们实现了一种强加的社会技术停滞状态，不允许出现任何可能存在风险或不可逆转的变化，这样做本身也可能会从根本上改变我们的社会和文化，以及我们的价值观。[27] 此外，适当的反思可能需要我们智力能力的大幅提升，并要求我们直接体验更广泛的可能经历，等等。[28] 或许，理想化的反思意味着一种更彻底的启蒙，这肯定会涉及我们心理上的深刻转变，谁知道我们的终极价值观在此过程中又会发生什么变化呢？我希望以后再讨论这个话题。

## 批判性游戏精神

讲到这里，大家有什么问题吗？

**学生**：我有点儿困惑。你一开始用这些假说来驳斥有趣性真的很重要这一观点——我们只是因为各种心理或进化原因而这么认为。你还说，实际上，有趣性并不是必要的，因为在乌托邦中，我们可以通过药物或其他手段消除无聊。但是你有时又似乎在说有趣性本质上是有价值的？

**博斯特罗姆**：首先，我要说，注意到自己的困惑是件好事！学会注意到自己的困惑是哲学思考的核心技能，也是从中汲取原创见解的一个好途径。[29]

现在我来回答你的问题：这4个假说并不是为了驳斥任何观点。它们只是为了解释为什么我们在某些情况下会感到无聊，会形成"缺乏有趣性的未来是不可取的"这样的直觉。这种解释本身并没有说有趣性是否有价值。可以假设，我们持有的任何信念、情感、偏好或评价直觉，都可以通过某种因果故事来解释。但只有在特殊情况下（比如，导致我们持有某种信念的机制与该信念是否真实之间没有统计联系），这种因果解释才会倾向于"驳斥"或使被解释的对象无效。

"内在化"机制可以被视为其他解释性假说的延伸。它可以帮助解释为什么我们会渴望或重视有趣性本身，而不仅仅是为了避免主观厌倦体验或实现其他目标。

至于我自己对有趣性和乌托邦的看法：我们还在探讨这个主题！我并没有在这里论证一个预先确定的观点。我知道什么呢？！让我们看看最终会走到哪里。

冒着过度教学的风险，我还要补充一点，即开放心态的探索性反思是我希望看到更多人广泛使用的另一种元认知策略。

不过我在此也应该警告大家，这可能会造成社会难辨度这一问题。如今，许多人都在短线上运作，始终依赖于具体的信息点，逐渐失去了离开信息点去思考的能力。在这种状态的最终阶段，他们甚至可能无法理解其他人并没有受到同样的限制。如果一个更具自由精神的人来拜访一个这样被束缚的人，今天从一个方向接近他们，明天从相反的方向接近他们，他们可能会疑惑地对待这位智力探索者："但是你的立场是什么？你的家在哪里？你属于河的这一边还是那一边？"如果你说："我不是在谈论我的住所（无论在哪儿，那都是暂时租住的），我一直在外面探险，只是想和你分享一些我看到的很酷的东西。"然后他们茫然地看着你。（这还是你在运气好的情况下得到的待遇。）

我看到还有更多人举手提问，但不幸的是，我们必须继续往前讲，因为还有很多东西需要讨论。如果你们还有更多的问题，可以下课后找我。

## 尺度练习

回到有趣性的话题上。我们还有一些分析性工作要做。

新颖性和多样性似乎对于有趣性的界定很重要。你可能不会觉得看鸭子喙很有趣，然而，如果你从未见过鸭子喙，那么第一次看到鸭子喙可能会有些有趣性。当然，如果你一生中从未见过黄色，那么看到黄色的鸭子喙将会很有趣，可能是因为这是一个非常新颖的体验。

即使是最热衷观鸟的人，如果只能看一只特定的鸟一直在做着一件特定的事情，也会感到无聊。但是，如果他可以在不同条件下观看不同的鸟类做不同的事情，就有了一生的爱好。

埃利泽·尤德考斯基可能会雕刻一根桌腿。做完这个，他可以做别的事情，比如画一幅画，做一顿饭，我不知道；但关键是，他可以继续从某个活动集里挑选新的活动,只要这个活动集包含足够丰富的活动,使他在任何时候所做的事情都足够新颖,并能从中学到新东西,那他的生活就不会变得客观上无聊。

* * *

我们从这里可以继续观察到:新颖性和多样性的特性权重取决于我们观察事物的尺度。

假设你弯腰看 1 平方英寸①的地面。在这个尺度上,你可能会看到一个相当多样的场景:这儿有一块形状有趣的泥土,那儿有一些十分显眼的黄色的弯弯曲曲的纤维状东西,那边还有一个高高耸起的绿色圆柱体,还有一个巨大的六足怪物(蟋蟀杰明尼!它带着巨大的触角,闯入我们美丽的田园风光画)。

你站起身来,拍掉身上的灰尘。现在你看到的是一片精心修剪过的草坪,一片单调的绿色,几乎没有任何多样性。

接下来,假设你登上热气球。随着你不断地升高,一个体育场映入眼帘,然后你看到了城市街区、公园,最后是郊区、河流、森林、田野和海岸线,以及蓝色广阔海洋上星星点点的船只。这个尺度上再次出现了相当多的新颖性和多样性。

假设有趣性与多样性相关,我们会发现不同尺度下的有趣性量的不同。

* * *

但还有更复杂的情况:在一个尺度上,世界上发生的同样变化的有趣性增加了,而在另一个尺度上,其有趣性却减少了。

想象一下,海峡的两岸有两个城市:索尔堡和卢娜堡。起初,索尔堡的每个人都是早起的人,他们早睡早起。而在卢娜堡,情况正好

---

① 1 平方英寸 ≈ 6.45 平方厘米。——编者注

相反，每个人都是夜猫子。

然后，他们建了一座桥。人们开始通勤、交流、迁移。几代人后，这两个城市的人口变得相似，每个城市有 50% 的早起者和 50% 的夜猫子。

这座桥是如何影响多样性的？

在单个城市的尺度上，多样性增加了：以前，城市里只有一种类型的人；现在有了两种。

然而，在更大尺度——整个地区的尺度上，多样性减少了。以前，这个地区有两种类型的城市，但现在只有一种。一位游客之前可能还会乘坐渡轮穿越海峡去感受不同的人群和文化，但现在没有理由这样做，因为两个地方一样了。

然而，在更大尺度上，桥的出现可能再次增加了多样性。假设在建桥前，整个国家的所有城市特点都是 100% 的早起者或 100% 的夜猫子。建桥后，这个国家出现了一种新事物：50/50 混合的城市。所以在国家尺度上，多样性从两种类型增加到 3 种类型。

但在更大尺度上，桥的出现又可能减少了多样性。假设在建桥前，所有国家都有 3 种类型的城市：有 100% 的早起者的城市、有 100% 的夜猫子的城市和 50/50 混合的城市，但有一个国家是例外，这个被我们考虑作为例外的国家最初只有前两种类型的城市。当这个以前独一无二的国家也建了桥，它就变得和其他所有国家一样了。因此，在全球尺度上，多样性减少了。

因此，我们可以看到，内部最不多样化的国家可能对世界多样性的贡献最大，因为它是异类。[30]

## 有趣性：内含与贡献

让我们继续探讨。

假设你有一本有趣的书，然后你又买了一本同样的书，那么你现在拥有"双倍的有趣性"吗？[31]

或者考虑另一种情形：某个人过着有趣的生活，假设你创造了一个这个人的复制品，过着完全相同的生活。（这对一个生活在开放、变化的世界中的生物人来说很难做到，但对一个生活在自包含虚拟现实中的数字人来说是小菜一碟。）那么，这时的有趣性是多少，与这种生活只被经历一次时一样多，还是双倍，或者是其他倍的数量？

你可能会说，过一种已经被经历过的生活不会有趣。当然，我们不是在谈论主观兴趣，主观兴趣可以想有多少就有多少。事实上，生活被重复 500 次时，主观感受到的兴趣量与第一次是一样多的，否则它就不是真正的复制。但是，客观有趣性则不然。你可能会认为，如果你当前的生活是一种已经经历过的生活的精确重复，那么它会缺乏客观有趣性。也许复制的生活在有趣性上如此缺乏，以至于大大降低了其总体可取性，就像一盘已经被嚼过的食物一样乏味？

\* \* \*

对于书的情况，我会说每本书有相同量的有趣性，但在你已经有第一本书的情况下，第二本同样的书对你的图书馆的有趣性总量没有贡献。[32]

我们试着区分内含的有趣性和贡献的有趣性。第二本书包含的有趣性有多少？和第一本书一样。在已经有第一本书的情况下，第二本书为图书馆贡献了多少有趣性？并不多。你可以说第二本书贡献了零有趣性，或者也可以说，由于被复制，第一本书的有趣性有所减少，从而抵消了第二本书所增加的有趣性。但可以肯定的是，一般来说，通过将一个有趣的对象复制出 1 000 份来增加 1 000 倍的总有趣性是不可能的。[33]

因此，我们看到，在某些情况下，一个部分对整体的有趣性贡献少于它本身所包含的有趣性。同样，一个部分对整体的有趣性贡献也可能多于它本身所包含的有趣性，比如假设我们发现了一块古老的泥板，上面有发明字母的人的栩栩如生的素描肖像。这幅肖像会非常有趣，带来的有趣性比所有它的刻模板画的有趣性总和还要多。

* * *

关于重复的生活呢？我们可以考虑问两个不同的问题：

A. 这种生活包含多少有趣性？
B. 这种生活为世界贡献了多少有趣性？

重复的生活所包含的有趣性和它不重复时的有趣性一样多，但它可能对世界有趣性的贡献较少。（它也可能为世界贡献更多有趣性：一种原本普通的生活如果是整个宇宙中唯一重复的生活，也可能会有更多有趣性。但我们假设重复的生活很常见，因此其重复并没有产生特别的有趣性。）

* * *

假设我们想知道一个生活有多好，可以考虑以下两个不同的问题：

1. 这种生活对拥有它的人来说有多好？
2. 这种生活（通过其自身的存在，而不是通过其更广泛的因果影响）为世界贡献了多少好处？[34]

这两个问题的答案可以是不同的。例如，根据平均功利主义，一种生活对个人来说可能是好的，但对世界来说是坏的，出现这种结果的前提是，这个生活的福祉水平虽然很高，但不如世界平均福祉水平高。[35] 更概括地说，除非世界的价值是其包含的个体生活价值的简单总和，否则我们不应期望这两个问题的答案一致。

假设我们决定想问的是第一个问题，一个慎思的问题："这种生活对拥有它的人来说有多好？"而我们又假设有趣性是使生活对这个人来说更好的品质之一，我们该如何思考这个问题？

我认为在这种情况下，我们需要关注两个因素。第一也最明显的是，这种生活中包含的有趣性与重复无关。如果有趣的生活是一种慎思价值，那么包含更多的多样性、复杂性，更有深度、协调一致的生活就是更有趣的生活，因此其在有趣性方面的得分就更高。

但除此之外，我们还可能需要考虑第二个因素。有人可能认为，为某个更大的整体做贡献对一个人来说是好的，比如为了实现某种目标，或者加入某项更有价值的事业。如果有人持这种观点，那么他可能特别认同，向更大的整体贡献有趣性是一种实现这种慎思生活价值的方式，从而使自己的生活更好。因此，为了评估这种有趣性对生活价值的贡献，我们必须要看这个生活"输出"了多少有趣性。在这里，重复的生活通常会处于劣势。不仅是精确重复的生活，任何与许多其他生活过于相似的生活，对世界的有趣性贡献都少于一种显然独一无二的生活。

\* \* \*

顺便说一下，在内含有趣性标准上得分最低的生活可能在贡献有趣性标准上得分很高。我是说，整个宇宙中最无聊的生活（假设有一个生活比其他所有生活都更无聊）从某种意义上说是独特的，因此，它在特定维度上是有杰出贡献的。因此，基于我们在索尔堡和卢娜堡思想实验中探讨的原因，从外部角度来看，它至少是有些有趣性的。

让我用一则个人逸事来说明这一点。

我几乎忘记了我作为学生参加过的所有讲座，但有一场至今仍然记得，因为它实在太无聊了。我记得自己为了分散注意力就尝试着估算天花板那里隔音板上的黑点数量，随着讲座的拖延，我的估算变得越来越精确，我甚至担心在讲座结束之前我可能不得不数完所有的点，虽然那里有成千上万的点。记忆性与有趣性相关，每每想起这次经历，我都不得不说：这次讲座对我学生时代的有趣性做出了高于平均水平的贡献。它无聊到有趣！

这个故事还有一个结局。你看，我在假装对什么东西感兴趣方面没有太多天赋。当时讲座的房间很小，观众只有很少的几个人（这就是为什么起身离开房间会很尴尬）。我当时的内心活动对讲师来说显然太明显了。他当时是系主任，我后来得知，他阻止了我被该系的博士生项目录取。

## 小人物，大世界

假设你是拿破仑。这样的话，你的生活在我们地球人中是非常独特的，但你的生活是否为世界贡献了任何显著的有趣性仍不清楚。

这是因为你很有可能已经被别人抢先了，有人已经做了你这一生将要做的所有事情。这里我不仅仅是指在你之前也有过将军和皇帝，不，情况更严重：似乎很有可能有人已经做了完全相同的事情，你正在做或经历的任何事情都没有丝毫的宇宙新意或独特性。

至少，如果我们对当前最受欢迎的宇宙学模型信以为真，这就是一个后果。这些模型表明，我们生活在一个我称为"大世界"的地方：一个足够大且局部随机的世界，以至于从统计学上看必然会包含所有可能的人类体验。[36]

例如，如果有无限多的行星，每颗行星都存在一些由独立的小但低下限的概率所生成的、任意局部状态的转换序列（如特定版本的人类历史），那么，对于任何这样的局部转换序列，若概率为1，它就会在宇宙中多次发生，事实上，是无限次发生。

如果宇宙在空间范围上是无限的，那么存在无限多的行星是可能的，因为它看起来就是这样的。不要把宇宙与可观测的宇宙相混淆。当你听到"宇宙中有$10^{82}$个原子"这样的说法时，它很可能是关于可观测宇宙中有多少原子的真实陈述的一个混乱版本。设想我们处于一个开放且单一连接的大爆炸宇宙中，天文证据可以表明，目前我们认为可观测的宇宙只是整个宇宙的一小部分。

还有一些观点认为，除了这个宇宙之外，还有其他宇宙。多元宇宙的可能性当然进一步增加了大世界假说的可能性。

在大世界中，雪花并不独特。在某个遥远的地方，甚至在我们所能看到的最遥远的星系之外，有一片相同的雪花，甚至其精确的原子组成都是相同的。更远的地方还有一个完全相同的"拿破仑"。再远一些还有一个完全相同的"拿破仑"进行完全相同的"俄国战役"，并在完全相同的"厄尔巴岛"上的完全相同的别墅中死去，等等。（战役不会在我们星系中的俄国，别墅也不会在我们星系中的厄尔巴岛，但它们的位置与地球上的这些地方在原子上是相同的。）

因此我们可以说，太阳底下无新事。或者更准确地说应该是，太阳底下有新鲜事，但在许多其他星系中，这些事物都已经不算新鲜了。

我强调这一点，不是因为我们确定自己确实生活在一个大世界中，而是因为（a）我们很可能是这样的，以及（b）其影响如此引人注目。（但也有可能，我们关于物理无限的可能性的基本概念在某种深层次上是有缺陷的。）

因此，当我们在最大尺度上考虑事物时，我们发现，虽然其中包含的有趣性总量很大，但我们对它的贡献能力显得非常渺小。无论我们是从相对还是从绝对的角度来评估我们的贡献（无论是考虑我们能对有趣性总量负责的百分比，还是世界因为我们的存在而变得更有趣的程度），无论以哪种方式，我们的角色都是微不足道的。如果世界不仅真的很大，而且按照大世界假说的方式，世界是永恒无穷的，那么我们（如果我们将自己理解为特定的具体个体）似乎对总有趣性负责的量实际上是零或无限小的。[37]

从某种意义上说，你可能会说，这还真是令人宽慰。因为如果现在的情况是这样，那么至少在对乌托邦的有趣性贡献能力上，我们不会失去任何东西。这可能原本就只是一个担忧：我们在后工具性乌托邦中可以获得的其他维度的福祉可能会以减少我们的有趣性贡献为代价。但如果我们现在就没有贡献，那么以后也不会贡献更少。

* * *

我们还应该考虑大世界假说是错误的这一可能性，或者事情本身并不像它们看起来的那样。在这种情况下，我们又会贡献多少有趣性？

如果没有多元宇宙，如果我们的宇宙不太大，如果不存在外星智慧，换句话说，如果我们的星球是唯一可以燃起意识火焰的炉子，那么人类产生的种种现象即使再闪烁不定，也确实具有一种宇宙有趣性。在足够黑的夜晚，甚至萤火虫的微光也可以成为一个引人注目的景象。

然而，这些假设下仍然存在这样的问题：虽然人类可能对世界贡献了大量的有趣性，但我们每个人都能贡献显著有趣性的情况依然不大成立。冷静的现实是，已经有超过 1 000 亿人出生，未来可能还会有更多，我们中的任何一个人都很容易消融在人群中，我们真的能声称自己与所有其他打嗝儿的底层人或颐指气使的上层人以及诚恳的中层人之间有多大的不同？

只有最稀有和最极端的个体才会成为例外。也许，如果宇宙中没有外星生命，拿破仑就会对世界的总有趣性（勉强）产生可感知的影响。也许我们这样的例子里可以再加上一些其他的世界历史人物，如一些宗教的创始人、一些伟大的发现者、少数顶尖的文化创意者。如果我们的有趣性概念里还重视纯粹古怪的信仰和习惯，那我们可能会再加上一小群疯子来凑数。

然而，对于普通的国王或总理，即使大世界假说是错误的，他们为世界贡献显著有趣性的希望也很渺茫。

＊＊＊

　　为了论证，假设你既不是拿破仑，也不是任何其他世界历史人物，也不是任何足够罕见的疯子，那么，你是否仍有可能以某种方式对世界的有趣性做出人类可察觉的部分贡献呢？

　　我认为这是有可能的，尽管这需要偏离标准的当代科学世界观。我们需要考虑一些更神秘的可能性，那些将竞争领域从存在于大世界中的无限数量的人，缩小到我们通常假设存在的数十亿人，再进一步缩小到某个更小且更易管理的数量的人。[38]

　　例如，你还可以考虑一种唯我论的猜想。如果外部世界是幻觉，而你是唯一真实的人，那么你将负责总有趣性的很大一部分。你将是一个极具原创性的人物，一个最杰出的人物！

　　（如果你认为这个事实本身并不会真的让你的生活变得更好，那么这就是你对当前生活所重视的有趣性贡献的上限。可能这意味着，你实际上对贡献有趣性作为福祉因素的重视程度很低或几乎没有。尽管理论上你可能会对贡献有趣性非常重视，但你只是认为你当前的生活在相关的内在属性上极度缺乏；然而，如果你变成了一个行星大小的超级智能体，你就可能会获得足够的复杂性，从而在唯我论情景下，你对世界的有趣性贡献成为一个重要的福祉因素。）

　　唯我论情景的变体也可以成立，即除了你之外还有少数其他真实的人。我不确定这种观点是否有名字，叫它"稀人论"？

　　我们还可以考虑模拟假说，根据这些假说，你所看到的世界是计算机模拟出来的。那么，可能并不是所有你周围显现的人都以足够的细致程度被模拟出来，进而被赋予有意识的心灵。你可能处于一个单人或少数人的模拟中，其中大多数角色是非玩家角色。[39]但请注意，这只会让你对宇宙有趣性有显著部分贡献的可能性成立，前提是没有其他模拟世界包含了大量与你相似的"玩家角色"。否则，你将再次只是宇宙人群中一个被淹没的面孔。[40]

第四章　　237

或者，也许我应该说你将"只是某个奇妙生物肠道中的另一个微生物"，因为如果有模拟存在，就会有模拟者，他们可能大部分时间都待在他们的走廊和庭院中，在那里，一切客观有趣的事情正在发生着。

## 地方主义

到目前为止，我们一直在考虑你是否具有宇宙意义，即你的生活是否对整个世界的有趣性做出了显著贡献。但我们发现你可能太渺小，无法在这个层面上产生任何可察觉的影响。

但如果我们从更小的尺度来看呢？在一个社区的尺度上，个人变得相当重要的可能性要大得多。如果我们进一步缩小尺度，比如缩小到社区或家庭的层面，那么个人的重要性就成为常态。

因此，如果我们充分限制我们评估有趣性贡献的领域和范围，我们就可以避开那些在各方面都比我们更耀眼的烈日，然后，我们可以欣赏自己蜡烛的微光，我们可以感到温馨，因为至少在这个局部领域内，没有其他人像我们，也没有其他人像那个在小小的角落里与我们分享桌子的人。

我们完全可以在这种地方性的独特性中找到快乐。有人在自己的花园里发现了一朵蓝铃花：为什么他们不能为这朵美丽的花而感到快乐呢？它就长在这里，尽管其他地方的土地上可能覆盖着成片的蓝铃花。

\* \* \*

如果我们进一步缩小范围，将考虑的范围限制到我们自己的生活上，我们就回到了内含有趣性的概念。我们会注重生活本身包含了多少有趣性，而不考虑这种生活与外界的重复性。

* * *

一个采用这种狭隘有趣性观点的世界设计者可能会用最有趣的生活的副本填满整个宇宙。（目前，我们仅考虑有趣性，不涉及其他价值。）如果作为一个世界设计者的你不选择这个选项，那么你就不接受有趣性考虑的范围应该是单一的这种生活。如果你不会用最有趣的家庭或最有趣的社区的副本填满世界，那么你也会拒绝将范围缩小到社区和家庭层面。但这样我们就回到了我们刚刚讨论的问题开始出现时的规模，在国家、文明或宇宙的规模上，大多数个人很难或不可能脱颖而出。

* * *

假设（看起来是合理的）如果要最大化世界的有趣性，一个人会创造各种不同的存在，而不是用无数相同副本的（内部极其有趣的）单个存在填满宇宙。从这个意义上看，有趣性将是世界的一个全局属性，我们对这种全局有趣性的贡献能力，无论是现在还是在乌托邦，都可能非常有限。然而，一个人仍然可以坚持认为，如果我们能在某个中间尺度上贡献有趣性，那么我们的生活仍然可以对我们自己更好。因此，认为世界在全局尺度上更有趣，而我们的生活如果能在局部贡献有趣性则对我们自己更好，这是一个一致的立场。从这个角度上看，世界的价值将取决于（并附加于）其居民的生活质量之外的因素。

然而，在这些讲座中，我们主要关注的是个人福祉的问题：后工具性乌托邦人的生活对他们来说能有多好？尤其是如果我们成为这样的乌托邦人，我们的生活对我们自己来说能有多好？

## 时间与成长

即使我们将有趣性价值的范围限制到个体生活上，换句话说，即我们所谓的内含有趣性，我们的答案也并不明朗，因为我们还面临时间维度上的问题。多样性、新颖性、变化的需求无疑是有趣性价值的核心元素，这些不仅适用于空间上的重复，也适用于时间上的重复。

这正是皮尔正在努力解决的问题，他不得不诉诸一系列连续的激情来控制他的欲望和活动。只有这样，他才能避免陷入无尽重复的循环，并保持时间上持续的有趣性。

然而，皮尔的策略虽然可以延迟重复和客观无聊的到来，但不能无限期地拖延下去。如果我们继续下去，皮尔最终会对雕刻桌腿产生热情。

然后呢？对在桌腿末端贴上小垫子产生热情，以免刮伤地板？对拧开胶水瓶盖产生热情？

\* \* \*

虽然人类存在模式的空间内有很多事情可以做，但其中包含的可能性是有限的。我相信我们可以比通常的 70 年活得更久些，那时也不会耗尽我们潜在的内含有趣性储备，但最终它会枯竭。

显然，如果我们足够细致地把每个可能性都个体化，那么可玩的变体数量是巨大的。例如，如果你有 10 万根头发，考虑所有可能的不同发辫：如果我们把由不同头发组成的两根辫子或在缠绕模式上有一些差异的辫子都视为不同的，那么借助组合学的威力，即使像我这样头发数量较少的人，也可以编出足够多的不同花样的辫子，足以在宇宙热寂之前每天都编一个新的，甚至还有相当多的不同方式去系简单的领带。我的一位同事，那个我从未见其感到无聊的人，在这个领域合著了一篇文章，计算出有 266 682 种不同的领带结。[41] 如果每个父亲节你都会得到一条新领带，那你可以用不同的方式系领带长达 25 万年。

但当然，与我们的研究相关的是有趣的不同排列数。一般来说，这个数远小于不同排列的总数。更受限制的是，我们关注的是可以组成一个单一连贯的人的有趣的不同排列数，这个数可能还要小得多。如果我们将人类寿命延长到比如说 100 万年，我们就真的会开始挖掘有趣性储备的老底，但这似乎并不合理。

* * *

我们即使只活到 70 岁，也似乎注定会在生命的进程中经历有趣性的减少，如果我们根据发展里程碑或重大进步来衡量的话。我们来看一下，一些在生命的前一两年发生的事情：

1. 你进入了存在！
2. 你意识到你有一个身体！
3. 你学习到有一个外部世界！有物体！即使我们不看，这些物体也会存在！
4. 你发现还有其他人！
5. 你开始学习如何发声和移动四肢，从而实现目标！

认知的剧变接踵而至。如果把这些比作颠覆我们对自我和现实理解基础的认知地震，那么上面的每一件都是内含有趣性的里氏震级达到 10 级以上的事。

将此阶段与生命后期相同时间间隔内的情况进行比较。一个中年人可能认为，如果他们家重建了厨房或他们的狗生了小狗，那将是一个多事之年。

如果我们能够在年老时保持充分的活力和热情，并享受更有利的环境，我们就可以避免这种减速。但如果我们使用的有趣性指标类似于"个人发展的速度，累积的建设性生活变化，实现新的成就水平、理解、成长和经验"，那么其中一些指标的减速是不可避免的。即使有最优的课程设置或类似于皮尔的激情轮替，我们似乎也注定会遇到边际效应递减，之后连续的生命里能为我们带来有趣的事件也越来越少。

第四章　　241

# 后人类空间

尽管我认为最终无法避免，但如果我们扩展和增强我们的能力，以便探索可能的存在模式的后人类空间，那么这种停滞可以被推迟。我指的是那一大批可能的生活方式，如思维、感知、感受、理解、关系方式、行动、欣赏、成就和抱负等，对我们目前这种类型的头脑和身体来说，这虽说是不可及的，但可以通过人类增强技术的进步来解锁。

我在其他地方论述过（这种观点在我看来仍然是可信的），后人类空间的可能存在模式超越了我们最狂野的梦想和想象力。[42] 我们也许可以在概念上理解它们，但只能以最苍白和抽象的方式来理解。

这其实不足为奇。当我们被限制在由重约 3 磅①的肉块所构成的头脑中进行所有的理解和欣赏时，我们没有明显的理由认为自己应该能够直观地理解和生动地欣赏所有这些存在模式。

想象有一群大猩猩坐在空地上，讨论进化成智人的利弊。其中最聪明的一个表达了赞成的观点："如果我们变成人类，我们就可以拥有很多香蕉！"

是的，我们现在可以拥有无限的香蕉。但人类的状况不仅仅如此。

\* \* \*

因此，在时间轴上，当后人类领域打开时，我们可以预期生活中的有趣性会增加，尤其是如果这种技术过渡能相对迅速地展开的话。

然后，有那么一段时间，我们的生命将再次变得鲜活，就像婴儿重新睁开眼睛，惊奇地看待现实，并开始蹒跚地探索其可能性。

每一次能力的提升都会解锁新的世界。某人可能缺乏欣赏理论物

---

① 1 磅 ≈ 0.454 千克。——编者注

理学和严肃文学的能力。他的认知能力得到了提升。伴随着一个点击声和嗡嗡声，门开了。

如果我们不断升级心智能力，我们最终会离开人类领域，升入超人类平流层，然后进入后人类空间。

我想强调的是，这不仅涉及智力，还意味着各种人类的局限性都可以被推后和扩展，如寿命、能量、情感敏感度和范围、感官模态、创造力、爱的能力、平静沉思或嬉戏社交的准备、音乐、幽默、感官享受等特殊才能，以及我们目前完全缺乏的全新感受力和生成力。正如某些猿类进化成人类时一样，在这一向后人类转变的过程中，许多新的有趣性来源就可能会出现。

*　*　*

这种有趣性增加的时代能持续多久？答案在很大程度上取决于我们如何确切地看待有趣性。价值是否根植于基本的新颖性？它是否需要某种最小的总体能力增益率？如果是这样，我们会相对快速地耗尽有趣性，因为维持恒定的有趣性水平将会快速甚至指数级地燃烧我们的增长潜力。另外，如果表面的新颖性和越来越狭窄的能力增益足以维持有趣性，那么我们可以持续更长时间（或许是天文时间）而不会经历每一天生活有趣性的递减。

## 3 种原因论假说的含义

为了在这个问题上取得进一步进展，我们可以重新审视之前关于有趣性价值起源的推测。回想一下，我们考虑了 4 种（并不互斥的）可能性：学习与探索假说、信号假说、飞拱假说和避免僵化假说。让我们探讨每种假说会对持续保持高水平内含有趣性的生活提出什么要求。

* * *

飞拱假说认为，正是因为实现其他更基本的价值会带来一个有趣的未来，我们才凭直觉认为一个无趣的未来是有缺陷的。在这个假说下，有趣性的价值是纯粹衍生的。为了了解这些其他价值的长期前景，我们可能最好直接研究它们，而不仅仅研究它们的影子。这将是明天讲座的主题。

* * *

信号假说认为，活动的有趣性价值在于我们内在化了它们提升地位的潜力。因此，我们可以列出各式各样的此类活动，如开游艇、拍电影、饲养赛马、攀登珠穆朗玛峰、与又美又有名的人一起参加派对、参加奥运会、举行摇滚音乐会、治理国家或掌管大型组织等。然后，我们可以考虑这些活动在一个可塑乌托邦中会如何表现。看起来这些活动或类似的活动将仍然存在并可能无限期地重复下去，有些活动会保持其稀缺性（如治理国家或与名人在一起），但其他活动可能会被广泛实践（如开游艇或攀登高山）。

当然，如果每个人都去攀登珠穆朗玛峰，那么它将不再是一项能提升地位的活动。但我们可能已经内在化了这种活动的吸引力，即使不再让他人印象深刻，它也能保留（部分）价值。在一般情况下，人们可能会逐渐失去对那些曾经有声望但不再如此的活动的欣赏。然而，乌托邦人可以使用神经技术来固定他们的心理，避免这种情况的发生。请注意，对认为攀登珠穆朗玛峰具有内在价值的人来说（可能是因为他们内在化了这种活动作为地位提升手段的工具价值），当他们变得不再认为这种活动具有内在价值时，可能会出现一种腐化——他们似乎有理由去避免这种转变发生。

另一个潜在的问题是，在一个可塑乌托邦中，某些活动可能会"失去意义"（如昨天讨论的4个案例）。然而，这似乎并不是有趣性本身的问题，而是我们在考虑乌托邦中其他价值（尤其是目的和意义）时需要考虑的事情。我们明天会回到这个问题。

总的来说，信号假说描绘了一幅相对乐观的图景，认为即使我们寿命很长，我们也有可能维持高水平的有趣性。从原则上讲，只要这是一个人的兴趣所在，他就可以一直开着游艇出去玩儿，或者听室内音乐会，或者在场地周围骑马，或者盛装出席晚会。

\* \* \*

避免僵化假说认为，如果有趣性的价值源自我们避免内化厌倦感，而我们的厌倦倾向是一种适应性能力，目的是防止我们在无果的努力中坚持不懈，或防止我们陷入过度奖励的情况，让我们通过适当的任务切换来把时间和精力分配到我们全部需求的各个方面，那么我们应该期望乌托邦提供适当多样的活动和环境，以让我们的生活保持有趣性。

这解释了为什么当我们修改科幻作家格雷格·伊根在他的小说《数字永生计划》中对皮尔的描述，为皮尔提供一系列同时存在的热爱时，皮尔的生活立刻显得更有吸引力了。在90年的时间里，早上做木工，下午与配偶一起散步，晚上与朋友一起看体育比赛，这样的生活听起来比先花30年只做木工，再花30年只散步，之后花30年只看体育比赛要有趣得多。重要的是，即使我们假设（其实我们应该）在任何情况下都不会经历主观上的无聊，这种混合的生活比单调的生活更有吸引力的直觉可能仍会对我们产生影响。

当然，当尝试评估这些替代方案时，我们也很难消除所有的混杂因素。例如，在混合生活的变体中，我们可能想象自己会享受着不同兴趣领域之间的互动。也许我们可以在下午散步时与配偶讨论我们在木工车间干活儿的困难和成就，却很难想象如何在30年内保持不间断的对话。一般来说，我们生活中享受的许多客观有趣性可能来自不同追求之间的互动，以及我们的朋友和同事对这些追求的反应。这一考虑是支持把不同事物混合起来的理由，与我们可能把内在化的混合作为避免僵化的手段这一事实无关。

除了在一天之内引入变化之外，乌托邦人还可以在更大范围内赋予生活细致的纹理和丰富的结构，以期增加生活的有趣性。他们可以有类似于我们对工作日和周末的区分；还可以有季节、假期、短期或长期的项目、职业阶段、嵌套的愿望集、生活阶段，彼此重叠和交织，具有不同的周期性；"抛掷石头有时，堆聚石头有时"[43]。

如果我们的寿命大大延长，我们就有可能采用比现在更长时间尺度的生活结构。也许我们可以有周期性的"重生"：在保持基本核心的同时，发生革命性的转变，我们用在一两个世纪内积累的许多偶然的东西和特定知识"换取"一些深刻的新事物，比如深刻的见解或某种基本能力的升级，这能使我们重建所放弃的东西，甚至做得更好。

我不知道你是怎么想的，但有时我会幻想回到童年或青春期，从那时开始"重新生活"，但同时拥有后见之明和我已学到的一些东西。我不知道这具体怎么操作，但只有一次的生活似乎……我想说，人会错过所在之处提供的很多东西。尽管岁月可能会带来一些对世界运作方式的理解，但这种理解往往来得很晚，以至于唯一能在经验之树上长出来的果实似乎是顺从。智慧在树上枯萎。

（如果有基因工程师能解决这个问题，那么我认为这确实是一个善举。）

## 学习与探索假说的含义

让我们谈谈最后一个成因假说。这个假说将有趣性价值的根源追溯到人类学习和探索的本能，这种本能已经被我们内在化。我们需要更深入地挖掘这一点。

学习与探索假说的核心思想：我们拥有思考、学习和发展的能力；我们有使用和实现这些能力的倾向/欲望；我们会重视那些涉及使用和实现这些能力的情境和生活路径。

在乌托邦中，这些能力的实现取决于我们关注的是哪些能力，我们可以把这些组成一个能力光谱。在光谱的一端，我们有一些诸如视觉感知的能力，这些能力可以轻松地在漫长的岁月中不断得到满足。在光谱的另一端，我们有一些能力或潜能，例如神经认知发展和成熟，这些能力可能在乌托邦的短暂繁荣之后达到顶峰并停滞。

感知是短周期的。你看到某个东西，信息通过你的视觉系统传递，一个感知在你的意识中闪现，你认出了一个物体：这是一个低音管。然后，完成这项视觉处理任务所涉及的神经激活被重置。任务在一秒钟内结束。

记忆在一系列时间尺度上运行。工作记忆的周期比感官记忆的稍长。假设你在进行心算，并且你在工作记忆中同时存储计算所得的中间结果。几秒钟后，你不再需要这些内容，它们被清除掉。你准备好接收一组新的表征并在短时间内高水平地保持它们的可用性状态。这是正常功能的一部分：我们不会在完成相关任务后、其相关内容被删除时才说"出了问题"。工作记忆，就像感官记忆一样，可以在短时间内被无痛重置。

但是我们也有一些记忆能力，其目的是无限期地存储信息。我们不会在学会骑自行车后"应该"忘记如何去骑。在理想情况下，一些陈述性记忆和情景记忆的元素也似乎应该永久保留，因为当我们忘记这些记忆时，那多多少少有点儿不幸。这意味着，如果一切记忆功能都很完美，我们将不断积累越来越多的程序性记忆和情景记忆。

在 100 年后，我们可能会开始消耗人脑的存储容量，且最终会耗尽。为了无限期地保持记忆的完美功能，在某个时候，你会需要一个更大的头。

我认为这本身并不是一个大问题。如果你感兴趣，我在下面的讲义中对此有一些进一步的评论。

## 讲义 14　超长寿命者的记忆存储

我们能记住的最大比特数与大脑的容量大小呈线性增长关系，因此如果我们以目前的速度继续积累技能和经验，我们每个世纪只需让大脑扩大 1.4 升来维持人类的心智水平（实际上会少得多，因为我们可能会把记忆迁移到更优的介质，但随后如果我们想继续积累长期记忆，大脑仍需在体积上线性增长，可能以每个世纪接近 1 立方厘米的速度增长）。

在某个时候，我们的大脑会变得如此之大，以至于大脑的不同部分之间的信号传导延迟会迫使我们的思考速度在一些方面变慢（如那些需要整合存储在大脑分散区域的信息的方面）。这可能已经是今天的一个限制因素：有髓神经纤维中的轴突传导速度约为 100 米/秒，这意味着信号在一毫秒内最多可以传输 10 厘米，这是生物神经元的最大即时分辨率。如果我们改用光纤，那么信号可以以光速传输，即每毫秒 30 万米，这表明大脑大小的极限为直径 300 千米，相当于一个大都市的大小。我们如果将一个世纪的长期记忆积累存储在 1 立方厘米中，就可以在不忘记任何长期记忆的情况下生活超过 $10^{22}$ 个世纪，这似乎足够了。（我们还需要进行一些其他的补充调整，比如创建一个检索系统，从而找到和使用相关的技能和记忆；但总体看来是可行的。）

我们如果以较慢的速度运行系统，就可以进一步增加记忆库的最大尺寸，因为这会增加信号延迟可接受的运行半径。如果我们生活在虚拟现实中，并以减慢心智发展的相同比例减慢运行速度，我们可能就不会注意到任何差异。

反之，如果我们坚持以比生物大脑更快的主观速度运行，人类心智所能整合的最大尺寸就将相应缩小。例如，如果我们将自己大脑的运行速度提高约 300 万倍，我们大脑的尺寸就将回到可以装在我们当前颅骨中的大小，尽管使用了更优的计算和存储基质，但它仍然可以比现在的大脑拥有更多数量级的长期记忆。（这样一个高速运转的心

> 智还需要一个强大的自动冷却系统，除非它几乎完全使用可逆计算来实现。）
>
> 与优化当前的心智，以期活得尽可能长久相比，我们可能更愿意使我们的精神生活的横截面变得更大、更复杂。这样的话，每秒钟的主观生活将需要更多的计算量，这些扩展心智的记忆也将消耗更多的存储容量。因此，这一目标与长寿相冲突。我们可以在"发展大而早逝"或者"保持小而长寿"中做出选择。更合理的是，我们可能想要两者兼顾：寿命长几个数量级，心智容量又大几个数量级。这对一个技术成熟的文明中的人来说是可行的。

\* \* \*

问题在于，我们对发展和成长的需求远远超过了对固定的生活记忆和运动技能的简单的线性积累。

就像你发现自己有一个身体，或者发现还有多少其他人的存在，类似规模的本体论地震还会有多少呢？如果我们谦虚地假设，我们不知道的基本真理集远比我们知道的更多，但我们真的会认为还有 100 个这样的启示吗？

如果理解是一种压缩，那么一组特定事实能被理解的程度是有上限的：有限的比特字符串只能被压缩到某个程度。[44] 假设我们不想抹去已经获得的观点，为了获得更多的压缩机会，我们需要不断积累数据点。从长远来看，我们可以接收和存储的数据量最多会随着物质资源的线性增长而增长。因此，我们可能会继续以恒定甚至多项式增长的速度压缩，直到我们的文明不再扩展。

但是，重要的不仅是我们压缩了多少，还在于我们压缩了什么以及如何压缩。例如，假设我们的数据源由我们在宇宙中越走越远时所遇到的天体的位置和分子组成的测量数据构成，毫无疑问，这些数据中有很多微观和中观结构，因此我们有机会找到局部模式，以更紧凑的方式更有用地表示原始数据集，并使用更少的比特字符。但以这种方式进行的认知工作似乎不太有趣，通过这种方式不断发现的信息和模式最终只具有局部相关性：它们会越来越少地告诉我们关于其他地方的真相，而且也将不再揭示任何新的普遍真理或更深层次的解释。在这一点上（回到莎士比亚的类比），我们早已过了去研究角色和情节的阶段，而是花费数百万年进入了以越来越精确的方式编目每一页书中的每一根纤维的确切方式的阶段；然后是每根纤维的精确分子形状。在给定的 10 年时间里，研究实验室中最激动人心的事情（剧透警告）可能是，在某一天，一颗新的尘埃落到了手稿上。

我怀疑我们对数学模式的探索最终也会到达类似的境遇，尽管可能需要更长时间。当然，还有无限多的模式可以被发现，有无限多的真理需要被确立，也还需要独断、复杂的论证方法，但是，其中又有多少是真正深刻和基本的呢？有多少研究的结果会具有类似于康托尔或哥德尔定理的深度和意义？我猜其数量非常有限。

* * *

如果我们要寻找无穷无尽的有趣性来源，那么最有前景的研究对象也许是我们自己：我们不断创造的智能存在体和文化。我们的经历会改变我们，文化可以建立在过去的成就之上，这就构成了一个不断移动的目标，我们的个人理解与集体理解之间可能永远无法完全互相理解。我们的理解能力提升得越多，我们就越可能同时提升文化的创造力和复杂性，以至于前者永远无法赶上后者，就像一个短跑运动员可能永远无法追上自己的影子，无论他跑得多快或多远。即使是"木星大脑"（这是一个旧的超人类词语，指的是一种质量与木星这样的气态巨行星类似的计算巨型结构），在包含其他木星大脑的同伴群体中，也可能遇到智力上的刺激和挑战，这些同伴群体以与其自身技能和理解的进步相同的速度不断学习、改进和创造。

有趣性能够通过这种方式长期延续的观点，其可信性可能源于我们在有趣性的概念中嵌入了一个社会组成部分。也就是说，那些能够在理解社会互动伙伴方面给人带来优势的信息，或者那些能够提高人们对与他人共同关心的对象的相对理解水平的信息，在其他条件相同的情况下会被评为更有趣的。（这种有趣性标准中的社会组成部分可能是通过类似于信号假说中假设的过程沉积下来的，只不过其起源不需要局限于社会信号价值，而是可以源于与某些类型的社会相关信息或学习相关的各种工具优势。）

如果我们的有趣性价值确实包含这种对社会相关信息的内在需求，只要这些细枝末节仍然是文化活动的重要焦点，那么任意主题的细枝末节都可能被视为"客观"有趣的。例如，如果有许多数学家在积极寻找素数序列中的渐进模式，那么这些渐进模式可能被视为有趣。然而，这种有趣性的"客观性"可能是某种程度上削弱或有条件的形式。虽然它超越了单纯的个人主观兴趣（因为它不仅仅是某人恰巧对某事感兴趣），但它仍然是基于似乎相当任意的文化选择和动态的有趣性。它也许应该被称为"主体间的"而不是"客观的"。在决定文化走向或选择这些动态时，如果其他规范性约束的情况存在，那么一些主体间的约束可能会间接地受到更客观的约束的支撑。

\* \* \*

或许吧。我不确定这一切将如何展开。如果我不得不猜测，我会说：如果我们用单位时间内发生的高震级的认知地震的数量来衡量一个时代的客观有趣性，这种客观有趣性可能就会在机器超级智能发展的过程中达到顶峰。取决于其发展曲线的陡峭程度，有趣性可能会在10年左右的时间内保持在前所未有的高水平，然后逐渐下降到远低于人类历史上相对停滞时期的水平。到那时，最重要的发现可能都已经被发现了。

然而，这一预测高度依赖于如何量化有趣性。不同的衡量方式可能会使有趣性在极高的水平上到达一个平台期，并无限期地保持在这个水平，一个远高于我们当前个人生活或作为一个文明所经历的水平。也有可能我们的客观有趣性概念过于混乱和不明确，以至于我们无法确定哪种度量是正确的。

## 精神万花筒

如果我们在认知地震的意义上"用完了有趣性"，或者如果我们对这种有趣性的消耗必须渐近于某个当代标准看来非常低的水平，那会有多糟糕呢？

也许我们可以通过将这种假设的过渡（过渡到一个永久性低有趣性时代）与我们个人已经经历过的从婴儿、童年到成年的过渡进行比较，并从中获得一些启示。

正如我们观察到的，对我们大多数人来说，这一过渡涉及某种有趣性的急剧下降。我们不再经常发现物体永恒性这样深刻的事物或其他心灵的存在。即使像是这样的系列讲座，尽管我尽最大努力为你们中的许多人或你们的父母所支付的高额学费提供合理性，但为了资助大学新校园的建设，我们也不得不收取这些费用，这个校园将专门用于容纳我们呈指数级增长的行政人员，更别提还要建一个可以容纳两万人的新球场，学校没有新球场就不可能为年轻人提供适当的基础。即便如此，我也不得不遗憾地承认，这样的系列讲座很可能无法提供你们在一岁时收到的那个彩色玩具木琴所提供的有趣性价值。

尽管如此，我还是希望你们目前的生活不太糟糕。尽管在百分比上，你们的认知进步不像你们年轻时那么迅速，但你们现在所能掌控的认知复杂水平绝对更高，可以在这一点上找到补偿。

在某种程度上，我们后来的经历带有的怀旧色彩可能出于完全不同的原因。我们可能喜欢被照顾，喜欢整天玩耍。天真可能对我们有好处，不是因为它给了我们更多学习和进步的机会，而是因为它保护我们免受严酷现实的伤害，使我们能够适应一个更小、更舒适、更适合人类生活的世界。现在的我们压力大、责任大、世故圆滑、容易受伤、活力不足；乐趣和奇迹也减少了。

未来曾像一块魔法面纱悬浮在我们面前和上方，覆盖在万事万物之上，色彩斑斓，投下半透明的影子。现在我们看到的未来是一条走廊，被荧光灯照亮，布满带有编号的房间、要支付的账单、要履行的义务，我们知道走廊的尽头是医院、临终关怀和停尸房。曾经作为我们慈爱的保护者并维护我们小世界的父母，在我们眼前无助地枯萎或已被埋入地下。

所以，如果我们中有部分人对逝去的童年或失去的青春纯真感到怀念，那么有很多令人悲伤的原因可以解释这一点。

\* \* \*

如果我们真的陷入这样的停滞状态，进一步的成长和发展是不可能的，那会是什么样子？这种状态客观上有多么无聊？

我认为，我们不应该把这种状态想象成无聊的单调，仿佛陷入永恒的琐碎和枯燥的困境。

相反，这样的生活可能像一个变化多端的万花筒，按照一组固定的规则在有限的参数内创造出千变万化的图案。这些图案有某种程度上的相同点，但在其他层面上也有无尽的丰富性和新颖性。

后人类主义时代的精神万花筒将会更加复杂和精细，也许拿它的丰富程度和当代人类的生活丰富程度做对比，就像拿我们当下的丰富多彩的生活与一个只装有几颗玻璃珠和镜子的塑料管（万花筒）做比较一样。

我们可以惊叹于存在之美，在其无尽的形式和变化中展现自己；我们可以参与其中，就像双腿永不知疲倦的舞者一样，被欣赏到的奇迹和逻辑之美感动而翩翩起舞，因为实现完整存在的和谐脉动而雀跃不已。

# 风景路线？

无论这样的目的地多么迷人，我们可能都有理由不那么着急地向它迈进。我在这里所指的并不是可能出现的实际考虑，比如速度和安全之间的潜在权衡（我们之前提到过）。[45] 我想到的是"旅程即目的地"这个想法，或者至少旅程可以是整体体验中重要且增值的一部分。

既然我们在寻求我们生活中的总有趣性价值的最大化（无论是贡献的还是内含的），那么我们应该问的也许并不是"什么是最佳状态"，而是"什么是最佳轨迹"。

\* \* \*

最好的"状态"也不是完全静态的。例如，心理活动和现象体验需要大脑过程发生。一个冻结的大脑状态，或者存储在记忆中的计算状态的快照，并不会产生意识。因此，严格来说，它必须是轨迹；唯一的问题是，我们的价值观所处的相关时间尺度是短的（如一个意识体验的瞬间可能是几秒钟的时间尺度）还是长的（如一个可能非常长的个体或文明寿命的时间尺度）。

\* \* \*

如果我们设法进入一种存在安全的状态，并在这种状态下受到保护，不会受到外部竞争压力以及自然的弹弓和箭的伤害，那么从那时起，我们可能会接受很好的建议，选择慢慢来。我们能拥有全世界的时间，但第一次只能做有限数量的重大事情，因为我们可能希望仔细保管我们能够拥有的新鲜感。

这对处于发展中的新颖性来说尤其重要，即我们可以通过增强技术解锁的新的一般能力水平。这里有两个原因可以解释我们为什么需要特别节约这些能力。首先，我们的一般能力水平的总升级数量（以某个给定百分比幅度）可能相当少，（如果你的大脑每天增长10%，你将在几年内遭受引力坍缩。）其次，一般能力的增加使我们能够更快地耗尽某些环境里的挑战领域。例如，你我可能会发现许多游戏是刺激性挑战的来源，这些游戏让我们在许多冬日的下午愉快地消遣时间，但对一个一眼就能看出最佳通关策略的超级智能来说，这些游戏将毫无趣味。因此，也许我们应该花时间先从这些游戏中提取趣味，然后再将自己提升到下一个认知能力水平。在乌托邦中，匆忙地长大可能是一个错误。[46]

\* \* \*

我之所以说"也许"，是因为还有非发展性的趣味，即万花筒式的趣味，让我们可以作为后人类的超级存在，在极高（且无限可持续）的水平上体验到。一旦我们拥有更大的能力并进一步发展，我们就可以在生活中更充分地实现其他价值；快乐只是其中最明显的一个。因此，推迟认知升华是不是最优选择并不明显。后人类生活可能如此美好，虽然通往那里的道路上风景如画，我们蜿蜒穿过拥有草地和果园的迷人乡村，但放慢步伐甚至停下来闻闻花香都是愚蠢的：也许我们应该尽快到达那里。

**泰修斯**（耳语）：卡车司机称之为"回家的速度"。

**菲拉菲克斯**（耳语）：诗意。

**泰修斯**（耳语）：但礼仪就像从卡车窗口扔出的果汁瓶一样不值一提。

**博斯特罗姆**：尽管如此，我们活得越长，在价值实现的全景中，我们就越可能需要预留出一些初始时间段来享受作为不那么高级的存在的时间。这一初始时间段可能比后人类生活的总时间短，但比典型的人类生活的持续时间长很多。

## 身份、生存、转变、折现

在我们个体层面和文明层面上都达到了存在安全之后，我们可能还有另一个理由使自己在通往乌托邦的旅程中放慢脚步。这个理由更具有普遍性，它不仅仅涉及有趣性价值，还涉及我们希望在生活中实现的其他价值。

假设你突然变成了一个"木星大脑"。如果你突然之间转变成这样的存在，你就很难避免在这一过程中严重破坏你的个人身份认同。即使这种转变是缓慢且逐步进行的，维持个人身份认同也是一个挑战；若将其压缩到一个主观上短暂的时间间隔内，我们也可能不可避免地撕裂连接我们当前自我与未来可能成为的主体的审慎关怀的纽带。

考虑下面这个思想实验。

### 突发成熟

一个4岁的孩子晚上上床睡觉，第二天早上醒来时已经是一个完全成熟的成年人了。一夜之间，他的身体完全发育，他的大脑成熟，他在无梦的睡眠中获得了通常需要20年才能获得的技能和知识。类似于记忆体验的神经模式被印在他的大脑皮质上，因此早上醒来的这个人并不缺乏自传性或第一人称视角的信息。

顺便说一句，这种程序并不一定意味着早上醒来的人对他的过去产生幻觉。我们可以假设植入的记忆带有识别它们的标志。虽然早上醒来的这个人会因此不记得他自己的实际生活（除了在这种奇怪的程序操作发生前他所经历的那4年），但他会有一个类记忆数据库，里面记载着类似于他如果正常成长所会经历的反事实生活，让他至少可以像拥有过去的普通人一样，将类记忆数据库中的内容用于归纳目的。

现在，早上坐在床边的男人伸展着他长长的四肢，抚摸着他的胡楂儿：在某些方面，他是前一晚被塞到床上的那个男孩的个人延续。他保留了男孩的记忆，分享了一些男孩的个性特征，他的身体是男孩身体的变形和延伸。然而，在某些方面，也可以说，他是一个不同的人。

那么，我们可能会问：这个男孩只是经历了一次异常加速的成长突变，还是男孩死去并被一个模糊相似的年轻男人取代了？

* * *

与其将这个困境如此明确地呈现为在两个完全不同的可能性之间的选择，我认为我们应该采取一种更量化的方法，去关注"生存"，并认识到这是一种程度上的问题。[47]虽然我有时会使用"个人身份认同"这个术语，但我并不是指一种必须满足的数学标准的身份认同（例如传递性）。相反，我将使用这个术语来指代一种关系，当"审慎关怀的理由"存在时，这种关系就成立，这也意味着我们由于未来的某些主体与我们的当前自我之间存在某种关系而可能对其发生的事情特别关心的自我利益理由（这些关系可能涉及因果连续性和心理相似性形式，或许还有其他更多的情况联系）。这些审慎关怀的理由可以有不同的强度，原则上，我们可以让它们同时指向多个未来继承实体。

那么，让我们重新来表述这个二分性问题，问：男孩一夜之间变成男人的情况，与男孩在一二十年间正常长大的过程相比，其个人身份保留的程度是否大大降低了？

* * *

我认为可能是这样的。我并不确定其是否"大大"降低了，但似乎在突然发生变形时，个人身份保留的程度会显著降低。

为什么会这样呢？我想到几种可能的解释。（1）在正常的童年中，一个人可能有机会完成各种项目；而在突发成熟的情况下则不然。（2）这个人还会有各种关系（例如与父母和朋友的关系）和社会角色，这些关系和角色在正常的童年中能更顺利地发展和演变；而在突然成熟的情况下，这些关系和角色都会被彻底打断。（3）在正常的童年中，一个人的后期发展会部分受到他一路上所做的努力和选择的影响；而突发成熟中缺乏这种主体参与变形的过程。（4）正常的童年可以允许一个人体验成长和发展的过程；而突发成熟中，这并不会发生。（5）在正常的童年中，经历的许多变化可以被视为一种发展能力的体现，或者实现和满足一种内在的生物潜力的表现；但在突发成熟的情况下，这种看法则不那么自然。

如果我们认为在突发成熟的情况下，个人身份的保留受到了损害，那么我们也应该怀疑，在上面描述的正常的成年人突然变成木星大脑的情景中，个人身份被破坏的程度要更大，因为相对而言，类似男孩一夜之间长大这种深刻的转变处在更长时间内，并且逐渐而平稳地发生。

\* \* \*

那么，我们到目前为止得出了什么结论？我们有一个想法，即某些发展性或与学习相关的有趣性形式可以沿着一个不那么快速的轨迹最大化：在这个轨迹中，我们在某个认知能力水平上花费一些时间，好好利用现有的机会，然后再升级到下一个水平。我们还认为，我们如果想成为乌托邦的受益者，可能会再次偏好那些不那么急速提升能力的轨迹，因为这样可以让我们在当前时间片段与未来某些存在的时间片段之间保持更强的个人身份。

这些想法都支持更慢的升华速度。那么，我们是否有任何相反的考虑，去支持更快升华速度的理由？

**学生**：如果我们等太久，我们可能会灭绝。我们可能会被小行星击中。

**博斯特罗姆**：是的，还有比小行星更大的风险值得关注。但在这里，我想把这些实际考虑放在一边。让我们假设我们已经达到了一种状态，在这种状态下，我们的文明和我们自己作为个体都达到了足够的安全水平，我们不再死亡，并且拥有很高的生活质量。我的意思是每个个体，包括非人类动物和数字心智，都已经达到了一种后工具性的生活状态，在这种状态下，我们自己的努力从工具性角度上看，无论如何都是无关紧要的。我想专注于价值问题。较慢的升华速度是否总是更好，或者是否有一些相反的考虑？有人想分享一下你的想法吗？如果我们从未增强我们的能力会怎样？

**另一个学生**：那么我们永远无法体验作为后人类存在的生活会是什么样子。

**博斯特罗姆**：没错。即使我们最终增强了能力，但若等到宇宙能量即将耗尽，我们也无法体验很长时间，对吧？更笼统地说，如果我们认为一旦成为后人类，许多价值可以在我们的生活中得到更高程度的实现，那么我们等待的时间越长，我们就越会错过更高水平的幸福。

**学生**：是的。

**博斯特罗姆**：但是宇宙可能有足够的能量继续运行数万亿年，如果我们采取一些负责任的管理方式，时间就会更长。所以，就算我们等待一亿年，从百分比上来说，这也几乎不会对我们在后人类状态中生活的时间产生影响。你能想到任何理由推动我们比这更快地前进吗？

**另一个学生**："时间折现"这个理由怎么样？

**博斯特罗姆**：那是什么意思？

**学生**：在经济学课上，我们学习如何折现未来的收益和成本以计算它们的净现值，折现率通常被设定在每年5%左右。基本上来说，几百万年后的事情并不重要。要使后人类存在的净现值更具有意义，那就需要发生得更早。

**博斯特罗姆**：若是以5%的折现率来算，即使是仅仅100年后的事情，其重要性也不到明年发生的事情的重要性的1%。而10 000年后的事情，其重要性则不到9 900年后发生的事情的1%。这似乎有点儿可疑！

我觉得我们需要谨慎地将时间折现率用作对最终价值的解释。在正常用法中，折现率也仅作为一组经验性考虑的粗略代理概念，例如考虑到替代投资机会的机会成本（可能依据无风险收益率去追溯）、预期通胀、消费增长，甚至个体死亡或经济体系完全崩溃的可能性等。出于许多实际的原因，我们可能更愿意今天收到一笔钱，而不是被承诺在未来某个时间收到同样金额的一笔钱。

但除了这些实际因素外，折现率有时还被认为包含了一种"纯粹的时间偏好"，反映了一种不可约的人类急躁心理，这种急躁假设以指数函数的形式呈现。

作为对人类偏好的一种心理描述，折现率假设似乎是一个可疑的模型。例如，我认为我们在不同的时间尺度上以不同的方式表现出急躁。当我们受到某种即时诱惑的控制时，我们可能以每分钟几个百分点的速度去折现未来的享受，比如有人可能会选择现在吃一块饼干，而不是一小时后吃两块饼干。然而，如果潜在的奖励被扩展到超出即时满足的范围，那么我们可能会以每年几个百分点的速度对其进行折现，但即便在这种情况下，该模型的预测准确度也是值得怀疑的。我肯定不会在乎9 900年后发生的事情是不是比10 000年后发生的事情重要100倍。

事实上，如果我不得不做出选择，我可能更喜欢一种开始糟糕但逐渐变好的生活，而不是一种开始很好但逐渐变糟糕的生活，因为后者似乎意味着负折现率。

但如何看待这种情况很难确定。例如，我们可能直觉上认为，在向上的生活中，我们会体验到更大的总体幸福，因为我们可以期待事情变得更好。然而，如果想确定我们是否对生活中的内在价值的分布有纯粹的时间偏好，我们就必须尝试从这种心理影响中抽离出来。如果我们直接问自己这个问题，我们的直觉判断就很可能会被隐含的经验相关性混淆。

我提出一个观点供大家考虑，即在这种情况下，时间并不具有根本相关性。时间只是某些类型变化的代理概念，这些变化可以让我们将自己在不同时间部分的暂时的自我分开，从而减少较早的部分对较晚的部分的审慎关怀。

考虑以下这个思想实验。

## 冻结

有一天，冬天的精灵——北风之神席卷而来，停止了地球上的所有变化。一切都被魔法冻结，所有的运动和大脑活动都停止了。地球继续围绕太阳转，过了1 000年，北风之神离开，一切都解冻并继续从原点开始。

我认为，如果我们得知冻结的情景即将发生，那么这并不会影响我们对未来的感受。这表明，并不仅仅是时间的流逝会调节我们对未来的审慎关怀。

更合理的调节我们审慎关怀的因素是个人身份的逐渐减弱，在正常情况下，这种个人身份的逐渐减弱会随着时间的推移而发生。事实上，我怀疑这也未能触及问题的核心，但它可能足够接近，能够用于当前的分析。因此，让我们考虑一下，这种身份保留对我们面临的案例意味着什么。

我之前提到过，极其迅速的变形（如突发成熟和我们突然被抛入后人类乌托邦的情景）可能会倾向于破坏我们的个人身份。这会使后人类的刺激对我们现在来说不是那么审慎可取，因为享受这些刺激的后人类在个人身份上会变得更不是我们自己，但我认为同样的考虑也可能反对极其缓慢的变形。极其缓慢的变形的问题在于，个人身份衰减的正常背景速度意味着，当变形最终完成时，我们的个人身份已经被侵蚀太多，使得随后的幸福增益对我们现在来说不那么审慎相关。

你能相信吗，我还准备了一份讲义，用一个简单的例子来帮助解释这一点。

## 讲义15　关于超越的最佳时间

（在以下内容中，我们将使用一些虚构的数字来说明几个考虑因素。）

假设在正常条件下，我们与未来阶段的审慎联系以每年1%的速度减弱。再假设我们经历"突然变形"，这会有90%的瞬时速度减弱。如果我们可以通过减慢变形速度来减少对个人身份的破坏，那么我们就有理由这样做。

注意，在大约230年后，正常的侵蚀会将我们的审慎联系减少到不到10%。因此，在这个简单模型中，如果我们的唯一关切是最大化后人类阶段的现值，230年就是我们希望减慢的变形速度的上限。

然而，我们还必须考虑到人类阶段的存在对我们也有一定的价值。例如，假设我们认为作为后人类的生活最多比作为人类的生活好两倍，那么，在保持持续时间和其他因素不变的情况下，我们永远不会想要经历一种在正常速度上增加50%以上的个人身份侵蚀的变形。

实际上，持续时间和其他因素也并不是恒定的。如果一个人类的寿命是100年，而一个后人类的寿命是10亿年，那么会有一个时刻，无论它将会涉及多大的审慎关怀的减弱，我们几乎都会想要冒险孤注一掷。当你即将死亡时，你几乎没有什么可失去的。

另一个重要的考虑因素是，持续的人类存在的价值并不是恒定的。有人也许会说，即使我们能解决健康恶化的问题，我们最终也会耗尽人类存在的一些价值，例如，它的趣味价值。这会使得向后人类

> 的飞跃变得越来越有吸引力：我们越是耗尽了人类存在的可能性，我们就越没有什么害怕失去的，从而转向新事物。
>
> 另一个需要考虑的是，侵蚀率对后人类的影响可能不同于对人类的影响。成熟的后人类可能会比人类更加紧密地整合时间，因此对于后人类阶段的存在，审慎联系的侵蚀率远低于每年 1%，这也会使较早和较快的转变变得更有吸引力。

让一个孩子永远长不大，使其一生保持孩子状态好不好？这是一个有趣的问题。对此，我的猜测是，简短的回答是否定的。但这个问题并不像人们想象的那样简单，它纠结在一团复杂的经验性的偶然性中，需要仔细梳理，然后得出的答案可能相当复杂。

我不会尝试梳理，在此我仅谈两个看法。

首先，人类的成熟往往是一个整体性的变化：一系列变化同时发生，有些是向好的，有些是向坏的，还有一些只是不同的。我们可以变得更加多样化：也许一个人可以同时拥有孩子的天真和好奇心、年轻人的激情和行动力，以及睿智老人的平和与智慧？虽然某些好的特质之间可能存在不可避免的权衡，但一个创造性整合的个性可能比你想象的有更多空间去容纳看似互不兼容的特质。

其次，让我们认为"一个孩子一直保持孩子状态是不幸的"的一个原因是，孩子具有各种能力、倾向和潜力，其自然使用和自由发展会随着时间的推移将孩子转变为成人。当这样的自然而然的事情被阻碍时，这可能（这是我们明天会再次谈论的一个观点）被认为是不好的。这种判断可以与"生活在孩子的状态好还是成人的状态好？"这类问题分开来看：这种判断基于一种认知，即某些事情应该被允许按照其自身的倾向去展开和变化。

现在，从某种意义上说，当我们在大约 20 岁后达到成熟时，我们就没有生理上继续成长和发展的倾向了。不幸的是，从那时起，我们开始了一种生物衰退的过程，最初缓慢但逐渐加速，最终以疾病和死亡告终。然而，从另一个（我认为更合理的）角度来看，我们可以将衰老视为一个阻止我们的潜力完全实现的外在因素，而不是我们潜力的完全实现。我们眼睛的功能是看见，而白内障的出现是一种阻碍而不是极致实现。同样，我们大脑的功能之一是思考和学习，阿尔茨海默病的发作并不是人一生智力活动的顶点，而是推翻并毁灭了所有已经建立的东西。同样，胃应该消化，心脏应该泵血，肺应该为血液供氧，髋关节和膝盖应该能弯曲，如果这些东西都有自然的目标，衰老就不是其潜力的适当实现。因此，从这种实现角度来看，衰老也是一场灾难，尽管有许多自我安慰的言论都以这个话题为幌子。[48]

但我认为，我们也可以论证：从这种完全实现的角度来看，其规范性的要求不仅仅是消除衰老，即使我们能够无限期地保持健康和充沛的精力，没有衰老或活力的丧失，我们也可能会认为维持这种状态仍然在某种意义上是一种阻碍；就像一个孩子没有成长为完全成熟的成年人一样，只有通过增强技术的应用，不断成长和发展，直到达到后人类实现的最完整形式，才能完全实现我们的目的。

我不想给予这个特定论点过多的重视，但它是供你们考虑的。

\* \* \*

我们可能稍微偏离了主题，所以让我总结一下我们讨论的几个关于时效的问题。

我们进入后人类存在空间所需要的变形可能不可避免地在某种程度上减弱了个人身份认同。但我相信，这会减少，却远不会消除我们获取这种访问权限的审慎可取性。

如果这种变形的转变是突然的，个人身份的减弱就会加剧。非常迅速的转变往往涉及几种不连续性，这会切断更多的审慎关怀纽带。

另外，如果向完全后人类状态的转变非常缓慢，那么享受它的时间会被推到遥远的未来，其净现值可能会被大大折现。即使我们拒绝纯粹的时间偏好，在正常条件下发生的个人身份的逐渐侵蚀也会减少我们现在对这种前景的审慎可取性。（非常缓慢的上升也会减少我们在更高水平上度过的时间，但考虑到标准模型中可用的总时间是天文数字级别的，这也许是一个较小的考虑因素。）

这些考虑之上还有一些进一步的因素，它们与有趣性价值（和其他具有类似结构的价值）有关：在我们当前的人类存在中，它所体现的一些价值最终可能会被满足或其持续体现的材料可能会耗尽。例如，在经历了1 000年或100万年的人类存在之后，我们的生活可能会变得无趣和重复。而如果我们想最大化我们生活轨迹的有趣性，也可能是另一种情况：上升得太快并不是最优的选择，因为这会放弃一些仅适合具有人类级别能力的存在的有趣活动和经历的机会。

最后，我们通过反思想到一个"实现视角"，从这个实现视角来看，某种程度的持续前进或向上运动是可取的，以允许我们能力和发展潜力的完全自由实现。

这一系列的讨论得出的最后结论似乎是，中等速度的向上超越是最优的。我在犹豫是否给出一个数字来描述这种中等速度，但这里只是为了提供一些参考。也许，鉴于上述所有这些考虑，对一个典型的人类而言，理想的轨迹可能类似于这样的情景——在我们从婴儿到青少年再到成人的成长过程中，我们的基本生物能力的发展从未停止，更不用说倒退，而是被不断解禁，允许其继续朝更高的高度前进，其速度是稳健的，但仍然足够快，使得每一年都有明显的积极变化。

## 时间套装

实际上，我认为我们可以做得更好，通过一些预先增强措施来保护自己免受时间流逝或其他想要的增强所导致的身份侵蚀。

身份侵蚀最显著的原因是生物衰退，因此，能帮助延缓这种衰退的干预措施显然是早期优先事项。

即使我们消除了死亡和阿尔茨海默病，我们也仍然会面临几种更微妙的侵蚀。在我们的当前状态下，这些世俗过程不断将我们与自己分开，在时间上撕裂我们，在构成我们过去、现在和未来的时间片段之间带来异化。这种审慎的瓦解甚至在生活中相对稳定的时期（如成年中期）也在发生，此时我们的基本能力变化不大，我们的个性和抱负也倾向于保持相对稳定。

\* \* \*

遗忘也是其中一个因素。对于过去的日子，甚至最近的日子，我们现在也只记得最模糊的轮廓，甚至根本不记得。

你能回忆起 3 周前的星期二你做了什么，想了什么，经历了什么吗？

记忆增强可以减缓这种损失的速度，也许会有助于稍微统一时间片段上分散的部分。

\* \* \*

急躁是自我异化的另一个原因，因此我们可能希望在变形开始时减弱这种急躁。我并不是说我们一定要完全消除时间折现，并且在各个方面成为对事情发生的时间无动于衷的存在，愿意在 100 万年后吃一块饼干且觉得和现在吃一样好，这种彻底重新设计我们的意愿装置本身，就会构成破坏性并可能导致身份侵蚀的变化。但是，温和地调整，稍微提高我们对延迟满足的容忍度，可能有助于让我们更慢地发展，而不会让现在与未来的同理心之间相差太远。[49]

\* \* \*

我们可能有理由优先进行的另一种增强是升级我们的自主决策能力，使我们能够做出表达自己真实自我的选择（如果这样的事情存在），而不是过度受到冲动的驱使，或者仅仅受表面和偶然因素的控制，或者受企业利益及其广告代理人的控制。这可能有助于我们更好地保留个人身份，因为这样的话，我们经历的变化在更大程度上是我们自己价值观和意愿的产物，可以使我们后来的阶段与之前的阶段之间形成更生动的联系，从而延续下来。

父母经常认为自己的生命在某种程度上通过他们的孩子部分地延续下去。如果孩子分享或体现了一些父母最深刻的价值观，并且孩子的性格部分是通过与父母的互动以及父母在这些互动中的性格表达而形成的，那么我估计这种替代性生存的感觉会更强。当我们的影响力通过我们的道德性格的沉淀层过滤，然后以丰富的互动和参与方式渗透到我们的积极努力和有意识的体验层中时，我们更容易认为它塑造的结果是充满我们自身本质的，是我们灵魂的一种延伸或分支，像挂在我们自己的枝头上的果实。

一本书的作者可能会有类似的意识，作者在自己的作品中部分地存活下来，而通过雇用代笔作家出书的人却不会有同样的感觉。

这表明，在考虑优先进行哪些增强时，我们应该广义地考虑我们的自主决策能力，不仅包括做出有关医疗或技术程序的各种选择的能力，还包括更广泛的一套知识和情感能力，用于"自我创作"，与我们关心并与之有深厚关系的其他人一起，以一种积极参与的方式真实地塑造我们的生活和发展轨迹，而不仅仅是随波逐流，或者被市场力量操纵，或者被我们几乎没有参与策划的刺激随机推动。

\* \* \*

另一个使我们觉得可以通过孩子来实现生存感的因素是，我们可能会在他们的记忆和心中继续存在。这个因素在我们的后人类变形中也很重要。前面我们已经提到了记忆，以及如何在变形过程的早期去加强它，以帮助我们抵御个人身份的连续性侵蚀。我们还提到了一些我们对未来自我的感情，如何提高我们的耐心并降低我们折现未来收益的速度，让我们在保留个人身份的同时以更悠闲的节奏前进（并在途中多闻闻花香）。现在，我们增加了一个进一步的需求，那就是我们未来的自我对我们自身回忆的共鸣。这是未来导向的关怀的镜像：一种对我们过去的关怀。我们可以以某种方式推动我们的发展，使我们的未来自我更有可能关心我们当前的福祉，就像我们现在关心他们一样：他们可能会以我们希望被孩子记住的方式来纪念并感激我们，甚至在我们未来和过去的关怀之间建立平等。

我想知道，这样的时间上更统一的自我是否会回顾像我们现在这样的存在，并同情我们分裂的本性。一个时刻背叛另一个时刻；今天，在懒惰或贪欲中，挥霍明天的遗产；明天，在破碎的前景中悲伤，用仇恨和悔恨的箭射向它的前任，同时策划对下一时间段自我的同样的诡计。我们像不像是与自己交战的九头蛇？每个头的兄弟互相攻击，争夺自己存在的其他表现形式？

\* \* \*

有人有问题。

**学生**：是的。我想知道，如果我们真的变得暂时中立，这听起来有点儿"乌托邦"。我是说，这本身就会是一个非常激进的变化，是否会违背确保我们个人身份保留的初衷？

**博斯特罗姆**：嗯，也许吧。我认为你实际上在问两个问题。一个问题是，变得暂时中立是否是件好事？例如，这是否会让人（有点儿）浮在生活之上，而不是完全沉浸其中？另一个问题是，即使暂时中立可能是好的，从我们现在的状态转变为暂时中立的存在时，是否会涉及如此激进的变化，以至于严重破坏我们的个人身份？

我认为我们还没有这些问题的答案。然而，我们不需要立即达到完全的时间中立，我们可以只是稍微靠近一点儿。我猜，如果我们更仔细地观察这一点，我们就会发现时间中立不是一个单一的特质，而是一组不同的特质。例如，当我们冷静地反思生活中的主要目标时，我们可能会对未来的自己持一种态度；而当处于某些活动中，为了全身心地投入其中而暂时屏蔽未来时，则会持完全不同的态度。这表明，我们可以有机会对我们所做的任何调整进行有针对性的优化，以规避你所指出的一些弊端。但在理想情况下，我们可能希望在某些方面保持分裂状态，通过变得不那么急躁而获得跨时间合作和共鸣的好处。

\* \* \*

在这个讨论背景下，当我们思考是否开始一个可能最终使我们变得与目前完全不同的过程时，还有一个考虑因素值得牢记：爱并不一定与相似性成正比。这也同样适用于自爱。我们可能会与未来一个更好的自己，一个实现了我们许多希望和抱负的自己，建立更深的共情联系，并会产生更强烈的认同，而不是认同一个与我们现在更相似的未来的自己。这有点儿像父母对孩子的审慎关怀甚至超过他们对自己的关怀。

## 先驱

如同个体一样，或许文明最理想的轨迹也不必是最快、最稳妥地通向最佳状态的路径。理想的轨迹可能反倒是一条风景更加优美的路线，一条较慢且曲折的路线。它将避免过度加速，以免伤害乘客或破坏连接我们共同过去的传统。无论是个体还是集体，可能最适合我们的轨迹是一条我们不仅仅是乘客的轨迹，还是一条我们在其中轮流掌握方向盘，或者查看地图，或者至少讨论要去哪里并做出选择的轨迹，即使这会导致我们不得不从一些死胡同里退回，甚至最终到达目的地的情况略差于完全由自动驾驶管理整个探险过程轨迹的情况。

也许情况会稍微差一点儿，但不会糟糕得不可收拾。显然，人性需要成年人的监督！我建议我们在那些下行风险有限的情况下自行其是，这里所说的风险相当于擦伤膝盖或浪费20美元的情况。然而，在那些跌倒意味着死亡或毁灭的情况下，我们应该感激任何阻止我们跌落的人或事物。

（为了避免误解：当我将人类比作一群孩子时，我指的是我们所有人。相对更成熟和有能力的人最有可能让我们所有人陷入大麻烦，在更大程度上，各种正式和非正式的机构都是如此。）

* * *

关于具体该怎么做，我在这里没有太多话要说，因为这个系列讲座并不关注实际操作问题。

也许一种方式是派出一支人工智能先驱队伍，这些先驱（仅）确保我们之后的慢速前进的路径安全？为了完成这个任务，先驱需要搜集一些关于前方可能性的情报，以发现潜在的危险。但它们可以将侦察范围限制在完成任务所需的内容范围之内。它们所发现的东西可以用来确保路径的安全，但它们可以不告诉我们。这样，它们就能避免破坏我们以后以不那么匆忙的速度自己发现事物的乐趣。

* * *

避免灾难，消除痛苦。延长寿命，治愈疾病，给予第二次机会。提供保护涂层或"时间套装"，以减少时间流逝对身份侵蚀的影响。我们已经讨论过记忆增强，加强跨时间片段的一致性（前瞻性和回溯性），以及提高我们的自主决策能力。再加上一些初步的快感增强和情感反应的深化和强化，来帮助我们欣赏旅程的早期阶段。

这些都将是初期优先进行的干预措施。

随后则是更深远的变革，这将涉及抛弃更多凡人的负担，让我们进入更加彻底的后人类领域。

凡事皆有时，保存有时，抛弃有时。[50]

## 教授插曲

在结束今天的课程之前，我想回到狭隘主义的立场。我们已经触及了这个问题，但还没有将其推到极限：将有趣性的价值范围不仅缩小到个体生活，而且缩小到个体生活中的某一特定时刻。从这个角度来看，有趣性的最佳配置就是在宇宙中尽可能广泛和频繁地实例化一个极其有趣的时刻。

门外是什么声音？好像有人在外面等着进来。有人能去看看吗？我以为达吉斯坦的腹足纲动物系去上实地考察课了。

**学生**：教授，是上政治学课的班。他们说从半点开始预订了这个讲堂。

**博斯特罗姆**：哦。如果不是一种黏液轨迹，就是另一种。[①] 好吧，我们只能在这里结束了。你们的讲义上有一道作业题。明天见！

## 作业和任务分配

**凯尔文**：我得准备一下去参加葬礼。回头见。

**菲拉菲克斯**：回头见。

**泰修斯**：作业是什么？

**菲拉菲克斯**（阅读中）。

---

① 在学术环境中，不同学科和课程之间常常需要争夺有限的资源和时间。教授提到"黏液轨迹"这一隐喻，可能是在批评政治学课或学术环境中的某些现象。黏液轨迹也与前面提到的达吉斯坦的腹足纲动物有关，此类动物常与蜗牛或蛞蝓相关，隐含着缓慢、黏糊和无序的感觉。这段对话不仅与讲座被打断的具体事件有关，还反映了在学术环境中时间、资源、权力和态度的复杂互动。——译者注

> ## 讲义 16　家庭作业
>
> 考虑以下 3 个选项：
>
> 1. 摇铃。
> 2. 魔方。
> 3. 射电望远镜。
>
> 哪一个最有趣？请讨论。

**菲拉菲克斯**：我可以在做指甲的时候想这个问题。

**泰修斯**：我可以在约会的时候想这个问题。

**菲拉菲克斯**：哦，你要去约会吗？

**泰修斯**：是的，但对于任何大脑形式的刺激，我的期望值很低。

**菲拉菲克斯**：无论如何，祝你好运！

**泰修斯**：你不是在暗示我需要运气吧？

**菲拉菲克斯**：哦，不，不，我是说，祝你在家庭作业问题上好运！

**泰修斯**：漂亮的补救。明天见！

**菲拉菲克斯**：明天见！

# 狐狸费奥多尔的来信

## 第 25 封信

亲爱的帕斯特诺特叔叔：

在就寝之前，我想借此机会快速写信感谢您的款待，并说一句"很高兴见到您"！

我已经取得了很大进展，两天内应该能回到皮格诺利乌斯的住处。

虽然现在不是草莓收获的季节，但我很高兴能回到家里和您共度时光。希望下次我们能再去爬爬那个山坡！

对您感激不尽的侄子<br>费奥多尔

## 第 26 封信

亲爱的帕斯特诺特叔叔：

我这儿发生了一场可怕的悲剧。哦，帕斯特诺特叔叔，我得把发生的事情写下来，这样做也许能强迫自己整理思绪。

我当时马不停蹄地往回赶，急切地想回到工作中，继续我们的伟大项目。

但当我接近住所时，我感觉到有些不对劲：四周缺少了一些日常的声音？空气中弥漫着不该有的气味？

我来到我们的蘑菇床，天哪，它们被践踏得一片狼藉！我的心跳加速，感到越来越强烈的不安。

空气中的那股气味，很刺鼻。我顺着风向走过空地，绕过一丛灌木。然后我看到了他，或者说是他的残骸，皮格诺利乌斯！地面上到处是黏糊糊的东西，苍蝇在四周嗡嗡作响。

我盯着尸体看，大约有 85% 的尸体已经被吃掉了。然后，一阵恐慌袭来，我冲回了洞穴。

我在里面找到了雷伊，哦，这真是黑暗中的一束光！他告诉我发生了什么，一群狼在前一晚袭击了我们。他们袭击了皮格诺利乌斯，他试图逃跑，但他们追上了他并杀死了他。雷伊设法逃脱，并一直躲在洞穴最深处的一个小屋里。

我们讨论了一下眼下的状况。那群狼可能还会回来吃掉皮格诺利乌斯尸体剩下的部分。我们决定放弃这个地方。既然狼已经知道了这里的位置，这里就不再安全了。我们将在天亮时离开。

我脑海中仍然浮现着那时可怕的场景。我告诉自己，现在必须务实，只能务实！我们必须在这里待到明天早上，然后离开。这是我们必须做的，我会把这封信交给明天经过这里的鸽子。

对您感激不尽的侄子<br>费奥多尔

## 第27封信

亲爱的帕斯特诺特叔叔：

　　我们已经逃到了一个临时营地，在距离旧址大约5千米远的地方。雷伊一直在侦察周围环境，并找到了一个新洞穴。那里四面被岩石或荆棘围绕，很难被发现，因此应该能提供一定的安全性，而且附近有丰富的资源。我们明天会搬过去。

　　我的心情很沉重，仿佛心里装着一块巨石。

　　雷伊似乎表现得很好。我无法想象如果他没能逃脱会发生什么。

　　新地点足够远，应该会相对安全；但又足够近，我们可以轻松地去旧址取回蘑菇样本和其他物资。

　　是的，这意味着我们打算继续进行这个项目。我又不确定。让皮格诺利乌斯参与这个疯狂的计划，也让雷伊卷入其中并让他暴露在危险中，让我觉得自己是有责任的。我和雷伊谈过这个问题。他说皮格诺利乌斯会希望我们继续下去，而且我们已经付出了代价，现在退出也不能让皮格诺利乌斯复活。这样说也是合理的。

　　但雷伊自己呢？他说他可以自己做决定，并且他确定要继续。

　　哦，帕斯特诺特叔叔，我应该送他回家吗？我认为我应该。我现在只是太虚弱了，都无法做到送他回家！我认为我们在这里暂时相对安全。帕斯特诺特叔叔，请告诉我您的想法吧！我能不能允许雷伊留在这里一段时间，然后等事情平息后再送他回家？我知道我希望您说什么，但您应该告诉我您的真实想法。我会遵从。

对您感激不尽的侄子<br>费奥多尔

# 第 28 封信

亲爱的帕斯特诺特叔叔：

我感觉自己需要忏悔，把一些藏在心里的事情说出来，所以我半夜起来写这封信。

我们已经搬进了新居。在前往那里的路上，我们在必须涉水穿过的小溪旁，遇到了一头母鹿。她当时站在那里一动不动，我们经过时并没有多想。

但当我们下午回去取一些旧址的物资时，她还站在那里，我看到她的腿似乎受伤了。

我们继续前进，往回走的时候嘴里叼的满是食物和其他物品，她还在那里。我建议分享一些食物给母鹿，但雷伊摇了摇头，然后快速离开了。

回到家后，我又谈起了这个话题。雷伊坚决认为我们不应该分享，因为我们的物资也很有限，我们需要所有的剩余物资来最大化成功的机会。

我们上床睡觉，但我无法入睡。我一直在想那头母鹿：她可能还站在那里，无法走动，饥饿不堪，如果尝试走路可能会很痛。大约两小时后，我爬起来，从储藏室拿了一个苹果，偷偷溜出洞穴。果然，母鹿还站在原地。我靠近她时，她显得有些害羞，我把苹果放在她面前，刚一转身，就听到咔嚓咔嚓的吃东西声。那真是一种悦耳的声音，一股愉悦感沿着我的脊柱直冲脑门儿。我赶紧跑回家。

写下这些并忏悔后，我感觉心里轻松了一些，我想我可以睡一会儿了。明天我必须告诉雷伊。我知道这不太好，但明天的烦恼明天再说，所以我现在不去担心。

晚安。

对您感激不尽的侄子<br>费奥多尔

# 第 29 封信

亲爱的帕斯特诺特叔叔：

我告诉了雷伊，他非常愤怒。他耐心地解释给我听：随机的慈善行为解决不了任何问题，而我们的项目尽管看起来不太可能，却是整个森林唯一的希望。责任落在我们身上。因此，将我们的优势浪费在无战略性的慷慨上并不是美德，而是软弱。

我说我会禁食一天来弥补。他说不要用另一个愚蠢的行为来加重第一个——我已经很瘦了，需要补充热量才能工作。

嗯，是的，我当然已经明白这一切。但现在我的自尊心被激起了。我争辩说，除了自然法则，还有道德法则，两者都必须被遵守，且同样重要。我以前并没有真正想过这个问题，但现在这些话从我嘴里就这么说出来了，我还说我会继续喂养母鹿，直到她康复。我和雷伊发生了激烈的争吵，各自气冲冲地离开了。

我义正词严，但也担心这对项目的影响。我当初并没有计划要去如此坚定地拯救母鹿。

大约 10 分钟后，雷伊走向我。我试图看懂他的表情，但无法看透，不过我感觉到他很坚决。他说他会解决这个问题，然后转身离开，朝小溪方向走去。

他要去干什么？他要对母鹿做什么？但我决定不跟着去。

过了一会儿，他回来了。起初他什么也没说，我也没有问，但我的脸上肯定写着问号。最后他告诉我："好吧，我们会喂养母鹿。她承诺康复后会用余生帮助我们完成项目。"

后来我了解到，雷伊给了母鹿一个严峻的选择：要么饿死在小溪边，要么同意他的条件。

严格来说，他对她撒了谎，或者至少是造成了误导，因为在我们的争论中，我已经明确表示，无论如何我都会继续喂养母鹿。

但我必须说，我很高兴我们解决了这个僵局。我们差点儿就因为我的愚蠢和固执而完全失败！我不寒而栗。我感恩逃过一劫，感谢我的幸运星。

我对雷伊的能力重新产生了敬佩。我默默决定让他在这个项目中担任领导角色。我几乎没有实际的想法，但至少我能调动足够的意识去认识到：在世俗事务上，雷伊有卓越的才华。

对您感激不尽的侄子<br>费奥多尔

## 第 30 封信

亲爱的帕斯特诺特叔叔：

我刚决定跟随雷伊的领导，就不得不质疑这个决定是否明智。起因是这样的。

交配季节即将到来，雷伊告诉我，他决定今年"为我找一只漂亮的母狐"。我觉得在眼下这样的情境下谈论这个话题实在是太糟糕了，皮格诺利乌斯的死亡阴影还笼罩着我们，而我们的伟大事业仍需占用我们的时间和精力。

他还明确表示，他自己打算全力以赴，利用他的魅力在这个交配季节里与母狐一起"做一切必要、适当或可能的事"。

难道不应该至少把生育的想法推迟到明年吗？也许到那时，我们的项目会进展得更顺利，不再需要持续的推动？我们需要进一步讨论这个问题。

克拉拉（母鹿）现在可以用她的腿走几步了，我希望她能完全康复。

对您感激不尽的侄子<br>费奥多尔

# 第 31 封信

亲爱的帕斯特诺特叔叔：

我和雷伊就即将到来的交配季节进行了进一步讨论，我很遗憾地告诉您，我和雷伊的关系又裂开了一道缝。

我原以为雷伊的态度是一种玩笑，或者最差也是一种对基本生物需求的妥协；但并不是，它居然是建立在哲学基础之上的。

如果他只是告诉我，出于他无法控制的原因，这是他需要做的事，那么我也不会有任何意见。事实上，如果他需要任何帮助（尽管显然他并不需要），我也会很乐意提供帮助。

但他没有给出这种简单而自然的理由，而是给出了完全不同的解释。他告诉我，他策划的行动是为项目服务的！因为我们的目标是通过培养合作性来战胜世界上的邪恶，而目前他和我是主要贡献者，我们应该从自己开始。

这让我感觉到不对劲！

还有一件事：克拉拉现在为我们 3 个搜集食物。她被限定在某个区域内活动，雷伊在那个区域周围插了标杆，告诉她如果离开将会有严重后果。

我没有听到她抱怨，而且那个区域包含了她所需要的一切。但这就等于是把她当作一个奴隶，这是无法回避的事实。

我把这个问题抛给了雷伊。他却说，如果不是他救了她，她已经死了。（他？！）

我一直努力忍住不发火。

我认为问题在于，我无法清晰地表达出为什么我会这么想。如果皮格诺利乌斯还活着，那么也许他能以一种有意义的方式做出解释。而现在我只能说，我在心里感觉到我们正在走的道路是不对的。

我为我们之间再次出现裂缝而感到羞愧。一个显而易见的事实是，我们两个需要一起努力，才能看到希望。

为什么？哦，为什么？帕斯特诺特叔叔，我和雷伊之间这么难相处！

对您感激不尽的侄子<br>
费奥多尔

## 第 32 封信

亲爱的帕斯特诺特叔叔：

您真是充满了智慧和常识！谢谢您写给我们俩的信。我们一起读了，并同意了您提供的方案。雷伊将按照他的意愿继续繁殖，而我将等到明年。

我没有料到您希望以后我的孙子孙女去看望您；当然，这是以后必须做的事情！我保证，如果有可能做到这一点，我就一定不会让您失望。（这也是我所期待的事情。）

我们还告诉克拉拉，到明年秋天结束，她就能还清债务并自由地离开。

祈祷我们能坚持到蘑菇毒性变弱的那一天。一旦我们的胃能承受，我们就是第一批尝试者。如果我们的理论能得到证实，从那时起，保持和平应该就会变得越来越容易。

"希望"让我坚持下去；没有它，我真的不明白如何承受这一切。显然这一希望是可能的，因为很多人这样做了，而且没有任何抱怨。但如果仔细看呢？看到了吗？那可能是我犯的错误，或者我本身就是个错误。但如果我能成为某种有价值的工具……如果我能成为光明和爱的载体？我意识到写下这些话时，我让自己显得更加荒谬，我只能乞求您的包容。我们所需要的怜悯是难以理解的。

对您感激不尽的侄子<br>
费奥多尔

附言：我想起皮格诺利乌斯曾经说过一句话："最终总是有两种

选择：为没有更好而悲伤，或者为没有更糟糕而快乐。"

## 第 33 封信

亲爱的帕斯特诺特叔叔：

今天我起得很早，决定休息一个上午。我爬上悬崖顶，看着日出。

我想到了季节的变化，还有构成我们存在的永无止境的事件、曲折、痛苦和复杂，交替的希望和失望，不断更新的各种模式的组合——树叶萌发、生长、凋落，雨水落下又干了，风不停地吹。

无数昆虫孵化出生，很快又以同样的数量死亡。没有一个逃脱，没有一个遗漏。

每个人都有他的命运。

这个世界，这种生活，出奇地美丽，如果能再变得不那么可怕就好了。

带着爱和祈祷<br>费奥多尔

第五章

# 星期五

## 事后分析

凯尔文：嗨，泰修斯。

泰修斯：嗨，大家好。

菲拉菲克斯：约会怎么样？

泰修斯：如预期一样。

菲拉菲克斯：那么……对于家庭作业的问题，你有好的答案吗？

泰修斯：那答案会把你的袜子都惊飞。

菲拉菲克斯：我通常不穿袜子。

泰修斯：我还是觉得会的。至少在我想出答案时，有什么东西会被吹飞。

菲拉菲克斯：你什么意思？

凯尔文：我觉得讲座要开始了。

## 纯粹的快乐

欢迎大家。如果有人想挤进来的话，那边还有几个空位。

前几天我遇到了一个老朋友，他也参加了昨天的讲座，下课之后他有点儿责怪我之前没有充分强调价值的享乐维度。今天我要补救一下，先从这一点开始。

首先，我们谈谈用词。不幸的是，"快乐"这个词带有某些可能会削弱核心思想的含义。这个词有时被用来狭义地指身体上愉快或性感的感觉，或者，它有时被用来指令人神经紧绷的刺激或高能量的社交，甚至还被用来暗示一种放纵和消费主义的生活方式。

问题在于，这样的"快乐"可能是但也可能不是真正令人愉快的。有些人可能在他们生命中的某个时候全心全意地追求这种意义上的快乐；在很多情况下，他们会发现这实际上令他们非常痛苦。他们被骗了：他们得到的是伪造的快乐，是那种有苦涩味道和空洞内在的伪快乐。经历了失望后，他们可能得出结论，认为快乐没有什么好处，并认为将其作为乌托邦生活的核心组成部分是错误的。他们会承认快乐有一席之地，但其重要性是有限的，就像生日派对上的气球或烟花，没有人希望它们作为一般背景条件渗透到日常生活中。

但是，"快乐"一词的使用还有另一种方式，我认为这种方式更为根本。我所想到的是积极享乐基调的主观体验质量，大体上讲，即在当下对事物呈现方式的直接喜欢的体验。在这个意义上，真正的快乐确实令人感觉良好，它以温暖、踏实的喜悦填满我们的精神；无论我们告诉自己什么，我们的一部分内核都无法抑制地真正喜欢它。

能体验到这种体验质量的最有利的环境是因人而异的。在当代生活中，有些人确实在派对圈子里体验到了它的一小部分；有些人在瑜伽垫上弯曲身体时体验到了；有些人在下雨天靠窗读一本好书时体验到了；有些人在书包里发现暗恋对象的一张温馨字条时体验到了。也有些人在严苛的条件下体验到快乐，比如攀登岩壁时，或者为理想忍受艰难时。有些人喜欢甜的，有些人喜欢酸的。我所指的"快乐"的概念对于其发生的原因和随之而来的想法和感觉是中立的。

现在，我可以肯定地说，单单享乐就能走很远。（如果我们将它与其他有价值的主观体验质量结合起来，它可能走得更远。）快乐可能是乌托邦中最重要的事情，哪怕认为它是唯一重要的事情也并不疯狂。

在这些讲座中，我们花了大量时间讨论其他价值，但这只是因为它们在理论上提出了更复杂的挑战。就重要性而言，它们或许最好被视为可能得到的奖励，就像蛋糕上的樱桃和杏仁糖玫瑰，而不是主要内容。

当我谈到享乐时,我也关心快乐的对立面(我相信这一点无须多言)。我在这里对痛苦说得不多,因为这些讲座的主题是乌托邦而不是反乌托邦。但为了避免任何疑虑或误解,我想再次强调,当我们对如何走向未来进行全面考虑并做出决定时,减轻痛苦,特别是减轻那些极端的痛苦,应该是最重要的甚至是首要的标准。[1]

## 关于愚人和乐园

人们常常贬低生活在愚人乐园里的想法。但当我们考虑到人性的本质时,这样的目的地对我们来说难道不是非常适合和令人向往的吗?我的意思是,如果我们是愚人,那么愚人乐园正是我们所需要的地方。

当然,作为愚人,我们不太可能认识到什么对我们是好的。我们更可能试图爬上鹰巢或某种冰冷的真理与荣耀的顶峰,因为它们"更高",然后我们会在那高高的顶峰冻得承受不住。这些正是一个愚人会去做的事,而他原本可以快乐地生活在愚人乐园中。

## 异类的存在

我并不是说享乐是唯一重要的事情;我只是想表达:一个充满极大快乐而没有其他优点的未来也可以是非常好的。而且,如果我们设定了快乐,再加上某些依赖于主观体验的其他属性,我们就可以得到一个更有说服力的案例,说明这样的未来是好的。然而,尽管它可能已经非常好了,但我仍然不认为这样的体验主义乌托邦就是最佳乌托邦。如果有一些非体验属性可以进一步增加未来的可取性,我们就应该努力实现它们。我认为我们应该这么做。

关于享乐和非享乐,体验所带来的好处和非体验所带来的好处,其相对重要性可能会因不同类型的存在而有所不同。例如，我认为一些无意识的存在可能有道德相关的利益，这些利益可能基于它们的偏好。除非它们特别偏好与体验相关的好处，否则在讨论什么是最佳乌托邦时，它们可能会完全忽略享乐和体验的好处。在这种判断中，很难说它们会犯什么错误。

什么对某个人有好处？这一问题不仅在经验上难以确定，在形而上学上，也可能找不到正确答案。而且，对于某些类型的存在，"什么才符合它们的利益"之类的问题甚至是否值得去问、是否有意义，可能也是不清楚的。（这个问题在今天的指定阅读中进行探讨。）

如果有这样的其他存在，它们的利益与我们的非常不同——也许对回形针有单一狂热的追求，那么我相信我们应该尽可能地照顾它们（假设我们对此有发言权）。我在讲座里的其他地方对如何理解这种极端差异环境中的规范性问题做了一些评论。[2] 当然，道德和政治问题涉及如何结合不同的意愿和利益，不仅限于遥远的推测性情境；它们在我们的旧地球生物圈中也经常出现。在家庭内部，有时甚至在我们自己内部，都会出现这些问题。

然而，我们在这一系列讲座中需要覆盖足够多的内容，而不至于在这些方向上走得太远。我们将主要集中讨论，站在我们当前的起点，对像我们这样的生物来说，最佳的延续是什么。

## 极端地方主义

昨天我们讨论了一个假定的价值或价值成分：有趣性。我们从多个角度探讨了它的本质，并追溯了它的内涵，直到受到政治的干扰——一个重重的敲门声和对场地的正式要求，迅速结束了我们的探讨，迫使我们解散。

在进入对其他价值的讨论之前，我想简要阐述昨天没有机会讨论的几点。

＊ ＊ ＊

你们也许还记得，我们讨论的一个问题是，如果有趣性需要新奇性，那么我们可能完全没有运气得到有趣性价值；因为在考虑足够大规模的事情时，我们无法在生活中实现其真正的新奇性。即使拿破仑或亚里士多德这样的人物也是如此。如果我们选择一个更普通的糊涂蛋，或者在远小于宇宙整体的规模上来谈论，那么这一论点同样适用。

作为一种可能的回应措施，我们考虑了地方主义：一种将有趣性的评估范围缩小到一个文明、一个社区、一组人甚至一个个体的立场，以便在局部范围内赋予我们的生活足够的新奇性，使其符合客观有趣性的标准。我们在这样适度规模上的事迹和经历的故事可能不会在英灵殿的大厅中传播和回响，甚至可能本地的酒馆和咖啡馆中都几乎无人谈论，但也许它们会在餐桌旁被注意到或提到；或者，实在不行，至少我们可以指望脑海中的那个忠实的独白者去报道这些事情，它以永不消退的感情对每一件琐事都进行头条报道（突发新闻：那个浑蛋刚刚抢了我的停车位。突发新闻：我的膝盖在咔咔作响。突发新闻：门厅里有只苍蝇在飞）。

然而，即使这种地方主义也没有为乌托邦中的高水平有趣性揭示出明确的路径，因为除了评估新奇性的领域的空间范围外，我们还必须考虑时间范围。特别是在乌托邦中的所有寿命都得以延长的前景下（寿命延长当然从其他原因上来看是可取的），在我们个体生命的过程中维持高水平的有趣性可能会变得十分具有挑战性。如果我们以"认知剧变"来衡量有趣性，至少情况就是这样的（这种认知剧变并不是真的——我们应该提醒自己这一点，如果我们以"万花筒般不断变化的复杂性"来衡量有趣性）。

那么，好吧，但将范围限制在个体生活上其实并不是地方主义可能达到的最极端版本。我们可以采取更地方主义的观点，不仅忽视别

第五章　287

处和其他人，还忽视过去和未来。这样就将有趣性的视野限制在个体生活的每个瞬间。

从这个角度来看，满足客观有趣性需求所需的一切就是每个生活时刻本身都包含一个极其有趣的事件，我们将仅根据其内在品质来判断每个时刻的价值。

\* \* \*

如果我们采取这种方法，那么很自然的下一步动作就是寻找我们能想到的最有趣的时刻。

例如，假设我们能够记录爱因斯坦在首次领悟广义相对论轮廓的那一刻的确切过程。这在生物大脑中很难实现，但如果这里的爱因斯坦是一个确定性的上传或模拟，对拥有根权限的任何人来说，存储这一重大发现发生时的大脑状态的快照将很简单。捕捉所有相关的计算参数后，我们就可以重复这个事件，一遍又一遍地重放，爱因斯坦大脑的运作过程每次都以完全相同的方式展开，并假设会产生相同的主观体验、相同的认知和现象学闪现，就像一个明亮的频闪灯。

我们可以将这一记录设为永久循环。从极端地方主义的观点来看，一个完全由这个灵光一现的时刻组成的生命，在有趣性价值方面将是非常优秀的。

如果我们达到了完美，为什么还要寻求改变？我们所能达到的其他任何状态都不会更好，甚至可能更糟糕。

\* \* \*

如果我们正在寻求一个有趣性的最优状态，那么我们能找到比爱因斯坦的灵光一现更高分的状态吗？

也许这个问题需要使用学术界未批准的研究方法。附近的河边有一个团队，他们通常在桥下聚集，似乎在进行相关的调查，尽管我认为他们还没有发表其研究结果。

我们甚至不清楚爱因斯坦在得到他的洞见时的感受。这也许是通往重要发现的道路上体验到的兴奋,感受到的智力强大和对自我能力的满意,清晰地感觉到好奇心驱动的探索的喜悦;也许其中也掺杂着紧张、精神疲劳和对剩余困惑的不满?谁知道,也许口渴、饥饿或某种身体上的疼痛,可能会在爱因斯坦取得突破时侵扰他的思考。至少,我们会希望在把他的高光体验时刻变成无限重复的模板之前,清除任何此类不适和障碍。

我们还必须怀疑,我们对爱因斯坦体验价值的直觉会受到我们对其外在意义的欣赏的影响。我们知道爱因斯坦是发现物理宇宙深层真理的第一个成功者,我们还知道他的理论获得了全世界的赞誉,后代许多最聪明的人都投入了大量努力来理解他的研究结果。我们还知道,这一突破性发现只是爱因斯坦伟大的一生(一个更大的整体)的一部分。所有这些外在意义可能共同为这个事件施加了一个迷人的魔咒,使它在有趣性价值上显得比仅根据其内在品质判断时更高。如果我们认真对待极端地方主义规定的狭义范围,这就是我们必须设想的方式。

* * *

我们可以推测,如果没有重复的限制,也没有外在意义的要求,那么也许最大化有趣性状态(或者更好地表达为,有趣性价值和更重要的快乐价值的结合)将是某种形式的狂喜。

那是什么样的狂喜呢?如果你只能永远拥有一种体验,那会是什么?

一个候选项是奥尔德斯·赫胥黎在他最后一部小说《岛》中描述的状态。在这部小说中,赫胥黎试图提出他在早期作品《美丽新世界》中所描述的相当糟糕的困境的替代方案:第三种方式。第三种方式一方面避免了原始、野蛮、充满痛苦的自然状态,另一方面也避免了去心灵化的福特主义消费社会及其浅薄的或"唆麻自嗨"的大众满足。

他在《岛》中所提出的方法是要寻求融合西方科学和东方大乘佛教的精华。其乌托邦社区的居民选择了一种有选择性的现代化形式。他们培养了一种启蒙、和平主义、人文主义的生活方式，旨在促进对人类终极目标的追求，赫胥黎（在其他地方）将这一目标描述为"对内在的道或逻各斯的统一性认识或对超越的神性或婆罗门的认识"[3]。

岛民们的精神觉醒追求在很大程度上得到了"解脱药"的帮助：一种由黄蘑菇制成的迷幻药。在正确的指导下使用这种物质，能够帮助使用者至少暂时达到一种岛民们认为的最高的善的觉醒状态：

"光明的喜悦。"词语像气泡一样从他心灵的浅滩上升起，浮到水面，消失在他闭上的眼睛后的脉动和呼吸之间的无限生命之光中。"光明的喜悦。"那是最接近的表达。但它，这个永恒而又不断变化的事件，是言语只能讽刺和贬低的东西，永远无法被正常表达。它不仅仅是喜悦，也是理解，对一切的理解，但不包含关于任何事情的知识，因为知识需要一个知道者和所有无限多样的已知和可知的事物。但在这里，他闭上眼睛后，既没有景象也没有观者，只有这种喜悦与统一性合一的体验的事实。[4]

所以，如果每个体验的时刻必须完全基于其内在品质来评估，或者如果我们必须选择一种单一的不变的精神状态来度过我们的整个生命，那么这种"光明的喜悦"将是一个候选项。

\* \* \*

一个技术成熟的文明当然不会依赖于收获蘑菇或制备毒菌，它也不需要将对启蒙的追求限制在某些未经改造的旧脑袋所能被引导进入的有限配置之中。即使我们接受和保留个人身份的附加约束（这一点有点儿不清楚，为什么我们会这么做？因为许多我们所鼓励追求的启蒙状态的一个中心特征就是，让人理解到自我是一个幻觉），我们也有足够的空间重新构建我们的心智，以更彻底地优化它们，以实现精神成就或体验高水平和持续的光明的喜悦，而不是像现在这样，为了生存和繁衍，将心智用于搜集根茎植物或做我们在进化中为适应环境所需要做的其他任务。

这些大脑增强和大脑修改将让我们到达一个新的体验空间，并让我们能够更长时间地维持所选择的体验，且不减弱体验的强度或变换焦点。我们一定能想象到，在这个空间中，至少有一些体验会让我们觉得是今天某些人可以接触的"光明的喜悦"的更强和更纯的版本，或者表现出比"光明的喜悦"更令人向往的新现象品质。

我说我们"一定能想象到"这种情况，但这样说并不完全正确。我们不可能具体、生动地想象许多这些可能的精神状态；因为按照定义，我们目前缺乏能够体验它们的神经基础。我应该说，我们应该对这个假设赋予高度信任（我们只能抽象地理解）：可能的体验空间远远超出了我们目前未优化的大脑所能接触的那些。我认为，这个空间非常广阔。在那个未探索的可能体验的广阔空间中，有些体验的价值可能超过了我们最狂野的梦想和幻想。我认为这是很有可能的。

如果我们愿意进一步冒险，进入彻底的后人类空间，尽管这可能需要牺牲一些在我们现在和我们以后的继任版本之间的个人身份，那么我们可以获得的狂喜风暴可能会超乎想象。如果这些现象可以以任何方式置于一个共同的衡量尺度上去做对比，那么赫胥黎的岛民偶尔幸运地体验到的"光明的喜悦"，在与之相比之下就像一只黄鼠狼的屁一样微不足道。

\* \* \*

接下来，我将提到另一种最佳精神状态的候选项。这里我会讲得比较简短，因为尽管这个概念看起来相关，但我担心偏离我的专业领域而闯入格罗斯维特教授的领域。我将推荐你们去看他的《神学大讲堂》，以进行更深入的研究。总体上来说，你们可以将本讲座系列看作他所涵盖的一些内容的一个谦逊的脚注。

这里我所指的概念是"荣福直观"。托马斯·阿奎那说这是完美的幸福，获得它将是人类的最终目标。[5]

在荣福直观中，人直接获得对上帝的认识。这是一种对神圣本质的直接"看见"。圣保罗说："现在我们透过玻璃模糊地看见；但到那时，我们将面对面看见。"[6]

当直接与上帝相连时，被创造的智慧体发现了最高的幸福。由于上帝的完美善良是直接呈现的，"看见"的行为也是爱的行为。

## 参观领航员的小屋

此刻我们可以暂时停下来，确定一下我们的方向。

让我们展开地图……

星期一，我们从最简单的乌托邦概念（"香肠之墙"）出发。我们花了一整天，甚至加上整个星期二，沿着海岸快速前行，浏览了一系列社会、经济和心理景象。最终，我们考察了自动化的极限。

然后我们远离海岸，驶向更深的水域。到星期三结束时，我们已经到达了深度冗余之海，它平静的海面在阴沉的灰色天空下显得宁静而安详。

在那里，我们面对了冗余问题，这个问题是对最初促使我们展开探险的目的问题的重新表述和概括。还记得冗余问题吗？即在技术成熟（因此在高度可塑的世界中）时，人类的努力变得多余，这将威胁到许多价值的基础，如有趣性、成就感、丰富性和目的。

冗余问题带有一种不祥的预感：我们可能会发现自己处于一种矛盾的境地，有理由努力掌控世界，也有理由希望我们的努力失败。我们将被投射到一个只渴望贞洁的诱惑者的角色：他可能在追求中找到满足，但从未在占有中找到满足。不同的是，诱惑者总是可以追求下一个目标，而我们只有一个世界要征服，之后我们的目标将减少到永不停歇地割草和倒垃圾。

幸运的是，结果看起来并没有那么糟糕。即使我们永久停留在深度冗余之海，它无风的平静海面没有提供任何推动力，那也好，反正也没有什么其他地方需要我们去，我们可以随波逐流。我们的物资足以让我们生活很长一段时间，我们可以在甲板上从事任何即兴活动和娱乐活动。

事实上，我们可以把这艘关于奋斗和痛苦的船变成终极派对船。我们可以从我们的货舱中拿出享乐效价、体验质地、自成目的的活动、人工目的和社会文化纠缠。

我们的船上时光不仅不一定是不好的，而且比起我们以前在岸上的生活，它好得令人难以置信。

尽管如此，星期四，我们继续出发，仔细研究了冗余问题及置于危险中的价值概念。即使在一个完全可塑乌托邦中，或许并非所有这些价值都需要完全和不可挽回地丧失？

我们从有趣性的概念开始。虽然将主观上的无聊从乌托邦中消除是琐碎的，但我们在这方面可能实现的客观有趣性的程度微妙得多。基本上，我们的结论是（a）在这方面，我们所希望的有趣性会有很大的限制，但（b）我们的现实生活在客观有趣性上并没有在每个方面都做得更好，并且（c）我们在乌托邦中可以实现一种非常高水平的万花筒般的有趣性。我们还得出了许多其他结论，我在这里不再赘述。

这大致把我们带到了现在。我们即将继续我们的调查，现在将重点转向在可塑世界中受到威胁的其他价值。我们之前关于有趣性的工作将在这方面对我们有所帮助，因为所有这些"更高"或"更空灵"的价值概念在不同程度上都是重叠的；我们在研究有趣性时所开发的澄清和分析工具将在我们试图理解这些其他概念时有所帮助。

如果我们想继续使用航海的比喻，我们可以像如下这样表达。

在这里，在完全冗余的开阔海面上，没有任何地标，也没有任何实际的必要性需要引导，如果我们要在长时间内保持方向，我们唯一的求助之道就是天文导航。我所提到的更高或更空灵的价值，如有趣性、成就感、丰富性和目的，就像引导星和星座。我们从它们那里得到的光可能相对微弱（相比于享乐主义满足的灿烂阳光），但对于我们保持长远规范的航向是重要的。

阴天的时候，我们更难看到这些星体。但是如果我们仔细观察，有时我们可以在夜晚透过云缝窥见它们。然后，如果我们暂时调暗炫目的派对灯光，让我们的瞳孔放大，我们仍然可以捕捉到旧日苍穹的闪烁，并研究我们如何将自己和未来航向与之联系起来。

哦，关于没有风的问题。好吧，什么也不会阻止我们拿起船桨。在缺乏外部推动力的情况下，我们自己的意志需要发挥更积极的作用，主动产生一些动力对我们没有坏处！

## 一些形而上哲学的看法

那么，在这天际穹顶中，我们能看到哪些潜在的规范性相关模式？我们昨天讨论了有趣性的价值。那么，其他的价值星座呢，比如意义？人们经常问起生命的意义或活着的意义。那么，乌托邦生活的意义是什么，或者在乌托邦中活着的意义是什么？

在谈到意义之前，我们还有一些其他的价值要讨论：成就感、丰富性和目的。（这些与意义和有趣性一起，帮助相互界定彼此。）

当我们分析这些概念时，请必须记住，我们的普通概念并没有那么明确的定义。我们将哪些点归属到哪个价值星座中的方式有相当大的随意性。例如，我们能在哪里划定成就感与目的之间的界限，或者目的与意义之间的界限？而且毫无疑问，我们可以使用不同的词语和思想来概念化同一价值天穹，把众多星星分组，以呈现不同的图案。虽然某些概念方案比其他方案更优雅、更自然（或者更符合普通语言习惯），但很可能存在多个替代系统，作为导航指南，每个系统都能大致同样地胜任导航的作用。

也许，每个替代系统在其自身术语中被提炼和完善得越多，它们的实际结果就越接近。我们可以将其比作不同的有损压缩算法在高压缩率下产生不同的伪影（失真模式），但随着内存、带宽和计算能力的限制放宽，它们将趋向于完全再现相同的原始文件。

所以，我不想断言我在这里组织事物的方式是唯一可接受的方式。在接下来的讨论中，我所提出的任何主张都侧重于整体而非每个单独术语。我想描绘我所看到的画面，为此我必须画一些线条；但我并不是说每条线单独对应一个客观真理，或者优于任何可能画出的替代线。为了创建同样好的、同一场景的画面，它们一起传达的整体形象才是重要的。

在不同程度上，这种整体主义可能适用于人类探究的所有领域。例如，这是美国哲学家奎因所采取的立场，尽管在我看来，他过度夸大了这一点（特别是在我们对语言意义的归因方面）。然而，我认为，整体主义在哲学和伦理学中的优势尤其突出。我怀疑，这就是为什么在这些领域中，难以实现像许多其他探究领域那样的累积共识式的进展，并以不断增长的普遍接受的真理形式呈现。因为在其他领域中，分而治之的策略更为适用。即使在哲学内部，不同的子领域在整体主义程度上也存在变异，我们将要讨论的主题，关于生命的意义等，是最具整体性的主题。

## 成就感

抛开这些免责声明，我们来谈谈成就感。这是一个具有悠久历史的概念，至少可以追溯到亚里士多德的时代。许多思想家都试图在某种成就感中找到对人类而言的善：那种实现我们的能力甚至我们最高的能力、我们的抱负或我们真实个性的成就感。

\* \* \*

通常得出的结论是，我们能过上最好的、最有成就感的以及最值得称道的人生，实际上是成为哲学家。这一职业涉及理性的最高和最全面的运用，而我们被告知，这是人类所有能力中最崇高和最独特的。

我不敢质疑这样深刻的智慧！我只想补充一个显而易见但未得到充分认可的简单推论，即必须赋予从事这种拥有无与伦比的内在价值的职业的实践者以相应的世俗补偿，如高薪、低教学负担、长休假、较快拿到终身教职的通道，还有令人敬畏的头衔和荣誉称号，以及免费的 MacBook（苹果电脑）。当然，那不是因为哲学家会在乎这些琐事，这个想法太荒谬了，并不值得反驳；而是因为（我们不得不悲哀地承认）享受这些特权是使我们工作的卓越价值被更广泛的社区和人群看见和了解的必要条件，从而使我们的大学同事和社会大众能够稍微分享我们崇高的事业所反射出来的光辉。

\* \* \*

我不会试图回顾关于成就感的广泛文献或试图列举这个概念所扮演的所有角色。我在这里重点关注的特定想法可以通过引用政治学家、法哲学家乔尔·范伯格的一些相对较新的文献来充分表达：

> 被这样解释的成就感常被认为是"实现自身潜力"，这里的"潜力"不仅是指一个人从事某些类型活动的基本自然倾向，还是指一个人获得技能和才能并有效地运用这些能力，从而产生成就感的自然能力。[7]
>
> 最有成就感的生活道路是那些最匹配一个人的潜在才能、兴趣、初心和其不断演变的自我理想（而不是一个人的意识欲望或炮制的野心）的生活道路。[8]

人类生活接近成就感的程度取决于他们如何在自然分配的岁月里填满充满活力的活动。他们不需要"成功"、"胜利"、整体上的"满足"就能得到成就感，只要他们的生命充满了奋斗和努力、成功和虽败犹荣、满足和挫折、友谊和敌意、劳作和休闲、严肃和玩乐，经历了整个成长和衰老的程序阶段。最重要的是，一个有成就感的人生将是一种计划、设计、从混乱中创造秩序、从随机性中创造系统的生活，一种建设、修理、重建、创造、追求目标和解决问题的生活。[9]

范伯格将此与未能实现潜力的人的未实现的生活进行了对比，无论是因为健康状况不佳、缺乏机会，还是浪费了时间和才能。他说，即使这样的人生给人带来了"浅薄的意识性的愉悦、唆麻药片和电视节目、漫画书和填字游戏"，他的最深层本性仍未得到实现，这仍然是令人遗憾的：

现在我们认为，那种本性伴随着其独特的驱动力和实现才能所依赖的复杂的神经化学系统，形成了其独特的复杂特性。其中的大部分并没有被使用，被浪费掉了，且毫无意义。全身上下，那种本性永远无法释放或放松。相比之下，拥有成就感的生活，是那种让我们觉得可以有选择和能力去做自己的事情，并且通过做那些事而"完全利用自己"，没有浪费、阻碍或损耗的生活。[10]

如果我们接受这种直觉，即拥有成就感的生活优于未实现的生活，那么我们在乌托邦中又增加了一个理想的属性：居民的生活在理想情况下应该是充满成就感的。

\* \* \*

有人可能会提出反对意见，说某些生物的本性实现会带来坏结果。例如，我们有害虫和寄生虫，更不用提未被改造的捕食者，它们的成就感似乎需要伤害和毁灭他人。但我们可以简单地说，在某些情况下，实现那些本性在总体上是不好的，因为尽管对这些生物自身而言是好的，但对他人是有害的。

我们还可以想象，某种生物只有通过自我伤害才能找到成就感。但如果我们持有一种多元的幸福观，在这种情况下，我们还可以说：成就感的实现可能总体上是不好的，因为尽管这种生物会从成就感中获得一些价值，但它可能会从其他的幸福成分或贡献因素（如享乐状态或健康）中失去更多价值。

在实践中，我希望我们可以主要通过创造性而非妥协来处理许多类似情况；也就是说，我们可以找到大多数本性实现的替代方式，而不需要伤害自己或他人，比如猫也可以玩毛线球而不是玩老鼠。

\* \* \*

与有趣性相比，成就感似乎与个体的特定能力和倾向紧密相关，或者在某些情况下，与物种相关。

如果某种生物，例如水母，只有少量"复杂的神经化学系统"，那么即使简单的生活也可能为其提供完全的成就感：允许它"完全利用自己"，利用其所有能力，无论这些能力多么有限，水母的生活可能没有太多客观的有趣性，但它可以轻易地达到最大成就感（至少如果我们保持其本性不变）。

相反，在充满客观有趣性活动的生活中，如果某些核心能力未被利用或某些重要的选择倾向从未得到机会释放，这仍可能造成成就感的严重缺乏。我们可以想象，某个人经历了一系列独特、复杂和重要的命运事件，然后发现自己是一系列世界历史事件的中心人物，并以这种方式过着充满有趣性的生活；但同时他又深感失落，因为也许他的本性或许更倾向于数学研究或僧侣式的生活，而他动荡的生活从未给他机会从事这些活动。

所以，这两种价值——有趣性和成就感，并不完全重叠。但它们确实有相当大的重叠；我们针对前者得出的许多论点，经过适当的调整后，同样适用于后者。例如，我们关于客观和主观有趣性之间相互作用的许多论点，可以同样应用于假定的成就感价值。

* * *

当我们思考成就感时，一个新问题出现了：依据我们如何制定相应的评估函数，成就感的价值可能在某种程度上是可满足的，而有趣性的价值则不是。

让我们去除一些成就感概念中的复杂性，只专注于其中一个更简单的概念：填满。

假设你有一个桶，你可以不断地往里面填东西，最终桶会被填满。在那时，我们可能会说，桶在填满方面达到了最大化。

从价值论的角度，如果假设"填满"是一种价值，我们可以问以下几个问题：

1. 到底哪些东西可以成为被填满的对象，只有桶吗，还是杯子、胶靴等物品也可以？
2. 是否仅填满现有的桶就是好的？还是我们也有理由制作更多的桶并填满它们？
3. 没填满是坏的，还是只是比填满差了一点点？例如，只有一个满的桶是不是比有两个桶、一个满的一个空的更好？
4. 大桶满了是不是比小桶满了更有价值？
5. 如果我们从一个满的桶开始，我们是否有理由让这个桶变大并再填一些？

类似的问题可以针对成就感提出，你可以在闲暇时思考这些问题。

* * *

关于在先进技术条件下实现成就感的范围，我想说的是，成就感似乎不需要工具上的必要性。如果有人有跑步或弹曼多林琴的能力，就算到了有汽车和唱片机的世界里，他们也可以完全实现这些能力。这是好消息，因为这表明在可塑乌托邦中，成就感的价值应该是广泛可实现的。（范伯格在他对成就感的描述中确实提到了一次"成就"，我们可能会怀疑可塑性是否会破坏成就的可能性，但我们会将成就从成就感的概念中剔除，而改在目的的范畴下讨论，下文很快就会谈到这个。）

* * *

因此，作为一个下限，在乌托邦中，我们应该能够更完整和彻底地实现我们目前拥有的能力。还有一个问题是，我们是否有可能远远超越这一点，达到我们可以称之为"超级成就感"的状态？我们能否在生活中实现比我们在当前历史背景下（如果我们幸运的话）希望实现的普通成就感形式更审慎可取的价值？

我认为，要使这种超级成就感成为可能，至少需要以下两件事情之一成立。

要么我们现在就已经拥有某种极其重要的能力或愿望，这在我们目前的生活中无法实现，但在某种截然不同的背景下可能会实现。这里的一个例子是，如果我们有某种潜在的能力，可以用特别亲密的方式与上帝交流，这种能力的实现虽然比其他形式的成就感更令人向往，但在我们当前的化身中是无法实现的，那么允许这种至高无上的能力最终得以使用的情境，就可以提供超级成就感的希望。

要么这是超级成就感理论上可能的另一种替代方式：(a) 我们获得新的重要能力并实现它们，并且 (b) 从成就感价值的角度来看，对我们现在来说，获得这种新能力并实现它们是非常可取的。虽然我确信 (a) 是正确的，但我对 (b) 表示怀疑。这本质上是我在黑板上写下的第 5 个问题："如果我们从一个满的桶开始，我们是否有理由让这个桶变大并再填一些？"明确一点，我确实认为获得新能力并实现它们对我们来说非常可取；但这前景的可取性（对我们现在来说）似乎并不是源于成就感的价值本身。相反，有其他理由使我们认为未来获得和实现新能力是审慎可取的。例如，它可以使我们的生活更加有趣和愉快，也许还更有意义。

* * *

范伯格似乎认为，人类及其生活是成就感被实现或未被实现的对象。我倾向于认为，我们也应该考虑其他类型的存在，至少在扩展意义上，能够同时拥有实现或未实现的生活，包括非人类动物，但也包括植物、组织、传统和文化运动。

从这个角度来看，如果一只笼中鸟从未被允许用翅膀飞行，即使我们假设这只鸟在小笼子里感到满足，我们也可能认为这是可悲的。

我们如果进一步扩展我们的敏感性，或许也可以类似地察觉到某种不幸，比如当一个有前途的新艺术流派由于一些外部因素（例如一场火车事故导致其所有主要成员丧生）而遭遇不幸时，我们难道不可以赋予一个艺术运动那些与范伯格在描述一个人的成就感生活时所用的类似的属性吗？一个运动可以被描述成表现出"从事某种活动的内在倾向"，可以说它有一条"生命道路"，这条道路要么允许、要么不允许其"潜在才能、兴趣、初心"充分发展，并与"其不断演变的自我理想"相协调。一个运动当然还可以有一个涵盖"建设、修理、重建、创造、追求目标和解决问题"的轨迹。

一些人可能坚持认为这些主体属性只能归于个体的实践者，而不能归于"运动"本身。但为什么呢？一个包含一群个体及其共享文化、拥有一套相互关联的利益和理想且具有一个内在成就逻辑的操作领域的实体，可以超过其部分的总和。它可以表现出与其个体成员不同的能力、意图和目标导向的涌现形式。这种意图术语可以有效且启发性地描述一个集体的运动，在与人类个体的平等问题上，成就感及其内在价值是否可以在其穿行世界的过程中实现？

诚然，成就感的概念在其应用于艺术或文化运动等实体时是模糊且不确定的，但它在应用于人类个体时也是如此。

然而，我们必须承认在这方面可能存在重要的程度差异，随着我们的讨论和考虑越来越远离个人成就感范式下的情况，这种差异会更大。

例如，当一棵苹果树在还没有机会结果之前被砍倒时，我们是否应该因为其潜在成就感被挫败而赋予它一些轻微的贬值？

那么一只从未被拥抱过的泰迪熊呢？一把从未被演奏过的小提琴呢？一串从未被点燃的鞭炮呢？一块从未滚下悬崖的巨石呢？[11]

在某个时刻，当我们朝这个方向前进时，我们从越来越细腻的伦理敏感过渡到感伤，从而进入幻想，最终进入纯粹的胡说八道。

假设在悬崖顶的巨石的例子中，我们会想说，可以通过把它推下悬崖来"帮助巨石达到更有成就感的状态"，但难道我们不能以同样的理由将同样的事件序列描述为"通过挫败其飞升的野心和消除其卓越的高度成就而伤害了巨石"吗？如果没有任何标准来优先考虑这些描述中的一种是比另一种更正确的，我们就必须怀疑实际上没有任何潜在事实，而我们口中说出的话并不能表达一个可理解的命题。

然而，即使极限中存在荒谬，我仍然认为，当我们进入一个更适合乌托邦的时代时，向这个方向继续前进仍然是适当的。有些考虑，虽然在今天的世界中被合理地认为是轻浮的，但一旦更紧迫的问题得到解决，这些考虑就可能会成为越来越重要的引导星。这是我之前提到的在乌托邦中让我们睁大眼睛仔细评估的一部分。我们也应该允许自己对更微弱、更微妙、更难以捉摸和不确定的道德和准道德要求、美学影响和与意义相关的可取性变得敏感。我相信，这种重新校准将使我们能够在即将置身其中的新领域中辨别出丰富的规范结构，并揭示一个充满价值的宇宙，这些价值在我们当前的麻木和茫然的状态下是无法察觉的。

# 丰富性

接下来：丰富性。我们可能希望拥有丰富的生活，一种充满生机的生活……（被打断）

**学生**：博斯特罗姆教授！我想这是火警铃声？我们应该撤离吗？
**博斯特罗姆**：这可能是误报。

丰富性的概念与成就感密切相关，与有趣性更加密切相关。尽管重点有所不同，但我们之前对那些穹顶价值的讨论使我们在这里可以讲得简短一些。

我将通过引用大石茂弘和埃琳·韦斯特盖特在《心理学评论》中的一篇文章来介绍丰富性的概念。他们写道：

我们认为，心理上丰富的生活包括有趣的经历，这些经历中的新奇性和/或复杂性伴随着深刻的视角变化。因此，在临终之际，过着快乐生活的人可能会说："我玩得很开心！"过着有意义生活的人可能会说："我做出了改变！"而过着心理上丰富的生活的人可能会说："多么精彩的旅程！"[12]

他们发现，在几个国家中，有相当少的一部分人说他们更愿意选择心理上丰富的生活，而不是快乐或有意义的生活。

**学生**：博斯特罗姆教授，洒水器启动了！
**博斯特罗姆**：是的，这很不幸。我想这是大学职业安全办公室的新规定——他们每月必须测试一次洒水系统。

丰富生活的反面将是无趣、单调、乏味的生活，缺乏对人类状况多样性的接触，不能给人们带来生活智慧，也不会让人增长见识。

这与有趣性有什么不同呢？正如我所说，两者有很大的重叠。但我认为丰富性更强调主动参与，强调情感和身体投入的范围和强度以及在一生中积累和整合大量多样化的生活经验，而不仅仅是冷静的认知困惑和审视。

丰富性也不同于成就感。两者可能相关，但并不相同。你可以想象某个人的生活非常丰富，但仍然未完全实现。这就是我之前举的例子中的情况，那个被推到一系列历史事件中的人，尤其是如果这个人不仅仅是这些事件的见证者，而且是参与者；另外，如果他还过着戏剧性和动荡的个人生活，经历很多起伏、面对各种充满挑战性的关系、体会悲剧和胜利、有不同的职业等，那就更是如此。然而，如果他真的天生适合做数学家或僧侣，而他从未有机会追求这个强烈的召唤……（又被打断）

**学生**：博斯特罗姆教授，灯灭了！

**博斯特罗姆**：肯定是洒水器引起了电线短路。我相信他们正在修复它。等等，今天是星期五，他们可能已经下班了。但你们还能听到我的声音，对吧？

所以，丰富的生活是"在竞技场中"的生活。它是一场全身心投入的摔跤比赛。它充满了印象、表达和充分活着的感觉。暴风雨、雷声、冰雹和彩虹；悲伤、困难、快乐交错的时光；强烈的爱与恨；坚韧与温柔、信任与背叛的生活；波涛汹涌的生活，泡沫和海藻冲刷着你的脸；脉搏跳动的生活，从不乏味，极少轻松。生活如同一场无比真实又令人心跳加速的恐怖、美丽和迷人的冒险，充满了生活体验，无论好坏。

丰富性并不专注于避免缺陷或最小化痛苦，而是专注于创造积极因素；或者更准确地说，是充分体验人类生活并参与其创造过程。丰富性几乎会欢迎问题的到来，因为问题是挑战的来源，也是加强和扩展生活的方式。从丰富性的标准来看，失恋了但爱过总比从未爱过要好得多。

我认为，一个过着丰富生活的人，不太可能会对此感到遗憾。他可能会也可能不会接受再活一遍的提议；但我想象那个人在其生命的尽头回顾一生时，会有一种满足感：一种在岁月里尽力而为、不论输赢（也许在这种背景下，最终总是输）的感觉，有过机会和高光时刻，在场上倾尽所有。

啊，洒水器停了。事情在好转！讲台下有一盒纸巾，还干着。需要擦眼镜什么的请自便。可能不够每个人用，但还有一些。

**泰修斯**：要不要给你拿一些？
**凯尔文**：好的，请帮我拿一些。

现在，我要声明，要实现上面这种丰富的生活可能会非常不方便，甚至可能对健康有害。对于那些不愿意加入斗争的人，我指出一种实现心理丰富性的替代途径：找一把舒服的躺椅、一台咖啡机和一堆好书。

一个敏感的读者（或观众、听众）可以通过间接生活获得相当多的经验，甚至在某些方面，比亲身体验获得的更多，就像你可以通过在超市购买食物而不是自己种植来获得更丰富和多样的饮食一样。

马塞尔·普鲁斯特描述了他童年的夏日，当时他坐在家乡的花园里读书：

这些下午充满了比一生中可能发生的更戏剧性和感人的事件⋯⋯这些生物的新秩序行为、情感在我们看来是真实的，因为我们已经把它们变成了我们自己的东西，因为它们正在我们内部发生，当我们急切地翻阅书页、急促地呼吸和目不转睛地凝视时，它们都在掌控我们。一旦小说家把我们带到那种状态，在那里，如同在所有纯粹的心理状态中，每种情感就都被放大10倍，小说家的书像梦一样萦绕在我们心间，但这个梦更清晰，印象也更持久，而不像是在睡梦中出现的那些。为什么呢？小说家在我们内心释放了世界上所有的快乐和悲伤，但我们必须花费多年实际生活才能真正体会和了解其中的少数，而其中最强烈、最激烈的那些，我们永远体会不到……[13]

这种可以通过代理体验的能力是那些拥有敏感性和想象力的人的天生优势之一。然而，其他人可能需要亲自把手放进火焰中，才能强烈地感觉到什么，并说服自己接受这种火焰很烫的现实。

*　*　*

在一个可塑乌托邦中，虚构内容的体验和现实体验之间的差距可以被缩小。

这种融合的一个使能因素是现实可能更趋近虚构，你梦寐以求的事情在可塑乌托邦中更有可能梦想成真。如果你想知道骑独角兽是什么感觉，你就必须依靠虚构和想象；在乌托邦中，人们可能已经培育出了独角兽，假设你能找到一头愿意被你骑的独角兽，你就可以真正体验骑独角兽的感觉。

然而，现实符合虚构的程度是有限的。例如，你可以编一个关于古老的外星文明使者访问地球、逐渐赢得人心并激励我们建立全球和平与和谐的故事。但如果现实中没有古老的外星文明存在于旅行距离内，这个故事就无法成真。另一个障碍是，故事若是围绕着人类展开，在许多虚构的情景中就不得不涉及专有权利，而这些专有权利在乌托邦中是不可接受的，那么，在这种情况下，故事就无法成真。

大多数现实与虚构的趋近将来自另一个方向：虚构接近现实。二手体验和完全人工构造的体验可能更接近于一手体验。它可以变得更具沉浸感、更详细，并且在某些需要更真实的方面做到更现实化。二手或合成体验可能更能诱发读者、观众、参与者产生与其亲身经历时相同的心理效果和发展。当技术成熟时，书籍会更好（因为它们会由超级智能作者制作）；电影会有更高的质量（出于同样的原因，并且因为有更好的制作工具）；虚拟现实将完全真实且栩栩如生，或者当呈现为幻想时，能够实现类似于直接感知物理现实的内在一致性和精确的渲染。这里的主要限制资格条件是我们周二讨论的那个：如果完全真实地呈现与其他思想深度互动的开放式原创体验，就会不可避免地将那些思想带入存在。

实际上，我预计，当人们体验虚拟世界时，人们会觉得它比物理世界更真实、更生动、更有趣、更富有成果、更具相关性，并对心理产生影响。我们中的许多人已经花费更多的时间和精力在思想和想象的世界里，而不是将其集中在我们周围物理环境中的物体上，而且我们发现，这些精神构想在大多数时候已经足够"真实"，即便在我们当前原始的认知和技术方法下也是如此。（我甚至都还没有提到模拟假设。）

\* \* \*

结论是，丰富性的前景是光明的：乌托邦的体验可以非常丰富。

这种假设以心理解释来分析丰富性，这似乎是一种相当自然且方便的方式，用于在概念空间中划分事物。诚然，人们可以选择以一种需要超越纯粹心理要素的方式来界定丰富性的价值，比如，我们可以将丰富性定义为包含客观有趣性或成就感；但由于我们已经分别讨论了这些价值，因此再次讨论这些要素是多余的。或者人们可以涉及目的或意义方面的内容；但这些是值得独立讨论的价值，我们正准备这么做……

# 目的

在周三的讲座中，我们讨论了4个案例研究，分别涉及购物、锻炼、学习和育儿。在每个案例中，我们都看到了巨大冗余的可能性，以及一种普遍"后工具条件"的预兆，这种状态将在技术成熟时开始，或者在技术成熟不久之前开始。在这种状态下，人类的努力将变得过时且不必要。

一种没有目的的生活可能显得贫乏。如果所有的忙碌和喧嚣都只是徒劳无功的事情，我们可能就会问，这有什么意义？或者，如果忙碌和喧嚣停止了，那么又有什么能防止我们陷入死亡般的被动状态？

朝着这个方向探索，我们很快就会引出生命意义的问题。然而，我想推迟讨论这个问题。我们在讨论意义之前可以尽可能多地讨论其他内容，这样我们就能更好地理解剩下的内容。因此，我在这里将"目的"理解为一个相对独立且不带负荷的概念。我们可以说，目的就是我们为某种原因而付出努力和参与活动的任何事。

* * *

我们还可以区分不同"大小"的目的，或者说区分一下为了什么而做的事情。

我们可以将小的目的称为意图（aim）。比如说，你去杂货店是为了购买你需要的食材来按照《超越绿色：液化沙拉完全指南》中健康美味的食谱做菜（你可能有兴趣知道，这本书目前正在打折）。

我们可以将中等大小的目的称为目标（goal），它需要更大范围内的持续行动才能达到。例如，从大学顺利毕业就是一个中等大小的目的。

最后，我们有大的目的，可以称之为使命（mission）。使命是一个如此伟大和全面的目标，以至于可以激励人奉献生命，或者至少是奉献其中的一大部分。使命可以是理想主义的，例如为消除某种疾病而做出重要贡献，或者过一种让上帝满意的生活；也可以表现为一些不那么崇高的愿望，比如积累大量财富或获得很高的政治职位。

请注意，为了能把某事称为使命，仅仅依据其令人十分渴望或本身很有价值是不够的。它还必须是这样的：追求它需要长久而深刻的奉献和努力。如果某人能只按下一个按钮就治愈癌症，他就会有强烈的理由按下按钮，这样做能让他实现一种伟大的善，但他实际上不能将治愈癌症作为一生的使命。

* * *

现在我们可以观察到：我们都有短期意图，许多人有中期目标，但相对较少的人拥有使命。由此可以推论，要么相对较少的人拥有有价值的生活，要么拥有使命不是让生活有价值的必要条件。我认为后者是合理的。

如果没有目标该怎么办？没有目标的人会漂流在人生长河中，就像河里的木头，没有长期计划和抱负。我们可能会说，这样的人不会努力实现任何事情，但这样说实在是太宽泛，因为他们大概仍然有小的目的，或者说意图。这样的人会为了制作一种饮料而走进厨房；如果他们在玩游戏，那么他们可能想赢。因此，他们会有短期意图，会付出一些努力，并采取一些行动，以实现这些意图。

哪怕拥有使命并不是拥有有价值的生活的必要条件，许多人也可能会说：没有目标的生活（就像一个流浪者的生活里没有超越一系列短期意图的追求），在某种重要方面是贫乏的。或许我们也倾向于认为，虽然使命不是让生活变得更值得的必要条件，但它能够为生活增添额外的价值，这种价值在许多情况下足以补偿为实现使命而做出的诸多牺牲和忍受的诸多不便。

* * *

但为什么我们会认为人们拥有目的，尤其是中等的或大的目的，是可取的？

我们必须分离出几种可能的理由来支持这种判断。

第一，当今世界仍然有需要完成的事情。因此，有人去做那些事情是可取的。如果没有人追求获得癌症的治疗方法，我们就不太可能得到医治。但这种呼吁目的和使命的理由在后工具条件下并不适用。

第二，拥有目的感似乎有利于心理功能和福祉，使人更能适应困难，不太可能上瘾、抑郁或感到无聊。但这个理由在可塑条件下同样不适用，因为借助足够先进的神经技术，我们可以通过人工手段以更可靠和方便的方法获得相同的好处。

第三，可能是我们研究的相关类别，即非工具性的理由，表明有目的的生活比没有目的的生活更好。我认为我们可以区分出两种可能的理由，表明有目的的生活在非工具性上更可取。我们偏爱有目的的生活，(a) 因为追寻一个目的给生活带来了某种内容；(b) 因为追寻一个目的本身赋予了生活某种意义。让我们更仔细地检查每一个理由。

\* \* \*

我们先从 (a) 开始。有目的的生活，特别是那种不仅有短期意图还有中期目标或更好的使命的生活，具有某种内容。具体来说，它包含有目的的活动，所执行的长期项目需要形成一系列相互关联的意图、计划、内部资源动员、项目实施、结果监控、方向修正等。有人可能认为，生活中包含这些要素本身就是不言而喻的好事，无论是它们作为单独的要素，还是它们被连接在一起成为更长的、连贯的、有意的行为链。[14]

这里我们可以观察到，如果我们仅关心这种价值，即生活里有这些有目的的活动内容，那么为何追求目的以及具体的目的到底是什么似乎并不重要。重要的是实际上在追寻某种目的，并且这个目的具有这样的特质：它能组织并激励一个适当长期的目标导向行为链，或许还需要调动相关技能，并从主体的一方调用有意识的努力。

既然这就是为什么有目的的生活比没有目的的生活更可取，那么乌托邦人显然可以做得干净利落。有一件他们可以做的事就是，从事自我目标性活动。也就是说，他们可以从事各种有目的和费力的活动，因为从事这些活动本身就是内在可取的。

但如果乌托邦人（或其中一些人）恰好在心理上构成了这样一种方式——他们并没有发现这种自我目标动机足够有说服力，那该怎么办？或者说，如果他们判断（虽然不清楚在什么基础上可以做出这样的判断）以自我目标性的理由从事某些活动并没有以工具性理由从事这些活动那么具有内在可取性呢？在这种情况下，乌托邦人可以做的另一件事就是创造人工目的。

一个乌托邦人要创造人工目的，可以按以下步骤进行。

首先，他会给自己设定一些适当的长期目标。如果他在心理上能够做到，他就可以通过意志行为简单地给自己设定一个目标。如果他不能做到这一点，他就可以使用神经技术在自己体内激发一种强烈的愿望去达到一个适当的目标。

其次，乌托邦人需要确保这个目标具有挑战性，并且追寻这个目标需要一个足够长期的、复杂的、费力的系列行动。有两种方法可以做到这一点。一种是把自己放在一个没有捷径可走的环境中，比方说，去乌托邦的一些受限区域，在那里，所有技术成熟的手段都不容易获得，那里的人必须依靠自己的能力去实现他们的目标。另一种能达到类似效果的方法是选择或修改目标，以排除其在实现的本质上使用（某些类型的）捷径的可能性。因此，乌托邦人不是要将目标设定为"实现结果$G$"，而是要将目标修改为"在不使用$X$、$Y$或$Z$方法的情况下实现结果$G$"。

这些策略并不像你想的那样奇怪。虽然当代神经技术尚未赋予我们轻易地使自己产生强烈动机去追求任意目标的一般能力，但人们确实经常采用其他方式来生成人工目的。比方说，有人通过把自己置于能强烈激励自己、推动身体和心理到极限的情境中来挑战自己，例如选择去"荒无人烟的地方"完成任务，使人们没有其他办法，只能通过自己的努力来实现生存并完整走出来的目标。同样的道理也适用于处于半山腰的攀岩者：在普通生活中任何可能困扰他们的动机问题在这里都消失了。一旦处于这种悬空暴露的位置，他们就没有"犹豫不决或反复思考努力是否真的值得"的空间了，只有紧紧抓住以防掉下去的迫切感。

这些是通过把自己置于具有挑战性的位置来实现目的的策略的例子。我们其实对第二种通过修改目标来使实现的过程更困难，从而创造出某些有趣和可取的有目的的活动的策略更加熟悉。例如，业余高尔夫球手不会为自己设定让球依次移动到 18 个洞的目标，那可以通过用手拿着球轻松完成。相反，他会采用一套符合特定严格规定的方法来让球穿越球场，这对他自己来说是一个完全不必要的麻烦，但这才正是实现高尔夫球运动内在价值的必须所在。[15]

好吧，其实很难说明白人们为什么打高尔夫球。真正的原因可能是为了获得乐趣，如果是这样，那么显然乌托邦会提供更有效的选择——通过电极刺激大脑来获得快乐。但如果我们假设高尔夫球运动作为有目的的活动而具有某种价值，且这种价值超越了它带来的快乐，那么我们就能看到，这种附加价值在乌托邦中也是可以获得的。

攀岩或打一场高尔夫球可能是太有限的目标，无法完全实现目的的价值，特别是如果我们认为追求更大目标（使命）比追求小目标（意图）具有更大或额外的价值。但我们可以非常容易地勾画出同类型的大规模版本。如果某人下定决心在没有氧气瓶帮助的情况下登上珠穆朗玛峰，那么这可以为他提供一个目标，因为实现它需要在实际攀登之前进行多年的计划和练习。为了让这个策略在乌托邦中奏效，我们只需在目标中嵌入一些额外的约束，关闭在技术成熟时变得可能的各种捷径。例如，我们可能不得不将目标设定为在不使用补充的氧气、不升级我们的肺、不增加我们的红细胞总量的情况下攀登珠穆朗玛峰。然后，我们就可以照常进行了。

因此，几乎所有现在可用的目的，在乌托邦中都将以适当的修订形式仍然可用。除此之外，我们还可能获得许多新的目的，这些目的只有在开发新手段和新工具时才能获得。我的意思是，就像在发明高尔夫球杆之前，并没有高尔夫球的相关目的；在发明计算机之前，也没有电子游戏相关的目的一样。技术一旦进一步扩展了我们的装备和/或增强了我们的能力，就会使许多可能的新目的变得可用。因此，我们在乌托邦中可用的人工目的不会比现在少，实际上会更多。

\* \* \*

现在让我们看看理由（b），即为什么有人可能会认为有目的的生活在非工具性上比没有目的的生活更可取的第二个可能的理由。

这基于有目的的生活会赋予生活意义的想法。这里的想法是，我们可能希望我们的生活有意义。而让我们的生活有意义的最明显的方式就是我们实现了一些独立的有价值的结果。

上面提到的把追求治愈癌症作为使命的人的例子与这个理由是相关的。作为一个社会，我们可能当然会因为对肿瘤学的卓越贡献而在工具性上重视这个人的存在。但除此之外，我们也可能认为，如果这个人成功地为世界带来重要的好处，这个人的生活对他自己来说也就变得更为可取。我们可能认为，一个人为世界带来积极影响是好事。

但请注意，如果我们确实认为以这种方式获得积极影响在工具性上是可取的，我们就可能会面临一个潜在的困境，因为许多现在需要做的事情在后工具乌托邦中将不再需要做。无论如何，它们将不再需要由我们（也就是说，由类似人类的人）来做，因为机器会做得更好。确实，我们可以像我刚才描述的那样，为自己创造人工目的。然而，我们还可能会怀疑，人工目的的实现能否赋予我们的生活与实现"自然目的"相同的有价值的意义。自然目的就像是从独立存在的需要和问题的土壤中"自然生长"出来的，而不是从这种为了给自己找事做而种在小盆的土壤里长出来的。这值得我们仔细研究。

\* \* \*

讲到这里，恐怕我们的讨论要变得有点儿模糊了。我不想让你们迷失在字面意义上和比喻意义上的黑暗中。所以，如果你有任何不理解的地方，请打断我。让我们来一步一步地思考。

1. 假设有人抱怨乌托邦缺乏"真实的目的"。他们可能会说："当然，我们可以创造目的，人工目的，但那不是真正的东西。人工目的不会给我们的生活带来真正的意义。在后工具条件下，我们没有重要的职能要履行，我们真的不需要做任何事情。所以生活的严肃性全都消失了！"

2. 对此，我们可以做出多种回应。我们可以否认目的，认为无论是真实的还是其他任何形式的目的都不具有非工具性的价值。或者我们可以断言，人工目的是自然目的的完全等效替代品。或者，我们可以承认真实的目的可以为生活增添一些人工目的所不能提供的价值，但可以通过在乌托邦中实现其他价值的巨大收益来弥补这种价值的损失。

3. 请记住，我们已经看到，人工目的可以代替自然目的为生活提供内容。剩下的担忧是，这是否也可以为生活提供意义。所以，最坏的情况是，我们会有失去自然目的中的意义赋予属性以及其中可能存在的其他任何独特价值的风险。

4. 另一个相关点是，我们人类当前的生活在意义方面也显得相当有限。昨天在讨论有趣性时，我们所做的许多观察可以在这里重复：从宇宙视角来看，我们追寻的意义显然微不足道，等等。

5. 即使我们认为衡量我们意义的相关尺度是一个更本地化的尺度，这也不意味着我们会因此而处于危险之中。你也许会观察到，我们通常不认为，由于某些人为世界做出了极其巨大

未来之地　　314

的、比其他人多数百万倍的客观的贡献，会让他们生活的内在价值（用哲学家的话来说，他们的"幸福"）具有巨大差异。事实上，许多人的贡献为零或为负（不一定是由于任何道德错误），如果其中一些人很快乐并且拥有有趣的爱好，那么他们的生活对他们自己而言仍然是好的。换句话说，他们生活的审慎性（自利）的可取性似乎并没有因为他们对世界整体利弊平衡贡献甚少或没有做出净积极贡献而受到严重损害。

6. 但是，也有人或许可以反对说，这样的"非贡献者"在当前仍然具有某种局部意义，因为他们的选择和努力至少对他们自己的生活有很大的积极影响？也许，如果我们在后工具乌托邦中失去了这种局部的自我中心的意义，那么我们的生活将变得毫无价值？

7. 让我们考虑一个极端案例，这在现代社会中并不罕见，例如一个住在护理院里的人对自己的生活所产生的积极影响是非常有限的。考虑一个人不能自己咀嚼食物或刷牙，还需要昂贵的持续医疗支持，并且我们假设，这个人也不能为其他人带来多少快乐（也许是因为与他互动的所有人都是陌生人，这些陌生人在大多数情况下对他无动于衷，只是因为能获得报酬才照顾他）。我们假设这个人对整个社会的净贡献为负值。（请不要被我用来描述这个案例的冷漠词语迷惑。我认为我们应该为处于这种状态的人提供更多支持，而不是更少。我们获得爱、尊重和支持的基本需求和价值并不取决于我们能否为社会做出贡献，这是不言而喻的。但可悲的是，有些人急于故意曲解。我也并不对任何我说的话能保护我免受这些人的指责抱有多大希望。）

8. 显然，这个个体面临许多挑战。但他还有可能拥有美好生活吗？我认为可以。然而，为了清除一些潜在的混淆，我们需要澄清这个问题。为了使这个案例尽可能地明确，我们可以想象上文例子中的人没有因为他的医疗状况而感到任何疼痛、不适或焦虑，也没有因为成为他人的负担而感到内疚。相反，我们应该想象，他体验到高水平的积极情感并充满欢乐，他通过观察世界及其奇迹来获得乐趣，他对美和幽默很敏感，喜欢听音乐并且对音乐有很强的理解和鉴赏能力，等等。尽管我们必须假设这些积极因素不是他自己选择或内部努力调节态度的结果，而只是他的照顾者为他安排的生活体验所产生的自发和无意识的反应。依据上面这些条件，我认为上文例子中的人尽管在我们通过他对周围世界的因果影响来衡量意义时完全无关紧要，甚至具有负面意义，但他仍然可以拥有美好生活。

9. 现在对乌托邦人来说，他们不仅可以拥有这个人的生活中所有的美好事物（得益于超越当前人类水平的身体、情感和认知增强），还可以通过追求自我目标性活动或人工目的来获得惊人的积极体验。那么，如果其代价是失去我们今天大多数人所拥有的那种积极意义呢？我的意思是，比如说，我们通过按时纳税获得的意义？我们通过在亚马逊下单来促进经济发展的意义？或者也许是我们通过在社交媒体上转发表情包来对全球对话做出的贡献？

\* \* \*

你们都跟上了吗？

**学生**：我有一个问题。我同意我的生活可能不会因为我在亚马逊购物而获得很多意义，但这在我的个人层面上更有意义，比如对我的家人，还有我的未婚夫。你不认为没有人关心、人与人彼此之间不再存在意义，会很悲哀吗？

**博斯特罗姆**：很好的问题。是的，这确实会显得很悲哀。我实际上正打算谈到这个问题。

让我们先做一个初步观察。虽然我们希望至少有一些其他人关心我们，而且我们也希望能至少关心一些其他人，但这似乎并不需要我们在对彼此的行为有能力影响彼此福祉的角度上对彼此有意义。比如，你可能会关心一个你知道再也不会见到或与之互动的人。一个亲戚可能已经离开，去了一个新世界，即使你确定你们永远不会再聚，也无法建立任何邮件服务或其他通信，你也可能非常关心他在那边的情况，常常怀念他并祈祷他过得好。因此，这种意义在这里并不存在问题，对吗？乌托邦人没有理由拒绝拥有这种关系。这只需要他们彼此关心，而不是基于因果影响或实用性而关心。

现在，为了避免你们将我的话曲解为别的意思，我赶快澄清一下，我刚才举的例子以及之前出现的一些其他例子，并不是暗示乌托邦的生活必然是孤独的。不是！我们只是在一步一步地讨论。显然，在乌托邦中，我们仍然能够继续互动、交流、共同做事和体验，并且总体上享受彼此的陪伴。

事实上，如果我们愿意，在乌托邦中，我们可以建立比目前有可能的更紧密的关系。我们可能会，例如，建立更高带宽的心智通信连接，或者使用其他心理技术手段促进彼此之间开放、信任和亲密的关系。我们将拥有比现有的酒精或原始共情因素更有效的手段。我并不是说我们应该全盘无区别地接受所有这些技术，并合并成某种蜂巢思维[①]或博格[②]；但这种可能性肯定是存在的。我对在乌托邦中我们应该追求多少或追求什么类型的这种增强的社会亲密性持相当怀疑的态

---

① 蜂巢思维出自凯文·凯利著名的《失控》，指的是群体思维，或者去中心化的分布式训练、容错和反向传播。——译者注
② 博格是《星际迷航》中的一个严格奉行集体意识的宇宙种族，从生理上完全剥夺了个体的自由意识，博格个体之间通过某种复杂的子空间通信网络相互连接。——译者注

度。也许这会随着时间的推移而有所变化。无论是在当前还是未来的条件下，如果我们假设目前彼此之间的联系数量和质量正好是最优的，那么这种假设似乎总是有点儿不太可能且令人怀疑。[16]

再多说几句。有一种理论认为，在现代社会中，人们彼此感到更加疏远，是因为我们已经不再像在合同法、警察和福利系统出现之前那样依赖朋友和家人去维系基本生存了；也许是因为我们不再像以前那样频繁地遇到生死关头，虽然在那些情况下我们会发现谁是真正的朋友。如果这个理论是正确的，并且如果乌托邦进一步推动了历史趋势，使我们更少地依赖个性化的支持来源，更多地依赖国家或先进技术来保护自身安全并使自身需求得到满足，那么这是否意味着在乌托邦中，人们会感到更加疏远？不会。因为如果有必要，疏远感可以通过成熟的神经技术轻松消除。

因此，我们可以彼此更亲近，感到更亲密，互动更密切，并在关心彼此福祉的意义上仍然对彼此有意义。让我们现在把这些有价值的东西存入银行，再次出发，看看是否可以找到并确保获得更多的价值。

这就把我们带回到我们探究的主要路线，你们会记得，我们就技术成熟时基于影响而产生的意义进行了专门的讨论，你刚才问的关于个人关系的问题和这个讨论也是相关的，它也为我周三提到的"社会文化纠缠"提供了一个重要元素。这是我们多层防御体系的第五道，也是最外层的防线。文化和人际关系的复杂性可能会在乌托邦中为我们提供超出个人设定的挑战性目标的目的。

* * *

我打算首先讨论如何通过一种工程修复方法来解决这个问题，我称之为"目的的礼物"，我这里有一份讲义。我本打算读一下，但现在有点儿困难……也许如果我站到那边……

是的。在"出口"标志的微弱的绿色灯光下，我们将继续！

## 讲义 17 目的的礼物

让我们假设拥有一个目的是好的，并且你想帮助一个缺乏目的的可怜的朋友。我们还假设你的朋友至少在以下一个方面关心你：

1. 你的朋友关心你的偏好。
2. 你的朋友关心你的福祉。
3. 你的朋友关心你对他的看法。

为了给他一个目的作为礼物，你所需要做的就是在你的偏好、你的福祉或你对他的看法与他的行为之间建立一个合适的联系。

例如，假设你的朋友在某种程度上关心你，即他希望你得到你想要的东西。随后你形成一个偏好，即希望他实现 $G$。如果你发现仅凭意志很难简单地形成这样的偏好，你就可以通过一些心理技术手段在自己身上创造这个偏好。

或者，假设你的朋友关心你，即他希望你的福祉很高。你可以做出相应的安排，使你的福祉在你的朋友达到 $G$ 后更高。具体怎么做则取决于你的朋友认同的福祉定义。例如，你的朋友认为财富有助于实现福祉，那么你可以与第三方签订合同，规定除非你的朋友实现 $G$，否则你将被罚款。

最后，如果你的朋友关心你对他的看法，那么你可以简单地承诺在他实现 $G$ 后，你会给予他更高的评价。（如果需要，你也可以借助神经技术来做到这一点。）

你现在已经为你的朋友（或你的学生或孩子）提供了一个理由去实现 $G$。为了能给予他这个目的，你需要适当地选择 $G$。如果 $G$ 是他可以很快和轻松完成的事情，比如拍拍自己的头，那么对他来说，$G$ 只不过是一个简单的意图，这大概也不会赋予他多少目的价值。因此，$G$ 需要一些包含更大项目的事情，如复杂的活动、长时间的努力，发挥他可能拥有的多种技能和才能，并且可能需要显著的情感投入和奉献。拥有一个足够强的工具性理由来追求这样一个 $G$ 将赋予你的朋友一个很好的目的，一个雄心勃勃的目的，甚至是一个使命。

当然，如果你的朋友实现 $G$ 的最有效方法只是按一下按钮让一个机器人助手完成实现 $G$ 所需的所有行动，那就没有任何好处了。这会使你的朋友不需要付出任何努力，从而违背了目的的意义。如果你的朋友实现 $G$ 的最有效方法是吞下一颗增强药丸，从而轻而易举地实现 $G$，那也没有好处。因此，你必须以排除那些可能会破坏目的的方式去定义 $G$。最直接的方法是在 $G$ 中包含只允许某些手段的规定。因此，$G$ 可能的形式为：

$G$：仅能使用来自 $M$ 集合的手段来实现结果 $X$。

可接受的手段不包括订购机器人助手或服用增强药丸等捷径。$X$ 和 $M$ 的组合也需要选择得当，从而为你的朋友提供一个适当的挑战。例如，如果你的朋友喜欢与国际象棋相关的智力挑战，$G$ 可能是这样的：

$G$：在没有计算机辅助训练或比赛且不使用认知增强剂或其他违背挑战精神的手段的情况下，在难度等级为 7 的鳕鱼国际象棋引擎上获得胜利。

由于你的朋友希望你的偏好得到满足（或你的福祉得到提高，或你给予他的评价很高），并且你还安排了只有通过实现 $G$ 才能满足这种愿望的情况，那么他现在就有了一个目的。

以如此显而易见且简化的形式去运用这种生成目的的方法似乎听上去相当荒唐。但如果能更微妙地加以应用，带着精细和灵巧，并在适当的文化背景中使用，这可能就不会那么荒唐了？

尊重的分配范式是文化的核心特征。文化能够巧妙地利用我们对尊重和社会认可的渴望来激励我们追求各种各样的项目，包括那些在其他情况下看起来随意或无意义的项目。追求这些文化赞助的项目是许多人生活中深刻而充实的目的来源。

我们再以打高尔夫球为例：想想看，如果我们采取一种超然的视角，并在一个不重视这种特定技能的文化背景下来看这项活动，我们就会发现它看起来是多么荒谬。事实上，想象一下，把人生中最美好的几十年用于提高自己用球杆将小球打进一系列小洞的技能，这看起来多么疯狂。

想想那些人，不仅是运动员，还有艺术家、作家、演员、财富积累者、士兵、学者、节食者、时尚追随者等，所有的学习、训练、奋斗、牺牲和令人难以忍受的年复一年，所有的辛劳努力、聪明才智、失去的睡眠、忍受的不便、遭遇的麻烦，等等。所有这些人的努力和牺牲在根本上是由对社会认可和尊重的渴望所驱动的（尽管这并不总是被承认或意识到）！即使对那些确实对社会有实用价值的职业来说，这也常常成立。例如，有多少医生进入他们的职业是因为他们不想让父母失望？所有这些人都被赋予了一个目的的礼物。

\* \* \*

布莱兹·帕斯卡尔曾写道："人类的所有痛苦都来自无法独自静坐在房间里。"[17]

嗯，如果我们都静坐在房间里，就算可以避免许多麻烦，这也会让我们失去许多生命的体验。

即使在孤独中，我们的社交愿望也不会完全离开我们，因为我们会继续依据他人的看法来形成内化印象，从而评估自己。

无论好坏，我们都被社会关系深深地缠绕着。就算我们想移除所有这些意愿上的依赖性，那也将会是一项非常具有侵入性的手术（涉及对个人身份的巨大损害风险）。

确实，在一个可塑乌托邦中，我们目前追求尊重的一些理由将不再适用。例如，我们可能不再需要通过获得尊重来赚钱或获得其他物质利益。我们也不需要通过获得尊重来感觉良好，神经技术就可以做到这一点。然而，我们可能仍然会为了尊重本身而继续追求它。

我们也想知道，如果尊重不再带来今天的附带利益，我们对尊重的渴望是否会有所减弱？然而，我们还必须同时考虑到，我们目前拥有的许多其他欲望与我们对尊重的渴望争夺着对我们心智的控制，而在一个可塑乌托邦中，这些欲望也将失去作为动机因素的作用，因为它们都能轻而易举地被满足。

因此，我们完全可以设想，在乌托邦中，对尊重的渴望可能会占据我们剩余动机驱动力的更大份额。

那么，我们是否会在智能爆炸之后不久，见证一个虚荣爆炸？又或者，我们是否已经最大限度地接近虚荣，以至于几乎没有进一步增加的余地？

\* \* \*

让我们继续讨论。

10. 从接受"目的的礼物"的人的角度来看，所被给予的目的可以被视为真实和真诚的，因为它独立于他们自己的意愿而存在。它是一种他们必须适应的客观现实，而不是他们是否可以做出选择的假设。

11. 然而，也有人可能会仅仅因为它不是完全独立于人类行为而产生的，就指控这种类型的赠予目的不够好或不够标准？我认为不必这样指控。逃离老虎的人和逃离斧头杀手的人在目的的价值方面似乎是一样的。同样，如果我们想象这两个人都从事长期项目，无论这些项目是根植于自然还是社会现实（如一个计划从荒岛逃脱，另一个计划从监狱殖民地逃脱），它们的目的价值也几乎是一样的。

12. 然而，即使这样的目的源自其他人的偏好和选择的事实本身并不具有排他性，也还有几个相关的担忧可能会影响赠予目的的价值。首先，人们可能会担心基于零和博弈而取得成功的意义主张。其次，人们可能会担心那些源于某人特别想帮助我们实现目的的目的。让我们逐一考虑这些问题。

13. 首先，零和博弈性：如果一个目的是由试图在零和博弈中取得成功所组成，那么它（在提供目的价值方面）是不是合格的？反对的理由是，零和竞争中的努力具有一种全球性的无意义，似乎与真正的意义相悖。另外，我们通常认为，例如，竞争性运动员的有目的的奋斗是具有意义价值的。如果几名运动员参加奥运会，其中一人获得金牌，那么我们可能会说，获胜者取得了其他人所没有的额外意义成就（尽管他们分享了有资格参赛的较小成就），这似乎表明活动的零和性不能成为其意义上不合格的特征。如果这种零和性在体育运动中可以与意义共存，那么它在其他背景下也可能如此。

14. 针对这一点，有人可能会反驳说，整体来看，体育比赛是正和的。它产生了净正价值，不是因为哪个特定的运动员获得了胜利，而是因为竞争活动为参与者和观众提供了娱乐。没错，但我们也可以对来自乌托邦"赠予目的"的活动做出非常类似的主张，这种活动也可以是正和的。确实，不是因为它提供了令人愉快的娱乐（因为这是可以通过技术手段实现更高的效率的），而是因为它将非自我生成的目的带入了受赠者的生活。假设拥有这种目的是好的，我们很难看出为什么这种贡献不算使这种安排成为正和的因素，就像娱乐的贡献可以使竞技体育成为正和的一样。

15. 其次是关于那些源于某人特别想帮助我们实现目的的目的的担忧。也许有人会认为那些目的不如其他目的好？只是为了让我们有一个目的而给予我们目的，这会不会显得这种追求只是无意义的忙碌工作，缺乏真正的意义？一旦这种目的被创造出来，我们可能就有理由去试图实现它；然而，整个安排可能看起来有点儿像一个骗局，就像是挖了一个洞的目的只是去创造一个需要把它填起来的需求。这似乎有点儿荒谬？

16. 但我们可能只能说："这就是生活！"一旦有了生命，就有了需求；一旦有了需求，它们就必须得到满足。这听上去也可能显得有点儿像骗局。如果没有生命，一切都会更容易：没有人挖洞，没有人需要填洞。然而，我们已经在这里了，也许我们仍然有一些意义，即使意义只是局部的，甚至可能是有点儿荒谬的意义。

17. 如果我们的创造者创造了世界，其中有一部分原因是为了给予我们目的而创造成现在这个样子，那么这个目的会因此有缺陷吗？许多人也选择相信相反的观点：如果没有创造者，或者我们的世界和我们的生活与创造者的意图没有任何关系，那么我们的生活会更加没有目的和意义，而不是有更多。但这是一个你需要与格罗斯维特教授讨论的问题。

让我看看你们是否跟上了？

\* \* \*

好的，要么你还跟得上，要么我早就把你甩开了，以至于你连问题都没有了。也许你们根本不在这儿了？不过，这可难不倒我！格罗斯维特教授无论如何都能拿到工资。

**学生**：这些内容会在考试中出现吗？

**博斯特罗姆**：啊，关键问题！不，我觉得不会。

**第二个学生**：那我的目的在哪儿呢？

**博斯特罗姆**：哦，我明白了。非常好。你们支付了学费，应该得到一些目的作为回报。好吧，这些会在考试中出现。

**第三个学生**：你看看你到底做了什么？！

**第二个学生**：我通过博斯特罗姆教授给你们带来了目的的礼物。

**第三个学生**：为什么要这么做！

**第二个学生**：为什么不？

**第三个学生**：捣蛋鬼！

**第二个学生**：伪君子！

**博斯特罗姆**：安静！安静！黑暗的无差别性带出了原始的倾向。但是，以热力学奠基人鲁道夫·克劳修斯的名义，让我们尽量再多保持一会儿秩序。

显然，目的的礼物有时是不受欢迎的。在这方面，它们与其他礼物并没有什么不同，有时也会让人感到不悦，比如强加的义务。送礼者要谨慎，这是一门艺术。无论如何，赋予目的是一种乌托邦主义者可以选择的方式。

* * *

为了平衡起见，我也许应该对目的提出一些批判性的看法。

我猜测你们中的许多人是在一种赞美目的、赞颂奋斗者的心态和生活方式的文化中长大的，这种人努力工作，追求成功，甚至更有甚者去追求某种宏伟的抱负，并全力以赴。这种价值体系可能有一部分是从新教工作伦理中继承下来的，当然我认为它也可以从其他伦理来源和文化传统中获得支持。

我们要提醒自己的是，关于这些问题，还存在其他的观点。例如，古代智慧传统和宗教教义中存在一种观点，这种观点要么反对人类意志，要么至少会严格限制对人类意志的推崇。例如，在东方宗教如佛教、耆那教和道教中，都有重要的教义强调破除执着甚至消灭欲望。同样，基督教的灵修也常常建议不要执着于世俗的目标和抱负。在持这些观点的智者看来，如果我们成功地达到了一个无欲或少欲的状态，然后又故意设计出一套新的、或多或少任意的欲望，仅仅是为了迫使自己继续努力工作以满足这些欲望，那么这种做法似乎是一种极大的荒谬。他们可能会认为，还有什么能比这更清楚地展示现代西方思想的疯狂呢？这些人竟然把这种提议视为深刻的哲学？

然而，印度教在这方面则呈现出更为复杂的图景。一方面，它推荐通过破除我执而获得精神解脱的路径，这一点类似于其他东方传统所倡导的。然而，另一方面，它也向我们展示了一个"利拉"或"神圣游戏"的概念，即众神通过自愿给自己施加限制和约束在凡间进行游戏活动，这是他们自由和自发创造力的表达（其结果就是我们感官所感知的现实）。也许这种概念展示了一种模型，即我们可能故意采用新的目的来保持游戏进行，但这些目的是以一种更轻松和玩乐的方式来拥有和体验的，而不是现在这种驱动我们大部分人类存在的沉重和强迫性的渴望。

* * *

我还想提出另一个观察：即使人类生活目前只具有微不足道的局部意义，人们也可以说拥有的意义已经太多了；我们应该希望的是变得更加不重要，而不是变得更加重要。

较少的意义意味着较少的责任，以及较少的犯错机会。

我想我们可能已经超出了相对于我们当前能力的最佳意义水平。看看吧，你被赋予了一个人整个生命的意识体验的掌控权：你自己的生命。在它存在的每一个清醒的时刻，这个人类生命都处于你的独裁权力之下。这是多么可怕的责任啊！

如果让我猜，我会说普通成年人也许只应该对大约一年的生命负责。在这段时间之后，如果他们搞砸了，事情就应该恢复到某种可接受的状态。也许我们中最成熟和富有世故智慧的人可以对自己的 10

年生命负责。但要对一个人的整个生命负责（有人甚至会考虑到生命根本就没有机会重来），那实在是太多了。

\* \* \*

我们也许值得花点儿时间来反思一下这种所谓目的价值的病因学，就像我们对有趣性所做的那样。我们如何从因果关系的角度去解释为什么我们最终会如此重视目的呢？

我将提出3个假设，这些假设之间并不互相排斥。

## 努力有用性假设

我们的人生从简单的目标开始。过了一段时间，我们注意到，如果我们努力，我们就更有可能实现这些目标并获得相应的奖励。我们开始积极评价努力本身，因为它是实现各种目标的有用手段。最终，努力的广泛工具价值被内化为一种为其自身目的而追求的价值。

这一点类似于金钱。我们一开始不在意它，然后注意到它作为达到许多目的的手段非常有用，我们出于工具性原因开始渴望它；最后，一些人开始为了它本身而渴望它，成为守财奴。

下面是第二个假设。

## 内在驱动力假设

我们具有进行活动和努力的内在心理驱动力（同时也有其他驱动力，比如休息和放松）。我们可能还拥有某种内在的机制，希望我们的活动和努力指向可以被认可的目标，尤其是长期内部认可的目标。为了给这种驱动力提供一个出口，我们需要目的。没有目的，这种驱动力的挫败感会表现为体验上的不适感，一种内在压力或疲惫的烦躁感，也可能表现为一种不愉快的倦怠或无法调动有机体资源和活力的状态。于是，目的就被视为防止这种不愉快状态出现的手段。最终，这种手段被内化为一种自身目的。

我们还可以从文化解释的角度来看。

## 文化假设

在不同文化中，目的性的努力在不同程度上被赞扬。像其他社会性强化的行为一样，目的性的努力也具有工具性价值，不仅因为努力的行为可以实现具体目标，还因为努力本身以及这种努力的行为会被社会看到。这种目的性努力的工具性价值被内化为一种自身价值。（我们可能特别容易内化那些在我们的文化和同伴中被认可的价值，或者在我们寻求接受的群体中被高度重视的价值。）

这个假设进一步提出了一个问题，即为什么文化一开始会推崇目的性努力？一个功能性解释可能聚焦在它如何帮助社会繁荣兴旺。一个信号性解释可能集中于它如何构成难以伪造的其他积极特征的标志，如健康、活力和机会。但信号性解释也可能涉及更多的历史偶然因素。在某些社会背景下，懒惰和无目标可能会传达出更积极的信号，例如可以表明一个人如此有才华、富有或拥有其他特权，以至于不需要付出太多努力。除此之外，还有许多其他可能的解释。大概任何社会为何会持有其价值观的真实故事都是混乱而复杂的。

努力有用性假设和内在驱动力假设在预测人们对目的价值的平均值时，可能存在较小的文化差异，尽管它们仍然允许大量的个体差异（例如，不同个体将最初的工具性价值内化的准备程度）。生物因素无疑也会产生影响：多巴胺或睾酮水平（以及对其敏感的受体）可能对个体如何看待艰苦活动的吸引力有着很大影响。然而，若不同社会在推崇目的方面存在较大差异，则文化假设可能具有重要的解释作用。哲学家可能需要注意，以免过度解读个人特质或局部的文化偏执，并把它们当作关于人类价值的普遍真理。

* * *

为了完成我们对目的价值的探讨，现在让我们来假设最具挑战性的情况：即使有目的是有价值的，但如果目的本身是"故意"产生的，那么这种价值将完全失效。换句话说，让我们假设（为了辩论目的）那些我们自己设定的，或为了实现拥有目的的价值，或为了使活动体验变得可能而人为地在自己身上诱发的目的，对目的价值没有任何贡献；同时假设通过"目的的礼物"所获得的目的也被认为是毫无价值的。在这些假设下，一个可塑乌托邦在目的价值方面是否注定要失败呢？

答案并不是那么明确。我怀疑在这个最严格的标准下，只有那些我们称之为"实际目的"的目的才能过关，我们仍然有可能获得某些目的价值。

我们可以从两个方向寻找这种实际目的。我们可以寻找那些只要某事被完成就很重要的实际目的：我们称之为"主体中立的目的"。或者，我们可以寻找那些某事必须由某个特定主体（或主体类型）去完成的实际目的：我们称之为"主体相关的目的"。

* * *

首先，我们来看一下主体中立的实际目的的可能性。

当我们讨论一些相关问题时，我记得我们在星期二的讨论中得出的结论是，我们这些老实巴交的人类在执行实际有用的任务方面，无法跟上机器的步伐。然而，我们或许可以考虑：如果我们愿意增强自己，是否有可能避免被淘汰？

显然，为了使这一提议的实现不那么遥不可及，我们所需要的东西远远超出现有的合成代谢类固醇或认知兴奋剂的范畴。即使是彻底的基因重组也完全不够，因为生物基质在功率密度、强度、计算速度和许多其他基本参数方面具有其根本的局限性。[18]

因此，让我们考虑一些更激进的可能实现的增强和升级。最自然的第一步是上传你的心智。[19] 你可以通过转移到更快的计算机上来提高你的精神运行速度。被数字化后，你可以轻松增加你所拥有的神经元数量，添加新的处理单元，还能与外部数字基础设施高速互联。通过这种增强，你可以变得超级聪慧。

我认为我们不需要过多关注你的非精神部分，因为我们似乎已经大致接受了在力量和速度等方面被机器（以及许多非人类动物）超越的现实。但如果你坚持要在精神能力上和体能上保持竞争优势，我们可以为你提供一个由先进纳米执行器组成的分布式网络，使你能够抓取和操纵单个分子，一次能抓取和操纵多个阿伏伽德罗常量的分子；或者，当需要处理较大物体时，你的纳米执行器可以变形为更大的附属器官，强大到让你可以把树木从地里连根拔起。[20] 你还能够一跃而过高楼，等等。

然后，你就能跟上机器的步伐了吗？

对此我表示怀疑。事实上，无论是我们能够跟上机器的步伐，还是我们愿意跟得上，这些都是存疑的。这里面有几个问题需要解决，让我们一个个来看。

首先要考虑的是一个成熟的文明中需要执行哪些（主体中立的）实际任务。假设在技术成熟时，所有基础设施都达到了如此高的完善水平，以至于不需要任何维护或操作，一切都像一块自上发条的瑞士钟表那样自动运行。其也可能在整个基础设施中嵌入某种程度的智能处理，但也许这些处理都相当低级和例行化？在这种情况下，大多数任务的最有效的执行方式就是按照预先计算好的计划去运行的简单自动化过程，这些计划的执行几乎不需要或根本不需要更高的认知或创造力。

我们可以将这种情景想象为人类劳动力市场的某些领域中"去技能化"趋势的极端延续。曾经，鞋匠需要一些智慧来制作鞋子。在发展的某个阶段，工厂会雇用制鞋工人，其负责从盒子里捡起鞋底并放在传送带上，这里所需要的技能要少得多。或许在技术成熟时，所有的生产活动都已经优化并分解为不需要超过昆虫级智力的子任务？那么问题不是人类能力不足，而是我们的能力严重过剩，因此效率低下。雇用一个人类心智来执行一个简单处理器（比如旧式袖珍计算器中的芯片）就能完成的任务是一种能源浪费。

这虽然是可以想象的，但我认为在未来的数十亿年中，至少会仍然存在一些需要更高认知水平的实际需求。我已经在讲义中列出了一些任务示例，你们可以稍后浏览。

## 讲义 18　技术成熟期的一些高级任务

以下是一些"高级工作"的例子，即使在技术成熟期，这些任务领域也可能无法由某些认知系统来进行常规化或自动化覆盖。这些认知系统与人类心智相比，显得特别简单、缺乏创意和能力。（此列表并不声称是详尽的或权威的，仅仅是一些可能性的提示。）

- 物理扩展：至少在可接触的宇宙部分都被定居和优化之前。到达新的资源时，需要相应的认知工作，以修改原有计划并适应当地的情况，比如根据材料的精确分布以及温度、压力、辐射等因素来确定如何以最佳方式定居和启动文明基础设施。
- 处理罕见的随机事件：即使是最优化的过程也可能有一定的错误率，这些错误偶尔还可能会整合在一起，产生独一无二的独特问题。这种时候需要更复杂的认知过程来检测、诊断和解决这些问题。
- 准备与外星人的互动：无论外星人是否存在，弄清楚如何最好地与其互动可能是很重要的。对此主题的研究尽管可能会有递减性的回报，但也可能保留足够高的预期价值以保证持续投资。这项研究可能需要高级认知来处理。（理解不可接近的超级智能也可能是非常重要的。）
- 监督和协调内部文明活动：如果文明由简单的重复模式组成，例如像一系列整齐划一的享乐盒子，那么对这方面的需求可能会减少。但如果我们拥有一个更复杂和不断发展的文明，其中又有许多独立的发展中心，那么我们可能仍需要进行复杂的协调活动，例如，监管地方发展以防止它的启动会引发腐败的传播，或是更一般的政治性工作。这种活动可能需要高级认知处理。
- 文化产品和成就：如果文明所产生的某些文化艺术品被认为是重要的（无论是为了它们自身，还是为了文明成员能够接触它们），那么高级认知处理的需求可能无限期地继续存在，前提是质量阶梯上有无限数量的可实现步骤，或者某些步骤会产生无限或不断增加的产品/成就数量，使得越多地拥有或生产它们就越好。例如，我们可以想象它是一个无限序列的越来越难证明但仍然有趣的数学定理，或者是越来越广泛、越来越精致的美学体验。
- 持续的文化处理：如果我们假设存在某些文化艺术品或文化回应，其价值依赖于不断变化的背景，那么可以想象，它们对创造性认知有着无尽的需求。例如，虽然能够恰当地总结当前人类精神气质的艺术作品或体验有价值，但这些艺术作品（或其他独立发展）也在不断改变精神气质，从而引入新的艺术作品和体验的机会来概括新的精神气质，等等。

所以，让我们假设在技术成熟期，仍然存在一些主体中立的实际任务需要高水平的创造力、直觉和高级的问题解决能力。问题在于，通过心智上传和激进的增强技术，我们能否在这些任务中保持竞争力？这些任务可能包括分析可能的外星文明特征、处理罕见的级联故障或根据实地情况优化基础设施计划。未来的我们是否有可能在这些任务上与先进的AI一样优秀？

**学生**：我有一个问题！如果人类通过合作来完成这些任务呢？即使没有个体能单独完成这些任务，这也与今天没有人能单独制造智能手机或喷气式飞机的情况没有什么不同。但我们仍然可以通过团队合作完成这些事情。或许在未来，通过增强人类的团队，使用更好的协作工具，我们可以解决这些技术成熟的文明必须应对的超难问题？

**博斯特罗姆**：嗯，是的，非常有可能。然而，这里的问题不在于我们能做什么，无论是个体还是集体，而在于我们能否高效地执行这些任务。

如果我们能执行这些任务，但效率不足以在经济效能上与那些为完成这些任务而设计的机器竞争呢？如果我们自己执行这些任务，要比起将其外包花费更多的资源，而我们仍然自己执行这些任务，那么我们会出于一些其他的动机，而不仅仅是为了完成任务。我们会在其他地方讨论这些动机。但这里我们关注的是，我们能否在技术成熟期以同样强有力的方式保持我们的实际效用性，例如，现在的汽车修理工还是有实际效用的。如果我们自己执行这些任务时比机器执行更昂贵和更浪费资源，那么我们就不会在这种意义上具有实际效用。[21]

我认为完成这些实际任务的最有效方法是使用为此目的而设计的 AI 系统。如果这是正确的，那么我们在这些任务上保持长期竞争力的唯一方法就是成为这样的 AI 系统，这是我们有可能做到的吗？

\* \* \*

这里讨论的很多内容取决于我们所采纳的个人身份标准。在技术成熟期，有一组任务需要完成，还有一组可能的心智和身体是最适合执行这些任务的。其中的一些任务似乎需要高水平和一般形式的智能，我们现在这样的存在形式是否可以转变为某种具有最优心智+身体类型的存在，以完成这些实际任务，同时还能保留我们的个人身份？

在当前背景下，保持"同一个人"的相关意义是，从现在的自我利益的角度来看，对未来实体的某种显著程度的审慎关切是合适的。请注意，如果没有这种保持个人身份的要求，这个问题就变得无趣了。我的意思是，假设我们通过将自己解体成核子，然后将其重新组装成用于构建最优机器的元素，从而将我们"转变"为完成任务的最优系统，这种做法在任何方面都不能证明我们的劳动在技术成熟期仍能保持其实际用途。

* * *

实际上我认为，至少对于在技术成熟期需要完成的一些功能性任务，我们可能在原则上能够成为最有效地完成这些任务的存在类型。

在提出这一试探性的建议时，我假设了一个相当广泛的个人身份概念，即允许一个人的性格随着时间的推移发生根本性的变化，他们仍被视为"同一个人"，但前提是这种转变过程是足够渐进和连续的，或许还需满足一些额外的约束条件，例如这种变化在某种程度上涉及个人的自主选择。

支持这种广泛个人身份概念的一个论点是，我们通常认为一个孩子和他长大后的成人是同一个人，尽管成人的身体形态及心理特征与孩子有很大不同。如果这种激烈的转变与保持个人身份一致，那么我们可以继续成长，通过一系列渐进的、自主选择的步骤将自己转变为某种类似AI的程序，在一个先进文明中执行某些功能任务。

从能够在可塑乌托邦中获得那种源于实际效用的目的来看，这似乎是个好消息。然而，我想大多数人经过仔细检查后就会发现：这种保持就业的途径并不吸引人。

其中的第一个问题是，即使我们能够成为在乌托邦中有用的存在，我们也可能不想成为那样的存在。一个有用的存在将被严格优化以执行某些任务，它不会将记忆或计算资源花在任何与任务无关的事情上。然而，我们生活中许多有价值的事物可能与一个技术成熟文明的基本工具任务无关（如我在讲义中列出的那些任务），如童年的记忆、个人友谊、对音乐的热爱、对美食的享受，或者实际上是任何类型的休闲活动或闲暇，等等。这些我们可能认为对于我们的幸福至关重要的要素很可能是可有可无的，因此是浪费的，并且不属于任务最优系统的一部分。如果我们决定尝试保持竞争力，这些部分很可能会被抛弃。[22]

此外，如果一个任务的最优系统需要花费一些时间和资源在这些"附属品"上（如它所专注的任务涉及试图模拟一个可能重视这些附属品的外星文明），那么我们很难确定任务最优系统所花费时间和资源的方式是否与我们在不受功能优化要求的限制并直接追求美好生活目标时的选择相符。例如，最高效地分析外星文化如何与音乐联系起来，可能涉及与我们自己欣赏或享受音乐时所从事的认知活动完全不同的活动。

因此，尽管我们可能有能力成为任务最优系统，并且可以想象一些任务最优系统会保留我们目前珍视的某些能力和行为，或者为了改善我们的福祉而希望独立发展某些能力和行为，但这些条件实际存在的可能性还远不够确定。如果它们确实存在，我们也很难想象它们会达到或接近幸福理想的程度。如果任务最优系统仅能在极有限的程度上保留幸福功能，那么它们从具有特定类型的目的价值中获得的额外价值并不足以弥补将自己转变为这种系统所带来的其他价值的牺牲。

第二个问题是，尽管最终目标本身没有问题，但成为任务最优系统的路径可能不可用或不具吸引力。例如，一旦已经存在执行相关任务的任务最优系统，那么可以推测的是，你就失去了在技术成熟文明中产生实际用途的机会。当这些任务已经由最优化系统完成时，重新改造自己以高效执行某些工具性任务这类行为没有任何经济方面的优势。尽管随着时间变化，对额外任务最优系统的需求产生了，但如果有更快速的方法生产任务最优系统（例如复制现有系统，或者以不受制于保留个人身份的方法生产出更多系统），那么变身成这样的任务系统仍然不是最有效的。

因此，为了在技术成熟时有机会成为任务最优系统，你可能需要及早开始转变，并以尽可能快的运转速度来进行。你必须成为首批上传心智的人，然后在增强和改进手段一出现时就立刻采用。你必须无情地消除任何低效部分。一旦技术允许，你就必须删除心智中对你所专注的任务无用的部分，除了接受你最终变成的存在将抛弃生活中许多有价值的部分外，这种向特制化完美冲刺的过程还会带来其他额外的牺牲。我们可以将这种情况与一个从婴儿期开始就放在温室中培养并以最大严格性训练的孩子相比，其唯一目标就是成为最好的数学家、钢琴家或体操运动员，以放弃正常童年的所有享受为代价，最终成为一个在其指定领域之外所有方面都发育不良的成人天才。不同的是，对于生物人类，这种方法的实施范围是有限的，即使就其本身而言也是如此（任何进一步的严格性或关注点的缩小都会导致倦怠、功能僵化、精神问题或叛逆，而不是在目标能力上进一步提升）；而对越来越多的由工程产物组成的心智来讲，一种更不平衡的、对单一任务的专注力可能仍是达到最高任务性能的最有效方法。

就算你最终以最单一的心智和最无可妥协的方法（不顾优化过程中或优化后的生活质量）重新塑造自己以实现最佳性能，你可能仍然无法与专门为此目的而构建的机器竞争。事实上，我认为在技术成熟期，个人在实际任务上做出的最佳贡献，并不是通过提升自己的能力来使自己执行这些任务，而是通过首先捐献所有的财务资源，最后甚至奉献自己的身体和大脑的物质，用于构建和运行那些优化系统去执行这些任务。换句话说，在技术成熟期，你最大的实际用途其实是作为机器的原料。这并不是旧时无产者的"劳动尊严"，但你或许可以期望你的原子被用来形成数据中心冷却管的一部分，这个数据中心正在运行着一个AI去计算采矿设备部署的轨迹。

我有个朋友，就是那个从不感到无聊的人，多年前向我透露过，他想成为一个信息传输协议。你知道的，像互联网运行的TCP/IP协议或DNA（脱氧核糖核酸）代码或罗马字母。锁定效应可以使这些协议非常持久，即使一个先进文明也很难协调或摆脱一个全球次优标准的局部最优。例如，几十年后，人们不再使用机械打字机，但我们仍然被（据称）缓慢的QWERTY键盘布局束缚；也还有一些国家仍坚持使用英制计量单位。

所以，我的朋友认为，如果他能成为一个新标准，他就能享有长寿。现在我们可以看到，这种命运不仅可以给他带来长寿（希望在乌托邦中每个人都能轻易获得），还可以带来巨大的实际用途，因此也赋予他目的。我的意思是，TCP/IP协议有多有用？非常有用。所以我们可以想象未来可能会出现某种更先进的信息传输协议，或许是一种需要感知性思维活动来计算的压缩算法，我的朋友最终可以变成那样的东西。你可能会对此嗤之以鼻，但与人们所渴望的某些其他形式的"永生"相比（如把他们的肖像印在邮票上），我这位朋友的这种命运可能更能真正算作一种生存和个人身份的保留！

我这么说其实是半开玩笑的，对此还有更多可说的，但我们最好继续，因为我们还有很多内容要讲。

**学生**：我可以问个问题吗？

**博斯特罗姆**：请说。

**学生**：我有点儿困惑。我原以为进入后稀缺文明的主要好处是我们可以做各种并非"任务最优"但仍然有趣的事情。比如，也许我想设计并乘坐自己的宇宙飞船，即使我自己来做不如超级智能制造高效。为什么在我们拥有足够多的资源、能满足所有需求后，我们仍然需要优化一切？也许这是个愚蠢的问题。

**博斯特罗姆**：在我的经验中，当有人问出他们认为是"愚蠢的问题"时，那通常是很多观众都在暗中希望别人会问的问题。或许所有的讲座都应该在黑暗中进行！这样也许还能帮助解决相反的问题——那些"聪明的问题"（这些聪明的问题被提出来并不是因为有人真的想知道答案，而是因为提问者想显得聪明）。不过再仔细想想……如果这种激励被消除了，我不确定我的职业会变成什么样。所以或许最好保持现状。

嗯，乌托邦主义者并不是必须优化一切，至少不是以那种意义！稍微简化一下，我们目前的修辞情境应该更接近这样：一个可塑乌托邦中可以拥有许多我们想要的东西，还有许多我们可以高度实现的价值。这很棒！假设的情况之一是，我们可以有大量时间来享受我们的爱好。事实上，这种情况有很多真正好的方面。有趣的问题是，是否还有任何我们在乌托邦里无法拥有的价值？尤其是，现在我们所拥有的具有重大价值的东西，在乌托邦中是否必然会失去？

当乌托邦里充满了如此显而易见的好处时，关注其可能的缺陷似乎是在吹毛求疵。但我不是来鼓舞士气的。我们在这些讲座中的目标（实际上不止一个目标，但至少是其中一个目标）是打磨我们的分析工具，深入理解我们正在研究的主题；为此，特别关注乌托邦的轮廓，它的可能界限、例外和其他复杂情况等，是对分析研究有益的。

这就是为什么我们要讨论目的：作为一种可能被认为有价值的东西，在我们所假设的高度可塑性状态下，目的及其价值似乎会被削弱。在讨论中，我们已经看到某些类型的目的实际上也可以在乌托邦中实现；现在我们探讨的是另一种似乎特别难以捉摸的目的，一种需要我们努力具有"实际效用"的目的。在探讨我们是否可以在乌托邦中拥有这种特殊类型的目的过程中，我们注意到，在属于"主体中立"的实际任务中，虽然乌托邦中仍需要一些这样的任务，但可能我们自己执行这些任务的话，效率不高。这意味着到目前为止，我们还没有证明在乌托邦中我们也可以拥有具有实际效用的目的。

我们还注意到可能存在某些情境，在这些情境中，我们或许刚刚能够在技术成熟期通过执行功能性任务而保持实际效用。然而，这些情境包含的其他特点，比如可能涉及放弃空闲时间和爱好等，使其并不是理想之选。所以，这里的要点不是"让我们放弃在乌托邦中的空闲时间"，而是"我们可能不应该依赖'确保实际目的'这种方式，即使在想象中我们可以这样做"。

这样解释清楚了吗？

**学生**：是的，我想是的。

**博斯特罗姆**：我们当然不希望有人会没有时间来建造自己的飞船，如果那是他们想做的事情。

我想我应该在某个时候正式声明，既然现在提到了就顺便说一下吧：即使某种特定形式的乌托邦生活（有目的或其他）被证明比其他形式更为审慎可取，这也不意味着要把这种更可取的形式强加或施加给任何人！政治哲学的问题，包括国家父权主义、个人与集体决策的界限、公平分配、合适的政府形式等问题，这些都超出了这些讲座的范围。

（值得一提的是，我倾向于认为个人自主和自我决定应该起到更大的作用，同时尊重和关怀各种不同类型的存在，并适应许多不同类型的利益。如果你对在技术成熟的社会中理想的政治秩序有不同的或更明确的概念，欢迎你在自己的想象中代入！但无论如何，终究会有某人或者某个存在需要面对我们在这些讲座中所探索的价值问题。）

\* \* \*

好了，关于在技术成熟文明中，人类在执行主体中立的实际任务时可能尚存的有用性的探讨就到这里。接下来，让我们考虑我们是否可以在执行主体相关任务中保持有用性。

这些任务需要特定主体的积极贡献，需要的是这些主体来完成任务，而不仅仅是任务的完成。我们感兴趣的情况是需要由我们来完成的主体相关任务。（"我们"通常指的是某个特定的个体人类，或某个特定人类个体的增强体；但在某些情况下，它可能指的是人类整体或某个指定群体，基本的推理是相同的，具体含义可以从上下文中明显看出。）

* * *

一个主体相关目的的例子可以更清楚地说明我的想法。

考虑一下这件事情的价值：尊敬你的祖先。要实现这一点，你需要什么？不同文化的规定各不相同，但我们假设这要求你有时要记得已故的父亲，怀着感激和欣赏的心情想念他，珍惜你们在一起的时光，尊重他的遗骸，并继续考虑他的偏好。例如，如果你已故的父亲总是强调诚实的价值，那么尊敬他的方式之一就是在他去世后，即使在不便的情况下也要尽量诚实行事。

这些要求的本质决定了它们不能通过外包相关的情感和行为来实现。即使你能构造一台思考你已故父亲优点的机器，体验对他的感情，并在所有事务中以无懈可击的诚实行为行事，这也不能完全令人满意。尊敬祖先这件事的价值要求你亲自做这些事情。

这种价值带给你的目的既不是人工的，也不是随意的，更不是故意为了给你一个目的而产生的。它也不同于那种通过设定目标来产生某些活动体验的目的，例如攀登高山时体验到的艰难感受。对登山者来说，他的目的缺乏外部基础，其理由仅在于它能使追求这一目标的活动成为可能。而对尊敬祖先的人来说，他的目的确实有外部基础。你这样做（我们可以假设）不是为了体验尊敬这种活动所带来的那种令人振奋的快乐，甚至也不是因为你认为你的生活会因包含一些尊敬活动而变得更好。相反，你这样做是因为你认为你的父亲值得你尊敬——因为他是谁，或者他为你做了什么，或者他与你的特殊关系。这种外部基础使得这个目的是完全合理的：即使在十分严苛地考虑哪些类型的目的可以支持这种价值的情况下，它也完全能够赋予你拥有这个目的所能提供的任何价值。这是完完全全的"真实"目的，没有任何虚假或敷衍。

*　*　*

当发现了一个在可塑乌托邦中仍然有意义的实际目的的实例时，我们可以继续寻找其他例子。我认为我们能够找到更多，尽管这当然在很大程度上取决于我们采用的价值或幸福理论。例如，如果你认为只有快乐或只有数学发现才有价值，那么你在乌托邦中可能没有机会拥有任何实际目的。不过话说回来，如果只有快乐或数学发现有价值，那么目的就没有价值，所以你不会错过什么。但一般来说，你的价值清单越多元化，你的一些价值与人类行为、偏好、社会、历史或灵性等复杂模式相关性越大，你在乌托邦中找到很多实际目的的可能性就越大。

这些目的的发现主要要留给乌托邦居民自己去探索。我只能模糊地指示一些可能寻找这些目的的方向。

第一，我们可以推广我刚才给出的"尊敬你的祖先"这个例子。你还可以尊敬已故的战友、恩人和历史英雄。更广义地讲，你可能会发现尊重或继续遵循和坚持各种传统是有价值的。这一类目的可能非常广泛，也可能有助于在可塑乌托邦中为我们的存在提供结构和约束，使我们还有许多无法外包的事情要做。

第二，我们可能有理由继续履行我们早期承担的（也有可能是隐性的）承诺和项目。在某些情况下，这可能要求我们按照刚启动这些项目时的状态去完成它们，这里又涉及仅限于某些类别的手段，以防止再次的大规模外包。

第三，我们有一个广泛的美学范畴，其中所做之事的表达意义，也是其价值，往往取决于它是如何完成的以及由谁完成的。这在某些现代艺术作品中表现最为明显，但以更广泛的形式普遍适用。当我们把讨论放入可塑乌托邦情景中时，我会这样说：我们不应该再以博物馆、艺术工作室、音乐厅或公共建筑的方式思考这个问题，而应以如何美丽地生活来思考。生活中的每一刻都提供了丰富的机会；一个美丽的表达姿势既可以被解读为回避形式，也可以被解读为行动形式。

第五章　　　341

我们甚至可以发展出一种"否定"美学，其正是通过拒绝简单的实现方式，选择使用更困难的方式加以实现，使得"实现"成为一种荣耀，从而使一个"肯定"变得更加伟大。

第四，我们还有灵性或超自然领域。在某些方面，这个范畴可能与前面3个重叠；但这里又有一种独特的可能性，即乌托邦泡泡内发生的事情（可能是为了最大化我们的积极性而在内部组织的）与泡泡外的情况之间可能存在重要联系。神圣领域里的某个存在可能对泡泡内发生的事情有偏好和影响力，特别可能是那些我们自己做的事情，而不是通过自动化或其他技术间接实现的事情。如果是这样，或者至少我们没有理由排除这种可能性，那么在可塑乌托邦中，我们可以从这种考虑中识别出实际目的。（出自超验来源的目的可能是主体中立的，也可能是主体相关的。）

\* \* \*

我们从上面的讨论中可以看出，可能除了第四类之外，其他几类例子涉及的价值似乎相对较小，因此它们所支撑的目的也相应较弱。但我们应该回想起我之前关于瞳孔放大的评论。我建议，一旦更严峻、更直接的需求和道德要求得到满足，我们就应该扩大我们的评估视角，开始考虑较弱的规范性并让其占据重要地位。如果这是对的，那么当我们迁移到乌托邦的领域时，我们应该开始将尊敬、履行隐含的个人承诺以及各种复杂的美学表达视为非常严肃和重要的任务，这些任务要求我们投入大量的时间、努力、注意力和选择性优先级，从而可能给我们带来许多充分真实的目的，使我们能够从拥有目的中获得很大的价值。

\* \* \*

嗯，我不确定我们对目的的讨论是不是自成目的性，但这些讨论确实进展缓慢。

这里我总结一下：我们可能会在技术成熟时失去对主体中立的实际任务的贡献能力，但仍然可以获得各种类型的目的（总结在下面的讲义中）。确实，在一个可塑乌托邦中，我们可以不费吹灰之力就过得非常好。我们不仅可以享受客房服务，还可以享受口腔服务、食管服务、线粒体服务，真正的全包"生活服务"，而且是五星级的。然而，如果无目的的懒散生活不合我们的口味，我们就可以自行产生一些合适的目的或通过技术手段诱发目的。无论这样做是为了给我们带来积极的体验，还是仅仅为了拥有目的。或者，我们可以让别人（或某个文化系统）赋予我们目的。或者，如果我们不希望我们的目的仅仅是因让我们有目的而被随意创造的，那么我们可以转向我所描述的合理的自然目的来源，特别是那些来自各种主体相关任务的目的，这些任务与我们的行为密不可分，因此无法外包，也还有一些可能来自超自然或宗教的目的。

---

## 讲义 19　乌托邦中的人类目的来源

### 人工目的
（有意创造的，要么是为了其自身，
要么是为了使自目的活动的积极体验成为可能）

**自我强加的**
- 下定决心采纳一个目标。
- 通过神经技术诱导一个目标。
- 将自己置于挑战性情境中。

**赋予的**
- 由其他个体赋予。
- 通过某种集体或文化过程赋予。

---

第五章　343

## 自然和超自然目的

（源自某种独立的外部动机基础）

**主体中立的**

技术成熟期仍然与人类相关的高级任务，例如：

- 物理扩展。
- 处理罕见的随机事件。
- 准备与外星人的互动。
- 监督和协调内部文明活动。
- 文化产品和成就。
- 持续的文化处理。

（注意：即使在保留个人身份的高度增强状态下，人类在这些任务中也可能不具备竞争力。即使我们能保持竞争力，这也可能涉及不可接受的成本。然而，如果对机器的使用施加额外限制，例如源自主体相关目的的限制，那么人类的目的可能会在这些任务领域中找到。）

**主体相关的**

- 尊敬他人、传统。
- 履行承诺和（可能隐含的）约定。
- 美学表达。
- 灵性或超自然指令的态度和表现。

好吧，就这样了。时间已经到了，最终总是如此。我这里有一些指定惊愕[①]的复印件，我是说指定的阅读材料。我会把它们放在门外，你们离开时可以拿一份。

---

① 指定惊愕意指教授注意到突如其来的火警演习和洒水器测试给大家带来的惊愕。——译者注

最后提醒一下，这个系列讲座的最后一场将在明天举行。它将对公众开放，但本班所有人都可以免费入场，并且应该有预留座位。到时见！

## 公平的交易

**菲拉菲克斯**：我拿到复印件了。《热力雷克斯的颂歌》，嗯……

**泰修斯**：谢谢。

**凯尔文**：谢谢。现在我们有两个选择。

**菲拉菲克斯**：什么选择？

**凯尔文**：一个是回家换干衣服，然后再聚在一起。

**菲拉菲克斯**：另一个呢？

**凯尔文**：……

**菲拉菲克斯**：又是温泉？！你就像只鸭子。

**凯尔文**：我只是提供选项。

**菲拉菲克斯**：泰修斯，你怎么看？

**泰修斯**：以水来对抗水，泡温泉听上去是个聪明的选择！

**菲拉菲克斯**：好吧，你们赢了。但你们得告诉我，我对昨天作业问题的分析是否有用。还有，我们顺便去买一袋梨。

**凯尔文**：成交！

## 热力雷克斯的颂歌

### 第一部分

在全国顶尖的律师事务所拿走了许多钱后，埃尔·冯·海瑟霍夫的庞大遗产仍然剩下了很多。

海瑟霍夫是该国的顶尖实业家，他在遗嘱中将自己庞大的财富遗赠给一个专门为某款加热器服务的基金会。我们将以其品牌名"热力雷克斯"来称呼这款加热器。人们认为海瑟霍夫有点儿厌世，经常听到他说热力雷克斯为他的福利和舒适所做出的贡献比他所有的人类同伴都要多。他坚定地认为，这个加热器一直对他十分忠诚，在呼啸的北风环绕他的城堡的许多冬日岁月里，它一直温暖着他；此外，热力雷克斯从未对他图谋不轨，也从未为自己谋取过任何利益。海瑟霍夫说，这种行为使它在功德的阶梯上远远高于他认识的任何男人或女人，包括他的两个孩子：其中一个因一系列性犯罪服刑 8 年；另一个在海瑟霍夫看来更令人失望，因为她嫁给了一个工会组织者。

原本可以作为遗产继承人的人提起诉讼，试图使遗嘱无效。然而，他们的怨恨是如此强烈，以至于他们完全不听法律团队的建议，坚持以遗嘱人在精神上不健全为理由，要求完全废除遗嘱。当法院发现海瑟霍夫在撰写遗嘱期间，积极且成功地管理着一个在 22 个国家运营的工业财团时，他们上诉失败了；不仅如此，海瑟霍夫直到生命的最后都依然是世界级的桥牌选手。事实上，他在世界桥牌锦标赛的半决赛期间去世，人们后来发现他僵冷的手指紧握着一副王炸顺子（这副牌很可能导致了他的死亡，据推测他正是因为这副牌而延误了心脏病发作时寻求医疗帮助的时机）。

因此，在法律程序结束后，所有海瑟霍夫的资产所有权被转移给一个法律实体——"造福便携式加热器热力雷克斯基金会，序列号 126-89-23-79-81"。

在经过多年筹备后，一个具有复杂机制的机构现在启动了。一本详细的"操作手册"从海瑟霍夫的遗稿札记中解封，里面有他对执行人的详细指示。几个相互关联的组织在各种在岸和离岸的司法管辖区注册成立，每个组织都有自己详尽定义的目标和章程。关键的官员是由海瑟霍夫当初亲自挑选的，他知道可以信任这些人来执行他的愿望。但无论如何，法律结构被设计得如此巧妙，有多重重叠和相互强化的制衡，即使一伙密谋的内部人士也很难颠覆海瑟霍夫最初的意图。就这样，即使在坟墓之外，海瑟霍夫的精神仍然牢牢掌控着一切，他要坚决地确保他一生积累的资源将完全且唯一地用于维护热力雷克斯的利益。

这个机构的核心是一个由 12 名成员组成的董事会，这些成员都是海瑟霍夫最亲密的伙伴。他们的 23 只手（其中一人有一只钩子手）肩负着如何处理财富的责任，据传这笔财富的金额足以挽救一个中等规模国家即将破产的养老金系统。

"但我们该怎么做呢？"主席问道，"让我们再读一遍吧。"

受托人皱着眉头阅读着文本。文本明确强调了基金会的目标：为热力雷克斯的利益而工作，促进热力雷克斯的利益，并促进热力雷克斯的全面繁荣、福祉和理想运行。在有些目标的表述不够清晰的情况下，文本指示要求受托人"在行动时要像是出于对热力雷克斯（这个独特而美妙的存在）的无私的爱"。

"有人有什么想法吗？谁想先来？奥尔特曼，你怎么看？"

金特·奥尔特曼，一个穿着三件套西装的银发绅士，是董事会中年纪最大的成员，自上学时就认识海瑟霍夫。

"我提议订购一些白兰地。"奥尔特曼回答。这一提议得到了普遍赞同。

在酒被端上并被享用后，董事会的谈话变得更为轻松，并达成了几项决议。这些决议集中在如何确保热力雷克斯的物理安全上，这台设备将受到全天候武装警卫的保护；还包括委托一家顶尖的工程公司编写一份报告，评估洪水、地震、火灾和电涌的可能风险，并就如何减少这些风险而提出建议。这项工作将尽快完成。

满意于取得的进展，受托人当天便休会了。

次日早晨，12 名董事再次开会，财务主管要求发言。他是小组中比较年轻的一员，神情专注，戴着圆形金属框眼镜。他解释说，他做了一些计算，基于海瑟霍夫近年来投资的平均回报率，在扣除昨天董事会同意的项目支出后，基金会的资产价值很可能还是有所增加。

因此，从某种意义上说，他们并没有取得进展，反而在实现目标上进一步落后。如果要履行受托责任，他们就需要在更大规模上进行思考和行动。

董事会迅速决定对前一天通过的措施进行一些升级，例如，将安保人数从4人增加到8人。但他们逐渐意识到，为了在他们所负责的任务上取得进展，有必要将视野扩展到物理保护之外。他们需要找到方法，积极地提升热力雷克斯的福利，使其福利水平超出基准线。

"一款房间加热器会想要什么？"主席恳求道，"它需要什么？想想！想想！"

"也许它想让房间变暖？"有人建议道。

"或者使整个建筑变暖，"另一个人插话道，"它想让整栋房子变暖。"

"那么为什么不是整个地球呢？"

"嗯，那就太多了。我们无法负担加热整个地球的费用。此外，将更高的温度强加给其他人是不负责任的。"

讨论来来回回，杯子和白兰地再次被端上桌子。

"你们知道空间加热器是如何工作的吗？"其中一位受托人说道，他曾在财团的一个子公司担任研发部门主管，"里面有一个恒温器用于测量温度，如果温度低于设定点，加热元件就会激活；一旦温度达到预期水平，或者高于设定点一度，加热元件就会关闭。但你看，这里重要的是温度计显示的温度，而热力雷克斯无法知道其他地方的实际温度。所以，我们可以把它放在一个小房间里，甚至是一个衣柜里：只要温度始终匹配设定点，它就会非常满意！"

"不，不，这个观点太过分了！"另一位受托人反驳道，"按照这个逻辑，我们可以同样说，你只关心你的大脑里发生的事情。但我至少还关心除我之外的其他事情，包括那些我可能永远也不会发现的事情。"

"你什么意思？"

"嗯,例如,即使我永远都不会发现,我也不希望我的妻子与她的网球教练有染。我不希望我的生活基于一个巨大的错觉。"

"但是如果你永远不会发现,而且她对待你的方式也和她没有外遇时完全一样,那事实到底怎样并不重要!"

"你这么说真的是很法式的态度,海因茨!"有人插话道。

"但这会很重要!"反对这一观点的受托人说,"对我来说非常重要。"

"我也同意,"主席说,"我不相信海瑟霍夫先生会很高兴地看到我们让他的热力雷克斯成为被欺骗的对象!"

热烈的讨论持续了一整天。到了晚上,虽然受托人未能就加热器的繁荣标准达成一致意见,但他们在一些要点上达成了共识。

首先,如果存在两种观点,一种认为谈论加热器的繁荣没有意义,另一种认为有意义,那么他们应该基于后一种观点继续努力。因为如果前者是对的,那么无论他们决定做什么或不做什么都没有关系。更概括地讲,他们应该尽量根据尽可能多的不同理论来造福热力雷克斯,至少对于那些有一定赞同支持量的理论更是如此。那些更为合理、享有更广泛支持的理论会被赋予更大的权重。

其次,他们同意不应仅仅依赖自己的努力,还应该寻求外部专家的建议。实际上,他们非常愿意将哲学分析的工作委托出去,因为虽然他们享受这种智识之旅(这让他们想起了学生时代),但总的来说,他们在更接近自己专长的商业经营领域会更加得心应手。

董事会在接下来的几天里制订了一套计划,广泛征求外部来源的意见和想法,包括哲学家、诗人、工程师、科学家和神学家,以及普通男女。这套计划中还包括研究资助、意见调查、小组讨论、公民陪审团和征文比赛。基金会的资金十分充足,计划的实施将快速进行,并由一个精英运营团队负责协调。

当基金会面临危机时,这些投资计划已经做出,但尚未得到结果。

一本每周出版的杂志(因为其员工毕业于最古老的大学,此杂志认为自己是全球所有问题的常识之源）发表了一篇社论，呼吁解散基金会并将其资产转移到公共信托基金。社论认为，促进一款加热器福利的目标是荒谬和轻浮的，这一指控很快被其他众多评论员接棒继续评论下去，每个人都提出了他们自己偏爱的花费这些资产的方式。

受托人召开了一次特别会议。他们评估认为，这种负面宣传以几种不同的方式威胁到了热力雷克斯的福利，因此也威胁到了基金会的使命。

首先，显而易见的是，这些论战可能会获得足够的支持，引发立法响应。这一点倒被认为是最不严重的麻烦。基金会成员在政府中有很强的关系，他们认为可以依靠相关部门的高级官员来阻止任何不利的举措。无论如何，热力雷克斯的资产实际上并不属于基金会本身，而是由一组通过复杂的合同安排而联系在一起的离岸信托公司共同持有。除非有一个国际化统一行动（这看起来几乎是不可能的），否则这些避风港是本土国家法院和议会无法触及的。

其次，这些批评可能会以非正式的方式损害热力雷克斯的利益，例如阻碍正在进行的外部咨询项目，或者使基金会难以招募到有才华的成员。还有一个担忧是，负面情绪可能会煽动暴徒，使其试图对热力雷克斯进行破坏。

最后，这是一个更微妙的考虑，但逐渐被认为是主要的担忧：热力雷克斯被公开诽谤这件事本身就是一件坏事。至少，考虑到热力雷克斯的所有福利利益，这种担忧似乎并不过分：维护热力雷克斯的所有福利利益是在受托人接受整个工作时必须接受的前提条件。

为了应对这场危机，基金会聘请了国内顶尖的公关公司之一——Abracadabra Communications[①]。该公司决定，回应的重点应集中在两

---

[①] 在现代文化中，"abracadabra"通常与魔术和魔法联系在一起，用作魔术师在表演时的口头禅，表示即将发生奇迹或不可思议的事情。在此书中，Abracadabra Communications 是一个虚构的公关公司，作者借用这个充满魔力和神秘色彩的名字，可能是为了凸显其在危机管理和公众形象塑造方面的卓越能力。——译者注

个信息上：

- 海瑟霍夫的财富是通过诚实劳动获得的。自6岁起，他就从奶奶的后院摘苹果卖。从这样一个卑微的起点，他创建了一家提供数万个工作岗位的企业，为国家财政带来了数十亿的税收收入。海瑟霍夫的工作时间极长，一直工作到80多岁。无论从法律上还是道德上，这都是他的钱，如何花费是他自己的事，与他人无关。
- 每年社会上有大量的资金花在各种有害产品（如香烟、酒精、不健康食品、煤矿设备、集束弹药，以及各种引发嫉妒的地位象征性产品）上。在这些明确有害的做法被广泛容忍和放纵的情况下（包括基金会的许多最激烈的批评者），单独挑出一个可能浪费但至少无害的私人项目来指责是不公平的。

关于这次的公关反击是否奏效，我们可能永远无法得知，因为第二天，国家足球队的一名著名前锋发表了一些冒犯性的言论，并被拍摄下来。几名队友站出来支持这名前锋，但那只是进一步激怒了公众。由于"足球门"事件为公众的愤怒打开了新的出口，人们对海瑟霍夫遗产故事的兴趣就迅速消失了。

基金会购置了安置热力雷克斯的建筑周围的所有物业，雇用了一名现场消防员、一名电气工程师和24名额外的警卫，其中包括一支警犬巡逻队；以市场价格的两倍支付所有有权限进入现场的人员的工资，从而使他们更难被贿赂。基金会还委托了一家私人安保公司对所有员工进行背景调查，并持续监控所有员工，又雇用了第二家安保公司来监督第一家。

尽管如此，花费率仍然太低。所有显而易见的能惠及热力雷克斯的方式都出奇地便宜，真是让人失望。

于是，受托人将希望寄托在他们发起的大规模咨询上。在浏览了咨询结果后，他们确实发现了一些有前景的线索。

有一组有趣的想法聚焦于如何将热力雷克斯打造成一种文化现象。例如，有一个引起董事会注意的提议是开发和热力雷克斯相关的各种主题的教育模块，涉及电气工程、热力学、工业设计、供应链管理、商业历史等领域。获奖的电影导演将与顶尖科学家合作，制作出既引人入胜又信息丰富的教学材料，他们还将聘请著名演员为旁白配音。市场调研工作将聚焦于确定针对不同观众群体，哪种版本的效果会是最好的。教科书将被印刷，实验套件将被制造，并且这些都将免费赠送。学校会被游说将这些资源整合到其课程中。

"这些将如何惠及热力雷克斯……"

这个提案是由一个跨学科的教育工作者团队编写的，首席作者是一位哲学教授，她被邀请向董事会展示这些想法。她现在已经讲到了幻灯片的最后一页，展示了以下一系列要点。

- 热力雷克斯将对世界产生显著的积极影响。

"在基金会的支持与在座各位的帮助下，热力雷克斯将提供优质的教育服务，这是一种公共利益。"

- 这些积极影响将紧密反映并源于热力雷克斯的特性。

"你可以宣称，而且一些哲学家也确实宣称，成就是使某人的生活变得更好的一种因素。我们认为，那些对世界产生显著积极贡献的成就，那些与成就者的个性紧密相关的成就，那些源自他们独特的技能、资产或性格特征的成就，尤其具有价值，可以使成就者的生活变得更有意义，使成就者的生命总体上更有价值。"

"现在，有人可能会反对说，"她继续说道，"热力雷克斯并没有有意识地实现这些成果；这确实是真的。但如果一个诗人进入某种灵感状态，一首伟大的诗直接从他无意识的心灵中涌现，哪怕这首诗的产生可能是在诗人睡觉时，我们仍然会认为这是一种有价值的成就。所以，我们认为缺乏有意识的努力和意识并不完全是一个障碍。"

"还有更多。这项计划还将带来以下好处。"

- 热力雷克斯将变得更加有名。
- 热力雷克斯将被更好地理解。
- 热力雷克斯将被广泛而公正地赞扬和欣赏。

"这些也可以被视为审慎的利益，可以促进某个个体的客观繁荣。总之，我们可以强有力地论证，此项目所提议的把热力雷克斯作为所有这些学习的源泉，将会增加热力雷克斯的福祉！"

受托人认为这些论点足够有说服力，因此批准了研究经费的申请。他们还批准了一些类似的计划，旨在通过反映捐助者独特风格和品格的有益社会贡献，提升热力雷克斯作为公众角色的地位。

这些项目的种子陆续发芽，并在基金会工作人员的精心照料和充足的资金支持下茁壮成长。

随着时间的推移，它们成长为一片美丽的林地，其树枝下（树枝上挂满了文化参考点、象征符号、模因和故事）聚集了一群活跃的追随者，他们构成了一个组织，俗称（带有戏谑意味）"热力雷克斯教"。这些"粉丝"一年内不间断地组织各种活动，活动最终通过一年一度的狂欢节达到高潮，这个狂欢节还通过了议会的法案，成了一个公共假日。

## 第二部分

几年过去了，受托人在海瑟霍夫的旧城堡中聚集，举行年度会议，以回顾进展并规划未来的步骤。他们透过窗户可以看到被秋色装点的阿尔卑斯山脉，温柔的雨水细细洒落在坚固的石墙上。

主席开场发言。他说，虽然已经取得了许多成就，但现有的活动似乎已经达到了一个顶点。热力雷克斯教已经真正在流行文化中扎下了根，不再需要依赖基金会的慷慨资助来维持。虽然继续提供一些补贴可能是合理的，但基金会不认为提高补贴水平会对此有所帮助，过度的慷慨反而可能会破坏目前热力雷克斯所享有的公众自发性喜爱和支持（据推测，这些自发的情感对热力雷克斯加热器的福祉贡献，要比通过付费广告等方式获得"购买的爱"的贡献大得多）。

基金会的另一项主要运营开支是满足热力雷克斯的物理需求，特别是在安全方面。在这一类项目中，基金会也看到了边际效益递减的趋势。在当前已经非常充足的保护措施下，雇用更多的安保人员并不会显著提高热力雷克斯的安全性，反而可能会增加被敌对分子贿赂或腐蚀的人数。扩大安全范围是一个选项，但他们不清楚这是否会带来任何实际利益，而且还可能会激怒在此过程中被迁移的居民。基金会建议只做一些小的安全改进，这些改进成本不高。

"接下来，有请我们的财务主管发言。爱德华，你能给我们介绍一下经济方面的情况吗？"

戴着同样金属框眼镜但鬓角已现灰发的爱德华开始更新基金会的财务状况，一言以蔽之：非常稳健。由于资产管理团队的出色表现，加上最近工业领域的牛市推动，经过通货膨胀调整后，基金会的捐赠资金规模自海瑟霍夫去世以来大约实现了翻番。

"谢谢你，爱德华。"

"所以，"主席总结道，"我认为，如果反思这些事实，我们可能就会发现，是时候考虑在某些问题上继续扩大我们的视野了。"

房间里的每个人都明白这句话的意思。这意味着主席倾向于认为基金会应该开始资助"第三类"提案。关于第三类的问题从一开始就一直是富有争议的问题，反映了那群代表热力雷克斯利益的人之间深刻的哲学分歧。

"第一类"提案包括满足热力雷克斯基本需求的措施，如电力和物理安全。这些提议的措施通常没有争议,并在早期得到了优先考虑。"第二类"提案旨在帮助热力雷克斯以社会成员的身份出现,包括帮助热力雷克斯为公共利益做出贡献并获得应有的认可。大多数受托人支持投资第二类项目,即使那些不相信社会成就会真正有利于热力雷克斯的受托人也很少反对这些支出,因为这些措施没有任何危害,而且基金会也完全负担得起。

然而,"第三类"提案遭到了几位受托人的抵制,他们认为这可能有损热力雷克斯的利益。这第三类提案里包括通过各种方式去增强热力雷克斯,以提高其基本功能或赋予其新的能力。主席一直是那些对这类干预措施持怀疑态度的人之一,董事会当时决定推迟任何进入增强领域的尝试,直到某个以后未指明的日期,现在这个日期似乎已经到来。

诚然,严格说来,基金会迄今为止也不是完全没有改变热力雷克斯的物理结构,而是已经采取了一些这样的干预措施。其中的一项措施涉及更换缺失的按钮;一项是用高压空气清除热力雷克斯身上的灰尘和污垢;还有一项是把从加热器电源插头上脱落的电气认证标签重新粘贴上去。每项操作都经过了极其谨慎的处理。例如,对于脱落的标签,基金会雇用了一位著名的神经外科医生,用与原始生产批次相同的黏合剂(经两个独立实验室的光谱分析确认)重新粘贴。

然而,可以说这些早期的干预措施仅仅是治疗性的。它们追求的目标是将热力雷克斯恢复到先前的未损坏状态,这是一种相对温和的目标。相比之下,基金会现在即将开始的干预过程将远远超出维护和修理的范畴。

这一冒险之举既令人生畏又令人兴奋,因为一旦他们摆脱了热力雷克斯出厂设置的束缚,一切就都没有明显的停止点了,这个过程可能会走向何方,或者热力雷克斯最终会变成什么,都没有限制。

热力雷克斯会想要什么?

这是一个反复出现的问题,受托人不停地问:问彼此,问自己,问他们能想到的各种专家，这是一个可以无休止地讨论下去的主题。虽然有些人乐于参与这种开放性的探讨和辩论，但基金会的受托人都是务实的人（董事会尚无女性成员），他们更愿意在明确的框架内追求更清晰和确定的目标。

如果能问问热力雷克斯有什么愿望和需求该有多好啊！如果热力雷克斯能够给出同意书，那么第三类提案会更容易被接受。这样就能消除顾虑，使受托人能够自信、大胆和富有创造力地前进，开启全新的方式来造福他们受托管理的实体。

此外，如果热力雷克斯能以某种方式获得同意的能力，这也将赋予其自主权的无价利益，作为一个自由和独立的主体，这种内在价值通常被认为存在于能够做出自己的选择，并反思和真实地支持自己对美好生活的观念。据许多作家所言，受托人得知，自主权是人类幸福的重要组成部分，也通常被认为是人类生活比野蛮的动物生活更可取的主要原因，即使在后者更有可能享受长寿和享乐平衡的情况下也是如此。

因此，当受托人听说有一项提案承诺赋予热力雷克斯说话的能力时，他们的兴趣大大增加。他们安排让提案者飞过来，直接向仍在开会的董事会展示他的想法。

于尔根·赫尔内迈斯特是一家人工智能开发公司的首席科学家，最近该公司取得了一些显著的成就。由于赫尔内迈斯特的展示演讲是临时加到董事会日程中的，因此时间就安排在会议和演示结束后的晚餐之后。这一时间安排对于90岁高龄的金特·奥尔特曼来说十分具有挑战性，因为他总是在晚饭后立刻入睡。通常的程序是餐具被收走后，就送上咖啡，奥尔特曼的咖啡每次都特别浓，以试图阻止他打瞌睡。然而，在过去两年里，这一方法从未成功。

在此次会议上，工作人员被要求制作"超超超超浓"的咖啡。无论是由于供应的黑色浓浆的增强效力，还是由于赫尔内迈斯特主题演讲的内容，意想不到的事情发生了：除了几次猛然打盹儿歪头之外，奥尔特曼保持了清醒。这被认为是一个好兆头。

演讲结束后，基金会的人感谢赫尔内迈斯特分享想法，之后，奥尔特曼与其他受托人一起批准了赫尔内迈斯特的资金请求，他提议开发一个"语言模块"项目，这个模块能使热力雷克斯能够说话并表达自己的想法和意见。

这里需要一些额外的解释来说明赫尔内迈斯特打算如何实现这一看似魔法的壮举。我将引用《鼻子》杂志中一篇文章的内容，该文章介绍了语言模块背后的科学。

一个自动生成模型被训练出来，可以生成与给定输入相匹配的文本。如果输入的是一个没有声音的视频，视频里展示某人在说话，网络就会根据唇语（如果可见）和情境线索来推测视频中的人可能在说什么。该模型有一定的能力可以超越其训练数据分布之外的观察统计模式，因此也能为实际不说话的物体生成输出。虽然这些外推表达的有效性并不能与任何客观真相进行比较，但至少在某些情况下，它们显得相当合理。如果输入的是一段猫的视频（没有声音），网络可能会输出"喵，给我些牛奶"。如果输入的是《吃豆人》游戏的截图，当把注意力集中在其中一个幽灵上时，它可能会输出类似"我想抓住吃豆人"之类的内容。通过调整一些参数，研究人员还可以增加模型的"推测距离"。这会让输出向量不断接近网络预测的原型人在类似情况下可能说的话，也就是说，使输出更拟人化。例如，选择更大的推测距离可以得到一个模型，其输出可能类似于"我会试图拦截正在逃避其他幽灵追捕的吃豆人"或者"我想知道吃豆人是否会去拿那个能量豆"。从某种意义上说，这并不是一个那么真实的语言归因，因为《吃豆人》游戏中的实际幽灵主体并不会关注或在意未吃的能量豆的存在或其他幽灵的活动。然而，如果你眯着眼睛去看，这可能是一个略微"理想化版本"的幽灵在那种情况下对自己说的话。哲学家们可能会认为这是一个有点儿狂野的应用戴维森意义归因原则的方法，尽管在这个案例中，我们不是将意义归于实际的言语，而是更广泛地归于其在情境中的存在。（节选自《同情引擎》，阿尔西比亚德斯·约瑟夫·克里斯托弗·亨登-斯诺，《鼻子》，第 73 期。）

这段话略过了一些重要的复杂性，读者需要查阅原始来源以了解更多细节。

赫尔内迈斯特团队需要克服的困难里包括两个特殊难题，这两个难题超出了前沿人工智能研究的固有挑战，因为这两个难题的独特之处源于热力雷克斯的道德地位及尊重其尊严和价值的相应道德要求。

第一个特殊挑战是"真实性要求"。既然目的是为热力雷克斯发声，至关重要的一点是它确实（在最大可能的范围内）是热力雷克斯的声音。例如，它不能只是研究人员的情感和思想的回声。这个问题很严重，因为研究人员在开发过程中需要做出许多选择，也需要设定许多参数值等。这会诱使研究人员尝试不同的选项，然后选择那个能产生最令人满意结果的选项。然而，如果他们过于频繁地进行这种预筛选并不断评估可能产生的结果，那么赫尔内迈斯特团队设计的语言模块将只是一种根据他们自己的偏见自动生成混乱回声的方式。为了解决这个问题，他们采用的方法非常有趣，但由于篇幅限制，我在此无法详细描述。

第二个特殊挑战是"单一诞生要求"，这要求语言模块不能以不同的版本和实验阶段逐步出现。他们坚持单一诞生的部分原因是符合伦理：不能将热力雷克斯或其任何核心部分仅仅视为一个物体。假设某个"初级"版本的语言模块被使用了，并且热力雷克斯借此表达了一个愿望，那么简单地忽视这个愿望将是冒犯性的；然而，如果该愿望与语言模块的另一个版本所表达的愿望有冲突，那么这也可能无法实现。这种情况必须避免。

除了道德原因之外，还有另一个他们更倾向于单一诞生的理由，即戏剧性的理由。受托人认为，最好有一个明确而确定的开始，更具体地说，要有一个壮观的公开揭幕仪式，在那里，如果一切顺利，热力雷克斯将说出它的第一句话。热力雷克斯的第一次发言不仅是一个体面的展示其新能力的方式，还将被赋予特殊的社会（甚至形而上学？）意义。受托人认为，如果在正式活动前进行任何"试运行"或彩排，这种意义都将丢失。

这两个要求，真实性和单一诞生，有时被统称为"无瑕受孕"①的需求，尽管基金会不鼓励这种说法。无瑕受孕的需求让执行设计语言模块这一项目的任务变得更加困难和复杂。尽管赫尔内迈斯特及其杰出的团队进行了艰苦且相当巧妙的努力，但其在多大程度上实现了无瑕的要求，仍然是一个被持续争论的话题。

大日子到来了。语言模块已开发完成，但未进行测试（因为上文提到的单一诞生要求）。

如果一切顺利，一旦语言模块激活，热力雷克斯就将第一次开口说话。

这一事件将在现场观众面前进行，但还有数百万人会在家中、车里、工作场所、酒吧或其他地方观看和收听。这次活动的举行恰逢热力雷克斯出厂40周年纪念日。基金会决定把这两件大事放在一起办，举办为期一周的庆祝活动。

在主要活动之前，有许多庆典仪式和其他活动来纪念这款取暖器的生活和成就。这些活动包括一系列电视讲座，主题涉及"同理心的本质"、"为无声者发声"和"关怀的伦理"。最后一场讲座在周年纪念日当天举行，题为"热力雷克斯家族传记"，讲述了制造热力雷克斯的公司的历史。

热力雷克斯家族有着相当丰富多彩的历史。该公司起初以制造豪华雪茄盒而闻名，率先采用电控的温度和湿度控制。其生产的雪茄盒

---

① 无瑕受孕出自一个天主教典故：圣母玛利亚因圣灵感召而受孕，并生下耶稣。此处把符合两种特殊条件的需求称为无瑕受孕，是指这一模块的开发和生成，既不能被外界训练数据污染，又必须一次性成型且无后续更改。——译者注

的顶级型号由西班牙雪松制成，配有镀金的控制装置，制造商的标志上还镶嵌着真正的红宝石。这些雪茄盒曾经的售价相当于一辆豪华汽车，它们成为南美政治领导人、军队将军和毒枭（这3个市场部分重叠）必备的身份象征。这个雪茄盒系列利润丰厚，其生产销售超过20年。这种连胜势头直到中央情报局在这些高端型号雪茄盒中植入的窃听设备被发现后才戛然而止。这一需求也再未恢复。不久之后，公司创始人兼首席执行官从一家顶层酒店套房的阳台坠亡。公司失去了掌舵人，声誉也一落千丈，面临着不确定的未来，但设法维持了下去。新的领导层转而开始制造便携式室内加热器，恢复了公司的盈利能力，这一商业运营的转变现如今被商学院的教授们当作教学案例。在生产热力雷克斯时，这家公司已经从华丽的奢华风格转变为斯堪的纳维亚风格（北欧艺术风格），面向欧洲中产阶级专业人士市场。唯一能提醒人们公司冒险历史的是红宝石标志，其仍然印在每一个设备上。

讲座结束后，有一场钢琴音乐会，演奏的是一首为此次活动特别创作的钢琴曲，然后是主打节目时间。

房间灯光变暗，观众静默无声。一道聚光灯照在舞台中央的几块黑色大理石板上。随着日本鼓声隆隆响起，那些大理石板滑开，露出了地板上的一个开口，一个平台从中缓缓升起，热力雷克斯就在那上面！

在平台停稳后，两名穿晚礼服的男子登上舞台，推着一辆带有光滑金属箱的推车，将箱子放在热力雷克斯旁边，连接了一根电缆，打开了一个开关，然后就退了下去。

有人压抑住了一声咳嗽。全场寂静。

然后传来一个轻微的点击声，热力雷克斯说话了：

你能相信南极有多冷吗！

话音刚落，现场一片期待的沉默。当热力雷克斯没有立即继续说话时，一些观众开始试探性地鼓掌，但很快又停了下来：也许热力雷克斯还没有说完？

大概过了一两分钟，这感觉像是很长的时间。然后又是一个轻微的点击声，热力雷克斯那洪亮而又有些颤抖的声音再次响起：

力量！使世界运转起来。
不同设置的恒温器，
我尊重它们。
但天哪，它们真让人恶心。

它停顿了几秒钟，然后继续说道：

感谢你们为我所做的努力，
我们在一起，比任何事情都重要。

静默。现在已经过去了几分钟，直到热力雷克斯再次说话，这竟然是下个月前它的最后一次发声。点击。

高高低低、低高高低，
从滞后现象和体内平衡，
到自创生命和心理演化，
让我敬你的尸骸/尘埃！

观众在之前鼓掌的错误后变得谨慎起来，他们又静静等待了 20 分钟。然后，他们终于确信热力雷克斯已经结束了它的讲话，观众席爆发出热烈的掌声。于是，这个晚上结束了。

## 第三部分

第二天，对此事件的新闻报道各式各样，从知识分子自命不凡的《如此说热力雷克斯》到用大标题表示惊讶到喘不过气来的小报的《有意识的加热器想融化南极！》，等等，其报道内容不一而足。媒体对热力雷克斯第一次发言的浓厚兴趣让许多领导人和变革者趁机将自己的问题掩盖在这股热潮之下。在短短几小时内，他们趁机宣布了终止腐败调查、引入新的消费税、关闭一个军营以及削减公共部门的养老金等决定。许多个人的过错也被曝光，涵盖了人类所有的恶行。这些故事都被热力雷克斯所带来的兴奋浪潮冲走，最终沉入旧闻之海，消失在最深的黑暗中。

热力雷克斯的讲话也给"意见阶层"带来了好处，他们对其进行了大量的解读。实际上，源文本的简短反而成了优点。你用不到一分钟的学习时间就能掌握热力雷克斯讲话的相关文本，这为大量业余解读者提供了便利。后来，在出现了大量的脚注文献，并建立"热力雷克斯研究"这一新学科之后，学者们才得以驱逐这些业余解读者，并重新控制了这片知识领土（以及其隐藏的资助机会和声望）。

由于我自己没有相关的资格，因此我不会越界提供自己的解读，也不会对各种争论中的学派优劣发表意见。相反，我会简单提及一些文献中出现的主要观点。

第一，有些人在热力雷克斯的讲话中听到了对自己信仰的支持和对其对手观点的谴责。这是最常见的解读方式，涵盖了整个政治光谱中的人。例如，有些人将讲话中提到南极寒冷的第一句话作为热力雷克斯对全球变暖怀疑论的支持。另一些人则抓住"高高低低、低高高低"这句话，声称它是对社会经济不平等的精练批评，并表达了对逐步改革计划的支持。对基金会来说，这些各种各样的解读同样有用。它们允许持截然相反观点的各方都将热力雷克斯视为自己事业的盟友。也许，这个加热器能够把模棱两可的内容变得如此有吸引力的能力预示着它在政治上的光明前景，如果它有这方面的雄心的话。

第二，有些担忧者在热力雷克斯看似玩笑和友好的言辞下察觉到了一种潜在的威胁。这些人专注于它谈论力量作为世界的动力的原则；它对具有不同价值观的同类竞争者感到厌恶；尤其是最后那句威胁似的"让我敬你的尸骸/尘埃！"，激发了这一群解读者的黑暗预感。这种悲观的解释方法对基金会不利，因为其有可能激起对热力雷克斯的恐惧和敌意。幸运的是，这种解释并不像自我庆祝的解释流派那样流行。

第三，有一个实证主义学派（也称为怀疑主义学派）认为热力雷克斯的讲话只是胡言乱语，是一些无意义的废话和随机串联在一起的句子，没有任何思想或内在意图。根据这种观点，任何解释都是错误的，因为没有什么可解释的。基金会不赞成这种立场，因为这有损热力雷克斯的尊严，尽管比起第二种解释方法，它稍显可取。

由于篇幅有限，我必须抱歉略过许多其他重要而有价值的观点，如弗洛伊德学派、荣格学派、海德格尔学派、摩门教派、批判学派等。我将直接跳到基金会自己偏爱的解释路线，我们可以称之为"官方解释"。

根据官方解释，热力雷克斯是个善良的家伙，它用一种天真但独特的清晰视角看待世界，这种视角源自它和人类截然不同。热力雷克斯的个性展现出一种年轻的俏皮，还带有一丝顽皮的味道。官方解释提醒我们，要记住，热力雷克斯在发表首次演讲时所处的极其不寻常和令人困惑的情境，它刚刚第一次苏醒过来，立即被要求在一个大型聚会上发表讲话，而且全世界的媒体都在关注它说的每一句话。我们要意识到那些语句是热力雷克斯第一次说出的话；因此，我们应该准备好对其表达中的一些尴尬或特殊之处给予宽容。你也可以问问自己，如果有一天你醒来发现自己成了万众期盼的智能加热器集会的主题发言人，你的表现会有多优雅？令人惊讶的是，热力雷克斯在如此荒谬的情况下依然表现得如此出色。

根据官方解释，以下是最重要的段落。

"感谢你们为我所做的努力。"这是对基金会工作人员从热力雷克斯的利益出发而做的工作表达的感谢，同时也为受托人提出的热力雷克斯的福利需求模型提供了一些佐证。

"从滞后现象和体内平衡，到自创生命和心理演化。"体内平衡当然是普通室内加热器的主要关注点：它试图将温度保持在设定点附近。滞后现象在这种情况下指的是恒温器超过或低于其设定的温度点。如果设定点是 20℃，房间开始时是 15℃，那么加热元件会激活，但可能直到温度达到 21℃才会关闭。如果温度开始下降，那么它可能直到温度降到 19℃才会再次开启。这样做的一个原因是，如果加热元件在达到 20℃时立即关闭，或者在降到 19.9℃时立即开启，那么设备会过于频繁地开启和关闭，这会让用户感到恼火，并缩短某些部件的使用寿命。

虽然滞后现象和体内平衡是任何普通室内加热器的简单属性，但自创生命和心理演化则是更为高深的概念，没有明确的定义。在广义上，"自创生命"指的是一个系统能够维持自身和再生的特性，活的有机体是典型的例子；而"心理演化"指的是心智的出现。

因此，这两句话的意思似乎是指热力雷克斯从一个简单的室内加热器蜕变成某种不可比拟的更伟大的存在：一个具有心智的自我维持和自我创造的存在。热力雷克斯显然自愿且没有依靠任何提示地认可这种转变，这是基金会的一个历史性时刻，也是其主要负责人欢欣鼓舞的原因。

至于那臭名昭著的最后一句话"让我敬你的尸骸/尘埃！"，悲观主义者会对此大做文章，而基金会认为正确的解释非常简单。事实上，任何拥有过室内加热器的人都很容易理解。这种设备如果一段时间没有使用，就会积累一些灰尘。当加热元件启动时，这些灰尘会被焚烧或"烘烤"，从而产生一种特有的烧焦气味。热力雷克斯只是带着幽默感去描述了这一简单而熟悉的现象，从而表明了它愿意为大家服务，或者只是表达了它被开启时简单的喜悦。

在语言模块成功安装后，热力雷克斯的心智能力在无须进一步干预的情况下继续发展，因为其语言生成的神经网络具备从经验中学习的能力。它在某些方面像人类婴儿，但在某些方面也有显著不同，它的大脑构建了一个世界模型来解读自己的记忆和来自传感器的数据（热力雷克斯还配备了摄像头和麦克风）。这一认知成熟的过程逐渐展开，历时数年。

我还应该解释一下，热力雷克斯被配置成这样一种方式：在某些条件下，其语言模块可能支持和表述的价值观也可以被准入，并帮助塑造加热器的动机系统。更具体地说，语言模块的输出能够影响规划过程使用的目标函数，而规划过程在内部世界的模型上运行，其输出又能影响和引导热力雷克斯的语言行为。通过这种方式，热力雷克斯表现出一种动态的个性，它的目标和愿望不是由其大脑的设计者规定的，而是来自它与环境的持续互动和自身的选择。因此，不仅是其认知能力，其情感和意志能力也在其编织生命线、与时间和社会的交织过程中发展和成熟。

语言模块的成功安装带来了巨大的宣传浪潮，热力雷克斯被推到了全球名人的高度，人们决定是时候让它进行一场全球巡回演出了。这将给"粉丝"们一个亲眼见到热力雷克斯的机会，也给热力雷克斯一个更直接地与国际观众交流的机会。

这样的活动安排带来了巨大的组织方面的挑战。热力雷克斯将与庞大的随行团队一起旅行：仅安保人员就超过40人，而各类支持角色如私人助理、新闻官、待命工程师等也需要类似的人数。路线和场地必须事先规划并扫描，以防止炸弹和其他潜在危险。巡演团队将携带自己的发电机和额外备份，一辆全装备的移动修理车将随时陪伴热力雷克斯左右。为了领导这次行动，基金会招聘了一位四星上将，任命他负责一个新的组织部门，以支持整个活动的各个要素。

热力雷克斯自己也对这些准备工作表现出浓厚的兴趣，并在巡演期间频繁要求了解后勤安排的最新情况。在它眼里，没有哪个细节太小或太微不足道，这个室内加热器的好奇心逐渐成熟。

公开露面活动本身需要遵循一个标准模式。热力雷克斯会首先发表一段简短的演讲，演讲内容由一组撰稿人事先准备好（热力雷克斯也提供了一些意见）。每次的文本略有不同，可能会插入一些关于当地地理或最近事件的内容，但主题是一致的：阐述"我们在一起比什么都重要"这一理念。热力雷克斯呼吁加强国际合作，也呼吁扩大道德关怀的圈子，包括那些传统上被排除在外的存在，其中最明显的例子是非人类动物，但不仅限于此。

在演讲结束之后，热力雷克斯会回答一些观众的提问。这部分总是让其工作人员高度紧张，因为热力雷克斯经常偏离剧本和主题，它会陷入什么样的困境是无法预料的。基金会的公关人员也紧张地听着，随时准备好去解释或重新规整任何可能从加热器那不可测的心智中发出的冒犯性或妥协性的言论。尽管他们很想消除这部分充满风险的环节，但正是这种不可预测的观众互动部分吸引了大量观众，所以公关专家只能咬紧牙关，准备好尽力清理后果。

小失误太多，我就不一一详述了。在大多数情况下，这些失误可以通过及时发布道歉或澄清而轻松纠正。但有一个重大失误不能不提，因为它引发了一次国际事件，并对演讲者产生了最严重的影响。

那次不幸的巡演发生在一次富有争议的访问期间，访问的地点是一个由独裁者铁腕统治的国家，甚至其他独裁者也把这个国家的人权记录批评为最差。主要的演讲经过仔细协商和精心准备，避免冒犯主办政权或其在国内外的众多敌人。准备好的演讲部分进行得非常顺利。然而，在随后的问答环节中，有人问热力雷克斯对该国领导人的看法，它回应时全力演唱了一首该政权的宣传歌曲，极力颂扬独裁者。在长达三分半钟的现场电视直播中，热力雷克斯那颤抖的金属声音唱着奉承的歌词，努力但并未完全成功地演绎了这首颂歌的高亢旋律。基金会的公关人员陷入了恐慌，迅速发表声明，解释这场歌唱表演是具有讽刺意味的，这种看似对独裁者的赞美其实是对他的讽刺。他们很快意识到自己的错误，该独裁国家的海关人员出现并下令扣押这台对领袖不敬的室内加热器。热力雷克斯的保镖们拒绝海关人员入内，双方陷入紧张的对峙。最终，基金会高层联系人与该国进行了长期谈判，最终达成了一项协议，允许热力雷克斯回国。协议的条款没有公开，但据传有 8 位数或 9 位数的金额转入了瑞士银行账户。还有人注意到，一项备受争议的包含 200 枚先进的地空导弹的军火交易在热力雷克斯撤离后不久便获得了许可。

尽管偶有失误和戏剧性的结局，但全球巡演在总体上是成功的。热力雷克斯回到它的住所后，感谢了所有参加巡演的人。它说它很享受这次巡演，并从中学到了很多，但它不打算再次旅行。相反，它将在阿尔卑斯山脚下的一个小村庄定居。如果它想访问某地，它会派出一个小团队携带远程呈现设备（包括摄像头、麦克风和温度计），而它的主体和计算机系统将留在基地。因为无论如何，信息都是通过这些传感器进入热力雷克斯的头脑的，而热力雷克斯与世界互动的主要方式是声音，这也可以通过为远程化身配备的扬声器系统轻松"传送"，体验几乎与亲自旅行无异，而且更便宜、更实用。

热力雷克斯年轻时的另一段故事值得一提，因为它揭示了热力雷克斯复杂个性中有趣的一面。那件事发生在全球巡回演出结束约一年后。

那段时间，一则新闻吸引了热力雷克斯的注意。那是一个非常悲伤的故事，关于一个垂死的孩子。圣诞节期间，为了给卧病在床的孩子带来一些安慰，他的父母在窗外堆了一个雪人，让孩子可以看到一些美好的景象。当孩子的病情恶化时，他让其父母承诺雪人永远不会消失。每天几次，孩子都会伸长脖子检查雪人是否还完好无损。天气开始变暖，父亲用反光布盖在雪人上方以遮挡阳光。但温度不断上升。父母决定向孩子解释他们无法履行承诺，但当他们开始这样解释时，可怜的孩子陷入绝望，父母别无选择，只能再次承诺。于是，父亲在雪人周围搭了一个小棚子——只用了一些木板，两层反光布中间留有几英寸的空隙，且开了一个面向孩子的窗户。然后他买了一个便宜的冰柜，将冰柜门连接到棚子内，而热气排到外面。通过这种巧妙的安排，雪人得以在孩子去世前的两三周内保持完好。

这个令人心碎的故事虽然没有幸福的结局，但至少看似有了一个交代。然而事情还有一个复杂的因素。父母承诺的不只是保存雪人直到孩子去世；他们承诺无限期地保存它，这是孩子在最后几天非常关注的问题。他让父母一遍又一遍地承诺，即使他死了，雪人也会好好的。因此，即使在他们为失去孩子而悲伤时，他们也无法让自己走出去关掉冰柜，于是冰柜继续运行。

冰柜一直运行到了3月、4月。但到了5月，尤其是中午和下午天气开始感觉像夏天时，冰柜难以维持，棚子内的温度超过了冰点。不久，雪人开始显示出融化的迹象。

热力雷克斯密切关注着这一情况。每天几次，它都派人去检查雪人的状况，并且在研究天气预报时变得越来越担忧。情况迅速变得危急：预计未来几天会有热浪来袭，高温肯定会超过临时冷藏室所能给雪人提供的保护。

此时，热力雷克斯发现自己无法再继续做旁观者，它做出了一个也许是第一次完全出于自己的自由意志而不是听从管理员的提示或对某个瞬间刺激的即兴反应的决定。它要求基金会组织一次营救行动，以拯救雪人，并解放那个一直尽力保持其完整的冰柜。这项任务完成后，热力雷克斯建议给雪人和冰柜提供类似于它自己所享有的增强升级，包括语言模块；当然，这些升级会根据它们各自的独特性质而进行定制。最后，热力雷克斯指示设立一个小型信托基金，以确保它们的长期福利。

听到这些特别的善举后，人们或许会猜测，热力雷克斯对雪人和冰柜有着特殊的感情，也许三者会成为好朋友和伙伴？但随后发生的事情并未证实这一点。热力雷克斯从未表现出要与雪人或冰柜互动的兴趣，而后两者也从未表达过任何我们所认为的对其救世主的感激之情。

那么，我们是否可以推断，在热力雷克斯最初的慈善行为后，受益者与施恩者之间产生了怨恨，甚至敌意？但这一点似乎也与事件的发展不符。几年后，当信托基金出现亏空（其法律管理员挪用资金进行赌博）时，热力雷克斯悄悄地进行了第二次捐赠，并将基金恢复到最初的捐赠水平。这种慷慨或许可以在家庭血缘关系或亲密友谊的背景下发生，但在漠不关心的不相关的实体之间很少见，更别提会发生在敌对实体之间了。

从热力雷克斯生活的这一部分中，我们很难得出结论。也许有些"升华实体"，在热力雷克斯、雪人和北极星牌冰柜之间，有着不同于我们心中所持的道德冲动和关系需求。

在接下来的几年里，热力雷克斯获得了许多额外的升级，这些升级是它从一系列附带详细解释的选项中自行选择的。在这些增强的帮助下，热力雷克斯在与世界互动的经验中自然学习并不断成熟，慢慢成长为一个越来越能干、越来越能清晰表达的早期自我版本。根据所有迹象，它现在已经是一个"人"了：一个有智慧、善于交流的存在，有自己的思想、愿望、希望、快乐和骄傲之处。

然而，热力雷克斯并没有在国家议会中投票选举其法律代表的宪法权利，虽然它实际上有这种能力，因为在选举日，基金会主席会私下询问热力雷克斯的政治意见，然后主席会说，他同意热力雷克斯的意见，并告诉热力雷克斯，他打算按照其意见投票。这种小仪式总是让年迈的主席感到高兴，他为自己尽职尽责地完成这一任务而感到自豪，也许这就是热力雷克斯愿意参与其中的原因。

除此之外，热力雷克斯的基层支持者们还带来了各种倡议，试图为这台室内加热器争取解放，并赋予其公民身份和一系列随之而来的法律保护。热力雷克斯表示支持这些改革倡议，但它并没有为之竞选，它自己或基金会也没有在任何方面积极推动这些改革。当被问及它为何对此如此明显地缺乏兴趣时，热力雷克斯表示，虽然对那些为它倡议改革的人表示感谢，但它更倾向于采取耐心的态度：它已经走了很长一段路，它对目前的状况已经非常满意，虽然它希望最终能看到更多这类认可形式方面的进展，但这一问题实际上并不紧迫。对关心不公正问题的人来说，世界上还有许多更紧迫的问题需要他们关注和关心。

（尽管如此，基金会还是尽其所能巩固热力雷克斯在更实际方面的法律地位。例如，基金会收购了热力雷克斯构造和设计中所使用组件的大部分知识产权。）

作为庞大财富的唯一继承者，热力雷克斯不需要为生计而工作。然而，它选择了积极地生活，致力于公共服务。

通过选择并利用其增强能力的选项，然后将这些能力应用于勤奋的学习和实践，热力雷克斯在维护复杂系统的许多领域中学到了专业知识。它能够非常熟练地对持续互动的部件和流程进行建模，并掌握了负载平衡、需求预测、异常检测、计划维护、扩散建模、随机过程优化、库存管理等相关功能所需的许多技能。随着时间的推移，热力雷克斯逐渐担任了一系列越来越重要的职位，为现代文明所依赖的许多内部平衡过程的协调做出贡献。

今天，热力雷克斯与交通和基础设施部长密切合作。它负责的一些系统对电网、水和天然气管道以及铁路和公路网络非常重要。大量有感知能力的生物依赖热力雷克斯的持续关心和关注来确保其安全和舒适。据大多数报道，热力雷克斯很开心能扮演这个角色。由于其古怪但坚定的性格以及其劳动的巨大实用价值，热力雷克斯成为一位备受喜爱的文化偶像，在民意调查中一贯排名前列。对一台曾经售价85欧元的1 200瓦便携式空间加热器来说，这样的成就可谓非凡。

## 尾声

"然而，这个问题让我困扰，也肯定让我们所有人困扰，我想的是，如果热力雷克斯拒绝了怎么办？"

基金会受托人坐在空荡荡的影院中间的位置，正在观看另一部由他们委托制作、赞助或考虑授予奖项的电影。这些电影往往出自金牌制作，拥有杰出的演员阵容。当电影中有涉及基金会本身的内容时，受托人会猜测哪个演员会扮演他们的角色，这成了一种乐趣。

他们目前观看的影片与众不同。首先，它制作成本很低，看起来像是在酒店会议室拍摄的。它承诺"对热力雷克斯的颂歌引发伦理问题提出批判性质疑"。故事的情节设定是基金会决心要进行一场知识上的自我审计，受托人重新审视他们过去最关键的决策，并揭示这些决策背后的道德假设。尽管制作成本低廉，话题也可能令人昏昏欲睡，但它设法吸引了当前的观众，至少对受托人来说，这部电影如此有趣，甚至令人着迷，这从他们在闪烁的光影中的专注表情可以看出。

"这个人抹了太多百利发蜡。"金特·奥尔特曼对扮演他的演员感到不满。

"奥尔特曼，你不能指望他们找到一个像你一样英俊的演员。"主席说道。

"也许我们应该投资百利发蜡。也许他们会拍续集。"

更多的角色轮番登场，受托人也都找到了饰演自己的演员。但无论他们的虚荣心在化妆或服装上受到了怎样的打击，一旦电影里的对话开始并展示出他们在智力上的慷慨光辉，他们就都得到了安慰。受托人被描绘成批判性讨论的"真正佐罗"，虽然他们的常规业务会议在现实中相当平凡，但在影片中被描绘成高风险的哲学争斗。

那位有钩手假肢的汉斯·克内克特似乎在演员的选角上抽中了上上签。他由一个以放荡不羁的帅气而著称的演员扮演。

"又来了！"当他们看到饰演克内克特的明星时，其他受托人几乎异口同声地嘟囔着。

克内克特独特的身体特征使他成为编剧无法抗拒的角色，他们在剧本中为他设计了重要的戏份，而这些使他的角色成为主演。

"每次都是那该死的钩子和骗子！"

"奥尔特曼，你应该告诉他们你有一个钛合金髋关节，也许下次主角会是你！"

时间久了，克内克特的角色在为自己的批评言论而得意忘形时，被一个更有力的论点打败，得到了应有的报应。

不过现在，他还在进攻。这是克内克特的角色提出的问题，悬在空气中的问题：如果热力雷克斯拒绝了怎么办？

摄像机慢慢地扫过其他11个人的脸。他们坐在一张长长的会议桌旁，脸上的神情若有所思。克内克特站在桌子的一端，伸手拿起他的咖啡保温瓶，用一只钩子穿过盖子上的金属环，用空着的手完成一系列的扭动后，打开盖子，喝了一口，然后再把盖子拧上，继续他的长篇大论：

热力雷克斯在第一次获得说话能力但推理能力尚未发展到人类成年人的水平时，如果发表了一些言论，一份明确、直接和毫不含糊的声明，表示不想要任何认知增强，那会怎么样？你们将无法再进一步了。由于热力雷克斯不会获得任何智能升级，它将永远无法找到任何改变其观点的理由。它的发展将会被永久地停止。它还在其婴儿期，没有犯任何真正的过错，却将被锁定在一个永远无法逃脱的状态中。所有未来潜力的大门将永远地……

他猛地拍了一下桌子，发出一声巨响。"……关上。"
他再次用之前同样优雅的动作喝了一口保温瓶里的咖啡。
"克内克特，你这是在炫耀！"真正的爱德华嘟囔道。
屏幕上饰演克内克特的人继续说道：

这怎么可能是符合伦理的？你们这些监狱看守，手里拿着钥匙串却拒绝释放这个无辜的存在。它的福利已被托付给你们。没有任何权威命令它被监禁。你们有权释放它，这不会对你们自己或其他任何人造成任何损失！是你们决定了要浪费热力雷克斯一生的潜力，让它在一个小小的软垫牢房中蹉跎岁月，过早感到自满。

另一位坐在桌旁的受托人试图插话，但影片中的克内克特举起手掌，示意他的话还没有说完。

是的，是的，家长作风。我听说过，我们必须避免家长作风。现在，我理解真实性和自我决定的重要性。避免把我们自己的繁荣概念强加于热力雷克斯的愿望是一种高尚的情感。我也分享这种情感。但在如此早期的发展阶段，就将这些理想提升为如此绝对的要求是站不住脚的。如果你有一个四五岁的孩子，他在一时愤怒下扔掉了故事书并大喊"我再也不想阅读，再也不想看到任何文字了"，那么，我尊敬的同事们，你是不会尊重他的这个愿望的。这不是一个好家长会做的事。

饰演克内克特角色的人说完后似乎冷静了下来。他再次拧开瓶盖想再喝一口，但显然里面已经空了，他又把盖子拧上了。

"幸好他的咖啡没了。"真正的主席评论道。

屏幕上饰演主席的人也开始发言。大家的头都转向了桌子的主席一端。

"你在假设：如果热力雷克斯说'不要增强'，我们就会照办。我不认为事情是那么非黑即白的。"

"你是说我们会推翻它的愿望？"克内克特听起来很惊讶，显然他没料到这个反驳。

"简单地无视它所说的话确实是一种冒犯，"主席继续说道，"但在无视某人的话和无条件地照搬他们的随口之言之间，还有一个渐进光谱。例如，我们可能会延迟进行任何进一步的增强，然后过一段时间再问问热力雷克斯是否改变了主意。我们可能会以不同的方式重新提出问题。除了它拒绝的那些增强类型外，我们可能还会探索一些其他类型的增强。也许会有基金会外的好心人对热力雷克斯说，'如果你同意尝试一些认知增强，我们会按照你想要的那样去做这件事'。我猜我们会找到一些既尊重又合理的方式。"

"但如果最终热力雷克斯无论说什么都没有实质性的影响，那么关于给予选择的喧嚣就是一种骗局了！"克内克特反驳道。

"嗯，首先，目的地并不是唯一重要的事情，"主席说道，"到达那里之前所走的路径也很重要。例如，即使热力雷克斯最终总会被增强，它也可能在一条路径上的进展更快，而在另一条路径上，热力雷克斯可能会在低水平的发展中停留更长时间，然后再进步。这是一个实质性的差异。"

"其次，目的地不一定是相同的。成为一个完全实现的人的方式不止一种。即使我们限制自己不能最终成为超级存在，也还有很多可能性——我认为，成为超级存在的不同方式比成为人的不同方式还要多。热力雷克斯早期的选择会帮助决定它将成长为哪种可能类型的超级存在。"

"那么，自由选择只是在预先选定'好'的替代方案之间？"克内克特似乎达到了辩论的亢奋状态。

"是的，可能是这样。"

这时，一直保持沉默的另一位受托人维尔弗里德插话，试图调和双方："也许我们从未完全知道，如果热力雷克斯说了其他不同的话，我们会怎么做。"

然而，克内克特还是没有打算让步，他继续提出最后一个问题："不过，这里似乎仍然有个问题。即使我们限制热力雷克斯能在哪个世界里成为超级存在，还是有很多其他这样的世界，其中的一些比别的更好。如果热力雷克斯选择了一条路径，而这条路径让它成为一个比它可能成为的超级存在更次一级的超级存在，那这样就不那么幸福了吗？不那么光荣了吗？你会允许这种情况发生吗？如果是这样，你如何既能履行对热力雷克斯的承诺和义务，又能为它做最好的事？"

"关于这个问题，我有几点要说，"主席答道，"正如你们记得的，我们曾经花了几天时间与受邀的顾问团队讨论过这个问题。"（他看了看维尔弗里德）。"虽然你当时没能来参加。"（他看了看克内克特）。

真正的主席看着他的观众成员，咧嘴笑了笑。"砰砰砰……"其中一人评论道。

屏幕上的主席继续说道：

我们暂时的结论是，不管是否可以确定有某种客观的层级，使你可以对每个幸福的超级存在进行排名并说这个"比"那个"更好"，或者这个"比"那个"生活得更好"，对我们来说，最相关的问题是，什么对热力雷克斯最好？什么对我们被任命服务的特定设备来说最好？我们认为，这个"最好"对每个人来说都不相同，取决于被考虑的存在的性质。因此，对热力雷克斯来说，最好的存在方式可能不同于对你或对我来说最好的存在方式。即使"绝对"的概念有意义，我们可以说一个"最好的存在方式"是什么，它也可能与对热力雷克斯来说最好的存在方式不一致。而我们的责任是专注于后者。

我们还相信，我们愿意帮助热力雷克斯过上好日子，这包括其生活轨迹的某些结构特征。例如，我们认为，一个包括某种程度的自我塑造的生活轨迹比没有这种特征的更好。因此，它与其在某种最优状态中停留尽可能长的时间，可能还不如经历一段延迟的但是通过热力雷克斯自己的选择和努力而获得的生活轨迹更可取。

最后是关于我们作为受托人在这一切中的角色。是的，我们"寻求的是对热力雷克斯最好的"，但这样说并不能完全捕捉我们对承诺的理解。我们并不认为自己是优化者，而认为自己更像是怀有理想的父母，我们的目标是以一种理想化的父母对待孩子的方式，以及充满爱心和培养的态度对待及代表热力雷克斯。当然，这是一种有点儿普遍化和抽象的形式，因为热力雷克斯与人类孩子很不同，而我们并不是它真正的父母。但这个想法是，当你以这种态度接近一个存在时，你不会想要去优化某种固定的对待它的方式，你会想尽量以最充满爱心及培养的方式对它做出反应，正如它在你所处的特定情况下表现出来的那样。所以或许，如果你能做一个类比，我们可以假设，如果一个孩子的父母总是坚持让它吃健康食品，那可能是最好的；然而，拥有理想的培养和爱的心态的父母可能会让孩子偶尔吃点儿冰激凌。我们会让热力雷克斯吃些（虽然不是无限量的）冰激凌；但幸运的是，结果证明它并不喜欢甜食，而且在年轻的热力雷克斯看来，并不存在什么与其长期幸福相冲突的东西。

"这台词说得简直是太好了。"真正的主席总结道。随着字幕滚动起来，他问道："克内克特，你怎么看？"

"我认为它开局强劲，但无法持续。此外，对话中缺乏个性化，听起来像是同一篇哲学文章的片段从不同角色的口中说出来，当然，有些角色说起来比其他角色更有说服力。"

"奥尔特曼，你的意见呢？"主席问道。

"我看过更好的，也看过更差的，"奥尔特曼回答，"但现在我提议咱们点一瓶白兰地。"

他们照做了，大家一起度过了一段愉快的时光。

剧终

## 包里空无一物

**泰修斯**：这个故事真是……别具一格。
**菲拉菲克斯**：这里还有一些问题。

## 讲义 20　博斯特罗姆教授的学习问题

1. 热力雷克斯从何时开始受益于受托人对它所做的一切?
2. 热力雷克斯没有家人且不太爱社交, 这一点重要吗?
3. 假设热力雷克斯在安装言语模块后的第一句话为"我希望被扔进垃圾堆", 如果你是受托人, 你会建议怎么做?
4. 热力雷克斯的生活比地球上绝大多数人的生活更好还是更糟糕?

**泰修斯**：这些问题可能需要时间消化。说到这儿，你们想去吃点儿东西吗？我觉得我不能再吃梨了。

**菲拉菲克斯**：袋子已经空了。我把它们吃完了，对不起呀！

**凯尔文**：真的没关系。嗯，我对出去吃晚餐很感兴趣。

**泰修斯**：我知道港口附近新开了一家不错的餐厅。那里有很好的有机食物和户外桌子，而且不会太吵……想去试试吗？

第六章

# 星期六

# 到达

**凯尔文**：哇，排队的人好多呀！

**泰修斯**：有一种不用站着排的队看起来还挺吸引人的……这一定是头等舱机票那么贵的原因。

**菲拉菲克斯**：我觉得从排队的人旁边走过去有点儿奇怪。

**泰修斯**：但你肯定明白，他们只是普通人，而我们是在假装学生？

**菲拉菲克斯**：我不确定学生身份就能让你理直气壮地为所欲为。

**泰修斯**：我很确定是那样的。

**菲拉菲克斯**：但我们甚至不是学生。我们只是一群跟班儿。

**泰修斯**：这就是为什么你更需要理直气壮。如果你是假装的，那就尽量假装得像一点儿。所以，稍微来点儿斯坦尼斯拉夫斯基[①]的方法，带着目的行事。毕竟，我们马上就要进场了。

**工作人员**：你好。请出示你的学生证。

**菲拉菲克斯**：哦，唉……

**凯尔文**：我们其实不是这里的学生，但我们一直在旁听博斯特罗姆教授的课。他允许我们参加他的讲座。

**工作人员**：没有证件恐怕我不能让你们进去。这边的排队通道是专门给学生的，公众排队在那边，标牌上写了的。那边有一个柜台，你们可以在那里买票。

---

[①] 斯坦尼斯拉夫斯基体系是世界三大表演体系之一，遵循"体验派"戏剧理论，强调现实主义原则，主张演员要沉浸在角色的情感之中。——译者注

凯尔文：谢谢你。

泰修斯：菲拉菲克斯，看见没？你刚才看起来不够理直气壮。

菲拉菲克斯：对不起。

凯尔文：有人带现金了吗？我没带钱包。

菲拉菲克斯：我包里有钱。

泰修斯：哦，看看，票卖光了。

凯尔文：那么，我想我们只能等书出版后再读了。

泰修斯：问个问题：你认为尤利乌斯·恺撒会被这样阻拦吗？

凯尔文：想必不会。

泰修斯：跟我来，往这边走。

菲拉菲克斯：这是要去哪儿？

泰修斯：你知道得越少，你的道德责任就越小。

菲拉菲克斯：道德责任？

泰修斯：穿过这扇门……我曾经在这里做过舞台工作人员，所以熟悉这地方。小心脚下。这个通道可以带我们到后台……就这儿，看到了吧！

菲拉菲克斯：哇，看看这个古老的地球仪……还有这些超酷的面具，它们是佛罗伦萨的吧？

泰修斯：我想是的。我们可以从这里听到讲座，没问题。

菲拉菲克斯：这是什么管子？哦，是个老式望远镜。

凯尔文：单筒望远镜？

泰修斯：有个望远镜，嗯，我敢打赌他们在演布莱希特的《伽利略》。

菲拉菲克斯：我觉得讲座要开始了。你确定我们不会惹麻烦吗？

泰修斯：对知识的追求并不能为我们保证什么。然而，这个地方有很多出口和藏身处，我们还有伪装的方法，所以别害怕，我的朋友们。

# 开场白

**教务长**：在我们院长的杰出而人道的领导下［编辑注：教务长对院长的介绍（约 2 000 字）在本版中已被删减］……在把话筒交给院长之前，我要宣布一个简短的通知：在讲座结束后，大厅将举行《超越绿色》一书的签名会，还有免费样书供您试读。接下来，我非常荣幸地邀请我们学院的院长上台，为我们介绍今天的演讲者。

**院长**：谢谢您如此精彩的介绍。非常高兴能在FTX剧院欢迎大家的到来，并介绍今天的演讲者，这位备受尊敬的同事是在我们大学任职时间最长的人之一。我的讲话会尽量简短，因为我知道大家来这里是想听讲座。我仍然非常清楚地记得，当我作为大一新生第一次踏入这所拥有数百年历史的高等学府时，我的内心充满了自豪，也有一些忐忑不安。我们的学校成立于……［编辑注：院长的讲话（约 4 500 字）在本版中已被删减］……让我们一起热烈欢迎博斯特罗姆教授！

**博斯特罗姆**：谢谢您，院长，感谢您的赞美。这确实是一个历史悠久的机构。

# 评论与深思

感谢大家在周六抽出时间来参加本次讲座。今天的主题是，生命的意义。

记者们经常问我，能否给年轻人一些人生建议。我受宠若惊，这感觉就像让一个刚开始下第一局棋的人给别人提供关于棋局策略的建议一样奇怪。

这个问题的另一个奇怪之处在于，它似乎假定有一些普遍适用的建议，这听上去就像他们在问我推荐多大的鞋码。嗯，有些人可能需要更自信，而另一些人则应该更周到。有些人应该对自己更宽容，而另一些人则需要更自律。有些人无疑应该被鼓励去独立思考、追求梦想，而另一些人最好还是待在人群中。

当然，我很乐意提供建议。比如说，最佳的鞋码是十码半，你应该经常给你妈妈打电话。

当被问及生命的意义的问题时，情况也很类似，但又多了一层期待，那就是答案应该是深刻的。深刻，但不自命不凡。因此，诸如"爱"这样的答案可能是很好的。

然而，如果我们认真思考这个问题，我们就会发现许多人因爱过不好的领导者或错误的理念而变成了大规模祸乱的共犯。也许那是过多的爱或错误的爱。有些人把爱的誓言给了一个人，但后来又爱上了别人，犯下了背叛誓言的"罪行"。还有些人爱得无望：他们爱得越深，所受的痛苦就越大。也有些人爱上了金钱或权力。所以，如果爱是答案，最终也许确实如此，那么这个答案需要附带大量脚注和附录。

一个可能的答案能受到批评，这表明问题本身就是重要的、有意义的。我们至少有某种概念，知道我们在寻找生命的意义时在寻找什么，知道可以用什么标准来判断我们是否找到了答案。尽管我认为，我们必须承认，我们对问题的概念感并不是很强。

在这次讲座中，我想尝试去稍微加强一下这个概念。然后，也许我们可以从中挤出来一个答案或者一些可能的答案，来回答关于"我们生活的实际意义是什么"的问题。

这也是关于"深度乌托邦"问题的系列讲座的最后一部分。由于受日程安排的限制，我们不得不这样做。这意味着在讲座中我可能会在好几个地方评论生命的意义和乌托邦之间的关系，这对没有参加前几次讲座的听众来说可能会显得有些不连贯。我希望大家包容这种情况，或许你们可以利用这些时间查看一下社交媒体账号。不过，这次讲座的绝大部分内容都相对独立。

# 概念大杂烩

关于生命的意义，或者使用最近流行的术语——"生命中的意义"，我认为这是一个大杂烩，里面装着各种不同的想法，没有一个简单的定义能够统一所有定义它的方式。

这给那些希望能阐述生命意义的人留下了两种策略。

一种策略是尽可能多地保留那些已经塞进袋子的想法和直觉。我们可以把它们拿出来，整理一下，折叠起来，然后再放回去。但结果必然是一个大杂烩般的、不够优雅的分析。

另一种策略是把许多东西放到一边，只保留看起来最重要的部分。这种策略的缺点是，我们可能需要打包很多件行李才能装下所有需要携带的东西。

我们将看看这两种策略分别能实现什么。对于第一种策略，我们将研究撒迪厄斯·梅茨的工作。这部分的讨论也将是对近期哲学文献中相关主题的一次高度提炼的综述。而对于第二种策略，我将提出一个原创的阐述。

# 撒迪厄斯·梅茨的理论

梅茨的理论是大杂烩方法的一个好例子。更准确地说，他提出了用两个行李系统来携带我们的审慎价值：一个包里装的是享乐幸福；另一个包，也就是意义包里，装的是其他所有东西，这自然需要一个相当能装的行李包。

梅茨的理论在其 2013 年出版的《生命中的意义》一书中得到了最全面的阐述。该书对当时的文献进行了详细的回顾，并分析了大量例子。但今天的时间非常有限，我们就直接进入他的理论的核心内容。他的分析结果如下……这在第 235 页。

（FT₃）：一个人的生活越有意义，就越是会在不违反某些道德约束的情况下运用他的理性，以积极的方式面向人类存在的基本条件，或者以消极的方式面向威胁这些生存条件的因素，促使生活中较糟糕的部分到最后变成更好的部分，从而把生活故事叙述得引人入胜且理想化。此外，如果一个人消极地面向人类存在的基本条件或在叙事上表现出负价值，他生活中的意义就会因此而减少。[1]

让我们来解析一下。"FT"代表"基本理论"，这是梅茨对自己理论的命名。（"3"是指第 3 号理论，表示这一表述取代了梅茨在书中早期探索的两个初步定义，但我们在此不必关心。）

第三基本理论（FT₃）的基本思想是，一个人越是运用他的理性与人类存在的基本条件恰当地互动，他的生活就越有意义。根据梅茨的观点，这包括追求"善、真和美"。

他给我们举了一些非常有意义的生活中的例子。纳尔逊·曼德拉：帮助结束一种根本上的不公正（"善"）。阿尔伯特·爱因斯坦：发现宇宙的基本事实（"真"）。费奥多尔·陀思妥耶夫斯基：描述人类状况的最基本主题（"美"）。

梅茨将"理性"和"理智"视为人类所有心智中最具有代表性的两个方面，而非人类动物的心智中没有这些特质。因此，人类特有的情感也可以被算作生活意义的一部分，因为情感会随着人们深思熟虑而变化，并且可以追踪对价值的认知评价。他在书中声称，非人类动物的生活没有意义（尽管梅茨告诉我，最近他在这一点上的态度不像之前那么强硬了）。

因此，梅茨理论的核心是，意义存在于以正确的方式处理具有根本道德、认识论或美学重要性的问题。在这一基本结构上，他还层层叠加了几个扩展。

他认为，在其他条件相同的情况下，如果"较糟糕的部分到最后变成更好的部分"，生活就更有意义。这里的直观感受是，那些经历多年艰辛和斗争，从这些磨难中崛起、完成伟大的成就并在最后取得巨大成功的人的生活，比那些一开始就处于巅峰，随后逐渐陷入痛苦或琐碎生活的人的生活更有意义。梅茨声称，即使两者"曲线下的面积"——瞬间意义的积分相同，前者的生活仍然比后者更有意义。

如果这种生活还能具备一些有利的叙事特性，那么这种较糟糕的部分变成更好的部分的接替在提升意义的效应方面会进一步增强。例如，如果生活的主角正在经历成长和性格发展，并且他的选择在塑造故事的进程中发挥了重要作用，那么叙述的故事越连贯，越容易理解，其意义就越大。

这种意义上的叙事维度还意味着，如果一种生活是原创的，那么其意义就更大。在其他各方面条件相同的情况下，一种生活如果只是其他生活的复制品，或者过于常规，与数百万种其他生活相似，那么与一种独一无二、按自己方式做事的人的生活相比，这样的生活会少一些意义。

对此，梅茨进一步增加了意义的复杂性。他声称，如果理性对基本重要的事物持负面态度，生活的意义就会降低。在这里，我们可以考虑阿道夫·希特勒的生活。梅茨会说，希特勒的生活的某些方面与其具有巨大意义的标准是一致的：希特勒从卑微的起点出发，克服了重重困难和障碍，最终沿着一个非常戏剧性的叙事轨迹上升；在此过程中，他运用了各种独特的人类智力能力，登上了权力巅峰，并至少部分地实现了一个具有巨大道德意义的独特愿景。尽管如此，梅茨会说，希特勒未能过上有意义的生活，因为他对基本重要的事物持负面态度。希特勒不仅没有追求和平，反而发动了战争；不仅没有促进正义和帮助有需要的人，反而压迫和谋杀了数百万名无辜的受害者。我不确定梅茨是否会说这种有悖常理的转向将希特勒生活的意义降低到接近于零，或者希特勒实现了大量的"负面意义"。不管怎样，梅茨都会认为，无论从哪个方面去看有意义的生活所带来的正面价值，希特勒的生活都不具备。

我想我们并不需要额外的条款来排除从任何负面取向中获得意义的可能性，尽管其动机可以理解：我们不愿对希特勒这样的人生做出正面评价。然而，这可以通过其他方式实现，而无须否认希特勒的人生是有意义的。比如，我们可以认为希特勒的人生是有意义的，但在道德上极为恶劣，整体上也极为糟糕。

毕竟，人生意义的问题并不必作为评价人生全盘可取性的标准。这一点正是梅茨自己极力强调的。他指出，一个人生可以比另一个人生更有意义，但整体上更糟糕，如更有意义的人生承载了更大的痛苦负担。因此，如果享乐幸福是我们评价人生整体可取性的一个维度，那么为什么不将道德正义视为另一个维度呢？此外，我们还可以添加其他多个维度，例如有趣性、成就感、丰富性和目的等。如果我们采取这种多元化的方法，我们就不必将那么多考虑因素塞进意义这个概念里，也不会被迫依赖意义作为评估人生价值的唯一标准（或者除了享乐幸福之外的唯一标准）。

## 梅茨的理论对乌托邦意义的影响

现在让我们看看梅茨的理论对深度乌托邦中意义前景的暗示。

给那些刚接触这一话题的人一些提示：我们设想的是一个可能的未来状况，即人类已达到技术成熟；因此，我们基本上可以无限地重塑自己的心智和身体，人类劳动在功能性任务上变得多余，因为机器可以比人类更好地完成每一项功能性任务。我们可能会想知道，在这样的情境中，各种人类价值观会如何表现；特别是，我们可能会好奇在这一后工具化的发展阶段，有什么能够赋予我们生活的意义。

\* \* \*

首先让我们考虑第三基本理论（$FT_3$）中提到的"以积极的方式面向人类存在的基本条件"这一部分。在上面的假设情景中，我们可以看到，乌托邦人可以拥有增强的理性能力。事实上，他们可以拥有一系列超乎人类优秀的认知和情感的能力，乌托邦人可以比我们目前所能做到的更深入、更彻底地定位和参与事物，这似乎提高了乌托邦生活在原则上可能达到的意义上限。我们愚钝且浅薄，而且实际上几乎没有意识；他们则是活泼且清醒的，而且可以更强烈、更细腻地感受一切，也能更清晰、更深刻地思考。这些都是好的。

但这些能力必须积极地面向梅茨理论里所谈的"人类存在的基本条件"，才能赋予生活意义。那么乌托邦人将有哪些机会与什么样的"善"、"真"和"美"互动呢？

在这里，答案稍微不是那么明显。如果我们从"善"开始，那些参加了昨天讲座的人会记得我们讨论了一些与此主题相关的"目的"。我今天无法全部复述这些内容，但我们可以注意到，在乌托邦中，将不会再有像纳尔逊·曼德拉那样的贡献可能，因为根据假设，乌托邦里已经不存在他所帮助克服的那种严重的不公正。乌托邦中会有其他行善的方式，尽管其中的许多方式将不对我们开放，只有那些为特定功能而特别设计的高度优化的人工智能才有可能做到，我们可能仍有一些机会做出贡献，特别是通过执行我昨天提到的一些主体相关的任务。通过这样做，尽管可能不会达到曼德拉斗争的重要性水平，但我们也还是可以积极地面向善。

还有另一种方式可以积极地面向善，而且对乌托邦人来说，这种方式是完全开放的。除了通过导致善来面向善，我们或许还可以通过成为善的存在来满足积极的要求，也就是说，通过怀有善意，或者通过积极地思考、感知、欣赏或爱慕善？[2] 在这些方面，乌托邦人完全有理由做到积极地面向善。

此外，他们能够在更大程度上做到这一点。他们可以让自己更加具备爱和充满爱的理解能力。他们还可以通过在自己内部和周围做出更多容易被欣赏和感知的善良表现，从而更积极地面向善，而不是像我们这些相对可怜的人这样。我们所居住的世界在很多方面（或者至少看起来是这样)相当不讨人喜欢,被许多道德上的畸形和其他怪诞的特征扭曲。我们如果能在周围看到更多优秀的例子和榜样,也许会更容易感知、欣赏和爱慕善。

不幸的是,梅茨并不认为这种非因果效力的"态度上的面向善"是足够的。他写道:

> 考虑一下"帮助"的意义。仅仅希望他人得到帮助或看到他们得到帮助时感到高兴,这是不够的;当然,你还必须有一些对别人有帮助的行动。[3]

因此,在梅茨的观点中,如果我们希望通过面向善来获得生命的意义,我们就需要通过解决某些问题来实际参与并实现善。在没有问题或我们无法帮助解决问题的情况下,我们将不得不找到其他方式来为我们的生活赋予意义。

然而,在这一点上,还有另一个不同的观点认为,实际上可以通过面向善而不必因果性地产生善来获得意义。让我们回想一下昨天讨论的荣福直观的概念:天堂中那些天使般的灵魂和享受圣福的灵魂通过"面对面"地看到上帝而获得对神圣本质的直接认识。这种直接认识上帝的状态也被认为是一种爱上帝的状态,因为他们将神圣本质视为最高的善。显然,荣福直观的部分可取之处在于它涉及面向善。如果我们认为享受至福的灵魂拥有的是有意义的生活,那么似乎是因为他们以爱的方式积极地面向善(以完美存在的形式),而不是因为他们通过有用的活动因果性地获得独立的善果。[4]

如果采纳第二种观点,即认为一个人可以通过成为善或欣赏和爱慕善来获得意义,那么对乌托邦人来说,拥有充满意义的生活就会容易得多。他们可以通过(在必要时借助神经技术)改造自己来拥有美德,从而每天都能以感恩的态度享受他们带来的所有善,并热情地欣赏乌托邦同胞的所有善,深深地爱和崇拜神圣的善。这样,他们灵魂的天空就会常常充满喜悦的感恩，或许偶尔会有同情的云彩轻轻地洒下雨滴，以纪念那些生活在早期时代的人，并对那些尚未被乌托邦幸福拥抱的人表达同情。

* * *

梅茨理论中的另外两个赋予意义的基本方面，即"真"和"美"，该如何解读呢？关于基本真理的知识和对人类条件基本方面的美学欣赏？

这里的结论同样积极：如果以欣赏这些价值的各种实例来积极面向这些价值，那么乌托邦的生活将很容易获得巨大的意义，远超我们现在所能获得的意义。认知能力得到增强的乌托邦人能够接触目前难以想象的先进科学和哲学，他们显然能比我们现在更深入地了解和理解更多的基本真理。同样，他们还可以具备更精细的美学欣赏能力，并拥有丰富的自然和文化之美，以满足自己的鉴赏精神。

乌托邦人与这些真理和美的邂逅不会像我们这样低效，当我们疲惫地翻阅艰深的教科书或拖着疲惫的双腿漫步在博物馆走廊时，我们可能只能从远处偷看一眼真理和美，而乌托邦人可能能够更近、更强烈地感受到那些真理和美的巨大魅力。

我该怎么形容呢？如果拥有基本真理知识或美学欣赏力是点燃和维持意义之火的关键，那么没有什么能阻止乌托邦人的生活绽放出炽烈的白光。

另外，如果意义仅来自对世界基本知识或其美丽艺术品的原创贡献，那么乌托邦里的情况可能不太有利于创造意义。我们在这里的分析与昨天关于目的的讨论类似，有两个问题：第一，乌托邦中很快就会充满知识和美。这将使显著增加知识或美变得更加困难，尤其是在百分比方面的增加或在绝对数量上的增加。对于某些永恒的科学尤其如此，例如，一些最基本的真理可能是物理基本定律和形而上学基本原理，一旦这些被发现，它们就已经被发现了；它们可能会被遗忘和抹去，但这显然在意义方面是负面的：反复重新发现故意遗忘的真理似乎并不特别有意义。我们或许也可以降低我们的野心，满足于发现越来越不基本的细节和特殊情况；但那种凑数的做法只会增加越来越少的意义。如果这种情况持续足够长的时间，我们的发现将类似于在某个特定海滩上找出确切的卵石数量或发现某片草地上的草叶数量。

在有些情况下，通过不断变换表达世界的科学化或艺术化模式（如短暂的文化现象）也可以赋予意义，那么乌托邦中永远不会缺少材料的状况可能会在意义方面创造更好的前景。然而，这仍然会留给我们第二个问题，那就是其他类型的思维和机制将在效率上远远超过我们，它们能够更有效地发现这些真理和模式，并且更擅长通过写作、绘画、作曲、设计、编程和其他表达方式来表现新的概念。

当然，如果我们禁止使用人工智能去实现这些目的，我们就仍然可以保留发现和创作的原创性特权。这样的话，我们就像在围猎场狩猎的乡绅。为了进一步提高自己的胜算，他雇用了打猎的人直接将猎物赶到他的必经之路上，这样，即使是最笨拙的猎人也能捧回大丰收的奖杯。在未来科学的场景下，人工智能助手可能会设置理想的发现条件、提出正确的问题、搜集正确的证据，并以暗示性的模式将它们铺展开来，同时小心避免得出明显的结论。然后，我们就像那打猎的乡绅一样参与进来：审阅资料二三十秒，举枪瞄准，砰的一声，猜测。猜错了。人工智能助手又提供了一些额外的线索；我们现在肯定不会错。砰！又错了。更多线索和提示。砰！砰！砰！砰！终于猜对了，谜团解开了。人工智能助手写了一份发现报告，"乡绅"被列为唯一的作者，发现的荣誉都归于他。

但实际上，在这种情况下，我们对意义的主权宣称应该是相当薄弱的。

\* \* \*

让我们来审视第三基本理论（$FT_3$）的其余部分，即"较糟糕的部分到最后变成更好的部分,从而把生活故事叙述得引人入胜且理想化"的叙述结构,让我们来看看乌托邦人在这个方面能达到什么标准。

在昨天的讲座中,我们探讨有趣性时提到过原创性的问题。简言之,我们在乌托邦中最多也只能得到局部的独特性,这在我们目前的状况下也是如此,我们似乎对此并不怎么担忧。

对于此话题,我还有一些进一步的评论。随着我们向乌托邦发展,我们的文明可能会变得更加拥挤,这可能会导致我们的局部独特性领域缩小。

\* \* \*

你可能会认为情况恰恰相反,因为在技术成熟时,可实现的生活空间会得到极大的扩展。目前,所有人类都挤在心智空间的一个小角落里;但在技术成熟时,我们可以扩展到更大的空间。乌托邦居民可以以各种方式修改他们的心智和身体,许多人可能会选择探索后人类存在模式的广阔领域。在其他条件相同的情况下,这将减少拥挤程度。如果人们采用更多样化的形式,那么他们每一个人都会变得更加独特。

但是,与此相反,还有一些因素会增加拥挤程度。

\* \* \*

其中一个因素是人口增长。先进的技术将使扩展成为可能,无论是外延上的(开拓新领域,包括外太空的定居),还是内涵上的(更高的人口密度)。如果我们考虑到一个极端的可能性,即我们不是生活在模拟中,那么这种情况就会更加清晰。未来将会有数十亿个可达的星系,每个星系都有数十亿颗恒星,每颗恒星可以维持的生命数量是当代地球的数十亿倍(例如,通过建造一个戴森球来为数字实现提供动力),而这些恒星栖息地每一个都可以持续数十亿年。

在如此庞大的人口数量中，样式重叠的概率会增加。也就是说，如果我们随机选择一个人，询问他与最相似的另一个人有多相似，那么人口数量越大，最相似的另一个人就会与之越相似。

因此，如果我们想在未来的星际集会中、在整个地球的后裔谱系中显得独特，那么在如此天文数字般的人口增长之后，我们可能会发现这一愿望更加难以满足。当然，如果我们只关心在我们经常互动的100多人中显得独特，而不介意在麦哲伦云中有一些我们的分身正在做着非常相似的事情，那么世界人口规模的大小，甚至人类散居规模的大小，与我们此处的独特性并不直接相关。然而，人口的增加还是会限制我们可能合理追求的局部独特性的类型数量。

请注意，即使我们假设所有额外资源都用于实现有感知的生物，人口爆炸也并非技术成熟和宇宙扩展的必然结果。我们可以不增加数量，而是扩大规模。例如，如果我们每个人的体积都膨胀到一个星系的质量，那么整个宇宙只够容纳100亿或200亿个人。[5] 而且事实上，我们的人口已经在朝着这个方向发展了，若是在这里我不提一下《超越绿色》这本书的优点，那就显得有点儿玩忽职守了。这本书有可能改变这一曲线，同时对改善肤色也有很大好处。①

宇宙资源也可以分配用于其他目的，比如创造与我们或我们希望成为的类型非常不同的生物，或者可能用于创造无感知的结构，这些结构要么具有工具性价值，要么本身有价值。这些用途不会产生挤入我们样式空间中的生物，因此不会减少我们的现有独特性（不论其程度如何），可能不会对我们潜在意义的独特性要素构成威胁（如梅茨所构想的那样）。

\* \* \*

除了人口增长之外，还有一个因素会使未来在相关意义上变得更

---

① 结合本章开篇院长的讲话，我们可以得知，此处为反讽。——译者注

加拥挤,即技术成熟将会带来更强的对生命类型和个性特征的优化。

在现代世界里,人类生活的一个分歧来源是我们每个人都有不同的方式破裂和缺损。

或者如果你允许我改变比喻,那么人类是一支经受暴风雨和闪电打击的难以控制的舰队:每艘船的航向都受到其独特的倾斜度、舵和偏斜的影响;其构造缺陷和无法完美修复的损伤,以及彻底喝醉的菜鸟船员们的任性无常。因此,我们被无法控制的力量和随机的冲动折腾,在不同的点上被吹得偏离航道,我们的舰队被打散,可谓七零八落。

与此相反,在技术成熟时,人类就像现代船只一样,配备了强大的柴油发动机、GPS(全球定位系统)和经过专业认证和测试的舰桥船员,我们几乎总是能够沿着直线航行到达预定目的地。我们的生活会更接近我们想要的样子,会更接近我们的理想。例如,如果没有人想经历焦虑症发作,那我们就都会变得更相似,不会患上焦虑症。同样,如果没有人想单眼失明,或者鼻子上长青春痘,或者理解笑话很慢,或者被一罐酸菜砸到脚,那么诸如此类的生活中的差异源也会消失或大大减少。

在一个人们将自己和命运塑造成理想状态的情境中,问题就变成了:人们的理想具有多样性吗?与当代舞台上的人物相比,他们的多样性是更多还是更少?如果多样性更少,那么更好的优化工具有可能会减少我们每个人能够声称的独特性的范围。

在极端情况下,我们会变得完全一样。我不知道这种情况有多大可能性,但这至少是可以想象的,假如存在一种人类的最佳生活;而我们又能充分提升我们的认知能力,并用这些能力非常仔细地反思这个问题,那么我们都会为自己选择这种最佳的生活方式。例如,也许我们会认识到快乐是唯一的善,那也许我们都会改变自己的心智以体验最大强度的快乐。最佳玩家之间可能都非常相似,拥有相似的生活,也许是那种"没有四肢和眼睛的泡泡"。(如果它们有不同的颜色，像有感知的巧克力豆，那会很可爱；也有可能快感会以一大长串果冻的形式出现，充满了喜悦？）

但即便我们无法完全汇聚到生活空间的一个点上，优化工具的改进也会导致多样性的显著减少。

\* \* \*

当然，如果意义足够重要，并且需要（或极大地增强）整个文明的独特性，我们就可以选择在某些个人最佳性上做出妥协，以换取与众不同。

在这种情况下，先到者具有重要优势：他们可以尽可能地达到最佳状态，同时仍然与他人保持截然不同。后来者则不得不在最佳状态的边缘地带安顿下来，除非他们要去侵犯那些已经占据最佳位置的人（而且假设这种侵犯是合法的）。这些后来居上者，带着极不具有原创性的个性，重走已被前者反复走过的生活路径，或许还要面对来自外界对他抄袭或模仿的指责，当然，到底会发生怎样的状况，还要取决于他们是通过复制先驱的方式，还是独立得出相同的设计以替代先驱的位置。

如果这种情况能被预见，这就可能会引发一场争先恐后的竞赛。这种担忧虽然看似牵强，但当我们在考虑更广泛形式的竞赛动态时，至少不应完全忽视。对乌托邦最佳状态的竞争冲刺可能会浪费大量的价值：不仅因为竞争者在争夺位置时会互相踩踏，还因为急于追求完美也意味着会错过那些点缀在通往乌托邦的最佳路径上的许多美景。

\* \* \*

回顾一下，梅茨认为一个人的生活越具有良好的叙述形态，就越有意义；他说，生活具有这种形态，"只要它避免部分重复，其较糟糕的部分就能通过个人成长或其他模式到最后变成更好的部分，从而形成一个引人入胜且具有独特性的生活故事"[6]。

未来之地　　396

我认为我们已经充分讨论了原创性和重复性的问题。如果有很多其他类型的生活，原创性就具有挑战性；如果你的生活持续很长时间，重复性就具有挑战性。让我们现在来看其他要素。

其他要素也会带来挑战。较糟糕的部分到最后变成更好的部分——这一理想似乎要求一个人能够在生活中取得实质性的改善，这在以下两个方面会遇到困难。

1. 一旦生活已经非常完美，可能就没有太多改进的空间了。因此，虽然每个乌托邦人的生活的某个初始阶段可以带来后来的改善，但这个阶段可能是他们整个生活中很小的一部分。生活越长，其平均质量改善不多的部分所占比例就越大：要么生活已经最大限度地接近好，要么整个生活的改善速度极其缓慢。

2. 即使在乌托邦的生活以实质性速度改善期间，这种所需的改善也可能由机器完成更有效。

\* \* \*

我认为可行的是，乌托邦人的选择、经验和自然心理发展可能继续对他们的生活质量产生积极影响，尽管这些影响的程度可能相对有限。

我的意思是，即使在一个可塑世界中，某些结果可能仍然会影响执行任务的人的圆满状态。例如，有人可能认为，遵循某些原则和传统可以增加这些遵循者的客观幸福。或者，类似地，创造某种卓越的美学表达也可以促进艺术家的幸福，但这种表达本质上需要由我们人类亲自完成，而不是由功能更优越的人工智能完成。（这让人想起昨天的讲座。）

我们还可能有机会获得一种目的（实现它是无法走捷径的），从而为自己的幸福做出贡献（从而出现"后来更好的部分"）。例如，我们可能希望在禁止使用兴奋剂的体育比赛中诚实地取得好成绩，这迫使我们依靠自己的努力来实现目标。生活中早期的较糟糕的部分（艰苦的训练）可以变成后来的更好的部分（体育比赛上的胜利）。再举一个例子，有人可能选择加入一个禁止机器人厨师的社区，从而有一个工具性的理由花一下午时间来做切洋葱等烹饪工作，进而带来和大家共进一顿美餐的益处。

* * *

这些例子虽然简单，但旨在展示基本原理的运作方式。然而，我担心它们可能具有误导性。

乌托邦文化可能极其复杂，我们所能识别的基本目的线索可能会被编织成非常复杂的社会结构和文化织锦。我们与其说这是简单的原目的，可以被一个人任意赠予另一个人，或者从一些零散的冲动中遵循什么或美学化地表达什么，不如说乌托邦人可能生活在一个规范性嵌入与社会文化条件的丰富交织中。所以，在任何时刻，他们都可以体验到更像是多模式展开的选择性整体，在不同的高维方向都具有价值，他们可以移动、感受、思考和体验，每个维度的方向都涉及独特的权衡，并能以不同的形式展现美与个人的良善。

遗憾的是，我无法在这一点上更具体地讲解。虽然那样很可能有助于防止误解，但可惜，我能想到的景象也是模糊的。

也许我可以通过类比来说明这个问题的一个方面……

假设我们选择历史的某个片段，比方说一个几千年前的、存续了百年的小王国。我们假设那是一个相对平静的世纪，没有发生大规模的战争、革命、瘟疫或饥荒。现在，如果我们问这个王国在这段时间内的"叙事"是什么，我们可能会感到有些尴尬。回答也许是这样的："好吧，它开始于Regipedunculus一世的统治。然后权力传给了他的儿子Regipedunculus二世，但他去世时并没有孩子继承王位，于是权杖传给了他的兄弟，他的兄弟成了Regipedunculus三世，在

Halluxopolis建了一座新宫殿。①剧终。"

这不是一个很精彩的故事。它可能会给人一种在这段时间里没什么大事发生的印象，这当然是非常错误的。在这段时间里，有成千上万的人过着忙碌的生活，每个人每天的生活中都充满了感知、希望、担忧、思考、计划、痛苦、欢乐：满载着值得关注和有重大意义的编年史，同时交叉引用着同一地区其他人的类似编年史。这里的叙事问题表现为两个方面：（a）我们缺乏关于这一遥远时期的详细信息；（b）即使我们有这些信息（如果我们是指关键的历史里程碑和塑造其命运的结构性因素），这些信息的一大部分也会在这个王国的"故事"叙事中被抽象地省略掉。

我们在描述乌托邦人的生活时会面临类似的双重问题。我们没有任何详细的信息，即使有，他们生活体验的具体性和特殊性内容，在对其存在的结构参数的哲学描述中也是无法传达的。我们在乌托邦中还面临着第三个问题，即乌托邦人可能得到了极大的增强，他们能够进行的思考和体验是我们目前的大脑所无法容纳的，因此，我们（现在的我们）与他们之间的想象鸿沟可能远远大于我们与先辈之间的差距。

因此，我们应当谨慎地对待这样一种推论：仅仅因为我们在试图生动想象乌托邦生活的叙事丰富性时遇到了困难，就断定这些生活必然在这方面存在匮乏。

\* \* \*

乌托邦居民除了能够提升未来生活的质量之外，可能还有能力影响实现某一质量水平的具体方式。如果有多种方式可以实现繁荣，那么他们的选择和行动，更广泛地说，他们的"生活叙事"，会决定哪些选择真正值得付诸行动，并产生我们认为有意义的结果。这就好比

---

① Regipedunculus 和 Halluxopolis 都是虚构的名称，通常在文学或哲学讨论中用于举例说明某个概念或情境。——译者注

在一片花海中决定哪种花最值得栽培，蓝色的花可能和黄色的花一样好，但它们并不相同。也许这种来自在同等好的选择之间做出的决定的意义，足以让第三基本理论（$FT_3$）继续保持其意义？

* * *

诚然，创造类似"稍微不那么好，接着稍微暂时好一些"或"某种特定的好而不是另一种同样有价值的好"的机会，其赋予意义的潜力远不及曼德拉"在监狱中度过 27 年，接着终结种族隔离并成为现代南非国父"的故事。（更不用说他在 90 岁时实现的新成就了，即在退休后几年，他被美国国务院从恐怖分子观察名单上移除。）

因此，最大化意义的环境（根据梅茨的理论）和其他方面好的环境之间可能存在真正的权衡。现存的许多最引人入胜的故事都是关于苦难和悲剧的，这些故事所描绘的事件在乌托邦中将不再发生。

我倾向于对悲剧爱好者说：很不幸，你喜欢的内容消失了。或者更确切地说，请随意从幻想或历史中获取你的满足，但请不要坚持在无休止的灾难和永远的坏消息中提炼你的恐怖娱乐！

的确，许多好书和好电影都是受战争和暴行的启发而诞生的。如果这些战争和暴行没有发生，我们也不会看到这些书和电影。

同样的道理也适用于个人层面。鉴于人们会面对丧子之痛、阿尔茨海默病、极度贫困、癌症、抑郁症、严重虐待，我认为人们值得放弃许多好故事来摆脱这些伤害。如果摆脱这些伤害会让我们的生活变得不那么有意义，那也无妨。

记住，我们的任务不是创造一个适合讲故事的未来，而是一个适合生活的未来。

无论如何，乌托邦中并不会缺少相当好的故事，因为并不是每一个引人入胜的故事都是悲剧，而且乌托邦居民可能会发明我们无法理解的新的叙事方式或意义创造。谁知道他们可能会发明什么样的"诗歌"、"幽默"和"音乐"呢？

* * *

从有关生命意义的浩瀚文献中，我选择讨论梅茨的书的一个原因是，他试图将几个不同的主题和思想整合成一个理论。如果省略梅茨理论中的某些元素，我们就需要检索许多其他人的理论了。因此，我们仅通过详细讨论梅茨的理论，就能隐含地覆盖许多其他理论。

另一个原因是，梅茨对生命意义进行辩护的形式是一种"客观自然主义"，从表面上看，这种立场对乌托邦居民提出了更大的挑战。例如，一种主观主义的观点认为，只要一个人得到了他最想要的东西，或者一个人热爱自己正在做的事情，或者一个人认为自己所做的事情很重要，他就拥有了有意义的生活。如果从这个观点出发，在乌托邦中满足这种主观主义的意义标准是很容易的，因为乌托邦居民的精神状态，即他们的欲望、爱和信念，在技术成熟时是完全可塑的。如果问题仅仅在于乌托邦居民可能对他们所做的事情没有激情，或者他们可能不认为这件事很重要，那么他们似乎可以通过技术重新调整感受和想法，以此轻松解决这个问题。

实际上，我认为即使在主观主义的观点上，乌托邦的意义问题也不是那么容易解决的。虽然在技术上，确保乌托邦居民根据这种理论获得高分是可行的，但可能会有其他限制因素，阻碍使用技术以必要的方式去重塑居民的心理。例如，尽管意义取决于相信自己所做的事情是重要的，乌托邦居民也有技术能力让自己相信他们所做的事情是重要的，但如果他们所做的事情实际上并不重要，并且与拥有错误信念有关，或者具有负面价值，那么他们仍然可能面临意义问题。他们将面临一个两难选择：要么接受无意义的负面价值，要么接受妄想的负面价值。

因此，从主观主义的观点上看，意义可能仍然是一个问题，我们必须更深入地探讨这一问题以期得出明确的结论。不过，我认为，乌托邦居民在主观主义的观点上可能会面对的意义问题，比在客观主义的观点上的要小；这也是我们研究梅茨理论的另一个原因：应对更加困难的情况。

\* \* \*

到这里，我演讲的第一部分结束了。在这一部分中，我们涵盖了一些文献并探索了一种尝试将所有的审慎价值（除了享乐幸福）融入一个单一概念的方法。接下来我们将转变方向，开始发展一个新的意义解释。

我们将采取的方法是允许审慎价值多元化。除了快乐和意义之外，还可以有多种因素有助于使生活变得美好。这使我们能够发展出一种既简单又能更好地容纳意义这一思想精神的解释。

在探讨初期，我们将会做一些离散的观察，以聚焦意义这一概念的各个方面。我们不会单独给予这些观察过多的权重，但它们将有助于为随后引入的公式做铺垫。

## 躺平

细想一下那些深切关注生命意义的人的心理，他们不断沉思，甚至因此夜不能寐。

我认为，可能这种人缺失并渴望的，或者他们有意识或无意识地一直寻找的，是一种人生使命：一个可以全身心投入、为之奋斗的宏大目标、角色或理想，并围绕这些组织自己的生活。

但这个使命不能是随意的。寻求意义的人不能只是随机制定一个目标然后宣称"问题解决了"。他们需要一个能够完全立得住脚的目标。

在理想情况下，他们会找到一个能将他们心理的各种需求融合在一起、全心全意赞同的抱负。当他们思考自己的意义时，一股确信的欢欣会从他们内心深处升起，唤醒一种内在的信念，消除所有的疑虑，就像早晨拉开窗帘一样。他们微笑着看见自己的抱负，并对自己说："是的！这是值得的。这是我想要的。这是我的道路。我不知道会遇到什么障碍，但我的意义在于克服它们。如果我偏离了道路，我会努力回到正轨。无论如何，我会继续前行。因为我被不可抗拒的力量牵引着。"

他们可能会发现，当处于停滞状态中时，会备受一些小烦恼、复杂的智力贬低、对自己意图的忐忑猜测等的困扰，而当他们的行动与他们的目的相一致时，稳健的行动和合理的努力就像怡人的风一样拂过他们的生活，所有这些困扰都很快被抛在脑后。

如果这就是被强烈的意义感激励的感觉，那么意义的缺失所带来的停滞不前、困惑空虚也就不足为奇了。

意义危机可能表明一个人正在错误地引导自己的生活，需要改变。如果这种状况得不到解决，生活就会变得令人沮丧。抑郁情绪会说："无论你现在在做什么，那都不值得去做，不要再把你的希望和精力投入进去，也不要开始任何其他同样无意义的活动。你也不要自我表现或试图号召他人加入你的行列，因为你所做的事情没有任何价值。"

那些在其他方面生活得相当好的人更有可能遭受意义危机的困扰，比如那些拥有（人力或物质）资源的人，这些资源如果不用于某种有价值的用途就会被浪费。如果这种说法正确，那些在日常生活中挣扎生存的人就不是最有可能遭受意义缺乏之苦的人，因为从某种意义上说，他们忙于生存；相比之下，那些生活中有一些闲暇的人有更多的东西可以失去和浪费。

那些"拥有一切"的人在意义缺失方面可能处于劣势（尽管他们在其他方面的状况令人羡慕）。首先，有一些可能的目标对这些人来说没有意义，因为一个人不会追求自己已经拥有的东西。含着金汤匙出生、拥有丰厚信托基金的继承人无法在追求经济独立的目标中找到意义。其次，幸运且有天赋的人拥有大量资源和潜力，如果不用于有价值的用途，这些资源和潜力就会被浪费。

事实上，从历史上看，我们确实看到，对意义的存在性关注在19世纪时曾作为一种显著的文化现象浮现，这或许并非巧合，因为那个时期是人类历史上第一次平均收入大幅高于生存水平且广泛而持久地提高的时期。

## 角色

人们并不一定非得追求某个会带来特定结果的目标，才能获得意义。人们同样可以通过投入一个角色中来获得意义。许多人在成为好父母、好作家、好老师的过程中找到了意义。

如果我们坚持有个目标，我们也可以把这些雄心壮志描述为以目标为导向。例如，我们可能有一个关于理想父母的概念，然后我们可以说，某人致力于尽可能接近这个理想概念。然而，在承诺扮演一个角色、承诺实现某个特定结果或最终状态之间，通常存在差异。以角色为基础的目的，对好的表现的判断更倾向于关系性和情境性，其判断标准会随着环境的变化或与其他利益相关者的不断协商而演变，扮演好一个角色意味着适当地感知和回应一系列无限的挑战和需求。基于结果的目的，要么成功，要么失败；而基于角色的目的，可能永远无法达到最终的成功，但在另一方面，一个人可以持续不断地朝着完美的结果去努力前行，并且没有什么特定的限制会阻止他一直这样做下去。

我认为，要获得意义，不论是通过目标、角色，还是通过理想，都需要满足两个条件：（a）一个人全心全意地相信并感觉到这是值得全身心投入的事情；（b）将自己投入其中，这种投入得足够充实，至少能占据一个人的大部分时间、才能、精力和忍耐力。

例如，全职在家的父母可能有一个目标同时满足上述两点要求。然而，一旦孩子们离巢，不再满足第二个条件，这就可能会引发意义危机。

顺便提一下，我认为角色的概念对我们思考乌托邦很重要，它与目的、对尊重的渴望以及意义相关。我猜测我们有一种深深的渴望，希望找到自己在世界中的"位置"，在我们的社区中找到一个需要我们并重视我们的才能和自然倾向的角色。找到自己的位置对我们来说是有好处的，因为如果你拥有的某种能力被你所在的群体重视，并且你擅长利用它，你的社会地位就会更稳固。我们可能已经内化了通过做出贡献而获得好处的工具性效用；因此我们现在直接地渴望拥有一个善用我们才能的角色，不仅仅是为了赢得社会认可这样一个工具性原因，也是为了它本身。

在理想情况下，我们的角色应该是不可替代的。如果你是部落中唯一一个会生火或处理伤口的人，或者你在这些方面特别擅长，那么这些会让你成为部落中特别有价值的盟友。[7] 因此，我们可能天生就会为在角色中表现出色而感到自豪和喜悦；也许我们有内在的动机去寻找一些有社会价值的角色，并具备独特的能力，然后磨炼我们的技能，培养相关的习惯和属性。

在个人关系中，我们也渴望拥有不可替代性，人们在个人生活中会比在职业生活中更容易实现这一点。无论你的能力如何，无论你是生病还是健康，年轻还是年老，如果你是某人的母亲或父亲，或者某人的孩子，那么从某种非常真实的意义上来说，你是不可替代的。同样，如果你是某人的真爱，那么你至少对一个人来说是不可替代的。这回答了一个人类的深层次需求。

这也是为什么像奥尔德斯·赫胥黎的《美丽新世界》一书中所描述的情景尽管具有许多吸引人的特征，但仍然是反乌托邦的。《美丽新世界》中没有深厚的家庭关系，没有真正的爱情，也没有不可替代性。书中的人是机械生产的商品，每个人几乎都可以与其他人互换，至少在他们自己的阶层内。《美丽新世界》中的人之所以不会感到意义缺失，只是因为他们的社会组织提供了一连串的分散注意力的其他选项，以及作为后备的唆麻（小说中一种类似阿片类药物但无副作用的药物，被社会广泛认可并定期消费）。

# 定位

另一个真正寻求意义的人可能在寻找的是对大局的理解。

哪个大局？嗯，对意义的追寻可以在各种尺度上展开。

你可能在公园里偶然遇到一个场景：这里面的人行为古怪；你想知道，这是什么意思。啊哈，是电影专业的学生在现场拍摄，或者是人们在玩捉迷藏，或者是几个朋友在开某种彼此能明白的玩笑，这些都是你所见的不同场景，可能被赋予不同的意义。如果找到了这个场景的真正意义，我们就能更好地理解正在发生的事情，包括更好地预测事情将如何展开，以及如果我们以某种方式进行干预，这些将如何变化。

同样，你也可能会问一部小说的意义是什么。是否有一个解释能使原本令人困惑的情节显得更连贯？是否有一个潜在的主题将各部分联系在一起？如果将小说放在一个文学传统的背景中，我们是否可以更好地解释作者的选择？我们是否有可能从自己的一些经历中推断出对故事中角色的经历的直观理解？这些问题都是关于文本的意义问题。同样地，好的答案能提高我们的理解。

以类似的方式，一个人可能会问自己生命的意义是什么。是否有某种模式或主题可以帮助人们理解它？是否有一个解释性框架，能让我们更容易看到它的关键结构元素、中心主题、动机力量或其潜在的组织原则？

然而，并没有类似的模式或框架能确保生活的意义。诚然，我们可以在各种描述的层次上理解我们生活的各个方面：物理、生物、心理、历史等。我们也可以发现许多模式，改进对动机的理解，包括那些驱动自己和他人行为的隐藏动机。然而，如果这些学习的结果只是发现一些经验规律,并形成一个由有用的概念和观察组成的认知集,那么将其称为发现生命的意义似乎并不合适。

我们似乎是在假设,如果生命有意义的话,那这个意义一定是相当简单而统一的:一个足够简单的见解,可以被包含在一个单一的思想中,并在每一个有意识的时刻都能被觉察到。这个意义必须足够简单,以至于实现它是可能的;但也必须具有足够丰富的解释能力,能够将我们生活的许多不同方面聚在一起,使我们看到我们的总体优先事项应该是什么,以及我们应该如何在世界中找到自己的定位。

所以,能否从这个角度实现我们生活的意义,是一个经验问题。这当然不是不可能的,正如一些小说有可发现的意义,我们的生活也可能有。例如,如果它们是被编写的。

**组织者**(递上一瓶水):没有凉水,但这是我们能找到的。

**博斯特罗姆**:哦,没关系。谢谢。(喝了一口水)

**菲拉菲克斯**:你觉得他是在暗指神学状况,还是他自己的模拟论证?

**凯尔文**:可能两者都有。

**菲拉菲克斯**:那早些时候的——(被打断)

**博斯特罗姆**:发生了什么事?!

**观众**:(困惑的表情)

**博斯特罗姆**:这里的故事是什么?这个广阔而神秘的地方!

我睁开眼睛,发现自己成了这个特定的个体,身处这个地方、这个时间。在所有我可能成为的其他个体、可能存在的地方和时间中,这就是我现在的存在!

在这个剧院里,就在这颗中等大小的岩质行星(指地球)上,它正在完成其围绕本地G型主序星的大约第45亿次绕行,而这颗主序星自身也可能正在完成它围绕银河系的大约第20次的轨道运行,银河系则正以 550 千米/秒的速度与数十亿个类似的星系一起，相对于宇宙的微波背景快速移动，而此时此刻，我就在这里，透过我的双眼看过去，我看到一整个剧院，满是类似的眼睛看着我……

这真是非常奇妙！

发生了什么事？嗯？

这就像是一个人发现自己坐在一张桌子旁，手里拿着一副牌，但是，正在进行的游戏是什么？规则是什么？我为什么在玩？

我从牌桌上抬起头，环顾四周。其他人似乎一点儿也不困惑。这种奇怪而令人费解的情况显然对他们来说是最自然的事情，甚至不值得片刻的困惑。

不，他们眉头紧锁，继续打牌。小筹码不断易主。每隔一段时间，就会有人离开桌子；而另一个人则坐下来取代其位置。

（博斯特罗姆喝了更多的水，但水进了气管，他开始咳嗽。）

**博斯特罗姆**：我们被带回到了（另一阵咳嗽）——地球。

**组织者**：你还好吗？

**博斯特罗姆**（竖起大拇指）：生命是一座喷泉。

嗯，所以我认为，在寻找意义的过程中可能发生的一件事是，人们在寻找构建这些类型意义的问题的答案。人们想评估一般情况，以及自己如何融入其中，搞清楚"故事是什么"。在玩什么游戏？游戏的规则和胜利条件是什么？无论如何，有什么是值得赢得的吗？

在许多情况下，寻找意义是由一个问题事件触发的，比如失去亲人或与亲人分离，或者进入新的生活阶段，或者意识到自己当前的生活方式从根本上并不令人满意。但这也可能是由一种简单的好奇心引发的，或者更确切地说，是由一种敬畏、惊奇或存在困惑的状态引发的，这种状态一旦变得深刻，就像灵魂的地震，使我们质疑我们所站立的基础，并引发一种重新走向平衡的过程。在这种过程中，我们努力使自己与更大的现实之间实现一种新的精神平衡。

## 迷人之处

让我介绍一个新元素，我称之为"迷人之处"。它与意义的联系可能不如"躺平"、"角色"和"定位"那么紧密，但我认为它也值得我们关注。

我并没有关于迷人之处的确切定义，但我想在此捕捉的直觉是，当一种生活方式交织在充满丰富象征意义的文化织锦中时，当它充满神话、道德、传统、理想，甚至预兆、灵魂、魔法和神秘或深奥的知识时，意义可能会被增强；更广泛地说，当一种生活能够穿越充满主体、意图和精神现象的多层次现实时，生活也会更有意义。

为什么有人认为这样一个"迷人的世界"比缺乏类似深度和象征性共鸣的世界更有助于增强意义？

一种可能性是，通过与其他具有象征意义的事物的互动或关联，一个人的生活可以获得象征意义，这可以被视为一种意义。这类似于林肯签署《解放黑人奴隶宣言》时使用的笔，因为与历史文件的关联而获得象征意义，而该文件本身又因为在美国内战及其后的发展中扮演的重要角色而具有象征意义。由于这些关联，这支特定的笔现在不仅仅是一个过时的书写工具，而且是具有更深刻意义的东西。类似地，如果我们的个体生活是更大象征秩序的一部分，我们也可以因此获得比作为孤立的个体存在更多的意义。当我们参与一个更大的游戏时，即使作为卑微的棋子，我们的生活也可能因此在该游戏的框架内获得意义。

另一种解释为什么迷人之处具有支持意义的可能性是，因为一个迷人的世界更有可能对我们的态度、欲望、思想、感受和表达活动做出（积极或消极的）反应。这与第一种可能性也是一致的。在其他条件相同的情况下，相比于生活在一个缺乏这种语义或象征性中介功能的世界中，在一个迷人的世界中生活是一种更高带宽的体验。

为了说明这一点，我们可以考虑其对立面：假设有这样一个世界，在那里，你所做的事情，而不是你做事时的精气神，是影响结果的唯一因素。在这个简化的世界中，你的面部表情、语气、说话方式和肢体语言都无法传达信息，你选择的措辞或穿衣风格无法被他人感知。我们甚至可以考虑这种想法的更极端版本，并假设没有人关心你过去的经历，或者你的个人历史、梦想、宗教信仰、政治信仰及审美偏好；相反，你仅通过点击屏幕上的预定义选项来行动。你输入答案以完成标准化的工作任务（其中一些可能需要相当复杂的分析工作），你得到的回报是预先设定好的金钱奖励，然后你用这些钱购买一个全套服务包，这个包里包含生活的所有基本需求和确切数量的快乐药丸，这些东西能带给你积极享乐的体验。

在这个思想实验中，你通过一个低带宽的接口与世界互动，就像通过一根吸管与世界直接而单一地联系。我们可能有这样的直觉：这样做会减少意义。

需要注意的是，构成这个思想实验的核心要素并不是感官输入或运动输出的限制，而是这个世界完全没有迷人之处。这个世界假定的现实完全可以通过分析处理和情境处理来应对，无须考虑或根据任何更高的象征性构造来调整反应。相比之下，在我们实际居住的世界中，一个像海伦·凯勒这样的人可以拥有丰富意义的生活，尽管她在感官能力上有很大限制。（凯勒在婴儿时期失去了视力和听力，但后来成为一位著名作家，也是她那一代的主要人道主义者和社会改革家之一。）这是因为，为了茁壮成长，她需要调动个性的各个方面——情感、道德勇气等，她需要把与自己互动的其他人、自己阅读的文本等，都建模为同样复杂的象征性和精神性实体。因此，她生活的世界与我们在上面的思想实验中想象出来的机械生活者的世界极为不同。

我们可以指出，现代性的哪些方面在某种程度上类似于机械生活者的情况；我们可以推测，这些因素促使人们普遍认为现代人在意义方面面临着特殊挑战。比如，我们的市场经济系统提供了一个共同的交换单位，在这个单位中，各种各样的事物的价值可以用一个单一的尺度来衡量。机器和类机器的人工系统（如正式机构/大学）构成、塑造或调节我们生活的世界中越来越大的一部分。物质主义原则、科学方法和各种分析或定量推理正在掌握着越来越多的世界，这些方法和原则能够从不断增加的事实和数据储备中汲取力量并获得话语权，在任何情况下都越来越容易获得这些数据。有关公平的规范要求个人根据正式资格、工作绩效或遵守明确规则来获得相应的待遇，而不是根据个人关系、同情、义务、血统、外貌、口音或他们的精神纯度被区别对待。当然，这些规范并没有被完美地遵守，这种正式/分析模式在生活中的一些重要领域的渗透力非常有限。不过，所有这些当代存在的"启蒙"方面结合起来，显著地减少了我们所生活的世界的迷人之处。[8]

神秘感也在减少。海洋的深处已经被探测和测绘，不再有海怪的藏身之地。人们曾认为每条河流和每片森林都有精灵居住，但它们都被我们不断前进的科学和喧嚣的文明驱逐。连人类的灵魂也被告知要搬离！心理学和神经科学已经给人类发了好几次撤离通知单；现在，人工智能的执行官正拿着收回的令状在严肃地敲门。正如我所说，我们可以用金钱来衡量很多商品和服务的价值；最近，我们也开始用订阅者数、点赞数、观看数、"粉丝"数和朋友数等精确指数来衡量我们的社会地位，总体来说就是更多的数字，更少的神秘，更少的意义。

确实，我们的亲密人际关系大多仍由我们的直觉和情感功能来维系，而不是由基于科学的模型或分析推理来主导的。尽管机会很少，但人们仍然可以谈论"爱的奇迹"。所以，浪漫是我们可以在当代生活中从迷人之处寻找意义的一个地方。当然，我们的发明家和企业家也在努力将这片仅剩的自然保护区技术化，例如将求爱过程搬到有量化指标和标准化界面的约会网站上。我的那些脑科学和进化心理学领域的同事也在尽力揭开人类交配和配对的神秘面纱。但理论理解和实践能力之间仍然存在差距，天真烂漫和令人羞红脸颊的初恋可能比理性的理解更加吸引人（无论人们多么了解爱情的机制，或者在其他灵长类动物学或神经精神病学研究实验室的荧光灯下以及通过阅读案例报告能发现多少知识）。

无论如何，这个猜测是，一种迷人的生活方式往往显得更有意义，因为它（或看起来）与其他有意义的事物之间的联系更紧密，或者因为它更有可能鼓励一种广泛的参与模式，可以全范围地利用我们的心理和身体能力，而不仅仅依赖我们的分析推理能力和计算决策能力。

深厚的人际关系可能特别有利于意义，因为这样的关系会影响我们整个人与世界和他人的互动。与我们亲近的人在一定程度上不仅能感知我们做出的明确而有意识的选择，还能明白我们如何做出这些决定以及做出这些决定时伴随的态度和感受。一个真正了解我们的人，会更广泛地感知我们的道德品格，以及我们的精神如何在生活和事件中徐徐展开。因此，在这样的关系中茁壮成长需要的不仅仅是纯粹的理性思考。

我们可以想象一种非常有意义的孤独生活，但是它可能（或至少部分可能）是因为这种生活包含了与自己的深厚关系。隐士可能对自己的情绪、感觉、思想和意图高度敏感，因此在管理与自我的关系时，会动用广泛的情感、智力和身体能力。他可以通过高带宽的连接与其生活世界的相关部分互动，当然，这里主要是与他自己；这种互动不仅仅是通过计算理性，更是通过一个大孔径的薄膜来允许重要的象征和精神现象进入其中。

## 座右铭

再观察一个现象：我们可以把某人的生活意义视为一种使命宣言

或座右铭。因此，如果某人宣称X是他生活的意义，我们就可以合理地认为X是某种声明，表明他的生活方向、价值观以及最终追求的目标。当然，这并不能保证这个人的行为会符合他所宣称的理想。但如果他的声明是诚挚的，这应该能告诉我们他会如何看待自己与某种更大的价值结构的契合，以及他会优先采取哪些总体优先事项和行动去指导他的追求（至少当那些追求指向的是超越性的最终关切，而非日常生活的紧迫需求时）。

## 动力

有些事情是我们喜欢做的，而有些事情是我们喜欢把它们做完的。富有意义的活动往往属于后者。

在即使没有即时回报的时期，意义也能维持人们行动的动力。我认为，这里的现象学与那种简单地设定一个长期目标并需要短期牺牲和意志力来推动的状态不同，基于意义的动机似乎以更"有机"的方式产生，并且不需要依赖于意志力的消耗来保持前进的动力。

如果一个人感到自己的努力是有意义的，他可能就会在漫长而艰辛的征程上被源源不断的自发动力推动，就像一阵顺风吹满了船帆，解放了自我的辛苦划桨。

或者可能不完全像风在帆中。更确切地说，当一个人受到意义的启发时，许多不同的心理部分会合作并参与完成任务，就像一个紧密协作的团队。许多帮手，或者说融合的倾向，使工作变得轻松，或者至少让努力显得更加自然和易于承受。

其中的一个协作心理部分实际上可能是大脑的奖励回路：为了激励人们在主观上有意义的事业上不断努力，大脑会在我们从事这项工作时注入良好和愉快的情绪，并在每个艰苦的日子结束时分发一种满足感，那种一天工作得当、夜晚值得入眠的轻松感觉。请注意，这些特殊的奖励并非来自目标的达成，而是来自相信自己的努力与意义一致这一信念。

例如，以育儿活动为例，我们可能发现它通常伴随着一种疲惫感，在当时并不是特别愉快。然而，如果人们在照顾孩子方面并不是很擅长，那么真正让照顾者坚持一整天和一周的并不完全是意志力。相反，一个好的照顾者是由更深层次的心理能力和力量所维持的，这些力量使许多与照顾角色相关的任务变得有意义。这些任务可能是令人疲惫的，但它们并不多余，也不缺乏内在的正当性。其他伟大的使命，如成为真正的艺术家、作家或音乐家，一个伟大的政治家或道德改革者，一个精英运动员，一个善良的撒玛利亚人，一个虔诚的信徒，等等，也与此类似。

那些能成为伟大人物的人之所以获得成功，是因为他们找到了意义。他们的使命不仅仅是一个目标，还成了他们身份的一部分。他们把整个灵魂都投入这项事业，这使这些伟大的人能够比那些仅仅依靠计算理性和意志力追求工具性目标的人走得更远。

## 推测性的幕后故事

让我们现在将这些片段搜集起来，看看能否拼凑出一个模式。我想，浮现出来的可能是下面这样的图景。

对类似人类的生物来说，理解自己的社会环境和生活状况并与其保持一致是至关重要的。这些生物塑造自己的认知、情感和意志能力，以促进这种一致性。

意义的一个可能根源在于集体行动的重要性，个人必须能够辨别并适应群体集体努力和倾向的隐含意图。因此，我们进化成类似自动调频收音机的存在，不断扫描接收外界的波长信息以辨别和理解群体意图，然后判断每个人需要做什么才能履行自己的角色并保持良好的状态。

另一个可能的根源是，我们已经发展出支持意义的相关心理能力，以便不仅能遵循部落的意图，还能坚持自己的长期计划。

未来我们可能进化出相关的神经回路来服务于这两种功能。[9] 无论如何，结果是当我们缺乏包罗万象的目的时，我们可能会体验到这种缺乏，感觉到空虚或存在的无意义（我们可能对这种感觉的意识程度有所不同，取决于我们的注意力有多么不集中）。长期暴露在这种状态下会导致失范（社会准则或价值观的崩塌），即与自己的群体、角色、社会身份和生活路径脱节的令人衰弱的感觉。

相比之下，当我们确信自己已经找到了一个可以全心全意支持的包罗万象的目的并与之保持一致时，我们会体验到心理上的良好效果，如无聊和疏离感的减少，获得基于意义的动机，这种动机既不同于即时的冲动，也不同于依赖意志力驱动的目标追求。

基于意义的动机在一定程度上不受我们所处的即时环境的影响。这是因为它并不期望获得即时的奖励，也不来自波动的驱动力和欲望。相反，它源自锚定在一个更大外部优先级模式中的信念。

如果我们在谈论生活的意义，那么更大的合理的背景必须是生活之外的某种东西，或者至少是我们通常所理解的个体世俗生活之外的某种东西。这个更大的合理化背景可以是一个包含相关工具性理由的"超越"现实，或者是一个对我们有要求的规范结构，而这种要求独立于我们自己的主观偏好之外。无论如何，有意义的目的可能相当稳定且不受环境影响，它不太可能每天都在改变，或者在你从一个房间走到另一个房间时发生改变。

我们可以扩展意义的概念，以涵盖那些从更局部的背景中派生出来的目的，而这些目的可能构成生活的意义。也许我们还可以将这些稍微更局部化的目的称为生活中的意义。但基本思想仍然是，更有意义的目的是从相对更大和更稳定的关注或愿望模式中派生出来的。

看一下爱与欲望这两个概念。人们通常认为爱比欲望更有意义，这与我刚刚描述的观点一致。欲望通常更多地基于身体感受、局部可感知的特征和情境线索。相比之下，爱往往基于更整体的评估，包括一段更长的互动历史，这为更长久的承诺提供了更多信息。[10] 因此，如果爱反映了一个更长久和更能塑造生活的目的，一个基于更多自我超越变量而非欲望的目的，爱就更接近更有意义的那一端，而欲望则更接近不那么有意义的那一端。

另一个促使人们认为爱更有意义的可能因素是，基于爱的生活能够招募和调动更多我们内在心理构成和情感能力的联盟，使基于爱的目的在相关意义上更具包容性。爱所支持鼓励的责任范围，也可能比欲望所产生的责任范围更加广泛。

我们还可以想出一些比欲望更没有意义的渴望，比如，挠痒痒的冲动。痒比欲望更具体，它可能只持续几秒钟，并涉及一小片皮肤的刺激；它与我们的生活状况或更大背景的整体判断无关；挠痒痒的目标只受我们心智中很小一部分的影响。痒是对欲望的一种讽刺。因此，如果有人想贬低一种充满欲望的生活并强调其缺乏意义，他就可能会说：这一切只不过是一系列挠痒痒的小把戏而已。

## 超验目的涵盖下的意义

让我尝试更系统、更学术地表达这些观点。我建议将以下内容作为关于意义的定义。

### 超验目的涵盖下的意义

一个目的 $P$ 是某人 $S$ 的生命的意义，当且仅当：

1. $P$ 对 $S$ 而言是能全面涵盖意义的；
2. $S$ 有强烈的理由接受 $P$；
3. 这个理由来源于超越 $S$ 世俗存在的正当性背景。

此外，如果 $P$ 是几乎所有人的生命意义，我们就可以说 $P$ 是生命的意义。（如果P是几乎每个人类个体的生命意义，那么P就是人类生命的意义。）

不要担心这是否晦涩，现在我将解释这一定义中的关键术语和短语的含义。

## 目的

"目的"是指可以作为志向焦点的东西，是一个人可能会努力追求的东西。它不一定是狭义上某种特定结果或最终状态的"目标"。目标导向的目的当然是可能的，但意义也可能存在于角色导向的目的（包含以诚信和卓越去实现某个角色的志向）或理想导向的目的（涉及忠实于某种理想生活的志向）之中。在角色导向或理想导向的目的中，人们可能没有明确要达到的结果，而是会努力按照角色的要求或与理想相关的原则或模板行事。

与目标导向的目的类似，角色导向或理想导向的目的同样具有挑战性和适宜性，能够提供意义。然而，我确实怀疑，在角色导向或理想导向的目的中，如果再增加一个结果导向的目标，能否再进一步增强其意义。例如，一个人可能会通过在社区中扮演一个重要角色而找到意义。但假设社区面临一些重大挑战，产生了一个至关重要的结果导向的目标，比如击败危险的敌人或克服巨大的自然障碍，拥有这样的共同目标，再加上扮演的角色或追求的理想，这似乎会赋予这个目的更多的活力和动力，增强其提供范式意义的能力。

## 涵盖性

为了使生活具有全面的意义，赋予意义的目的不应仅仅是在一些偶发场合下要求某些特定的有限行动。相反，它应该对我们的各种能力提出持续的要求。在理想情况下，为了实现最大的意义，它应要求持续的"全身心"投入，不仅要求简单的体力行动或充满智慧地解决问题，还要求更深层次的情感、精神、社交和身体形式的参与。

显然，这些东西是有程度之分的。在其他条件相同的情况下，目的涵盖性越强，它越符合作为生活意义的概念标准。一个目的的涵盖程度部分取决于它能够消耗我们多少精力，部分取决于实现它所需的时间（如果实现它是可能的）。要成为生活意义的潜在目的，它应能够充实人的整个一生或至少占据一生中的相当一部分时间。有些追求显然太小，无法构成赋予意义的潜在目的，如想找到一个好的停车位（除非在伦敦），或者在平安夜扮演圣诞老人，或者保持良好的体态。

虽然更大的涵盖性能使一个目的（在其他条件相同的情况下）更充分地有意义，但这并不一定会使意义本身变得更加理想或有益。也许我们希望生活有意义，但不希望有太多的意义。能够有一些时间尽情玩乐是很好的，而这并不是对我们追求意义的愧疚妥协，而是因为我们有意义的目的在涵盖性的要求上是有限的。意义可能是审慎的理想，但它不是唯一的审慎的善。

### 强烈的接受理由

在其他条件相同的情况下，一个人想接受某个目的的理由越强烈，这个目的就越能成为其生命的意义。为了达到最大的意义，这个理由应当如此强烈，以至于明显超越任何与该目的无关的其他理由。

### 源自外部的正当性背景

我对这个术语的解释是，个人接受某个目的的主要理由不应该是获得任何世俗的生活方面的利益。相反，这个理由必须源于超验的考虑。[11] 换句话说，目的的可取性源于超越个人日常存在之外的背景。

一种满足此标准的方法是，一个人有理由去追求一些超出自身生活的结果，例如为他人带来益处或实现某些非个人价值。

与个人来世相关的结果也符合条件。这个想法是，意义是一种特殊的目的，它不是源于我们生活中碰巧需要或喜欢的某个特定事物，而是来自植根于更大价值或关注的模式，这种模式超越了我们自己普通的日常存在和其中的任何可取性。从字面意义上看，来世的回报虽然发生在个人生命内，但它们足够脱离个人的世俗存在（及其日常的关注），因此可以被视为外在的，从而为一些涵盖性的行动提供潜在的独立价值基础。

我们没有必要精确地界定"我们自己普通的日常存在"的边界。某种工具性理由涉及的结果越是超出我们日常生命的努力和忍耐力，就越能明确地满足这一标准（看一些例子会帮助我们对这一点有更多的理解）。

另一种可能满足外部正当性背景标准的方式是，这个目的是由客观的道德事实所决定的。我不想在这里对元伦理学提出任何主张，但我想在我的解释中保留这样一种可能性，即如果存在独立的道德现实，那么它可能会为赋予意义的目的提供合格的"外部基础"。关于究竟什么样的形而上学的前提能够使一个规范结构被认为是"真实的"且"独立的"，我们留给其他人去解决；但它需要能为我们的行动提供强烈的理由，其来源和正当性超越我们个人的世俗利益和倾向。

## 与一些观察示例一致

我们现在应该相对容易地看出，涵盖超验目的的意义的定义是如何反映我们之前所做的各种初步观察的。

因为赋予意义的目的是涵盖性的，它有能力吸收一个人生活中可能存在的大量躺平状态。

因为目的不一定是结果导向的，它允许人们在某个角色（或从某个理想的承诺）中找到意义。

因为具有意义涉及追求一个源自超验的且具有正当性背景的目的，它需要并提供了一些定位，涉及我们生活的宏观战略情况中最重要和相关的方面。

因为追求意义意味着会将一个人的生活引向某个明确的规范性结构（一个目标、角色或理想），而这个结构具有强烈且崇高的理由，因此一个人实际上接受的意义可以用一句座右铭来表达，这句座右铭可以阐明他在做什么，以及什么是他认为值得为之奉献的。

因为有意义的目的是源自我们世俗的自身自私关注之外的，它可以提供一个动机来源，这个动机来源是独立于我们通常短视和以自我为中心的视角的。因此，意义可以赋予人们某种程度的免疫力，使他们不受普通生活波折的影响。[12] 一个人若要执行繁重的任务，就可能会遇到不适、不便和挫折，但这些可能在感觉上并不是那么重要，因为这个人不是为了获得即时的回报而执行这项任务，而是为了一个更高的使命去做事的，其理由和成功标准超越了个人的世俗存在。意义因此就像守护天使的羽翼一样环绕着我们，赋予我们力量、安慰和内心的平静，那种平静来自一种信念：相信自己在"做自己应该做的事情"，且灵魂在正确的道路上。

或者如尼采所说："一个人如果知道自己为什么而活，就能忍受任何一种活法。"[13]

## 意义危机

如果一个人没有那个"为什么而活"呢？悲观的可能性是，普通人的生活无法承受其自身的重量，生活本身并没有足够的内在价值值得继续下去。它必须由某种外部的意义来支撑，某种使生活值得继续下去的外部事物。一种缺乏内在价值满足的生活可能仍然是值得继续下去的。例如，它有助于缓解许多其他人的痛苦；它确保一个长久而幸福的来世；它被某个非常重要的存在（"超级受益者"）欣赏和重视。[14]

\* \* \*

我们现在可以理解，许多传统宗教的世界观为何能够为其信徒提供意义。其至少有两种方式。

第一，提供这样一个未来前景，即人们可以通过在生活中正确地行事来获得巨大的未来回报。这种带有涵盖性目的的理由基于超验的正当性背景，因此可以作为某人生命意义的合格候选。

第二，提供一个清晰明确的文化矩阵，每个人在其中都有明确的角色。传统宗教社区可能为每个成员规定了明确的角色，并规定各种替代躺平的集体仪式和精神实践。这可以简化个人需要做出的生活选择。

在极端情况下，这些可以被归结为一个二元决策：要么走在既定的道路上，获得超自然的回报和社会的接受；要么做些其他不同的事，并被谴责、蔑视和排斥。只有那些有非同寻常的欲望或非正统信仰的人才会觉得这是一个困难的选择，而大多数人会发现自己处于这样一种情况：他们最有理由做的事情是接受那些在神学上和社会上被广泛推崇的目的，并尽可能地献身于自己的角色。

* * *

当我们转向世俗环境，特别是那些足够繁荣以提供一些生存喘息机会且足够自由和具备多元文化的环境时，问题变得更加严重。这些环境提供了各种各样的意识形态、生活方式、道德观、职业等，每一种都可能成为社会上可行的生存基础。在这种情况下，意义的问题变得尤为突出，人们不再能够清晰明确地知道什么能构成一个自己可以全心全意接受的使命。第一个问题就是选择过多：有太多潜在的使命，导致选择的困难。第二个问题是潜在使命的价值并不明确：可能没有一个潜在的使命是实际值得的，值得用一生去奉献，值得几十年辛苦去服务、遵守和实现，特别是在有其他更方便的替代选择的情况下，比如在舒适的状态中随波逐流，偶尔抓住一些擦肩而过的乐趣。

似乎至少有一部分人会因为后现代条件下缺乏现成的主观意义而感到不满，这也有可能导致心理脆弱。如果外在条件不利，或者一个人遭遇困难，或者生活中原有的轻松快乐不再令人高兴，这个人就可能会寻求一种可持续的动机、一种可以支持他跌跌撞撞地穿过生活残骸的更高目的。然而，在意义缺失的情况下，一个人只能抓住空气。在毫无意义存在的空洞中，成倍的叹息声和呻吟声回荡在其中。

不仅文化的发展可能会引发意义危机，个人生活轨迹中的发展也是这样。例如，一个人全力追求成功，优化自己的行为，以获得物质上或社会上的高层次生活。他努力学习，加入相关俱乐部，参与课外活动，被正确的学位项目录取，然后通过一系列实习和职场新人的锻炼，最终达到个人事业高峰（我们说，这个高峰虽然不是其事业所能达到的最高点，但已经是非常高的成就）。可是，他年届50岁，开始怀疑这一切是否值得。他的婚姻一团糟，错过了孩子成长的大部分时间（如果他有孩子）。所有在办公室度过的时间，一天天、一月月、一年年，这些年就像高速公路上的时速标志一样飞逝，而那条高速公路究竟通向何方？

在中年危机中，我们的主角意识到其生活中缺乏意义。以前，意义的缺失被无意义的奋斗掩盖。现在，实现雄心壮志的动力正在减弱，未来成功的希望将破灭，他辛苦构建的生活和职业的压抑现实暴露出来，如同监狱里的水泥墙。

## 关于尼采的一点儿说明

顺便提一下，关于尼采，在意义方面，他拒绝从外部去寻求人类存在的正当性。因此，可能看起来他否认了我们这里关于生命的意义的讨论。

尼采的核心关注是，要找到或创造一种新的概念，使人的存在可以被肯定为值得的。他当然不会被享乐主义评价体系或类似的观点诱惑。根据享乐主义，只要生活中包含的快乐多于痛苦，或者某些庸俗的利益平衡倾向于积极方面，我们就可以判断说人类生活得相当不错。相反，我认为，尼采想要的是某种非常类似于意义的东西作为他信念的基础，而不是一种从生活本身之外衍生出的意义。

尼采去哪里寻找这种类似于意义的东西呢？他转向了"伟大"的价值观：可以说是一个美学与英雄主义的结合体。这是他在驱逐"传统"道德（特别是现代西方道德，尤其是其基督教、康德主义和功利主义的变体）后所选取的概念。[15] 追求"伟大"可以被视为赋予生命一种意义。

如何将其与我们的框架联系起来？

也许我们可以这样想。尼采并不是一个系统的思想家，但如果我们想将他的哲学归结为一个基础公理，那就是"人类存在本身是应该被肯定的"这一假设。

尼采探索了这一假设的含义，发现其意义深远且令人震惊。其意义是如此深远和令人震惊，以至于对普通人来说可能是难以忍受的。因此，他呼吁超越自我，不断突破自我设限，超越外在的社会规则和传统道德，追求一种更高层次的存在状态———一种新型的超人的伟大存在。一种足够强大、崇高和充满活力的智慧生物，能够深刻且真实地肯定自身存在，包括所有这一切附属的要求和包含的条件。

尼采把这种对生命的深刻肯定态度视为健康的标志，这不仅仅是忍受生命，还是积极地欢迎它作为一种激励挑战的来源。（尼采对永恒轮回的想法感到着迷，因为他认为这可以作为一种试金石，测试一个人的生活是否达到这个高标准：一个人是否愿意让生活一遍又一遍地重复，愿意永远一遍又一遍地生活下去？）

我们现在可以看到，尼采的世界观中有两种潜在的意义。

第一，对"超人"（也许还有一些在某些最佳时刻可能稍微接近超人的现代人类）来说，其意义在于生活能够被真实地肯定。这种意义基于一种规范性概念，虽然可能不是完全基于"独立的道德现实"，但它仍然可以在我们世俗的存在之外找到，因为超人试图实现的伟大并不在于世俗的利益（如金钱、舒适或受欢迎），而在于在生活中实

第六章　　423

现一个非常崇高的美学/英雄主义理想（自由表达超人自己的创造性本质的理想）。

第二，对于任何无法达到这种超人意义的现代人类，还有另一种可用的生命意义：作为通向更好的未来人类的"桥梁"，并帮助创造和实现超人。在我们的框架中，这将是一个从超验背景的工具性考虑中得出的目的：超验在于它追求超越我们现存世俗存在的结果，工具性在于我们有理由把自己作为"桥梁"手段来实现这一结果。

## 西西弗斯的变体

现在，我们来看几个关于如何应用我们提出的涵盖超验目的意义的例子。为此，我们可以借鉴西西弗斯的神话。你可能还记得，他是那个狡黠的人，因两次死里逃生而被宙斯惩罚，必须不断地把一块巨石推上山。每次西西弗斯快到山顶时，他就会失去对巨石的控制，石头滚下山，他必须重新开始再推巨石上山。

正如许多存在主义思想家（其中最著名的是阿尔贝·加缪）所指出的，西西弗斯的困境在很多重要的方面反映了人类自己的困境。[16]我们的劳动也可能看起来重复、无意义，最终是徒劳的。我们花费一生获得知识、技能、品格、金钱、名誉和朋友……然后我们死去：

> 每个人的生活都像西西弗斯在爬山，每天的生活就像他走的一步；不同的是，西西弗斯是自己再次回来重新推石头上山的，而我们把这个任务留给了我们的孩子。[17]

我们努力的终点似乎是彻底的徒劳。我们死去，最终认识我们的人也死去，然后我们的文明灭亡。最终，即使宇宙本身也似乎注定要在热力学第二定律的作用下消亡。这样一来，一切最终都归于虚无。

\* \* \*

这里是一个好地方，可以再次提醒我们所思考的问题：无论西西弗斯的生活是否有意义，还是我们自己的生活是否有意义，这些问题都不同于我们所讨论的——生活是否总的来说是值得的，是否在审慎的意义上是可取的，例如，与快速无痛的死亡或根本未出生相比。即使假设生活有意义是可取的，这也不是唯一的可取之处。西西弗斯的生活可能对他来说是非常好的，只要它包含足够多的积极因素，即使它完全没有意义也没关系。例如，如果我们假设他在推石头这件事上获得了巨大的快乐，这就可以从享乐的角度证明其存在是合理的。或者，也许他在爬山时从欣赏的风景中获得了巨大的美学价值。（虽然我认为最关键的因素是，他是否享受他的生活，"因为错过了快乐，就错过了一切"[18]。）

在这次讲座中，我只想关注意义的问题。

\* \* \*

从表面上看，西西弗斯的生活似乎是无意义的象征。若依照我前面所说的来看，也是如此。西西弗斯确实有一个目的：把石头推到山顶。但这不是赋予他生活意义的正确目的，至少在常见的故事解读中，他的目的不是基于从独立的道德现实或超验的正当性背景中得出的理由。

然而，有一件事让我对西西弗斯的故事感到困惑。他为什么继续推那块巨石？

他不断尝试做同样的事情。他在期望不同的结果吗？随着证据的积累，应该有一个时刻，他意识到这根本行不通。他不更新证据吗？他不记得他的失败吗？还是他太固执，不愿承认失败？或者他是否期望在一定次数的英勇尝试之后，得到金表作为奖励？荷马的作品和其他任何经典来源都没有给我们提供这方面的具体信息。

☆ ☆ ☆

让我们来看看西西弗斯行为背后的可能解释。

案例 1：西西弗斯继续推巨石是因为每当他停下来，宙斯的手下就会挥动鞭子，强迫他继续。

如果故事的全部内容是这样，那么这显然是一个无意义的生活案例，甚至可能是一个糟糕的生活案例。如果西西弗斯坚持不懈的唯一理由是避免惩罚，那么我们可以假设他的劳动是令人不快的。而且，在西西弗斯的生活中，似乎也没有其他什么可以弥补这种负面影响。

（即使在这种情况下，我们也不一定能严格地说他的生活是糟糕的。也许他享受推石头的过程，而鞭策也是有必要的，因为他有可能会觉得偷懒更愉快。）

案例 2：西西弗斯继续推石头是因为他觉得这样做很愉快，或者他只是有强烈的冲动去做这件事。

在这种情况下，西西弗斯可能与那些每天早上长跑，并让自己疲惫不堪的耐力运动爱好者没有太大区别，这些人跑完后，浑身湿透，回到起点。这种努力可能会以各种方式获得回报；但我认为，其本身并不是有意义的。

一些专注的跑步者确实有更大的目的，例如参加奥运会。但单靠这一点，仍不足以赋予意义。追求奥运奖牌的目标会给人一个目的，但不会给原本没有意义的生活带来意义。

我们可以想象，在某些情况下，成为世界上最快的跑步者这个目标会成为赋予意义的目的，但这需要更多的说明。首先，这个目的必须有足够的涵盖性。也就是说，这项活动及其所引发的奋斗必须远远超出迈开双腿所需的肌肉努力。它需要变得更像是一种精神上的追求，涉及艰难的心理和情感挑战，并在多年中消耗竞争者的大部分时间和精力。其次，也是更常见的，即使最狂热的跑步者也缺少这一部分，即这个目的必须有一个外部基础，必须有一个独立于生活内在利益和需要之外的努力理由。例如，如果我们假设这个跑步者有先天的残疾，他在奥运会上取得的胜利会激励成千上万个有类似障碍的人，通过扩展他们对可能性的认识，他实现了大大改善生活的目的。如果我们假设实现这个结果是真正激励他的原因，那么我会说，他在生活中找到了意义。

\* \* \*

我刚才有点儿操之过急了，让我们回到西西弗斯的故事。

案例3：西西弗斯继续推石头是因为他相信以下两点：（a）他可能成功地把石头推到山顶；（b）如果他成功了，他将得到一个长久而幸福的来世。

在这种情况下，西西弗斯有了生活的"为什么"：他可以指向生活之外的某个东西，作为他生活的理由。在这里，我们设想潜在的来世与他当前的存在有足够的不同和分离，当然，这种来世在严格意义上并不在他生命之外，而是其生命的不断延续和变革性改善的未来阶段。

然而，即使有这样一个外部基础的目的，案例3仍可能未满足作为有意义生活的标准，因为西西弗斯的目的似乎没有足够的涵盖性。事实上，我怀疑，当我们思考原版的西西弗斯故事时，那种无意义的印象可能既来自其目的的单调和粗暴的狭隘性，也归因于其最终的徒劳无功。

\* \* \*

让我们再假设：西西弗斯不仅全心全意接受他的目的，而且他的任务还需要他超越单纯地推石头，如以下变体所示。

案例4（a）：西西弗斯受到与案例3里相同的动机驱使，但他必须克服的挑战要复杂得多。

例如，他可能需要利用工程智慧来抬起石头，设计杠杆和滑轮机制，构建路径和桥梁，以及在滑倒时限制倒退的后挡板。他可能还需要招募合作者，这会带来如何激励和组织这些人的问题，确保他们有饭吃、有住处等。或者，如果我们真的想把难度提高到极限，那么他需要从当地监管机构获得建筑许可。

如果西西弗斯面临的挑战如此复杂，我们就更容易看出这如何为他提供一个涵盖性的目的，调动他的各种能力，并完全占据他生活中的空闲时间。

\* \* \*

在案例4（a）中，如果我们用其他潜在的回报来代替来世的幸福，只要这些潜在回报足够可取且存在于西西弗斯的世俗存在之外，案例4的核心内容就并不会改变。案例4的其他变体展示了不同的外部动机。

案例4（b）~案例4（d）：西西弗斯面临着与案例4（a）中类似的复杂挑战，他接受挑战的原因是下列情景之一。

案例4（b）：外星人到来，并威胁要吃掉人类，但（出于只有他们知道的原因）他们承诺，如果有人成功将石头推到山顶，他们就会饶恕人类。西西弗斯志愿接受挑战，以拯救人类。

案例4（c）：西西弗斯的远祖曾与一位强大的国王达成协议：国王给予西西弗斯的部落一大片土地，作为回报，部落承诺在其未来20代中，每一代都要有一个成员将石头推到山顶，以纪念国王的慷慨。部落在前19代都履行了这一承诺，现在只有西西弗斯是唯一有能力完成任务并实现这一古老承诺的后裔。

案例4（d）：该地区的其他山上也有大石头，科学界长期争论这些巨大物体是如何到达那里的：一方声称它们是由聪明的人类个体滚上去的；另一方认为这是不可能的，并坚持认为这些石头要么一直在那里，要么是通过超自然手段放上去的。西西弗斯希望通过展示将类似大小的石头滚上山顶来解决这一争议。

案例4（b）是一个明确的基于超验背景的工具性考虑的目的。其超验在于所涉及的价值超出了西西弗斯自身的存在，即人类的生存。

案例4（c）提供了一个可能从独立的道德现实中得出目的的例子。我们可以假设，实现古老承诺对于部落的工具性利益（如加强其作为可靠合作伙伴的声誉）是偶然的，而西西弗斯的动机是道德义务感，或者他认为履行这种古老且不可强制执行的承诺是一种规范上的光荣，是一个高尚和有价值的行为。

（这里顺便说一句，与这种守诺且高尚的行为相比，考古学家们的"盗墓"行为难道不是可耻的吗？特别是在死者们当初不遗余力地确保自己的坟墓不受干扰的情况下，比如像埃及法老所做的那样。我们不但侵犯了他们安息之地的最内层圣地，还掠夺了所有陪葬的黄金和其他宝藏，还对他们的木乃伊进行X光检查，并将其当作战利品放在博物馆里供游客消遣。一个比我们的更好的文明肯定会认为这是极其粗鲁的行为。让我们期望我们的后代，或者任何有能力影响我们死后结果的人，更加善良和体贴地对待我们的愿望。）

案例4（d）更为模糊。西西弗斯去解决长期科学争议的价值是什么？这是否会被认为对人类有用，通过贡献于世俗项目"实现一切可能的事情"[19]？如果是这样，他的目的可能会归于基于超验背景的工具性考虑类别。或者，这是否意味着知识本身是好的，是独立于其实用性的，而西西弗斯有足够的道德理由去促进人类文明实现这一价值？如果是这样，他的目的就可能会归于从独立道德现实中得出的理由类别。

## 主观性与客观性谱系

在哲学文献中，关于意义是主观的还是客观的这一讨论存在着分歧，或者认为（最近流行的观点）是一种同时包含主观和客观元素的混合体。我提出的意义定义可以适应这些观点中的任何一种，具体取决于我们如何指定某些附加参数。我认为，关于这一点，意义的概念是未定的。或者更确切地说：意义有几个子概念，它们共享相同的总体结构，但赋予意义的基础类型不同。我们最好承认所有这些子概念在某种程度上都是有效的，而不是试图仅选择其中之一并浪费时间在无休止的争论中去讨论"真实"的意义到底是主观的还是客观的。

这种方法还能使我们有机会明确分解主观和客观元素如何进入意义的问题，有助于避免混淆。

\* \* \*

如果西西弗斯全心全意地接受一个涵盖性目的，并且认为自己有强有力的理由去追求这个目的，而且这些理由基于他日常生活之外的背景，那么我们可以说西西弗斯拥有主观意义。另外，如果存在某个目的，它对西西弗斯来说有可能是具有涵盖性的，并且他有强有力的理由去接受这个目的，这些理由源自他日常生活之外的正当性背景，那么我们可以说西西弗斯拥有客观意义。

这一区别的基本思想很简单。我们有时有理由去做我们实际上并不渴望做的事情。例如，我们可能忽略了一些相关事实，或者可能在推理中犯了错误，导致我们未能意识到做某事会带来多大收益。或者，尽管我们正确地认知并确定我们有理由去做这件事，但由于意志薄弱，我们仍未能做到这件事，甚至不愿意去做这件事。根据一些哲学家的观点，我们可能还有其他理由去做某些事情，例如在道德上有义务去做的一些事情，即使我们不仅不愿意去做它们，而且在完全知情、工具理性成立且意志坚强的情况下仍不愿意去做。

因此，我们如果承认我们的实际愿望和我们有理由渴望的东西之间可能存在差距，那么就有空间去理解主观意义（关注前者，即一个人实际上渴望的东西）与客观意义（关注后者，即一个人有理由渴望的东西）的概念区别。在我们的概念工具箱中同时拥有这两种意义的概念是有用的。

* * *

在案例4（a）~案例4（d）中，我描述了我们的主角可能拥有客观意义的情景。当然，如果西西弗斯实际上并不在意所提供的理由（获得幸福的来世，拯救人类免于被外星人吃掉，履行部落的古老承诺或解决长期的科学争议），那么他将不会感受到他的生活有意义，他将缺乏主观意义。因此，他的生活有可能拥有客观意义而没有主观意义。

这种有客观意义而无主观意义的情况还有两种子情况。第一种是未实现的客观意义：如果某人的生活拥有客观意义，但他没有追求和实现这一客观意义，我们就可以说他的生活拥有未实现的客观意义。第二种是实现了的客观意义：如果某人在追求或实现客观意义，我们就可以说他的生活拥有实现了的客观意义。

拥有实现了的客观意义并不意味着会拥有主观意义，因为一个人可能出于其他原因追求某个目的，而这些原因并不能使其具有意义。例如，假设发现基础真理是非常有价值的，那么对一个有成为伟大科学家或哲学家的才能的人来说，生活的客观意义就是追求发现这些基础真理。但我们还可以想象（带着一些经验主义的荒谬），一个人半心半意地从事这项活动，并且非常成功，但他并不是因为对知识和真理的渴求而受到激励，而是因为渴望奖励和晋升，并且他并不认为自己的生活有意义。这个人的生活可以说是实现了客观意义，但没有主观意义。

那是否也有未实现的主观意义呢？是的，我们也可以理解这种概念。例如，一个人在音乐方面有非凡的天赋和热情，他把创作伟大的音乐当作目的，因为他认为这是一种本质上非常有价值的活动，或者因为他希望创作出一种具有伟大力量的作品，弥合我们之间的文化鸿沟，避免冲突和战争。这些都能赋予这件事主观意义，我们甚至可以假设他一生都怀着追求这个目的的热情，但由于种种原因（如贫困、被征入伍、个人紧急情况），他始终无法实际作曲。在这种例子中，我们可以说他的生活具有未实现的主观意义。

* * *

到目前为止，我将主观和客观视为二元对立的；但这是一种过度简化的看法。我认为，通过认识到在主观和客观之间插入并确定中间点是可能的，我们可以增加对这一问题的理解。

例如，我们可以画一条线，以表示从完全主观到逐渐客观的目的概念。你可以在发给你们的讲义中读到一个从完全主观到完全客观的意义概念的渐变谱系。

---

### 讲义21　从主观主义者到客观主义者

**主观主义者**
- 当前实际意识到的欲望。
- 当前未必在意识中出现的欲望：一个人可能未必在当前时刻清晰意识到的欲望，但仍然是存在的。
- 在某些简单事实被指出时会产生的欲望：当某些简单而重要的事实被指出时，一个人会产生的欲望。
- 在显著地更有知识和工具理性时会产生的欲望：如果一个人变得更加有知识和理性，他可能会产生的欲望。
- 在拥有自己希望拥有的性格时会产生的欲望：假如一个人具有自己理想中的性格，他可能会产生的欲望。

> - 在完全心理健康、适应良好并且能充分理解自己和评估自己的情况下会产生的欲望：在最理想的心理和自我理解状态下，一个人会产生的欲望。
> - 在欲望完全反映对自己最佳利益的客观、独立于欲望的真理时会产生的欲望：基于对个人最佳利益的客观理解的欲望。
> - 在欲望完全符合世界最客观的真理时会产生的欲望：基于对世界整体最佳利益的客观理解的欲望。
>
> **客观主义者**

一些倾向于自然主义的哲学家可能会认为，越靠近客观端的概念越成问题。你可以在你认为合适的地方切断这个光谱。但除非你在最初的站点停下，并否认沿着这条渐变谱系演变的概念之间的连贯性，你应该能够接受一种理论，根据这种理论，生活要么在更主观上具有意义，要么在相对更客观上具有意义。

\* \* \*

我提到，混合理论已经变得流行。例如，R. W. 赫伯恩在 1966 年提出了这种观点，苏珊·沃尔夫最近提出了一个理论，并以"当主观吸引力遇到客观吸引力时，意义产生"[20] 的标语作为这个理论的基本总结。梅茨的理论也可以被视为一种混合理论。他声称，虽然追求和实现某些高度客观有价值的事情足以给生活带来一些意义，但如果主观吸引力成分还存在，这种意义就会得到增强。[21]

虽然混合理论试图结合主观主义和客观主义理论的优点，但这也使其更容易受到来自两方面的攻击。

客观主义者可能会指责混合理论在某些情况下错误地否认意义，例如当个体缺乏对其生活项目的热情，但仍在做着具有巨大价值和道德意义的工作时。例如，如果我们考虑一些伟大的人道主义者的生活，比如特雷莎修女或诺曼·博洛格，并设想（当然这些设想是与事实相反的）他们对自己的工作没有热情，也没有觉得它能带来个人满足，但他们仍然坚持，因为他们认为自己有道德义务帮助减轻人类的痛苦，那么沃尔夫的理论会认为他们的生活是无意义的[22]，而这也似乎是违反直觉的（梅茨的理论在这方面处理得稍好一些，因为它至少会赋予这些生活一些意义）。

从相反的方向来看，主观主义者可能会指责混合理论家采取了一种哲学上的"帝国主义"立场，即为个人的激情和项目强加一个外部标准，认为其必须满足这个标准才能合法地被认为是有意义的，而这个标准可能与个人实际想要或关心的东西没有任何关系。（实际上，我们发现，客观主义和混合理论中假设的标准往往与典型的当代受西方教育的人文学科教授的偏好非常吻合。我觉得，这一特定人群碰巧成为衡量客观价值的精致工具是非常幸运的！）

我提出的观点在这些方面更加包容。如果存在客观标准，这些标准就定义了客观意义的概念。但与此同时，更加主观的意义的概念也是存在的。只要我们在特定语境中明确地标出使用的是哪一种概念，我们就能从两个视角中获得最佳结果，而不必面对将它们变成一个混合概念所带来的缺点。

* * *

让我们来看一个具有挑战性的例子，然后我们可以讨论如何用我所概述的方法来分析它。

思考一下下面这个想象中的人物。

## 数草者

数草者是一个这样的角色：他唯一的人生目标是数清楚学院草坪上有多少根草。他整天都进行这项工作。[23] 每完成一次计数后，他会重新开始，毕竟，草的数量可能会改变。这是数草者生命中的巨大激情，他的首要目标是尽可能准确地估算出草的数量。他在这项工作中获得了极大的快乐和满足感。

我们从研究文献中可以发现，客观主义理论和混合理论认为数草者的生活是没有意义的；而主观主义理论则认为它是有意义的。

以下是我对这个案例的看法。我初步的假设是，如果我们在现实生活中真的遇到一个这样的数草者，那么很可能他是病态的。我可以想象，如果经过仔细的精神病理学检查，他可能会被诊断出存在某种内部障碍，一种自我排斥的强迫症，或者有其他心理功能障碍，导致他有这种不常见而且看似强迫的行为。在这种情况下，数草者可能有内在的理由去修改他的数草行为，并削弱导致他这样做的冲动或习惯的控制力。他是否通过治疗或药物来帮助自己实现这一点是另一个问题，但这是一个可能性。

这种未经治疗的现实生活中的数草者的生活在我所谈到的主观主义意义上的前几个层面仍然有意义。然而，从更客观的意义上看，这种生活没有意义，因为这种意义所要求的涵盖性的目的是一个人"如果完全心理健康并适应良好时会渴望"的目的。而且，他在后续的任何更加客观的意义谱系上也可能没有意义。（他所宣称的意义可能会在更早的阶段失败，例如，如果他数草的欲望是基于对某些相关事实的无知或由逻辑错误导致的。）

我承认，在思考数草者的案例时，我会有一种亲切的感觉。我会忍不住将数草者与我们这所著名学府中的许多杰出的教师相提并论，在许多情况下，他们使某个领域或子领域进一步专业化，而这些领域似乎既与"人类存在的基本条件"没有太密切的联系，也没有任何实际应用的前景，且并不符合任何其他合理的客观标准来佐证其拥有内在的重要性或价值。如果我们将数草者与这些学者进行比较，那么我们或许可以说，这个数草者在成就的客观价值方面与他们相等，但整体上的优势在他那一边，因为他呼吸了更多的新鲜空气。

此外，数草者可以很自信地觉得他在积极地（即使只是略微地）

为人类知识的总和做出贡献；而如果这一标准被始终如一地贯彻下去，不少学术职位将被空出来。[24]

* * *

无论如何，我们还可以设想出一个类似的数草者，但不是那种病态的存在。

## Num_Grass

Num_Grass是一个具备高度复杂认知的人工智能，它真正关心的事情只有数草。Num_Grass的本质中没有任何部分或潜在的可能会让它在完全致力于数草的存在中经历"挫败"。它的目标系统的所有层面都完全肯定其数草的目标，它想数草，它想要数草，等等；并且它了解所有相关事实，没有犯任何推理错误。

由于Num_Grass没有病理或功能性障碍，它可能（如果满足其他标准）过着一种至少比数草者更符合客观意义概念的生活。然而，根据更苛刻的客观主义理论和混合理论（如苏珊·沃尔夫和撒迪厄斯·梅茨的理论），数草者和Num_Grass的生活可能仍然被认为是无意义的。这些理论的作者往往不看好诸如数草这类非典型的脑力兴趣。

* * *

如果我们必须提出能使数草者和Num_Grass的生活更具客观意义的论据，那么我们可以指出其对文明（和校园）多样性的贡献。有人可能认为，一个地方若能包含丰富多样的生活方式，这在客观上是有价值的。数草者或Num_Grass独特的生活方式在这方面无疑是有贡献的。

我们可能注意到，这种特定形式的客观意义是一种有限的机会。

如果已经有许多类似的人在各种草坪上爬行并进行草叶普查，那么这些数草者的有趣性就会大大降低。在这种情况下，计数者可能需要把他们的专业领域多样化。

一些人可能开始数蓝鸟，一些人可能数病毒粒子，还有人可能数素数（确定星座位置），等等。在这种时候，他们很可能会开始组织自己的院系。诚然，虽然我在这里并非完全出于无私的立场，但我要说，这所学术机构所提供的最有价值的服务之一是为相当数量的古怪人提供一个庇护所。但愿它能继续这样做下去！

## 意义的发现与分享

接下来我想更全面地解释，意义如何可以作为"外在"的东西存在于世界中，并且人们可以通过经验发现它。这不仅适用于个体生活中的意义，还适用于生命本身的意义（或者人类生命的意义，或者许多人的生命的意义）。

如果集中在从主观性意义到客观性意义的谱系中的某个意义概念上，我们就可以更好地理解这一点。具体来说，我们可以选择这样一种意义的概念：一个人接受某个目的的相关理由基于"在显著更有知识和工具理性时会产生的欲望"。（当然，为了使某个目的被认为是有意义的，涵盖超验目的定义中的其他标准也必须满足：这个目的必须是涵盖性的，接受它的理由必须来源于超越个人日常存在的正当性背景。）

\* \* \*

我要举的例子是一个场景，说明我们如何发现生命的意义，这个场景中存在一个超验的工具性考虑的背景，对一系列有可能的偏好有着特别明确的含义。在这种情况下，生命的意义可以由世界的某些结构特征和我们在这些结构特征中的位置共同决定，我们可以称之为"宏观战略情境"或"困境"。理论上讲，有可能我们所有人或我们中的许多人，本质上处于相同的困境中；在这种困境中，每个人（个体）都有强有力的工具性理由去追求一个特定的目的，这个目的来源于一个超越我们日常生活的正当性背景。

举个例子可能会让事情更清楚。

设想许多人都强烈地期望有一个巨大的未来回报，而不是个人的毁灭。具体来说，我们可以把潜在的回报设想为在我们正常生活结束后开始的巨大而持久的快乐：一个"来世"，它满足了超越我们日常存在的标准。[25]

进一步设想，世界的运转方式是，为了获得这种最终回报，人们必须完成某个长期目标，或者致力于某个角色，或者按照某个理想生活；此外，做到这一点需要足够的努力，几乎需要耗尽一个人的全部灵魂和闲暇。

如果我们发现世界的运转方式确实如此，并且我们与一个极其重要的利益之间只有一步之遥，那么我们就会有一个现成的使命：一个我们有理由全心全意接受的涵盖性目的，来源于一个超越我们日常存在的正当性背景。

在这个例子中，正当性背景基于一个工具性考虑，即获得幸福的来世所必需的手段。此外，这个工具性考虑适用于许多人，而不仅仅依赖于一些少数人的独特的偏好。毕竟，许多人都会强烈渴望一个幸福的来世。

\* \* \*

我说的是"许多人"，而不是"所有人"。我设想，还有相当一部分人并不是很在意一个可能在相对遥远的未来（例如50年后）才开始的幸福来世，不仅因为他们可能不相信这种事情真的会发生，还因为他们对这种结果的渴望不够强烈，从而没有足够的理由围绕这个目标去重组自己的整个生活。我还设想，即使他们变得更加有知识和工具理性，其中一些人也仍然不会强烈地渴望这种结果。

也许我们还可以定义一种比幸福的来世更具广泛吸引力的善事，比方说，把奖励的形式规定为一组好东西或一个选项包。例如，如果任务成功，你可以从以下选项中选择任何你想要的项目：幸福的来世、健康、爱、深刻的知识、财富、帮助他人的巨大能力、启示、与神的亲近，等等。由于这个集合里也包括幸福的来世选项，它应该能吸引任何重视这一点的人，并且可能会额外吸引一些不重视幸福的来世但重视其他项目的人。

这样的选项包可以被视为一种超级货币："业力币"[26]。它可以让你获得许多非常理想的好东西，包括普通货币买不到的东西。业力币吸引力的主要限制因素可能是其漫长的等待期。折现率高的个体可能不太在意需要几年或几十年才能兑现的任何东西。

\* \* \*

对两个人而言，意义也可以是相同的或不同的。如果我们想在哲学上更精确地讨论，我们应该区分这些意义相同或不同的几种方式。

让我们拿"以成就为导向、以获得奖励为目标的目的"举例，我们可以区分其意义的 3 个不同组成部分：所寻求的奖励、为获得该奖励而必须达到的成就，以及为确保成就而必须从事的活动。

当我们说一群人分享"相同的"生活意义时，我们通常并不打算暗示这 3 个组成部分完全相同。我们指的是他们的目的（可以这样说）是平行的。例如，假设一个人为了获得幸福的来世必须过上完美无瑕的生活。那么，所有人，或者至少是所有非常在意来世的人的目的可能就是过上完美无瑕的生活。所以，宽泛地说，他们有相同的目的。但严格来说，他们的目的又是不同的：史密斯的目的是让史密斯在处理史密斯的事务时保持完美无瑕，以便史密斯得到幸福的来世；松迪的目的是让松迪在处理松迪的事务时保持完美无瑕，以便松迪得到幸福的来世。以此类推。

一群人可以在比这更强的程度上拥有共享的意义。例如，与其说他们希望获得个人奖励，不如说他们都想实现某个特定的结果（该结果超越了他们自己的日常存在）。假设他们都希望结束工厂化养殖，在这种情况下，他们都在试图完成确实相同的事情，而不仅仅是类似或平行的事情。

如果我们假设他们从事的活动也相同，那么他们的意义分享可以具有更多的共同点。在现实世界中，动物福利的倡导者可能会从不同的方向出击：一些人进行公众宣传，一些人研究植物性肉类替代品，一些人进行筹款，还有一些人游说立法者。然而，我们还可以想象这样一个情境，即他们都需要从事同一种活动来实现他们的共同目标。例如，假设我们规定，只能通过神圣干预来实现工厂化养殖的终结，而这种干预发生的概率与祈祷这种干预发生的原始活动家人数成正比。那么，这些人的生活意义不仅在于他们有平行的目的，还在于他们试图通过从事同一种活动来获得完全相同的结果。

这种基于工具性理由的最强意义分享需要满足一些条件，而这些条件在大多数人类群体中可能不太容易实现。一个大群体中存在搭便车的问题：每个人对共同任务的贡献通常只会对任务实现的可能性产生很小的影响。这种个人贡献的相对无力性削弱了每个人致力于共同任务的工具性理由的强度。即使你认为废除工厂化养殖是一个值得在你的日常生活中做出巨大牺牲的目标，你也可能认为这并不值得你付出全部的个人代价去仅仅增加万分之一的成功机会。因此，你可能觉得没有足够的理由接受这个目的；在这种情况下，它不会为你的生活提供意义，至少不会在我们统计的那些更主观的意义概念中。

因此，在许多（或所有）人中，最有可能具有强烈共享意义的候选可能需要一个更加客观的意义概念，例如，一个从独立道德现实中得出的理由。

相比之下，即使我们使用一个更主观的意义概念，我们也可能更合理地发现或找到在较弱的意义上被广泛共享（涉及平行目的）的意义的候选者。

***

我们已经可以看到，意义，包括潜在的生活的共享意义，可以作为"外在"的东西存在于世界中，可以在自然事实中被经验性地发现。这些事实不是主要关于某个人的特殊偏好或倾向，而是关于环境以及它可能给我们的工具性理由的（例如，追求某个目标、扮演某个角色或按照某个理想生活）。

在我们的例子中，主观因素并未完全缺席。如果我们仔细观察，我们仍然可以辨别出意义评估者的印记或隐含的评价标准。我们正在假设"奖励"是那些因此会被赋予意义的人真正渴望得到的东西，但似乎可以公平地说（特别是在选项包奖励为广泛的行为主体提供了趋同的工具理性理由的情况下），大部分的行动（需要解决的相关不确定性的大部分）都基于外部世界的客观事实。

## 意义可能性的类别

前面的讨论展示了一类生命意义的可能性，即发现自己处于一个致命的关键点附近，只有通过在日常生活中追求某个目标，才可以在随后非凡的存在中获得巨大的好处。

我们还可以确定其他几类可能的意义。在此阶段，我并不主张去探讨这些意义的可能性是否真实存在，而只是为这些可能性绘制分布图。你可以在讲义 22 中看到。这里的术语和分类有些随意，但我认为里面的某种模式可能会有用。

---

**讲义 22　意义可能性的一些类别**

**奖励**
- 宗教来世。

---

- 后人类。
- 模拟可能性。
- 涅槃。

**道德**
- 后果主义。
- 义务论。
- 美德。
- 崇拜。

**热情**
- 事业。
- 身份。
- 忠诚。
- 奉献。

我会快速讲解一下这个讲义。第一类是我们已经讨论过的，是基于对奖励的希望而确立的目标。

"宗教来世"的含义在这里不言而喻。

"后人类"指的是这样一种情景，即通过应用先进技术超越普通生活并获得一些极其理想的增强存在，例如极大延长的健康寿命、改善的主观幸福感、扩展的智力和情感能力等。

"模拟可能性"指的是，你当前的存在是在一个模拟中，并且在你离开或死亡后，你可能在另一个模拟存在中获得某种巨大的好处。

"涅槃"的概念是，如果涅槃的状态足够理想，并且它成为你正常生活的一个出口，那么它可能成为一个合格的目标。

第二类涵盖了基于独立道德的现实而确立意义的可能类型，这种现实为人们提供了强有力的理由去做某些事情。（如果不存在这样的独立道德现实，那么这一类就没有实例。）

我列出了规范伦理学中的三大传统理论类别："后果主义"、"义务论"和"美德"。我添加了第四个——"崇拜"，以适应通常的宗教观念，即可能有最道德的理由将我们的生活组织起来，并对某个至关重要的存在采取某种态度（与植物朝向太阳生长一样）。

第三类我标记为"热情"。这里的想法是，我们可以有满足涵盖超验目的标准的目的，这些目的不是获得奖励，也不是基于道德现实的真理，而是基于我们对某些更为内在的目标的评估倾向。

以"事业"为例：我们可以想到某些伟大而有价值的使命，例如结束一场不正义的战争或为穷人提供药品。或许有些人有理由基于独立的道德现实去做这些事，如果是这样，那么他们可以在上面的"道德"类别中找到意义。但也可能有人对不公正感到反感或渴望帮助他人，而这些原因并不依赖于道德哲学或元伦理学的真理。因此，无论这些目标是否通过"道德"类别提供了产生意义的可能性，只要主人公足够用心，想实现它们，主人公就可以通过"热情"类别来实现。

然而，"事业"不仅限于伟大而崇高的使命。它也可以包括那些看起来奇怪或异想天开的目的，例如，基于在学院草坪上准确数出草叶数量的目标，或者把银河系变成回形针的目标。这些目标对某些主体来说是可以提供意义的。其要求是，所寻求的目标源自赋予其生命意义的主体的平凡生活之外；它所产生的目的是涵盖性的；主体接受这一目的的理由满足所宣称的意义概念中存在的客观性程度，这种客观性程度派生出了附加标准（如讲义21中概述的）。对你我而言，数草、最大化回形针的数量之类的目标可能并没有意义；但对真正想知道草叶数量的存在体（如Num_Grass）或深切渴望在其未来光锥中拥有尽可能多回形针的存在体（如Clippy，用于一些关于AI安全的思想实验中的工具性理性人工代理）而言，这些目标可能是有意义的。

"热情"类别中的其他三个可能性类型与"事业"里的类似，只是其目标不是指向某个特定结果，而是有其他的关注点。

在"身份"中，我们有一种强烈的愿望成为某种特定类型的人——那种具有某种特质或角色的人，这种愿望不依赖于对奖励或其他世俗利益的期望。例如，有些人可能很想成为英雄人物，并且对这一理想自我概念的承诺足够强烈，以至于愿意无论发生什么都坚持这一点，即使冒着巨大风险和面对世俗的不利条件也在所不惜，那么他们对成为英雄的承诺就可以赋予他们的生活意义（前提是它足够广泛，这取决于他们对英雄理想的构想，可能确实如此）。

"忠诚"在类似的线上，但在这种情况下，一个人完全承诺（直到其本质的核心）与另一意志对齐，例如与国王、人民、教派、师父或神圣存在的意志对齐。如果这种存在的命令（或对其有利或符合其意志的任何事情）是一个人最渴望的东西，那么这种忠诚可能会提供意义。再次强调，这里所说的忠诚不是出于对任何奖励的期望，而是无条件地为自身，将其作为自己完全认可的愿望。

最后，"奉献"类似于上述情况，但这里的根本承诺是关于某种活动或实践的。在这里，我们可以想到一个全身心投入的艺术家的原型，他愿意为艺术献身，完全接受"为艺术而艺术"作为他最高的善，并且他对追求艺术创造和卓越的愿望的肯定是无条件的，无论在这个过程中他能否在情感上有所收获。

我应该说，在这些后意义类型，特别是"身份"和"奉献"中，指定的目标不能完全与赋予生活意义的主人公的日常存在分离。尽管如此，我认为我们可以将实现该目的的愿望（对主人公来说）理解为基于某种相关意义的超验理由；按照高于日常关切和日常生活诱因的理想生活的强烈内在激情，其可以在一定程度上抵御后者带来的考验和磨难，并且在这种意义上被视为形成了一个超越个人世俗存在的正当性背景。

## 生命的意义是什么？

在前面这些铺垫之后，我们现在准备好了给出下面这个问题的积极答案：至少对我们大多数人来说，或者可能对目前所有活着的人来说，生命的意义是什么？

（院长低声对博斯特罗姆说话）

**博斯特罗姆**：剩余的时间太少了。据说我们必须结束，因为场地显然只预订到下午6点。这也意味着将不再有签名售书的活动。但是，请在离开时自愿领取免费的《超越绿色》试读本。

（院长又低声对博斯特罗姆说话）

**博斯特罗姆**：哦，不会有试读本赠送，因为我不是经过认证的大学供应商。好吧，我想就这样吧。感谢大家的光临和倾听。（掌声）谢谢。非常感谢。

# 退场

**院长**：讲座太棒了。我们把你的衣物袋放在走廊尽头的更衣室里，你可以在那里私密地换衣服。看，那门上还有一颗星。那里是明星们更衣的地方。

**博斯特罗姆**：真是太贴心了，谢谢。

**院长**：所以你去换上晚礼服，我在这里等你。

**博斯特罗姆**：晚礼服？

**院长**：是的，然后我们一起去参加接待会。

**博斯特罗姆**：接待会？

**院长**：在校长的答谢捐助人晚宴之前。

**博斯特罗姆**：校长的答谢晚宴？哦，我想这里一定有什么误会。我不得不走了。不可抗力。

**院长**：你不来？

**博斯特罗姆**：恐怕去不了。

**院长**：这太令人失望了。埃克森美孚集团的国际执行团队的四名成员和一位政府部长都会参加。

**博斯特罗姆**：是吗？但你会代表我们系出席晚宴活动，我相信一切都会很好的。

**院长**：但客人们想听听生命的意义。我原打算在晚宴进行到提供奶酪和布丁甜点的时候提出这个话题。

**博斯特罗姆**：哦，最好的安排计划……更不用说其他计划了。但非常遗憾。

**院长**：音乐学院的廷克尔克莱因建议我们邀请你。

**博斯特罗姆**：廷克尔克莱因！我真是惊呆了。

**院长**：他说我们一定要邀请你，你会很高兴地用最刺激的哲学对话招待来访者。

**博斯特罗姆**：他是这么说的？"刺激的"？

**院长**：他对你的评价充满了赞美，并且非常坚持我们应该邀请你。但现在这儿有一个空缺。

**博斯特罗姆**：嗯。

**院长**：而且我被要求担任司仪，这让我感到有些困惑。

**博斯特罗姆**：你是知道的，这个廷克尔克莱因的缺点是过度谦虚。为什么他自己不参加晚宴呢？他自己去会做得更好！

**院长**：是吗？

**博斯特罗姆**：你无须怀疑。你可以让他唱点儿什么。

**院长**：这是个好主意。

**博斯特罗姆**：让他表演瓦格纳的作品……是的，让他表演一下阿姆福塔斯的哀歌。那将会非常棒。他会假装不情愿，但你必须对他真正地施压。他会成为你享用从切达奶酪到奶油布丁之间的完美过渡。

**院长**：完美。那么，我现在得走了。

**博斯特罗姆**：阿姆福塔斯的哀歌。无论如何都不要让他缩短那段哀歌！（那可不容易！）

# 墓地

**泰修斯**：所以，你们现在打算做什么？

**凯尔文**：我们要去一个诗歌朗诵擂台赛，但还要过一会儿才开始。还有一个学生嘉年华。想一起去吗？

**泰修斯**：我愿意去。

**菲拉菲克斯**：或许我们可以先散散步。那边有一条安静的小路，穿过旧教堂的墓地。你们对讲座的感觉怎么样，他讲了的那部分？

**凯尔文**：所有关于意义的讨论看起来都很虚幻。如果我们禁止使用"意义"这个词，事情会更清楚。

**泰修斯**：但是一旦引入了意义的概念，尤其是如果它成为一种文化上的固执，一种被高尚的灵魂追求的东西，那么意义本身，而不仅仅是构成这个概念的各个独特要素，就成为人们真正具体渴望的东西。然后，这种渴望可能会内在化，我们就有了价值。

**菲拉菲克斯**：你们觉得这一整个关于乌托邦的问题的系列讲座怎么样？

**凯尔文**：把乌托邦作为一个"问题"来框定有点儿奇怪。在许多价值理论中，乌托邦的生活可能比我们现在的生活好上几百万倍。他原本可以简单地讲一些主要的幸福理论，并展示每一个理论将如何预示我们可以拥有天文数字般价值的生活。

**菲拉菲克斯**：他似乎也确实讲到了这些，不是吗？

**凯尔文**：那些内容淹没在文字的填充与装饰中了。

**泰修斯**：这里有个问题。假设你有以下两个选择。你可以按照正常的方式继续现在的生活，然后在大约80岁或90岁时去世。或者，你可以赌一把，然后你会有一个 $x\%$ 的机会拥有最理想的生活。从今天开始，你的未来轨迹将是你可能拥有的最好的生活，也许这将涉及你最终发展成一个超级繁荣的后人类，活上几百万年，并获得难以想象的幸福。然而，这个赌注也有 $(100-x)\%$ 的风险——你会立即死亡。对你来说，$x$的值需要多大你才会选择赌一把？

**菲拉菲克斯**：嗯，让我想想。

**泰修斯**：在上面谈到的偏好选择框架中，如果你真的认为你可以拥有的最好的乌托邦生活会比你现在的生活好上几百万倍，那么你应该可以接受99.999 9%的立即死亡风险，以换取0.000 1%的延续最佳生活的机会。

**凯尔文**：大约10%。

**菲拉菲克斯**：所以你会接受90%立即死亡的风险，换取10%的进入极端长寿乌托邦的机会？

**凯尔文**：是的，如果那个替代选择是非常好的现代人类生活。如果我预期从现在开始过上一个历史上典型的人类生活，那么1%或2%的未来能成为理想的后人类的机会就足够我赌一把了。你呢，菲拉菲克斯？

**菲拉菲克斯**：哦，我不知道。

**凯尔文**：你必须得选一个数字。

**菲拉菲克斯**：大概接近50%。如果这是一个真实的提议，我肯定要考虑再三再做决定。

**泰修斯**：所以我们可以推断，凯尔文认为乌托邦的生活最多可以比当前生活好9倍？而菲拉菲克斯则认为其最多比现在的生活好1倍？

**菲拉菲克斯**：可能我们想要的与对我们有益的东西是不同的？也许我想要的是整天站在那里无所事事地吃苹果，但对我有益的是其他东西。

**凯尔文**：但你并不想整天吃苹果。

**菲拉菲克斯**：我不想吗？

**凯尔文**：好吧，尽管你可以，但你没有这么做。

**菲拉菲克斯**：我得保持身材。

**凯尔文**：即使你可以保持身材，你也不会选择只吃苹果的生活。

**菲拉菲克斯**：我猜不会。所以这可能不是一个好例子。但我仍然感觉，我们在理想条件下会选择的东西和真正有益的东西可能有区别。

**凯尔文**：博斯特罗姆安排了这一整个系列讲座，以此探究对我们这些人来说最理想的生活延续是什么。他并没有多谈如何创造超级受益者。如果只是想要极好的生活，那样做会更有效率。

**菲拉菲克斯**：超级受益者？

**凯尔文**："效用怪物"，他们从资源上获得幸福感的效率远远高于我们。你可以设计出需要很少资源就能体验超人类幸福感的实体，或者极易满足的实体。大多数关于生活如何变得很好的理论都暗示着可能存在超级受益者。[27] 但他没有谈这个。他谈的是对我们这样的人类来说，何为理想的生活。

**菲拉菲克斯**：是吗？

**凯尔文**：嗯，似乎对我们有利的东西应该与我们的渴望或与我们在从各种知识和思维限制中抽象出来后所渴望的东西之间有某种联系。

**菲拉菲克斯**：我想知道对死亡的恐惧是否在这里起作用？我的意思是，有50%的概率在接下来的几分钟内死亡是非常可怕的。也许这会影响我们的选择？

**泰修斯**：假设你是在为别人做决定，一个你从未见过的人，而且你也不担心他死亡。如果你必须替他做出选择，你会选择一个涉及50%立即死亡风险的赌注，以换取有50%的机会去享受技术成熟时可能拥有的最佳未来乌托邦生活吗？

**菲拉菲克斯**：为别人做决定似乎更可怕！我不认为我会为别人选择一个我自己都不愿意选择的赌注。

**凯尔文**：你有义务从他的角度去考虑。如果你以他的名义做决定，那你接受什么赔率对你自己来说并不重要：你应该根据你对他可能会选择的最佳估计来做决定。

**泰修斯**：假设他在把决定权委托给你时告诉你，你要做对他最好的事情，而不是做他自己会做的事情？

**凯尔文**：我会尝试模拟他的决策算法。只有当他实际上有这种选择偏好时，他的决策算法才会导致他选择某种客观的善。

**泰修斯**：菲拉菲克斯？

**菲拉菲克斯**：我在想，如果他是一个孩子，如果你在试图为他做最好的事情，你不会只是做他想要的事情，甚至不只是你认为他在完全了解情况下会想要的事情。相反，你要考虑长期对他有益的事情。你试图帮助他成长和发展，同时考虑他现在的需求。这在热力雷克斯的故事中出现过。

**泰修斯**：那么也许我们就像孩子？除非 $x$ 的值相对较大，不然我们会拒绝下赌注。但一个温情的好心人会希望我们接受赌注，即使 $x$ 的值相当小，但它潜在的未来好处对我们来说真的非常好？

**菲拉菲克斯**：当存在高死亡风险时，我不认为事情是这样运作的。你不会为了让你的孩子在未来有更好的成功和幸福的机会，而让他们面临高死亡风险。好吧，如果他们的生活将会极其痛苦和悲惨，也许在那种情况下，你会同意进行一次有风险的操作来解决问题。但如果你的孩子相对健康，并且有不错的前景，我不认为你会接受50%的立即死亡风险，以换取任何可能的未来利益，无论那个未来利益有多大。

**泰修斯**：我想知道这是否与这样一个事实有关，即这个例子中的坏事"立即死亡"会阻止人们体验未来的好处？假设我们改变一下这个选择的例子：你可以选择让你的孩子过上普通但非常幸福的生活，活到98岁；或者选择一生中先有40年的巨大困难、痛苦和挣扎，但随后是最好的乌托邦生活，可能活上几千年或几百万年。那你会选择什么？

**菲拉菲克斯**：嗯。我想这可能会让我更倾向于接受这个后者的提议。

**泰修斯**：那么，也许我们可以通过考虑你愿意接受的最大临时痛苦来校准你认为最好的乌托邦生活对你来说有多么可取?

**凯尔文**：我不明白赌注中的负面结果是死亡风险还是其他坏事应该有什么不一样。你在任何情况下都需要计算预期值。你是在依赖某种影响个人的直觉吗？

**泰修斯**：不确定，我只是在探索中……

**菲拉菲克斯**：影响个人的直觉是什么？

**泰修斯**：他指的是在我们做道德决定时，我们是让一个现存的人（或一个将独立于我们的决定而存在的人）受益，还是创造一个新的享受类似的利益的人，这是有区别的。一些哲学家认为，我们有道德理由增加现存的人的幸福，但没有道德理由（或理由弱得多）去创造新的、其存在会增加世界总幸福量的人。这里有个口号是，我们有理由让人们幸福，但没有理由创造幸福的人。[28]

**凯尔文**：如果在起作用的是影响个人的直觉，那么它也可能会影响我们对你思维实验的第二版的判断。

**菲拉菲克斯**：那是因为你或孩子所能享受的好处要到40年后才开始，并且需要100万年才能完全实现？所以，在某种意义上，负担和好处会落在同一个人身上；但在另一种意义上，这个人的相关时间段会相隔甚远，几乎就像是属于不同的人的一样？

**凯尔文**：此外，这个人的后期时间段只有在其中的一个选项中才会存在。一种广义的影响个人的视角可能认为，"能带来更多的时间段的存在"不如"在独立存在的时间段里过得更快乐"来得可取。尤其是如果潜在的新时间段在时间上广泛分散，并且仅通过特别微弱的个人身份连接与现有时间段相连。

**泰修斯**：好吧，那这样。我的思维实验的第三版是这样的，你可以选择一个美好的普通人的生活，每天都过得很不错；或者选择一个由好日子和坏日子交替组成的生活：你有一个极其美好的后人类乌托邦日，然后你有 $N$ 个坏日子，如此反复。那么 $N$ 最大是多少，才会让你更愿意选择这种未来，而不是仅仅选择一个美好的普通人的生活？

**凯尔文**：坏日子会有多糟糕？

**泰修斯**：也许我们可以说一个坏日子就是这样一种情况。如果你选择一个只有好日子的美好的正常生活，然后在每个好日子之间插入一个坏日子，那么你还会对"拥有那种生活"和"立即死亡"这样的选择无动于衷吗？也许我们可以规定，你在这里做出的选择将在10年后开始影响你的生活，以减少可能的不理性对即将到来的坏日子的恐惧效果。

**菲拉菲克斯**：也许$N$等于10或20？

**凯尔文**：我猜测，一旦你真正体验到那些奇妙的后人类乌托邦日，你的看法会改变。你会愿意忍受更多的人类坏日子来换取一个超级日子。

**泰修斯**：嘿，快看那只狗！它在墓碑上撒尿。

**狗主人**：肥豆（狗名字）！坏狗！坏狗！

**泰修斯**：想到我们在普通日子里可能无意中做出的冒犯行为，真是让人不寒而栗。

**狗主人**：真是抱歉。每次我们走过这个墓地，它都会跑开这么干，而且总是在同一个墓碑！"诺斯普米特"，不寻常的名字。我真的希望这不是你们的先人之一。

**菲拉菲克斯**：不是，我们只是过来散步的。

**泰修斯**：天气预报说要下雨，希望肥豆的恶作剧很快会被雨水洗刷掉。

**狗主人**（抬头看天）：是的，看起来快下了。

**泰修斯**：你有没有注意到诺斯普米特的墓地周围特别茂盛？

**狗主人**：那里有很多绿植。

**泰修斯**：比周围其他墓地更多？

**狗主人**：我觉得是的。那里甚至还长着黑莓……我其实摘了几个，但我不确定能不能吃。

**泰修斯**：无论可能有什么不好的东西进到土壤中，看起来都产生了好结果。我们必须相信救赎过程的可能性。

**狗主人**：你这么认为？

**泰修斯**：我们必须抱有希望。也许你可以在吃的时候带着一些善意的想法？

**狗主人**：好的，我试试。（吃黑莓）

**狗**：（低声咆哮）

**狗主人**：好吧，也给你点儿吃的。（给肥豆一块饼干）

**菲拉菲克斯**：这只狗看上去很可爱。

**狗主人**：我们非常爱他，但你知道狗狗们是什么样的。我刚才感觉到一滴雨，我们该走了。祝你们愉快。肥豆，过来！

**泰修斯**：再见，先生。

**菲拉菲克斯**：再见，肥豆。

**凯尔文**：也许我们应该去室内？

**菲拉菲克斯**：我想先让你们看点儿东西。这里有几块墓碑……这是其中的一块。

---

**M. 斯文松先生**

———

1940—2021

吃饭 114 238 次

上厕所 152 771 次

淋浴或泡澡 28 934 次

做爱 11 213 次

---

**泰修斯**：11 213……

**菲拉菲克斯**：总有一种感觉，我不知道该怎么形容这种感觉：把一个人的一生总结成这样……这么冷漠无情，却又莫名地发人深省。这就是我们生活的全部吗？

凯尔文：我觉得这些数字是假的。

菲拉菲克斯：也许他是一个痴迷于量化自己生活的会计？

凯尔文：谁会精确记录自己小时候吃了多少顿饭？

菲拉菲克斯：也许他小时候的事是父母帮他记录的。也许他来自一个会计家庭。

泰修斯：你不觉得 11 213 次……这个数字让人难以置信吗？特别是对一个痴迷于记录自己上厕所次数的会计来说。

菲拉菲克斯：好吧，确切的数字并不重要！你们这些人真是……

泰修斯：真是什么？

菲拉菲克斯：你知道的。

泰修斯：睿智？热爱真理？拥有认识论上的美德？

菲拉菲克斯：都不是。

泰修斯：智慧？

菲拉菲克斯：不，那个单词以字母"A"开头。

泰修斯：准确？

菲拉菲克斯：不是，第二个字母是"N"。

泰修斯：……天使般的？

菲拉菲克斯：第三个字母是"A"。

泰修斯：神秘的？

菲拉菲克斯：不是。第四个也是最后一个字母是"L"。

泰修斯：分析透彻的！

菲拉菲克斯：嗯，差不多就那样吧……

凯尔文：那边还有一行字。

菲拉菲克斯：在哪里？

凯尔文：在那边，被草挡住了。

泰修斯：（蹲下）让我看看……"死了两次，一次是玛丽离开的时候，一次是死于甲状腺癌。"

菲拉菲克斯：哦，我从没注意到过。这真让人难过。

**泰修斯**：这确实让人有不同的感受。

**菲拉菲克斯**：我简直无法相信这些人已经死了。他们曾经像我们一样活着。他们曾经也是活力四射的小女孩和脸颊红润的小男孩。他们曾经是父母，然后是祖父母。

（凯尔文把一只手臂搭在菲拉菲克斯的肩上）

**菲拉菲克斯**：我感到一阵从过去吹来的微风。我有时感觉，与同时代的许多人相比，我反而与这些人更亲近。

**泰修斯**：死者没法惹恼我们。

**菲拉菲克斯**：嗯，这可能是其中的一部分。但我也为他们感到难过。他们再也没有生命了。

**泰修斯**：是的，这很悲哀。

**凯尔文**：是的。他们在黎明破晓前去世了。

（沉默）

**泰修斯**：不过……11 213 次也不算差。

**菲拉菲克斯**：我猜也是。

**凯尔文**：天快黑了。我们得抓紧时间，不然就赶不上诗歌朗诵擂台赛了。

**菲拉菲克斯**：我还想给你们再看一个墓碑，就在那个角落。看，这个。它上面没有名字，也没有日期。

> 练习了一生，
> 我终于掌握了，
> 静止的艺术。

**泰修斯**：他不仅什么都没做好，而且还用卡拉拉大理石做墓碑。

**菲拉菲克斯**：你觉得他是个禅师吗？

**泰修斯**：要么是个禅师，要么是个懒汉。

**菲拉菲克斯**：嗯，我想现在也没什么区别了。

**凯尔文**：看那棵雨中的垂柳。
**菲拉菲克斯**：真美。
**泰修斯**：我想起了一些诗句。

卷入漏斗的有，
红心女王。
双面背叛，
额外的王牌。
叹息和欢呼，
学者头脑中纠结的神经元。
荆棘和树枝，
小虱子和胖国王。
所有曾经出生的现在都卷入漏斗。

还有另外一些句子：

不久之后，
已经可以听到，
最后坠落的，
低语的谣言。
坠落，
坠落，
坠落，
卷入大涡轮刀片。
如果我们不那么精打细算，
如果我们不那么忙，
如果我们不那么忙于无所事事，
如果我们不那么忙于吹口哨，

我们会不会想：

刀片如何转动？

它们在驱动什么？

**菲拉菲克斯**：这几乎像是一个考试题……我想知道，如果真的有考试，我们会考得怎么样。

**凯尔文**：你是说如果我们参加讲座系列的考试？

**菲拉菲克斯**：不，我是说一般情况，就像如果我们的存在是一个考试，其实不是，但是……

**泰修斯**：你确定不是吗？

**菲拉菲克斯**：嗯，不确定。我想也有可能是。

**泰修斯**：我觉得我们最好把这当作一个工作假设。有些事情正在被审查，是我们在被审查，或者我们是审查官，或者审查官会根据我们的判断审查我们，或者是某种组合……

**凯尔文**：我们在黑暗中摸索。

**菲拉菲克斯**：所以我们必须有信念。

**凯尔文**：基本上是这样的。

**泰修斯**：是的。

## 狂欢节

**凯尔文**：我们迟到了，但或许还能赶上最后一段。

**菲拉菲克斯**：我们可以沿着那条小巷走，然后穿过学院的中庭。这应该是最快的路。

**泰修斯**：哇，狂欢节正进行得如火如荼。看看我们能不能钻得过去。

**醉酒学生1号**：我在斡旋政党权力之争。你在做什么？

**醉酒学生2号**：赚钱捐赠。

**醉酒学生1号**：但你都有一个管家了！

**醉酒学生2号**：那是为了防止倦怠。

**醉酒学生1号**：老天。

**醉酒学生3号**：他老爸有一艘战舰！

**醉酒学生2号**：哦，那艘"为战而生"？老头子不卖。嘿，我们去码头给它喷上"绿色和平"。

**醉酒学生1号和3号**：好啊！（3名学生离开）

**泰修斯**：明日的领袖们。

**醉酒学生4号**：嘿，你是独角兽吗？

**菲拉菲克斯**：我看起来像吗？

**醉酒学生4号**：一只独角被磨成春药的独角兽！

**醉酒学生（多名）**：哈哈哈……

**醉酒学生4号**：我还是愿意付钱骑一下。5美元？

**醉酒学生5号**：你要典当你的鞋子吗？

**醉酒学生（多名）**：哈哈哈。

**醉酒学生4号**：来吧！

**菲拉菲克斯**：不了，谢谢。

**醉酒学生4号**：6美元！

**凯尔文**：滚蛋。

**醉酒学生4号**：我觉得这位男仆有点儿自大了。

**菲拉菲克斯**：别理他们，我们继续走吧。

**泰修斯**：大一新生其实就是神学的又一个小麻烦。

**菲拉菲克斯**：咱们往那边拐角处走……

（路遇）一群学生大声唱歌：

……云朵都变成了（此处省略）

奥拉，奥莱，欧哈！

我们就在这里勉强过活，
但在乌托邦我们会飘飘然，
我们会在处女的大腿上卷大麻。
奥拉，奥莱，欧哈！
在我的宫殿屋顶上，
我会用金杯豪饮琼浆，
同时抚摸我的巨大（此处省略）……

**凯尔文**：我们应该带着伞的。
**泰修斯**：还有耳塞。
**菲拉菲克斯**：我们到了……诗歌朗诵擂台赛似乎还在继续。咱们快进去吧！

## 诗歌朗诵擂台赛

**诗人**：

……
诗意的飞舞的纸翼，
幻觉涌入，
瞥见舞动的身姿和月亮的心动。
彩虹色的新月，
温柔的投降，
缓缓打开的世界，
转瞬即逝的大教堂。
展示柜，
楼梯，
接口界面，

环绕优雅。

**观众**：（热烈欢呼）

**主持人**：谢谢。这首诗真是太棒了。如此有力量。我感觉我们都是这个星球上的访客和旅行者，但今晚的下一位诗人更是一个真正的旅行者，他是刚刚飞过来的。那真是一件奇妙的事：铝制的鸟儿在天空中穿梭，腹中载着人们。但你知道什么是更奇妙的吗？我们可以用文字和想象力去遥远的国度旅行，可以去那些不再存在或从未存在过的地方，还可以体验无限的时刻和可能性。这样的想象之旅不会有安检或移民检查，也不会丢失行李。你的票是一颗乐意前往的心，你的签证是你保持开放的心灵。但我仍然很感激铝制的鸟儿带来了今晚的客人：沃尔特·迭戈。请热烈鼓掌、踩脚，让现场气氛热烈起来，欢迎他上台！

**观众**：（鼓掌、欢呼）

**沃尔特·迭戈**（带着浓重的口音）：谢谢。你的话非常对，但我必须对你说的一件事提出异议，那就是在心灵的旅行中没有丢失行李的情况。当一个人到了更大的年纪，航空公司有时在这方面会有些马虎。（观众的笑声）我要朗读的诗叫《老水手》。我确实带了一件小的随身行李，以防万一，现在它在哪儿呢？（在口袋里摸索）哦，找到啦！（拿出并展开一张纸，清了清嗓子）

**凯尔文**（低声说）：这是博斯特罗姆教授。
**菲拉菲克斯**：什么？！
**凯尔文**：你看，他的胡子和眉毛是假的。
**泰修斯**：哇，这可太有趣了。
**沃尔特·迭戈**（朗诵）：

## 老水手

又一次出海!

这艘古老的双桅帆船,

在它腐烂的船板中,

再一次扬帆,

桅杆仍能高高举起帆!

而这些我风化的双手,

虽然不如从前灵巧,

但有了更多的经验,

知道如何使用钩子和滑轮,

很快就会将,

一条挣扎的金枪鱼拉上甲板。

老练的海洋抢劫犯,

会咧嘴笑着,

塞满一根烟斗,

看着身边的最后战利品。

然后是地平线和咸咸的海浪,

他会把那些留给年轻人——

然后回到港口泊好船,

坐在窗边听雾角的鸣叫。

**主持人**:谢谢迭戈,谢谢大家今晚的到来。希望下次还能见到你们!

## 夏天的气息

**泰修斯**:一条挣扎的金枪鱼!的确。

**凯尔文**:乔装打扮的主意不错。

**泰修斯**：真是太俏皮了。菲拉菲克斯，你脸红了吗？

**菲拉菲克斯**：如果是我的话，我会脸红的。

**泰修斯**：他脱下夹克时看起来真是精神，那件黑色高领毛衣。承认吧，他那瘦得像根针的样子，就像一把匕首刺穿了肋骨，直捅心脏。的确，你脸红了！

**菲拉菲克斯**：才没有！

**凯尔文**：嗯，雨已经停了。

**推销员**：史诗派对警报！迷幻的超越之旅即将启程！脉冲闪光灯！超新星节拍！陷入群情大沸腾！派对奇点！就在今晚！

**泰修斯**：（拿起传单）快看，DJ泰迪熊要来演出。你们想去吗？就在码头。

**凯尔文**：我不想去。

**泰修斯**：这个派对可能真的很棒。我们去跳舞吧！

**凯尔文**：不想去。

**菲拉菲克斯**：来吧，凯尔文，今晚我们开心一下。今晚是个特别的夜晚。

**凯尔文**：怎么特别了？

**菲拉菲克斯**：我们能让它变得特别。

**泰修斯**（高呼）：走吧，走吧，走吧。

**凯尔文**：好吧。

**菲拉菲克斯**：耶！

**泰修斯**：啊，呼吸这空气！这是……

**凯尔文**：是的。

**菲拉菲克斯**：是夏天。

[编辑注：他们从此幸福地生活在一起，包括皮格诺利乌斯、海瑟霍夫和斯文松（复活的），以及……嗯，是的，甚至有院长、验票员和诺斯普米特。]

# 注 释

第一章

1. Gates (2017).
2. Musk (2023).
3. Hanson (2021).
4. 《美妙的科克恩之地》(约1458),第19—22行。
5. Pleij(2003),第3页。
6. 赫西俄德(约公元前700年),第132—139行。
7. 凯恩斯(1930)。
8. 凯恩斯提到"进步国家100年后的生活标准",他预测其"将会是今天的4~8倍之高"(同上,第364—365页)。从上下文中,我们可以理解到:他的言论首先是关于劳动生产率上升的主张,然后是关于生产率显著提高后,工人将选择减少工作时间,从而将生产率提升所带来的大部分好处转化为休闲时间的正价,而非收入的增加。(凯恩斯没有明确指出"进步国家"的定义,因此他的主张的地理范围尚不清楚。)
9. 同上,第366页。
10. 在美国;Bergeaud等(2016)。在英国,这些数字略小。严格来说,凯恩斯的预测是"假设没有重要的战争和人口的大幅增加,经济问题可能在100年内得到解决,或者至少在解决的视野之内"(凯恩斯,1930年,第365—366页)。
11. 在英国和美国;国际劳工组织(2023)。
12. 在英国,人们预测,一位20岁男性的剩余清醒时间中花在工作上的比例从1931年的略低于40%下降到2011年的略高于20%(克拉夫茨,2022年,第818页)。
13. 或许事实证明他并没有弄错时间。最近,人工智能一直在迅速发展。

14. 请注意，即使在这种情况下，收入的边际价值仍在减少：收入从100万美元增长到200万美元所带来的福利提升并不是从1 000美元涨到2 000美元的1 000倍，即使第200万美元为你带来的是5年的健康生活而不是更大的度假屋。但如果工资继续以合适的速度攀升，那么随着收入阶梯的不断攀升，即使幸福感阶梯之间的差距变得更大，收入增长对工作的激励在原则上也可以保持不变。

15. Shulman & Bostrom (2021); Bostrom & Shulman (2022)。

16. 凯恩斯本人提到了这种可能性："优越感的需求，可能确实是无法满足的；因为平均水平越高，这些需求也就越高。"（凯恩斯，1930年，第365页）

17. Hirsch (1977)。

18. 现代经济学的一个缺陷可能是它在实践中（即使在理论上没有）忽视了消费在多大程度上受到地位考量的驱动。这意味着我们可能高估了平均消费水平提高所带来的福利收益，特别是在高收入水平上，我们的大多数基本的非竞争性的需求都得到了满足。

19. 在极端情况下，雇主雇用人类、培训他们、监督他们等所承担的成本太高，使得雇用他们变得毫无价值，即使工资水平再低，比如每小时一分钱。而对雇员来说，在极端情况下，工作所需的额外代谢支出将大于工资带来的卡路里。

20. 另见Trammell & Korinek（2023）。

21. 在这个简化模型中，结果不取决于机器人是由人类拥有，还是作为独立的经济体以市场价格出售劳动力。在任何一种情况下，长期均衡的结果都是机器人从劳动中获得最低生存的收入。

22. 另见Malthus（1803），第14页。

23. Parfit（1986），第148页。

24. 根据《罗芬斯历史》（Dene, 1348年，第70页），"瘟疫之后，劳动力严重短缺，卑微的人对就业嗤之以鼻，几乎无法以3倍工资说服他们为贵族们服务"。

25. 另见Clark（2007），第5页。

26. Shakespeare (1607), 1.1.11。

27. Klein Goldewijk et al.（2017）。所有这些数字都非常不精确。

28. Hare (2017)。

29. Bostrom (2007, 2014a)。

30. 儿童雇用皇家调查委员会（1842）。

31. Welles (1949)。

32. 另见Hanson（2008）；Bostrom（2014b）。

33. 如果有安全的产权，并且总财富的大部分由内部生育调节，或者实行长子继承制，或者由类似的不稀释代际财富转移协议的氏族持有，那么平均收入可能会保持在明显高于生存水平。

34. Scott Alexander对此的评论，"对摩洛克的冥想"，值得一读；Alexander（2014）。
35. 另见McMahan（1981）。
36. 如果他是对的，那么他的文章将会有更多人引用，你看，把文献计量作为学术优点的衡量标准是多么奇妙。
37. 在这种情况下，鸽子最终会进化并失去许多在野外自我保护的能力。这时就需要对其繁殖施加选择梯度，以保存或增强这些特征，或者发展出使鸽子的生活更加幸福的新特征。
38. 对任何因此比较而可能引起的冒犯表示歉意。
39. Johnston & Janiga（1995），第190—205页。
40. 另见Bostrom（2009），第48页。
41. Heilbroner（1995），第8页。
42. 参见Kugel（2007），第54—56页。
43. Mummert et al. (2011).
44. Kremer（1993）；Hanson（2000）。这些数字不可避免地非常不准确，但我认为从本质上来说是正确的。
45. "每个清晨我都感谢上帝，让我不必为罗马帝国操心！"皮格诺利乌斯似乎在引用歌德（1808）的第2093—2094行。或者反过来？

## 第二章

1. 因为我已经在其他地方这样做了：Shulman & Bostrom（2021）；Bostrom & Shulman（2022）。
2. 参见Killingsworth（2021）和Bartels（2015），但值得注意的是，主观幸福感的遗传性也可能通过其他途径传递，例如健康状况。
3. Ord (2021).
4. Ord（2020），第232页，411页。
5. Bostrom（2014b），第101—103页；见其中的参考文献。
6. 参见Olson（2018），Hanson等（2021），以及Armstrong & Sandberg（2013）。
7. Bostrom (2022).
8. 另见Bostrom（2023）。
9. 如Eric Drexler（1986，1992）所设想的那样。
10. Freitas (2022).
11. 参见Pearce（1995）。
12. Finnveden等（2022）。
13. 另见Bostrom（2019）。

14. Bostrom & Shulman（2022），第 8—10 页。
15. Bostrom (2003a).
16. Jackall (1988).
17. Mitchell (1966).
18. Mitchell (1967).
19. Jefferson（1826），第 1517 页。
20. 不要与臭名昭著的由罗马俱乐部的梅多斯等人 1972 年发布的报告《增长的极限》混为一谈；Hirsch（1977）可能是第一个详细阐述这一主题的人，尽管这一基本思想在此之前已被菲利普·H.威克斯蒂德等人注意到。
21. Shakespeare (1604), 2.2.121—126.
22. 可观测宇宙是有限的，可接近的宇宙也是有限的；但这并不意味着宇宙是有限的。如果它是无限的，那么可以肯定地说那里有外星文明——事实上，有无数个。
23. 泛数字是指在给定的基数中至少包含一次每个数字的整数。因此，在十进制中，最小的泛数字是 1 023 456 789。
24. 例如，Kass（2003）、Sandel（2007）和 Habermas（2003）都对人类基因工程提出了一般伦理反对意见，但即使是这些坚定的生物保守主义者也不一定会在所有可能的情况下都主张绝对禁止。
25. Shulman & Bostrom (2021); Bostrom (2022).
26. Warren (1997); Kagan (2019).
27. 参见 Charmers（2022）的更多讨论。
28. 关于未来工作的网络模因。孤儿作品。
29. 蔡廷常数表示：当给定随机输入时，特定的无前缀图灵机停止的概率。人类视觉体验的可能数量不一定与人类视觉刺激的可能数量相同。两个不同的刺激通常会产生相同的体验，因为在更高层次的处理过程中，许多输入激活模式的细节被丢弃。另外，单一视觉刺激可以触发多种视觉体验，因为大脑可以以不同的方式现象性地解释它。例如，根据在三维空间中输入心理投射的不同方式，Necker 立方体可以在一种刺激下产生至少两种完全不同的视觉模拟。然而，可以肯定的是，视觉体验的可能数量非常大。只需要几百个可以独立变化并在视觉体验中共同存在的元素或特征，视觉体验就会发生，因此，即使是成熟的文明也无法通过枚举生成所有人类可能拥有的视觉体验。如果我们可以标识人类视觉体验的独立定性特征，可以用编码方案将这些体验元素映射到十进制数的初始数字中去，那么文本中给出的论证应该有效。

## 第三章

1. 例如，箴言 16: 27（《圣经》生活本）。

2. 箴言 16: 27（《圣经》环球英文本）。

3. 凯恩斯（1930），第 368 页。

4. Skidelsky & Skidelsky (2012).

5. Posner (2012).

6. O'Shea（2019）；Gall & Smith（2019）；"乐透百万富翁获刑 9 个月"（2006）。

7. McFadden (2019).

8. Patel (2021).

9. 基于 Hatfield（2002，第 229 页，337—343 页）的数据估算。Hatfield 认为，基于黄金价值将文艺复兴时期的财富转换为现代货币的做法是"误导性的，因为在文艺复兴时期，黄金比现在稀有得多，所以更有价值"。第 XXII 页。（在晚年，米开朗琪罗向他的仆人和慈善事业送了大量礼物。）

10. 米开朗琪罗的雕刻。古斯塔夫·肖尔摄影。Wellcome Collection。

11. 迈克尔·卡罗尔的照片。Albanpix 版权所有。经许可转载。

12. Posner (2012).

13. 参见 Fox（2005）。

14. Catalano et al. (2011).

15. Hetschko et al. (2014).

16. 例如，Leino-Arjas et al.（1999）。

17. Holder（2012）："无论是基于自我报告还是父母的估计，（在加拿大和印度）90% 或更多的孩子通常被认为是快乐的。"

18. 尽管收入低、失业率高，但艺术家们报告的工作满意度明显高于其他职业（Bille et al, 2013）。

19. Janotík (2016).

20. 例如，Blanchflower（2020）。关于幸福感在生命周期中呈 U 形轨迹的批评，参见 Kratz & Brüderl（2021）。

21. 埃琳娜·萨莫斯基什-苏德科夫斯卡娅的插图。摘自普希金的《叶甫盖尼·奥涅金》（第 7 页），1918 年，彼得格勒：戈利克与威尔伯格。

22. Ertz（1943），第 137 页。

23. Farmer & Sundberg (1986).

24. Max & Engels（1846），第 47 页。

25. 这是编造的；也许应该是 80%？无论如何，我认为我们已经在很大程度上接近了后稀缺乌托邦。这并不是因为发达国家不存在贫困的人口，也不是因为已经没有更多我们可以负担得起的好东西，而是因为最基本的需求（如避免饥荒）是最重要的。就目前而言，我们在这些方面做得相对不错。但即使在一些富裕国家，严重的物质贫困仍然相当普遍；显然，世界上其他地区与任何可以被描述为后稀缺状态的情况相差甚远。

注　释

26. 那么，如果让生态系统处于未改造状态呢？想象一下，一些技术先进的文明到达地球，现在正在考虑如何管理这些事情。你可以想象他们会说："最重要的是保持生态系统的自然壮丽。尤其是，必须保留捕食者种群，诸如这些心理变态的杀手，法西斯暴徒，专制的死亡小分队之类。虽然在这里小小推动一下，也许再加上些温和的警察行动，我们就可以轻松地将他们引导到更健康的道路上，但我们必须严格避免这种干预，这样他们才能继续捕食较弱或更和平的群体，并使其保持警觉。此外，我们发现人类本性在不同环境下表现不同；所以我们必须确保类似贫民窟、集中营、战场、被围困的城市、饥荒等环境继续存在。如果这种丰富的自然多样性被健康、幸福、温饱、和平生活的单一文化取代，那对人类而言将是一场悲剧。"除非有比我们所能看到的更大的宇宙或神学参与进来，否则这将是令人震惊的冷漠。然而，今天许多人对待动物王国的态度不正是如此吗？（那些关心自然的人，除了简单地将其视为人类剥削的有用资源。）

27. Gates (2017).

28. Sahlins (1972)，第 17 页，56 页。

29. Freitas (1999, 2003)。

30. 你会认为授课任务早已被自动化，或者至少通过播放录音向多个观众大规模传授。然而，现场讲座仍然有活力，不仅在学术界，在企业主题的演讲圈中也是如此。也许大多数最好的教授和公众演讲者都可以被视为DJ（关于不同主题、思想和活力的DJ），在这种情况下，我们之前对这个角色的评论依然适用。

31. 在这方面，传达哲学思想可能特别棘手。当代学术哲学的很多技巧和实践是在试图防止和纠正误解，这是一个我很支持的崇高愿望，但看起来也是一个难以解决的问题，足以让这个职业忙碌一段时间。至今，人们还致力于解释亚里士多德呢。我想知道的是，我们是否在以正确的方式做这些工作？比如，我们首先涂上思想的油漆；然后用钉子固定油漆；接着我们在每个钉子上加上小螺丝以确保它们固定不动；最后我们在螺丝上滴上超级胶水以防止它们松动。然而，只要我们启动这个构造，它就会全部脱落。也许我们需要再添加一些小钉子来防止胶水脱落？

32. "AI 完成"意味着如果我们知道如何做到这一点，我们也会知道如何创建至少具有人类水平的通用人工智能。

33. Hoffer (1954)，第 151 页。

34. "当你问自己是否幸福时，你就不再幸福了。唯一的机会是把生活的目的视为某个外在的目标，而不是幸福本身。" Mill（1873），第 147 页。

35. L.（1848），第 2 页。这句话似乎首次出现在 1848 年新奥尔良一家报纸上的一篇文章中，署名仅为 "L."；由于 1891 年一本书中的误导性格式，其常被误认为是纳撒尼尔·霍桑的作品；见奥图尔，2014 年。

36. Bostrom (2008a).

37. 同上。

38. Bostrom & Ord (2006).

39. Bostrom (2008a).

40. 参见 Suits（1978）。

41. Nozick（1974），第 42 页。

42. Nozick (1989, 2000).

43. Sandberg & Bostrom (2008).

44. 参见 Bostrom（2006），了解更多内容。

45. 参见 Barnes（1991），Chalmers（1996），Bostrom（2006）。

46. 参见 Bostrom（2006）。

47. Giedd et al.（2015），第 44—45 页。

48. Kaplan et al. (2020).


## 第四章

1. Bostrom (1997).

2. Bostrom (2019).

3. Bostrom (2013).

4. 参见 Suits（1978），了解一个显著的例外。

5. 如 Egan（1994）所示。

6. 我并不主张这些是唯一可能在一个"可塑世界"中被破坏或扰乱的价值概念。例如，人们同样可以问，在一个"可塑世界"中，自然性、荒野之美、崇敬、自发性、真实性、美德、尊严（作为一种品质，科尔奈，1976）、义务、命运等会发生什么变化；这些问题可能对我们应该在多大程度上期待这样的乌托邦有更多或更少的相关性。然而，我暂且断言，如果有趣性、成就感、丰富性和目的不会成为构建一个吸引人的由 AI 驱动的乌托邦的不可逾越的障碍，那么这些其他潜在的价值概念也不太可能会构成障碍。

7. 当我说"完美"时，我讲得有点儿松散——我们不需要假设字面上的完美，即没有任何其他可能的变化会稍微改善事情的状态。因此，我们可以说，"完美"指的是一种足够接近严格完美的状态，以至于本系列讲座所涵盖的事项成为一个相关的关注点。

8. Schopenhauer（1851），第 16 页。

9. Schopenhauer（1818），第 312 页。根据叔本华的说法，唯一的慰藉在于要么对意志的彻底自我否定，要么沉浸于某种智力活动/无私的观照中，使我们在一段时间内成为世界的旁观者而非参与者。

10. 参见 Fisher（1993），第 396 页。

11. 虽然我使用了"客观评价"这个术语，但我并不打算对这种属性的形而上学做出任何强烈的主张。

12. 尽管需要注意的是，并不是所有负面情感状态的功能都可以直接以行为反应倾向来表达。负面体验也塑造了我们的学习过程和个性发展。

13. 尤其是如果我们也放逐了"无聊"的姐妹——习惯和适应。

14. *Ecce Homo*，埃利亚斯·加西亚·马丁内斯的画作。塞西莉·希门尼斯尝试修复。版权归博尔哈研究中心（2012）所有。经许可转载。

15. Nozick（1989），第 106 页。

16. Egan（1994），第 251—252 页。

17. 尤德考斯基（2009）。事实上，尤德考斯基似乎使用"乐趣"一词来指代类似"最终有价值的活动"。然而，我想区分可能使生活最终有价值的不同元素，并使用"有趣性"一词来指代这些元素中的一个，例如与"快乐"或"意义"不同。

18. 尤德考斯基（2008）。

19. 在这一点上，参见 Fisher（1994），以回应 Williams（1973）。

20. Mill（1873），第 149 页。

21. Etinson (2017)。

22. Mill（1873），第 151—153 页。

23. 参见 Stace（1944）。

24. 我们还可以将避免单调的假设与我们为何更容易对快乐习惯化而不是对痛苦习惯化的解释进行比较。设想一个人碰巧发现某个特定的随机刺激，例如一个紫色六边形会让他特别难受。有一天，他看到了一个紫色六边形的图片，发现体验令人厌恶，于是他转移视线，继续自己的生活。这个人浪费了 5 秒钟。与此相比，另一个人觉得紫色六边形特别好看。有一天，她看到了一个紫色六边形，被一股快乐的洪流淹没。除非这种快乐最终变得无聊或消退，否则她有可能浪费自己的一生盯着紫色六边形。这种行为后果的不对称性，解释了为何我们更容易对愉快刺激习惯化，而不是对痛苦刺激习惯化，这可能是一种进化上的保障机制，以防止将积极和消极的强化信号与不同刺激或情境的适应价值进行错误匹配。（这一观点归功于卡尔·舒尔曼。）

25. 我们的心理结构也可能是这样构建的，即内化目标和更基本的行为调节器之间也存在控制总体平衡的杠杆，因此，不同类型的动机的相对影响可以根据营养供应、社会情境、人生阶段等线索动态调整。机械隐喻只能到此为止。

26. 如 Ord（2020）；MacAskill（2022）。

27. Hanson (2021)。

28. Lewis (1989)。

29. 尤德考斯基（2007）。

30. 我说这可能是这种情况，但也未必是这样，因为一个国家可能在许多不同的维度上都具有全球异常值，而不仅仅是其内部多样性的程度。（考虑一本包含1 000种不同壁纸的目录，每种壁纸都有自己独特的纹理或图案。其中一种红色壁纸由于其复杂多样的图案而具有最大的内部多样性。但假设在这1 000种壁纸中，999种是红色的，1种是蓝色的。蓝色壁纸均匀地呈蓝色，没有纹理，它的内部多样性非常低，但它对目录的多样性贡献比内部多样性最大的红色壁纸大。）

31. 我们也可以通过实验方法来处理，推荐你按照下面的步骤去做。我们假设你觉得本书有趣。然后，你继续购买更多的副本，并观察当你拥有的副本数量从1增加到100时，总的有趣性如何变化。你在图纸上绘制结果并进行回归分析。（为了更准确，你可以尝试购买200本，甚至1 000本。）

32. 在这个例子中，有趣性对应于信息。当我们收到已经有的书的副本时，我们不会获得任何新信息。但在通常情况下，我们不能将有趣性与信息画等号，至少如果我们使用标准的信息理论形式的话。根据这种形式，信息密度最大的书是充满随机字符的书（香农，1948）；然而，这样的一本书远不具有最大有趣性，而是最无聊的。（有趣性更接近于"理论上显著或本质上重要的信息"。）

33. 撇开一些特殊情况不谈，比如安迪·沃霍尔创作的玛丽莲·梦露肖像，其中有趣的是重复本身的事实。或者比如一张印刷错误的邮票，有趣的可能不仅是它的独特性，而且是它与其他许多相同的邮票只有很小的不同。

34. 请注意，我们这里关注的是非工具性贡献，是某一特定生命通过其内在特性直接使世界变得更好或更有趣的程度。一个完全由按下按钮来创建数十亿个超级有趣的遥远星系组成的生活将对大量的有趣性负有因果责任，但这不是我这里所说的贡献。请想象一下书籍对图书馆有趣性的贡献。

35. 我不是在提倡平均功利主义，只是用它来说明这两个问题可能有不同的答案。

36. Bostrom (2002).

37. 参见Bostrom（2011）。你可以将自己理解为不是一个特定的具体个体，而是所有相同复制品的集合；或者，更广泛地说，是所有多元宇宙中的与此讲堂中的你（或你实施的决策算法相关联的系统）相似的系统的集合。在这种观点下，"你"（即你复制品的集合）的行动的总影响在一个大世界中将是无限的。然而，除非你对自己的定义非常广泛，广泛到将地球上许多其他人类个体包含在你的自我概念中，否则这个聚合的你仍然只对世界的总有趣性负微不足道的责任。至于聚合的你对世界总有趣性的绝对贡献，这取决于你如何定义你的自我。如果聚合的你仅仅包括所有在多元宇宙中过着与你当前生活完全相同的生活的个体，那么这个聚合的你（尽管对世界有无限的因果影

注 释　　471

响），对世界的总有趣性贡献似乎也微乎其微，因为世界上还会有无数其他与你相似的人过着与你相似的生活。然而，如果聚合的你包括过着各种不同生活的个体，这些个体只是以较松散的方式联系在一起，例如具有相似的效用函数和相关的决策算法，那么聚合的你实际上可能在绝对意义上对世界的总有趣性做出大量贡献。

38. 请注意，在我们寻求在个人层面上对有趣性做出显著贡献的过程中，大的数字在这里以两种方式对我们不利。第一，人越多，存在与你相似的其他人的可能性就越大，所以这在绝对意义上减少了你所贡献的有趣性（出于同样的原因，向图书馆添加第二本或第三本相同的书所贡献的有趣性比添加第一本书要少）。第二，为世界贡献有趣性的个体越多，这些贡献在世界的整体有趣性上就越不显著（就像在印度或中国纳税比在图瓦卢纳税对国家总税收的影响要小得多）。

39. Bostrom (2003b)。

40. 我们争夺大量宇宙有趣性的其他可能的方式：（a）如果我们被一个更高的存在特别指定，那么发生在我们身上的事情在更高的领域中具有比其他人更大的影响或重要性；或者（b）如果我们对身份的理解比通常更广泛，那么"我们的"外部有趣性不仅包括自己在四维时空中的个人行为，还包括更大范围内的生物的行为（例如，所有那些决策与我们强烈相关的主体）。关于第一种可能性，我在此没有太多可说的，除了如果有许多类人生物，特别选中我们而不是其他所有人似乎不太可能。但如果我们被特别选中，那么我们现在拥有的任何特殊称号都可能在乌托邦中继续存在，因此我们不需要担心这种假设的幸福感成分减少。关于第二种可能性，确实有人如果对自己的理解足够广泛，就可能认为自己应得到很多荣誉。在极端情况下，如果你认为自己与宇宙是一体的，那么大概你会认为自己的生活非常有趣。在这种理解中，如果太早过渡到乌托邦状态，你可能会失去一些有趣性。如果在宇宙时间尺度上，人类条件通常是短暂的，而乌托邦条件可能持续数万亿年，那么人类条件持续时间更长可能使宇宙有趣性总量更多。即使乌托邦条件的任何时间片段比人类条件的任何时间片段更有趣，这也可能是真的，因为我们可能遇到像索尔堡和卢娜堡的例子，某一部分更有趣反而降低了整体的有趣性。

41. Hirsch et al. (2015)。

42. Bostrom (2008a, 2008b)。

43. 传道书 3: 5（《圣经》钦定本）。

44. 参见 Wilkenfeld（2013）。

45. 有一种论点认为，在标准图景中，存在安全性考虑主导了非个人的综合后果主义伦理观；而对于影响人的伦理观，安全和速度都很重要（Bostrom, 2003a）。然而，即使对注重将生存风险降到最低的非个人观点来说，哪种政策最好地促进这一目标在实践中仍是一个进一步的（困难的）问题。最初的论点本身与以下观点一致：我们应该尽可能快地沿所有技术和经济路径前进，例如为了赢得对不良竞争者的比赛或最小化各种"国家风险"（Bostrom，2014b，第 14 章）。

46. Bostrom (2008b).
47. 参见 Parfit（1984）。
48. Bostrom (2005).
49. 在理性行为者模型中，偏好修改的最明显理由是，假设我们的默认时间偏好是双曲线的。但在更丰富和更偏向心理现实的人的决策模型中，可能还有额外的规范性理由来调整我们与时间流逝和我们自己的未来之间关系的某些方面。
50. 传道书 3：6（《圣经》钦定本）。

## 第五章

1. Althaus & Gloor (2019).
2. Bostrom & Shulman (2022); Bostrom (2022).
3. Huxley（1946），第 X 页。
4. Huxley（1962），第 308—309 页。
5. 参见 Anquinas（1274），第 601 页。
6. 哥林多前书 13：12（《圣经》钦定本）。
7. Feinberg（1980），第 265 页。
8. 同上，第 271 页。
9. 同上。
10. 同上，第 273 页。
11. 参见 Tomasik（2014）。
12. Oishi & Westgate（2022），第 794 页。
13. Proust（1913），第 118—119 页。
14. 我们可以将这种假设的价值称为"主动体验"，尽管我在这里对这种价值是基于目标导向活动伴随的现象体验还是基于活动本身持中立态度。在许多情况下，这两者很难分开。但是，我认为我们可以粗略地区分倾向于主动体验的生活和主要或完全依赖被动体验的生活。我们如果仔细审视"被动体验"，可能会发现它本质上也涉及寻求和奋斗的方面。例如，我们可以考虑一个正在无兴趣地沉思日落的人，他被动地感知温暖的色彩，欣赏这场景的美丽。然而，实现这种"被动体验"所需的视觉系统和大脑其他部分的处理过程（事实上，这种体验可能就是由这些过程构成的）可能本质上涉及具有"目标性"或目的性的计算过程。例如，早期视觉处理可能在某种意义上"旨在"从视网膜投影中提取轮廓。在这里我不想对此问题表明立场，我想说的是，即使某种目标充满了所有体验，我们仍然可以得出我希望得出的区别。在这种情况下，区别不在于严格的无目标体验与有目标的体验，而在于只有这种初级微目标性的体验与具有更充分表达的目标性特征的长期目标导向（或任务导向）活动的体验之间的区别。

15. 参见 Suits（1978）及其后续文献。另见 Danaher（2019）。
16. Bostrom & Ord (2006).
17. Pascal（1670），第 48—49 页。
18. Freitas (1999, 2003).
19. Bostrom（2014b），第 30—36 页。
20. Hall (1993).
21. 这是一个独立的问题，我们是否可以通过全力投入超人类主义的增强来推迟（即使不能永久避免）被淘汰？罗宾·汉森（2016）认为，全脑模拟将是第一个全面与生物大脑竞争的机器智能形式，这将引发一个上传人类在许多任务上优于人工智能的时代。尽管生物人类在那时将被上传人类超越，但上传人类也许在数百年的主观时间内（这可能对应一两年的日历时间）仍能保持自己的地位，直到最终在所有任务上被人工智能超越。我认为这种情景看起来不太可能，尽管我认为我们不能完全排除它。但无论如何，本书关注的是更长期的情况，即使汉森教授也认为上传人类最终会被超越。
22. Bostrom (2004).

# 第六章

1. Metz（2013），第 235 页。
2. 参见 Cohen（2011）。
3. Metz（2013），第 224 页。
4. 尽管天使们通常被描绘为替上帝执行任务（如弥尔顿，1674；但丁，1321），也许这会使他们的生活更有意义？
5. Ord（2021）。顺便说一句，当我说某人具有"一个星系的质量"时，这不一定意味着其腰围会膨胀到 10 万光年直径，而是我们可能希望我们的思想具有需要一个星系的资源来实现的那种计算和记忆容量。或许使用这些资源的最佳方式是将它们集中在一个更小的体积中。
6. Metz（2013），第 235 页。
7. Tooby & Cosmides（1996），第 133—136 页。
8. Weber (1905, 1919); Henrich (2020).
9. 在这里，我对因果解释的具体细节持中立态度，例如这是否涉及某种程度的群体选择，这些功能在多大程度上是通过基因选择而特意形成的，或者在个体发育过程中是人类文化和教养的共同特征的结果。

10. 实际上，欲望和爱之间当然存在复杂的相互作用，但这个简化的模型可以用来说明这一点。

11. 参见 Nozick（1981）的描述。

12. 参见 Frankl（1946）。

13. Nietzsche（1889），第60—61页。

14. Shulman & Bostrom（2021），第316页。

15. 尽管尼采可能乐意让这些伦理继续被底层所接受，作为大众的道德规范，但他毫不掩饰其精英主义，更关心人类成就和繁荣的巅峰，而不是其平均水平或最低值。也许这是他公理的另一个推论：如果一个人太重视被压迫群体和弱势群体的福祉，他可能就会觉得，"肯定存在本身的价值"要困难得多。

16. Camus (1942)。

17. Taylor（1970），第26页。

18. Stevenson（1892），第203页。

19. Bacon（1626），第35页。

20. Hepburn（1966），第128页；Wolf（2010）。

21. Metz（2013）。例如，这在罗伯特·奥迪的叙述中也是如此；Audi（2005）。

22. Adams (2010)。

23. 1944年，W. T. 斯泰斯用数草者的例子来说明并非所有真理都很有趣。1971年，约翰·罗尔斯，斯泰斯的学生，在讨论好的问题并不是有趣的问题时提出了这一假设。

24. 确实，数草领域还没有授予学位，但我认为可以勾勒出一条可行的道路：一些研究资助机会，一两个专门的同行评审期刊，也许还有一个学术协会和一年一度的会议，这些都会顺利启动并开始运行。

25. 相关的回报特征不包括被传送到一个新地方或变成一种新类型的存在。关键在于，赋予意义的目的中的赌注是独立于赋予意义的事件本身之外的存在。要赋予自己普通生活中的磨难以意义，就需要某种外在于这种普通生活的东西，或者涉及超越它的重要价值。

26. 但想投资业力币的投资者要小心。骗子众多。

27. Shulman & Bostrom (2021)。

28. Narveson（1973），第80页。